# 新型 80C51 单片机轻松入门与应用开发
## ——AT89S8253

Milan Verle 著
李学海等 译



金盾出版社

## 内 容 提 要

本书以 AT89S8253 为目标机型，以软件 μ Vision2 为主要集成开发环境，并辅以三款特色纷呈的实验学习板，规划了 18 个便于上手制作的实验范例。全书共分 8 章，主要包括：背景知识、标准 80C51 单片机、指令系统、汇编语言、新型 80C51 兼容机 AT89S8253、实验范例、单片机学习板、下载编程开发技术、软件集成开发环境、软件模拟开发技术等。

本书内容新颖、图文并茂、通俗易懂、学用并重、实用性强。适合作为引领单片机初学者轻松入门和快速上手的自学读本，也可作为高校相关专业教学参考书或实训指导书或作科研、开发和生产的技术人员培训用书。

**图书在版编目(CIP)数据**

新型 80C51 单片机轻松入门与应用开发：AT89S8253/(赛尔)弗利(Verle, M.)著；李学海等译. -- 北京：金盾出版社，2011. 7

ISBN 978-7-5082-7063-0

Ⅰ. ①新…　Ⅱ. ①弗…②李…　Ⅲ. ①单片微型计算机—基础理论②单片微型计算机—程序设计　Ⅳ. ①TP368. 1

中国版本图书馆 CIP 数据核字(2011)第 111550 号

**金盾出版社出版、总发行**

北京太平路 5 号(地铁万寿路站往南)

邮政编码：100036　电话：68214039　83219215

传真：68276683　网址：www. jdcbs. cn

封面印刷：北京凌奇印刷有限责任公司

正文印刷：双峰印刷装订有限公司

装订：双峰印刷装订有限公司

各地新华书店经销

开本：787×1092 1/16　印张：21. 5　字数：465 千字

2011 年 7 月第 1 版第 1 次印刷

印数：1～6 000 册　定价：47. 00 元

# 前　言

近年来国家积极倡导的素质教育和创新工程，旨在提高受教育者的素质和培养学生将所学知识转化为生产力、创造力和经济效益的能力。为了更好地适应发展潮流和就业需要，我们在英文原著《Architeclure and Programming of 8051 MCU′S》的基础上编译了《新型 80C51 单片机轻松入门与应用开发——AT89S8253》一书。单片机的学习和应用，可以为电子、电信、电脑、电器、机电以及相关领域的爱好者、从业者，提供一个容易激发学习热情和创作欲望、可操作性很强的学习途径和实践平台。

**本书的内容安排**

第 1 章主要介绍单片机的发展背景、基本概念、操作原理、基本结构、基本应用。

第 2 章主要介绍 INTEL 公司原创的标准 80C51 单片机的概念、基本架构、硬件资源、封装形式、引脚功能。剖析了并行端口的构造和存储器的组织方式以及特殊功能寄存器的功能分配。讲解了定时器、串行接口、中断逻辑几个片内外设模块的背景知识、基本结构、编程方法。最后介绍了实现节能控制技术的硬件基础和工作机制。

第 3 章主要介绍 80C51 指令系统的描述方法、执行时序、分类方法；详细地讲解每条指令的功能、语法和用法。

第 4 章主要介绍汇编语言程序的设计基础、语句成分、语言语法，以及出现在汇编语句中的数据的表示方法。详细讲解了一些常用的控制汇编器汇编过程的伪指令及其应用方法。

第 5 章主要介绍了新型 80C51 单片机 AT89S8253 的性能特点、硬件架构、存储器和特殊功能寄存器布局。着重讲解了在标准 80C51 单片机硬件基础上新增加的寄存器、功能模块及其模块功能。

第 6 章主要介绍了单片机应用最小系统的外接电路，以及一些常用外扩器件及其与单片机的接口技术。详细讲解了基于驱动芯片 HD44780 的 16×2 字符点阵式 LCD 模块的结构原理和编程方法。重点介绍了 18 个单片机应用开发上手制作的实验范例及其软硬件设计和调试技巧。

第 7 章旨在引导初学者如何进行第一次单片机的应用开发，以及开发单片机应用项目所需要的软件工具和硬件工具。详细介绍了 3 款分别具有不同特色的可供读者仿制的单片机学习/实验/开发板。最后细致地讲解了两种典型的在线编程技术的工作原理、实现方法、实现技巧、性能比较。

第 8 章详细地介绍了 KEIL 公司推出的单片机综合开发环境软件包 μVision2 的组织结构和功能特点。深入讲解了在 μVision2 环境下开发 80C51 单片机应用项目的具体使用方法、操作步骤、开发技巧、实战经验等。

**本书的主要特色**

● 图文并茂、生动活泼的描述手法，激发读者学习兴趣；

● 本书讲解的模型机为完全兼容标准 80C51 的 AT89S 系列单片机中功能最强大的一款，AT89S8253 在国内受到初学者的青睐；

● 内容叙述循序渐进、通俗易懂、系统完整；

● 注重实效性，突出实用性、创新性和资料性；

● 难点分散，适合于入门者自学，加快入门过程；

● 着意扩充一些新知识、新概念、新技术和新观点；

● 强调学用结合、理论与实践无缝连接，力图改变纸上谈兵、坐而论道的学习模式；

● 容易上手，开发手段经济实用，兼顾技能实训、电子制作、课程设计、毕业设计和项目开发；

● 以读者的求知需要、认识规律和市场需求为写作主线，以单片机的应用开发为出发点和落脚点。

全书由李学海老师进行统稿和审校，第 1 章、第 4 章由石家庄职业技术学院电信系李莉编译，第 2 章由石家庄职业技术学院电信系孙群中编译，第 5 章由河北师范大学职业技术学院刘亚川编译，第 3 章、第 6 章、第 7 章、第 8 章和附录由石家庄职业技术学院李学海编译。书中所介绍的几款学习板和部分实验程序，由石家庄科安电子技术研究所王晓超工程师负责验证和设计。在本书写作过程中，受到机械科学研究院刘治山高级工程师、河北师范大学苑冰教授、山东建筑大学于复生博士、武警石家庄指挥学院有线通信教研室杨聪讲师、河北新恒翌科技有限公司宋庆国工程师、石家庄劳恪实业有限公司冯伟伟工程师、凌阳公司的李兆伟工程师等专家学者们的大力支持和热情鼓励，在此表示诚挚的谢意！

单片机的学习、应用与开发是一个环节多、实践性强的循序渐进过程，在整个过程中所用到的各种软件和硬件辅助工具种类也较多。80C51 族系 8 位单片机不仅资料庞杂而且有些技术过时，需要认真梳理、精挑细选甚至亲手验证，加之作者的水平有限，书中不妥之处在所难免，敬请广大读者不吝赐教。如果读者在学习和实践过程中遇到什么困难可以与我们联系(E-mail：lixuehai@tom. com)，作者愿意在自己的能力范围之内帮助解决。

译者

# 目　录

# 第1章 概　述

## 1.0 引　言

在电被发现之初，人们感到很新奇，原因是人们还不知道周围到处都存在着电，并且可以被人们加以利用。这是件大好事。随着法拉第对电磁感应现象的发现，以及圆盘式发电机的发明，电这个“雪球”开始慢慢地滚动了起来……

不久，使用电能驱动的第一台机器面世了。经过了很长的时间，人们对用电都习以为常了，“电学”好像没有太大的发展。美国科学家爱迪生在一次实验中无意间发现在真空管内的碳丝发射的电子能够产生微弱的电流，遗憾的是他并没有重视这一现象。尽管如此，“电子学”依旧应运而生，电子“雪球”滚下了山坡，并且越滚越快……

被爱迪生忽略的实验现象却被其他科学家捕捉到了，一批又一批的科学家们前赴后继，推动着电子学的不断发展。真空二极管、真空三极管相继发明，电子学迎来了第一个发展阶段——电子管时代。新生代的年轻科学家们层出不穷，他们对电子学的发展前景充满了信心。经过反复研制，第一只晶体三极管终于在1947年由三个年轻人在贝尔实验室发明出来，这一成果轰动了电子学界……

起初，由于广泛的舆论宣传导致人们错误地认为，廉价的产品可能会降低科学技术的发展，不再生产晶体管。但是，巨大的市场前景为电子产业敞开了大门，电子学进入第二个发展阶段——晶体管时代。这些元件以其低廉的价格优势使电子产品进入了千家万户。“雪球”开始了自由下落……

电子学的快速发展使集成电路和微处理器很快问世，电子计算机以及其他电子产品大幅度降价，因此微型电子计算机得到了大量普及。于是，电子学迎来了第三个发展阶段——集成电路时代。微型计算机走入寻常百姓家，互联网时代到来了……

许多电子爱好者和专业人士各自选用各自喜欢的元器件开发着各自的项目。直到有一天有人提出一个建议：为什么我们不能研制一种通用器件呢？一种既廉价又可编程的，能够用在任何电子产品中的通用集成电路。市场有需求，科技手段也已具备。在一些专业人士的共同努力之下，一种智能芯片——第一代单片机（即微控制器）诞生了……

## 1.1 单片机的概念及应用

单片机，通称微控制器（MCU，Micro Controlling Unit）。其本质就是一种单片形态的超微型计算机，是一类内部集成了电子计算机核心技术的智能芯片。具体地说，就是把中央处理器

CPU、随机存取存储器 RAM、只读存储器 ROM、输入/输出(I/O)端口等主要的计算机功能部件，都集成在了一块集成电路芯片上，从而形成了一台概念上完整的超微型电子计算机。

单片机是由许多基本器件组成的。它是融合了一些先进的混合信号测试技术、软/硬件开发测试技术、混合工艺技术而生产出来的。

首先单片机是一款最简单的计算机，其处理器被用作未来系统的“大脑”。根据不同设备制造厂家的需求，适当加入部分存储器，几个通道的 A/D 转换器，几个定时器，几个并行输入/输出端口等构件。所有部件被集成到一个标准封装的集成电路上。最后再固化一个简单易学易开发的用户程序来控制单片机。

基于这些要求，单片机生产商设计出各种类型的单片机，这些单片机一经问世，就被应用到各个领域，渗透到生活的方方面面。它简单且灵活性很强，所以发展非常迅速。

单片机推广发展的成功主要得益于以下几个原因：

(1)功能强大的单片机嵌入式应用系统，既可以独立运行也可以通过输入/输出部件(例如开关、按钮、传感器、LCD 显示器、继电器等)控制和监视各种工作流程和设备，比如工业自动化设备、电流参数、温度参数、发动机性能等。

(2)单片机价格低廉。正是得益于此，迅猛普及物美价廉的自动化设备和各式各样智能家电。

(3)编写程序几乎不需要任何经验和知识，所用的软件也简单易学，只要有一台 PC 机和一个编程器(用来把程序烧写到单片机中)就足够了。

如果单片机应用系统死机或瘫痪，关机重启后可恢复正常。

## 1.2 单片机如何操作

单片机的类型很多，编写的程序也各不相同，但是单片机在工作流程中有许多相似的地方。所以掌握了一种单片机的操作流程，可举一反三，很容易学会其他类型单片机的操作。单片机的基本结构和操作原理如图 1-1 所示。单片机典型的操作流程如下：

(1)在电源未接通之前将程序下载到单片机内。

(2)接通电源进入准备过程，后由逻辑控制单元控制所有的电路，石英晶体振荡电路以外的其他电路禁止进入工作状态。

(3)电源电压爬升到最大值，时钟振荡器的频率也趋于稳定。特殊功能寄存器(SFR)的内容将被自动填充，其填充的各比特值将反映单片机内部各单元电路的状态；各个端口被自动设置为输入状态(即高阻状态，避免过流烧坏的风险)；整个电路开始按照时钟脉冲序列的节奏运转。

(4)程序计数器 PC(Program Counter)自动从 0000H 开始。按该地址从程序存储器单元中提取指令，并且发送到指令译码器，再由指令译码器进行译码，产生相应的一系列微控制信号，用以控制单片机各功能电路的动作。

(5)程序计数器 PC 的值，在每次指令提取之后自动递增，为下一条指令的提取做好准备。以上整个过程被不断重复，并且以每秒数百万次地重复。

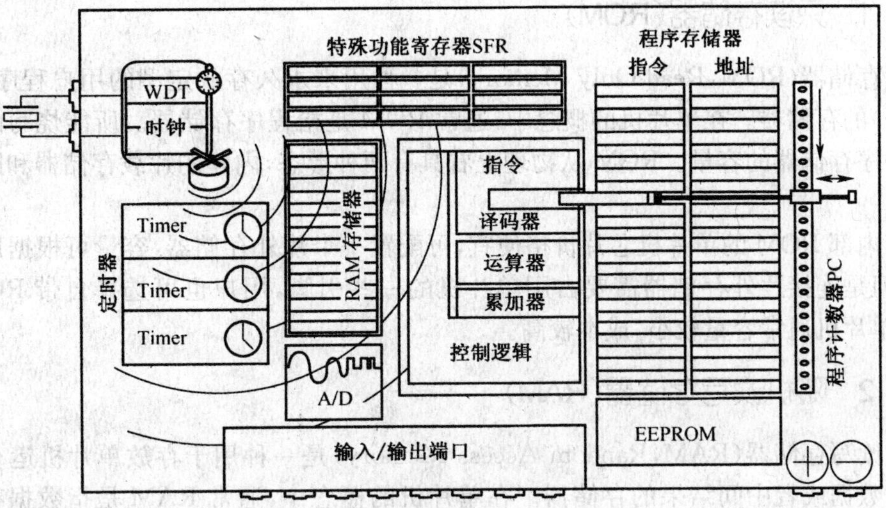


图 1-1 单片机的基本结构和操作原理

## 1.3 单片机内部结构

单片机的运行需要一些专用电路来配合完成，如图 1-2 所示为 80C51 单片机的内部结构，包括 CPU、存储器、并行端口、串行接口、定时器/计数器和中断逻辑等几部分。

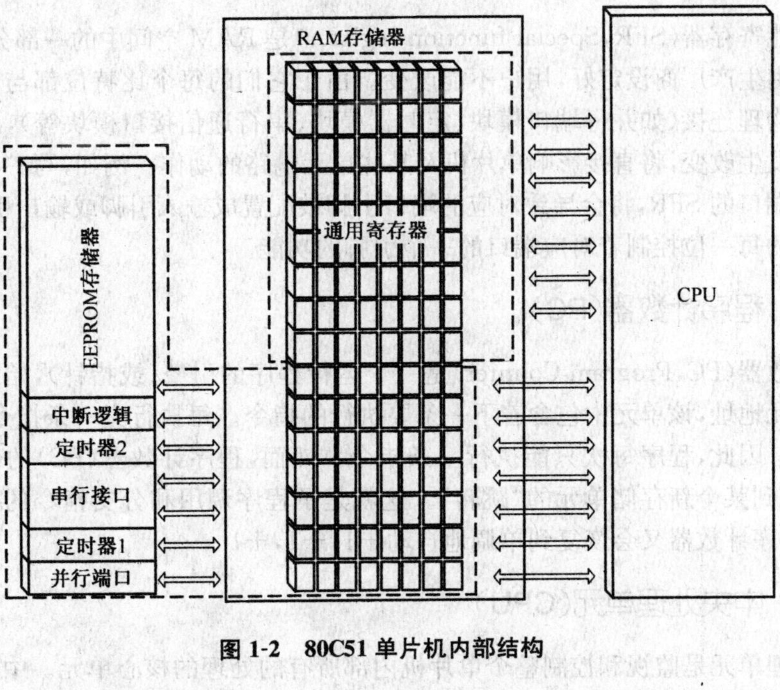


图 1-2 80C51 单片机内部结构

### 1.3.1 只读存储器(ROM)

只读存储器(ROM,Read Only Memory)是一种用来永久存放定型的用户程序(或相对固定的数据)的存储器。在单片机的概念中,通常 ROM 是指程序存储器。所能烧写的程序大小取决于程序存储器的容量。ROM 从物理上看具有两种形态,内建的片载存储器和附加的片外存储器。

不带内部 ROM 的单片机芯片价格便宜,可配置一个片外存储器,容量可根据用户实际需要而定,但是连接片外存储器需要占用单片机的一些引脚,用户也可选择自带 ROM 的单片机,这种单片机通常容量较小,成本较高。

### 1.3.2 随机读写存储器(RAM)

随机读写存储器(RAM,Random Access Memory)是一种用于存放单片机运行过程中产生的临时数据或者中间结果的存储器。在单片机的概念中,通常 RAM 是指数据存储器。单片机断电其内容就被清除。

### 1.3.3 电可擦除可编程只读存储器(EEPROM)

EEPROM 是一个特殊类型的存储器。其内容可以在程序执行期间被改写,而且断电后其内容也能够永久保留。这类存储器经常被用来存储在单片机运行过程中创建和使用的数值(仪器校正参数,编码,仪表累计值等),EEPROM 的缺点是烧写过程很慢,烧写时间以毫秒计量。

### 1.3.4 特殊功能寄存器(SFR)

特殊功能寄存器(SFR,Special function register)是 RAM 空间中的一部分,它们的用途在出厂前已经由生产厂商设定好,用户不能改变。由于它们的每个比特位都与单片机内部的特定电路存在物理连接(如并行端口模块、定时器模块、串行通信接口模块等),因此如果这些比特位的状态发生改变,将直接影响单片机及某些单元电路的动作。例如,写一些"1"或"0"到控制某个并行端口的 SFR,将会导致对应的端口引脚被配置成输入引脚或输出引脚。换句话说,这个寄存器的每一位控制着对应端口的一个引脚的功能。

### 1.3.5 程序计数器(PC)

程序计数器(PC,Program Counter)是一个运行程序的引擎(或指针),始终指向程序存储器的一个单元地址,该单元中包含着下一条要执行的指令。每执行完一条指令,程序计数器的值自动累加。因此,程序每次只能执行一条指令。然而,程序计数器(PC)的值可以随时被改变,这将导致到某个新存储单元的"跳转"。这就是子程序调用和分支指令的操作原理。完成跳转之后,程序计数器又会恢复到单调地自动+1,+1,+1……

### 1.3.6 中央处理单元(CPU)

中央处理单元是监视和控制整个单片机内部所有的处理的核心单元。中央处理单元由几

个小的子单元组成,其中最重要的是以下几部分:

**1. 指令译码器**

指令译码器(ID,Instruction Decoder)是实现程序指令识别的电子电路,是其他电路运行的基础。指令译码器的功能是由“指令集”规定的,每个不同系列的单片机都有其不同的指令集。

**2. 算术逻辑单元**

算术逻辑单元(ALU,Arithmetical Logical Unit)是实现对数据进行所有的算术运算和逻辑运算的单元电路。

**3. 累加器**

累加器(A 或 ACC,Accumulator)是一个与算术逻辑单元的操作紧密相关的特殊功能寄存器。它是一种暂存各种操作数的工作平台,基于该平台来实现加法、移位之类的运算。运算之前它预存参与运算的操作数,运算之后它保留运算结果,以便再进一步用于后续处理之中去。

**4. 程序状态字**

程序状态字(PSW,Program Status Word)是一个和累加器关系密切的特殊功能寄存器。它可以显示任何时刻的累加器中数据的状态(如数据是大于 0 还是小于 0,是奇数还是偶数等)。

小知识

**比特(bit=binary digit)** 代表一位二进制数。在逻辑电路中,利用一位二进制数的“0”和“1”分别表示电路中某条导线的电压有和无,或者分别表示该点逻辑电平的高和低。如果该导线上有电压,即为逻辑高电平,则把该导线的逻辑值定义为 1。反之,如果无电压,即为逻辑低电平,则把该导线的逻辑值定义为 0。

### 1.3.7 通用输入/输出端口(GPIO)

为了使单片机发挥更大作用,需要将它与外部设备相连接。每个单片机都有一个或多个被称为 I/O 端口的寄存器,它们直接与单片机的引脚相连。单片机内的通用输入/输出端口(GPIO,General Purpose Input and Output port)的电路示意图如图 1-3 所示。

输入/输出端口可以根据用户的需要而定义和改变每个端口引脚的功能和用途。这些寄存器是单片机内唯一的能够使用电压表来测量其内值的一类寄存器。

### 1.3.8 时钟振荡器(OSC)

时钟振荡器即为时基发生器,它产生整个单片机芯片内部各功能电路正常操作所需的同步时钟脉冲和定时信号。时钟振荡器通常由固有频率稳定的外接石英晶体振荡器或陶瓷谐振器与片内电路共同构成,也可以使用频率不太稳定的其他振荡电路(如 RC 振荡器)。如图 1-4 所示是一个 4MHz 石英晶体振荡电路。

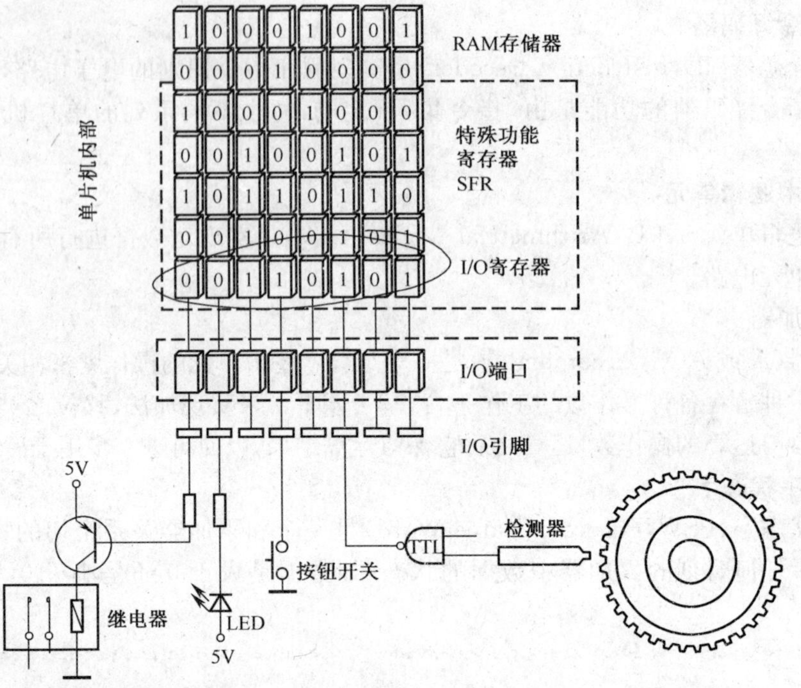


**图 1-3　单片机的输入输出端口电路图**

**提示：**程序指令并不是按照时钟振荡器的速率在执行，因为每一条指令的执行要分几个步骤。有些单片机执行任何指令都需要同样数量的周期，而对于 80C51 单片机及其兼容型号是不同的。因此，如果系统选用的是频率为 20MHz 的石英晶体振荡器，执行一条指令的最短时间并不一定是预期的 50ns，也可能是 100ns、200ns、300ns 甚至 600ns，这取决于 80C51 单片机的具体型号和指令。

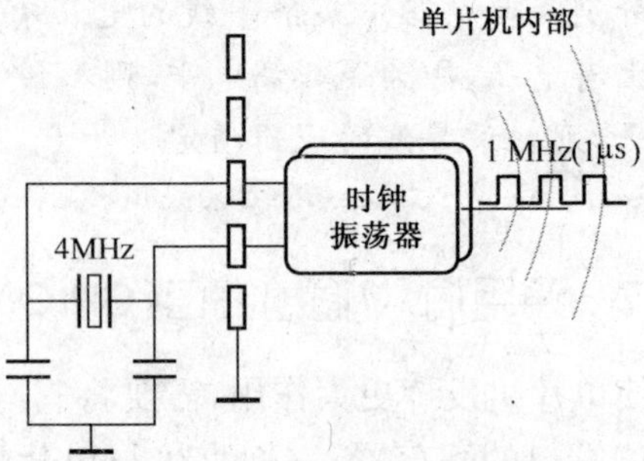


**图 1-4　时钟产生电路图**

## 1.3.9　定时器/计数器(TIMER)

大多数程序运行时，使用电子秒表（马表）作为定时器。通常这种定时器的核心是一个 8 位或 16 位的特殊功能寄存器，每当一个脉冲到来，该寄存器的内值就自动加 1。一旦寄存器溢出，就产生一个中断请求信号。如图 1-5 所示，是对定时器操作过程的一种简单描述。

如果定时器使用石英振荡器作为内部时钟源，那么通过编程可以用来测量两个事件的时间间隔。如果定时器使用外部引脚上的触发脉冲作为信号源，那么这时的定时器就被用作了计数器。

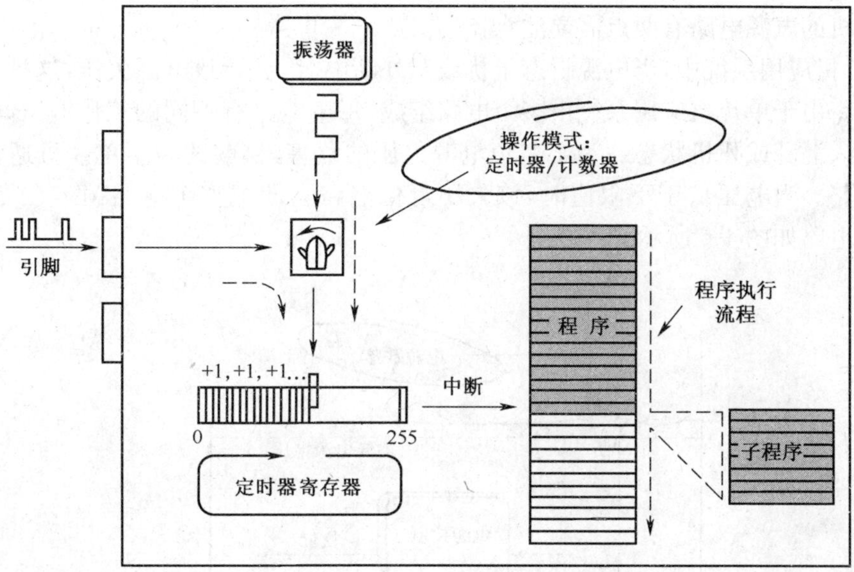


图 1-5 定时器工作示意图

小知识

一个寄存器或存储器单元是一个能够存储一个字节数据的电子电路。除了 8 比特可以被用户整体读写之外，有的寄存器中的每个比特位还可被单独读写。

所有的 ROM 存储器单元和用作通用寄存器的 RAM 存储器单元一样，都是相互平等且没有名字的。编程时为了使得整个操作变得容易，根据需要可以给它们分别临时定义一个名字。

所有的特殊功能寄存器 SFR 都有自己的名字，不同型号的单片机中所配置的 SFR 也不相同，每个 SFR 都具备如其名字描述的特殊功能。

### 1.3.10 看门狗定时器(WDT)

看门狗定时器(WDT，Watchdog Timer)就是独立拥有 RC 振荡器时钟源的定时器。

看门狗被启用后，每次看门狗定时器计数到最大值并溢出时，单片机都会发生一次复位，并且从程序的第一条指令重新开始执行。为了不让看门狗产生溢出，需要单片机利用专门的指令对看门狗周期性地清零，即俗称的“喂狗”。

如果把“喂狗”指令安排在循环程序中的适当位置，那么“喂狗”命令能够周期性地执行，从而使得看门狗的活动不会影响程序的正常运行。

如果由于某种原因使得程序计数器 PC“卡在”了某些存储器单元内而不能返回，看门狗将不能被清零，看门狗定时器会不停地累计下去达到最大值，单片机即会复位。

## 1.3.11 电源电路

关于单片机的电源电路有两点需要注意：

(1)在单片机应用系统中，当电源瞬态干扰或意外断电时，会导致电源欠压，这种情况具有潜在的危险性。由于单片机应用系统由多个电路组成，每个电路有不同的工作电压，电源欠压会使单片机陷入混乱或死机状态。为了避免电源欠压的危害，目前的新型单片机通常内置一个欠压复位电路。当电压低于下限值时，该欠压复位电路立即把整个电路锁定在复位状态。电源欠压复位电路如图 1-6 所示。

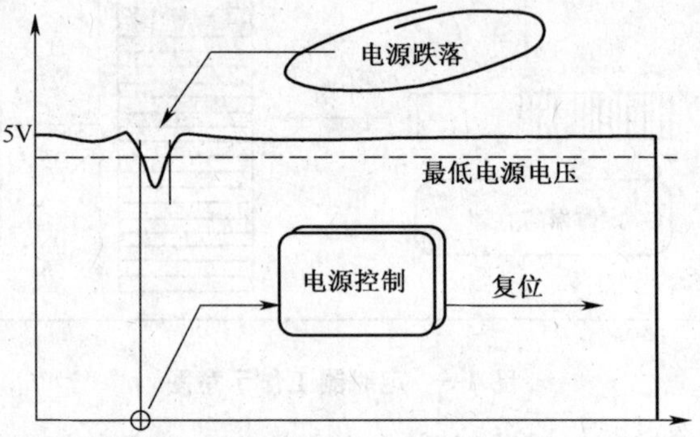


**图 1-6 电源欠压复位电路图**

(2)单片机的复位引脚通常被称为主动复位端(MCLR，Master Clear Reset)，可以用作单片机外部复位，由逻辑“0”或“1”控制复位，不同型号的单片机芯片其有效电平也不同。如果单片机芯片内部没有配置欠压复位电路，那么就可以在单片机外部搭建一个实现欠压复位的简单电路连接到该引脚上。

## 1.3.12 串行通信接口(UART)

如图 1-7 所示为两个单片机之间的串行通信示意图。

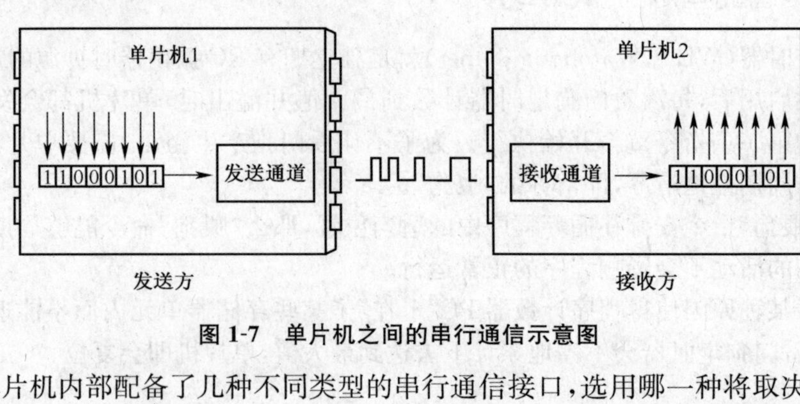


**图 1-7 单片机之间的串行通信示意图**

大多数单片机内部配备了几种不同类型的串行通信接口，选用哪一种将取决于多种因素，其中最重要的因素有以下几个：

(1)单片机需要进行数据交换的设备数量。

(2)交换数据的速率快慢。

(3)设备之间距离的远近。

(4)发送和接收数据是否需要同步。

关于几种串行通信的最重要的事情之一是必须严格遵守通信协议。协议就是一组规则，应用这些规则，通信设备之间可以互相交换数据和解读数据。单片机的串行通信接口自动解决了这个问题，用户只需发送数据和接收数据。

小知识

**字节(Byte)** 一个字节由 8 位二进制数组成。如果一个比特是一个数位，那么一个字节就是一个数字。所有的数学运算可以利用字节来完成，就像利用十进制数一样，这些数学运算都是在 ALU(算术逻辑单元)内部实现的。字节中不同位置上的数代表不同的值。最左边的位代表的数值最大，称最高位(MSB)；最右边的位代表的数值最小，称为最低位(LSB)。由于 8 位二进制数(0 和 1)可有 256 个不同的组合方式(其中有一种组合代表 0)，因此一个字节可以表示的十进制数的范围是 0～255。

### 1.3.13 用户程序

单片机在工作之前首先必须对其进行编程。单片机编程的过程相对比较简单易学。一般使用汇编语言、C 语言和 BASIC 语言对单片机进行编程。

本书主要介绍汇编语言的使用，因为它是最简单，执行速度最快的语言，也是最贴近机器硬件的语言。

小知识

**中断(Interrupt)** 中断就是打断常规程序的运行。中断信号可以由不同的中断源产生，因此当发生中断时，单片机需要暂时停止当前执行的程序，转去检查中断产生的原因。如果确实需要执行某项任务，程序计数器 PC 的当前值(即为程序的断点地址)被压入堆栈，转去执行中断服务子程序，待子程序执行完毕，再回到主程序的断点处去继续执行，这就形成了一次中断过程。

**堆栈(Stack)** 堆栈是建立在 RAM 中的一个专用存储区域，用于保存程序的断点地址。以便在子程序或中断执行完后，能够再恢复断点地址，使主程序得以继续执行。返回主程序后堆栈内存放的地址就没有用了，于是该堆栈存储单元可被再次使用。另外，堆栈可以由多级构成，因此可以实现子程序嵌套，即从一个子程序中再调用另一个子程序。

## 1.4 单片机应用开发流程漫画

| | |
|---|---|
| ①  | ② 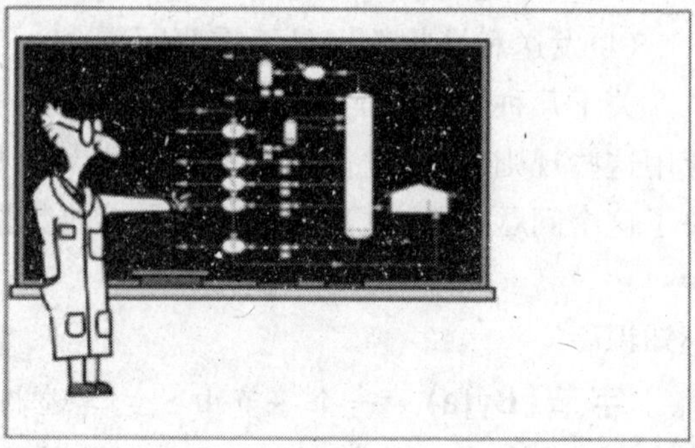 |
| 出发前：向你的家人和朋友们暂时告别几天，为你的宠物买下充足的食物，并且给自己备足美味的三明治。然后，就开始一次非常有趣的“单片机项目开发之旅”吧！ | 第一站：研究以单片机为控制核心的被控对象设备的结构原理和工作原理。 |
| ③  | ④  |
| 第二站：查阅一些单片机中可以利用的硬件资源（例如 I/O 端口、定时器、A/D 转换器等构件的性能和数量），然后选择一款满足项目要求的单片机。 | 第三站：在硬件电路板焊装好，即把必需的外围器件与单片机芯片都连接好之后，便可以开始编写程序。 |

⑤

第四站：在 PC 机上给单片机编写用户程序。如果能够在真实环境下来调试程序，那就更棒了。

⑥

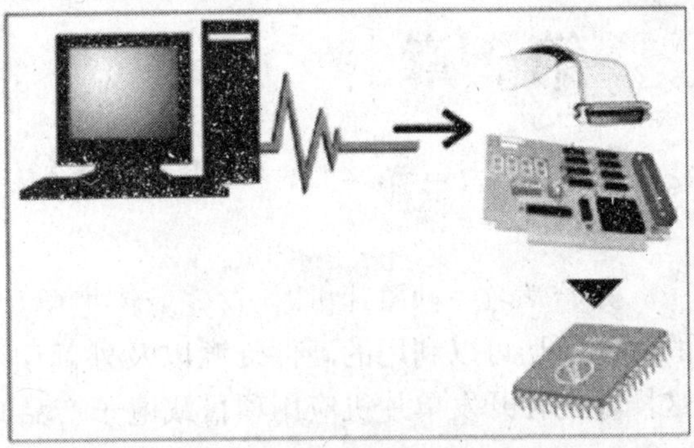

第五站：利用汇编器（或编译器）将编好的源程序转化成可执行的目标程序，再利用程序烧写器将程序固化到单片机内部的程序存储器中。

⑦

第六站：是该让单片机独立运行的时候了。把烧好程序的单片机芯片从编程器上拔下，插入到目标电路板中。深呼吸，接通电源，观察运行结果。

⑧

终点站：大功告成了！充分享受成功的喜悦吧！

# 第 2 章

# 标准 80C51 单片机架构

开始学习一种单片机时，首先应该把单片机芯片的硬件架构搞清楚，就是熟悉单片机现有的内部一切可以利用的硬件资源以及外部引脚资源，并且掌握这些资源的功能、特点与用法。这样才能在开发单片机应用项目或电子产品时物尽其用，得到最优化的性价比。

## 2.1　什么是标准 80C51

80C51 单片机得到普及的原因首先在于其配置可以巧妙地选择，同时还可以不断地扩展(参考新型的单片机)，以满足大多数用户的不同需求。此外，基于 80C51 单片机的软件也已经发展得很成熟。显然，对这种单片机的基本内核做任何改变都是无利可图的。这就是为什么世界上会出现如此众多的、不同版本的基于 80C51 内核而又独立发展的单片机系列产品。如图 2-1 所示为 80C51 单片机的内部结构简图。

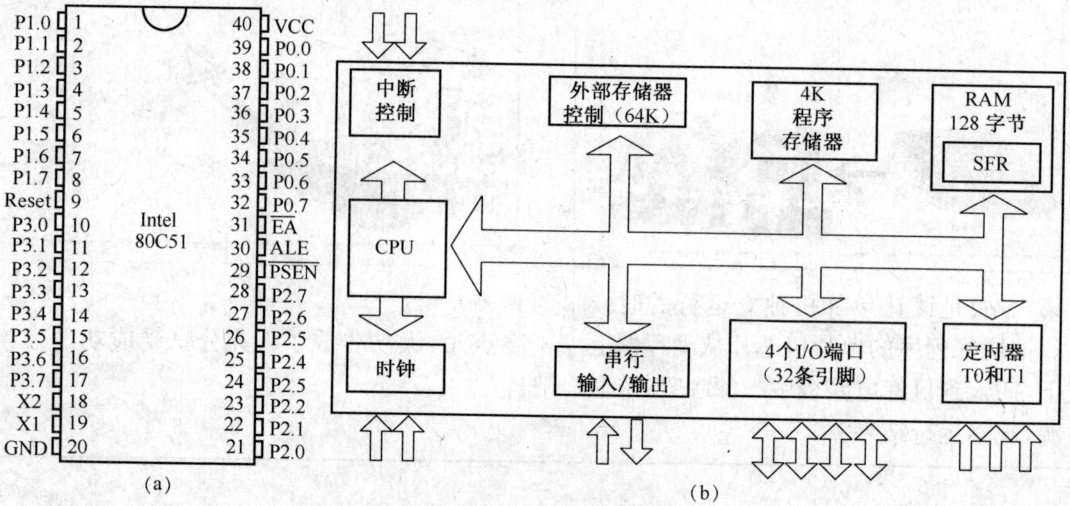


**图 2-1　80C51 的封装形式和内部结构示意图**

(a)封装形式　(b)内部结构示意

80C51 内部资源配置情况如下：

(1)4KB 的 ROM(程序存储器)。可以根据用户实际需求进行外扩。

(2)128B 的 RAM(数据存储器，包括特殊功能寄存器 SFR 在内)。已能够满足了一般用户的基本需求，也可以根据用户实际需求进行外扩。

(3)4 个并行端口共 32 条输入/输出引脚。在多数情况下足以建立与外部环境的各种必需的连接。

## 2.2　封装形式和引脚功能

具有总线扩展能力(能够向外开放总线)的 80C51 单片机，有 44 引脚(Pin)的方形封装形式和 40 引脚的双列直插封装形式(简记为 DIP，Double Inserting Package)，无总线扩展能力的 80C51 单片机有 20 引脚的双列直插式封装形式，如 AT89C2051(新品有 AT89LP2052、AT89LP4052、AT89S2051、AT89S4051 等型号)。

如图 2-1a 中所示，是标准 80C51 单片机的双列直插式封装形式，共 40 条外接引脚。对各个引脚的功能说明如下：

● 引脚①～⑧：P1 通用端口。每一个引脚都能够单独编程为通用输入引脚或输出引脚。

● 引脚⑨：RST 复位端。平时保持低电平，当高电平加在该脚会使单片机进入复位状态，并且进行一次复位操作，将各个 SFR 寄存器的内容还原为初始值。换句话说，从该脚送入一个逻辑高电平会重新启动单片机，如果高电平持续加在该脚上，单片机会被一直锁定在复位状态上，而无法执行程序。只有将该脚的电压恢复到低电平，将会从头开始执行程序。

● 引脚⑩～⑰：P3 通用端口。类似于 P1 端口，每一个引脚也都能够单独定义为输入或输出引脚。此外，它们都有第二功能：

引脚⑩：RXD。串行异步通信输入引脚或串行同步通信的数据 I/O 引脚。

引脚⑪：TXD。串行异步通信输出引脚或串行同步通信的时钟输出引脚。

引脚⑫：INT0。外部中断 0 的触发输入引脚。

引脚⑬：INT1。外部中断 1 的触发输入引脚。

引脚⑭：T0。计数器 0 的计数脉冲输入引脚。

引脚⑮：T1。计数器 1 的计数脉冲输入引脚。

引脚⑯：WR。外扩 RAM 写操作控制信号(负脉冲)输出端。

引脚⑰：RD。外扩 RAM 读操作控制信号(负脉冲)输出端。

● 引脚⑱～⑲：X2、X1 内部振荡器电路的输入和输出引脚。外接固有频率稳定的石英晶体振荡器，或者小型陶瓷谐振器，来产生内部各部分所需的工作时钟。有的新型单片机可以运行在 0Hz 到 50MHz 的频率范围。

● 引脚⑳：GND(或者 VSS)电源接地端。

● 引脚㉑～㉘：P2 通用端口。如同 P1 端口，这些引脚可以单独定义成输入或输出引脚，前提是不外扩存储器；如果需要外扩存储器时，16 位地址的高 8 位(即 A8～A15)由该端口提供(另外，虽然在外扩存储器小于 64KB 时，这 8 条引脚可以不全用于输出地址，但是剩余引脚一般也不再用作输入或输出引脚)。

● 引脚㉙：$\overline{\text{PSEN}}$外部程序选通端。每当从外扩的程序存储器 ROM 中提取一个字节的指令编码时，该脚都会送出一个负脉冲，作为选通信号。

● 引脚㉚：ALE 地址锁存使能端。在单片机每次访问外部存储器(RAM 或 ROM)时，都是先将低 8 位地址(A0～A7)从 P0 端口送出，并且经过 ALE 引脚输出一个脉冲，来控制锁存到外接的一片 8D 锁存器中(可选 74HCT373 或 74HCT375 等标准数字芯片)。从而在 ALE

信号的支持下，借助于一只廉价数字芯片实现了 P0 端口的时分复用。也就是说，P0 端口同时用于数据和地址信息的传输。

● 引脚㉛：$\overline{EA}$外部程序选择端。当该脚连接低电平时，P2 和 P3 端口用作数据和地址信息传输，而不管单片机内部有没有配置程序存储器。这表示即使有一个程序写入单片机的 ROM，只要该脚为低，该程序也不会被执行，而是写进外部 ROM 的程序会被执行。当该脚连接高电平时，单片机将可以使用内、外两种 ROM，先执行内部 ROM 的程序，地址超出后自动再转去执行外部 ROM 的程序（前提一是有外扩 ROM，二是内部 ROM 小于 64KB）。

● 引脚㉜～㊴：P0 通用端口。与 P2 端口类似，如果没有向外开放总线，这些引脚能用作通用端口引脚。否则，在向外开放总线期间，当 ALE 引脚为高电平时，P0 端口将自动配置成地址总线输出口（A0～A7）；当 ALE 引脚为低电平时，P0 端口将自动配置成数据总线输 I/O 口（D0～D7）。

● 引脚㊵：VCC。＋5V 电源接口。

## 2.3 通用并行输入/输出端口

### 2.3.1 I/O 端口

标准 80C51 单片机有 4 个通用的并行 I/O 端口，如图 2-2 所示。四个并行 I/O 端口映射

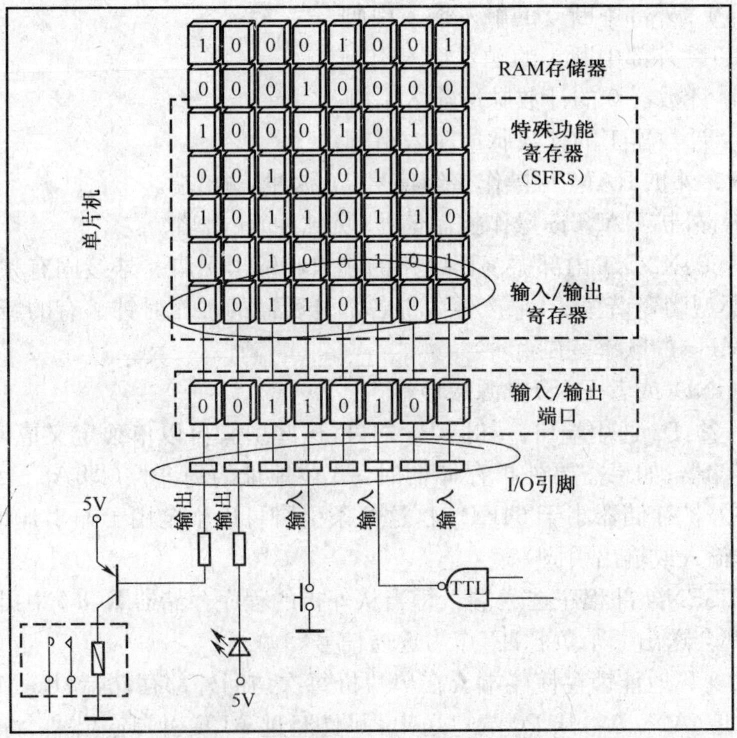


图 2-2 I/O 端口总体结构示意图

到特殊功能寄存器(SFR)中的 P0～P3。每个端口由 8 条引脚组成(对应端口寄存器的 8 个比特),每条引脚都能单独编程为输入或输出引脚,总共有 32 条输入/输出引脚可用于单片机和外部设备的连接。

无论是定义成输入引脚还是输出引脚,都取决于端口寄存器的逻辑状态。当定义为输入引脚时,要将端口寄存器相应的比特位置"1"。这样,相应的引脚电平为 5V(类似于 TTL 电路输入端)。

## 2.3.2　I/O 端口引脚

如图 2-3 所示,为一条端口引脚的内部结构简图,也就是单片机内部与一个 I/O 引脚相连的所有电路的简化原理图。每一条端口引脚内部电路被大幅度精简之后,只有一个端口寄存器、一只缓冲器、一只上拉电阻和一只输出驱动管。端口引脚用于连接外部电路,而端口寄存器与内部 CPU 交换数据。注意:只有 P0 端口的引脚没有内部上拉电阻。

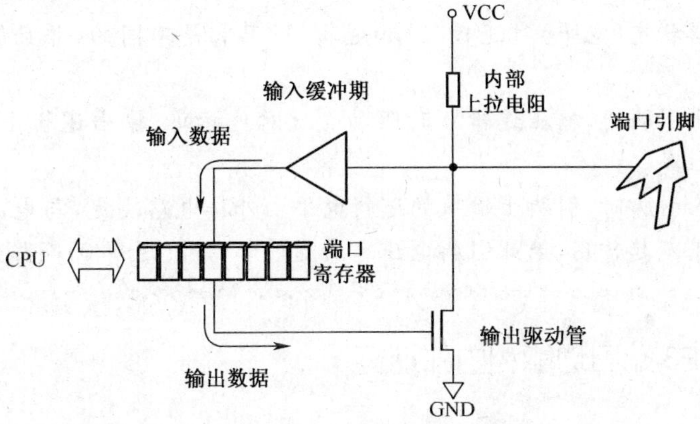


**图 2-3　I/O 端口引脚结构示意图**

### 1. 引脚输出

如图 2-4 所示,当 CPU 把一位数据,例如这里假设是一个逻辑 0,写入端口寄存器的某个比特位时,它将推动输出驱动管导通,把对应端口引脚连通到地(这时缓冲器和上拉电阻的作用被抑制了),从而经该脚输出一个逻辑低电平(0V)。

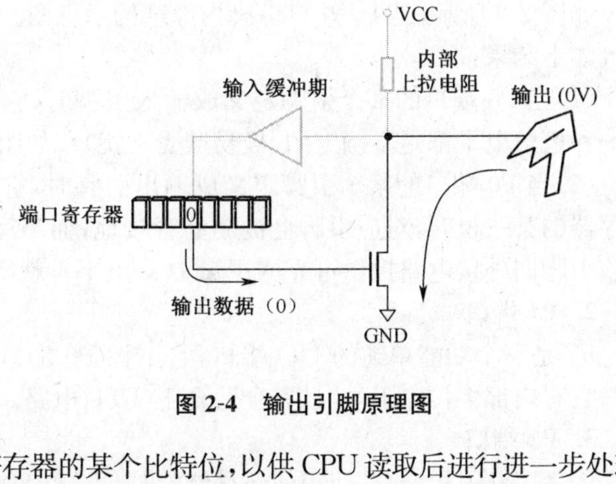


**图 2-4　输出引脚原理图**

### 2. 引脚输入

如图 2-5 所示。当外部引脚送入一个逻辑电平(这里假设是一个逻辑 1)时,经过输入缓冲器加载到端口寄存器的某个比特位,以供 CPU 读取后进行进一步处理。

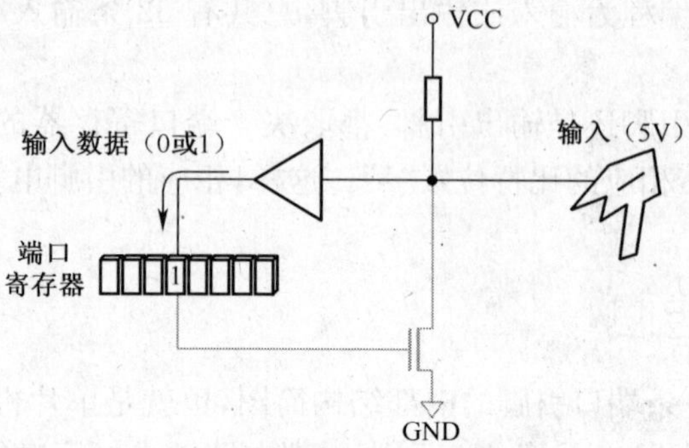


图 2-5 输入引脚原理图

小知识

每个引脚的逻辑状态(电平)对逻辑“0”和逻辑“1”而言是不同的,并且能够随时被改写或者读取。

当引脚作为输出引脚时,输出逻辑 0 时驱动管就对地短路;输出逻辑 1 时驱动管截止,引脚电平被上拉电阻拉高。

当引脚作为输入引脚时,引脚上输入的逻辑电平由外接电路决定,与电源“松散”连接的高阻值的上拉电阻几乎不起作用,因此引脚电压容易随外部信号(逻辑 0)而降低。

### 2.3.3 P0～P3 端口功能和内部结构

**1. P0 端口**

P0 端口的特点是具有两种功能。只有当使用外部存储器时,地址低字节(A0～A7)被输出到 P0 端口。否则,P0 端口引脚可用于通用目的。

如图 2-6 所示,是 P0 端口引脚内部结构示意图。当 P0 端口定义成输入或输出引脚时,将导致如下结果:

(1)当 P0 端口的某个引脚定义成输入引脚时,它将处于悬空状态。这时输入引脚的输入阻抗和逻辑电平都是不确定的(极易遭受干扰)。如图 2-6a 所示。

(2)当 P0 端口的某个引脚定义成输出引脚时,它处于漏极开路状态。当逻辑 0 写入端口寄存器的某一位时,对应引脚会被驱动管接地;而当写入逻辑 1 时,外部引脚保持悬空。为了使该引脚向外接电路提供可靠的逻辑 1(高电平),就需要外接一个上拉电阻。如图 2-6b 所示。

**2. P1 端口**

P1 是一个功能单纯的 I/O 端口,它不像 P0 端口具有第二功能,只能当作通用的 I/O 端口。它有内部上拉电阻,并且完全适合于 TTL 电路。

**3. P2 端口**

P2 跟 P0 很相似,在使用外部存储器时, P2 端口作为外部存储器的地址总线,提供的是地

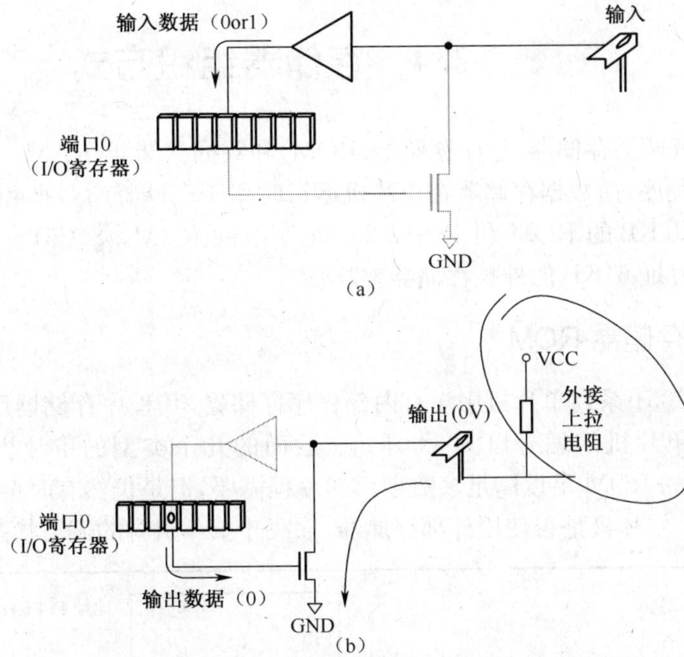


**图 2-6 P0 端口引脚内部结构示意图**

(a)P0 端口引脚输入时 (b)P0 端口引脚输出时

址高字节（A8～A15）。当没有外部存储器时，该端口可用作通用端口，其特性就跟 P1 一样。

**4. P3 端口**

P3 端口的各引脚都能用作通用的 I/O 引脚，然而它们都有第二功能。若想使用这些第二功能，必须将 P3 端口寄存器的对应位定义为逻辑“1”。在硬件方面该端口与 P0 相似，而不同之处在于它的各引脚都有内部上拉电阻。

## 2.3.4 端口引脚的电流上限

当作为输出引脚时，单个引脚的驱动管能接受 10mA 的电流。如果一个端口的 8 条引脚同时都被激活时，总电流应不大于 15mA（P0 端口可达 26mA）。如果所有的端口（32 位）都被激活，最大总电流应不大于 71mA。当这些引脚定义成输入引脚时，内部上拉电阻能提供很弱的电流，但已经足以驱动 74LS 系列 TTL 数字电路的 4 条逻辑门输入端子。

小知识

从这些端口的描述来看，虽然它们在结构上有着或多或少的相似之处，但是必须注意每个端口分别适用不同的场合及其用法。

例如，要求用于输出高电平（5V）时，对于 P0 端口来说是不行的，因为它的引脚没有上拉电阻，因此只能输出低电平和高阻。当使用其他端口时，应该记得上拉电阻的阻值较高，其引脚只能给出几百微安的电流（高电平电流很小，但是低电平电流要大得多，因为是由驱动管提供）。

## 2.4 存储器组织方式

80C51 单片机有两类存储器：程序存储器（ROM）和数据存储器（RAM）。程序存储器用于永久保存被执行的程序，而数据存储器在单片机运行时用于存储临时数据和产生的中间结果。典型单片机最多有几 KB 的 ROM 和 128 或 256 个字节的 RAM。80C51 单片机可以提供 16 位的地址总线并能寻址 64KB 的外扩存储器。

### 2.4.1 程序存储器 ROM

第一个类型的 8051 系列单片机中没有内部程序存储器，其程序存储器用的是外部的独立芯片。这个类型的单片机的编号以 803x 开始。后面的几个类型的单片机都有几 KB 片内 ROM。尽管这么大的 ROM 足以满足多数项目的编程需要，但是仍然有时会用到外扩存储器。

如图 2-7 所示。单片机是否使用外部存储器，取决于 EA 引脚的逻辑状态。

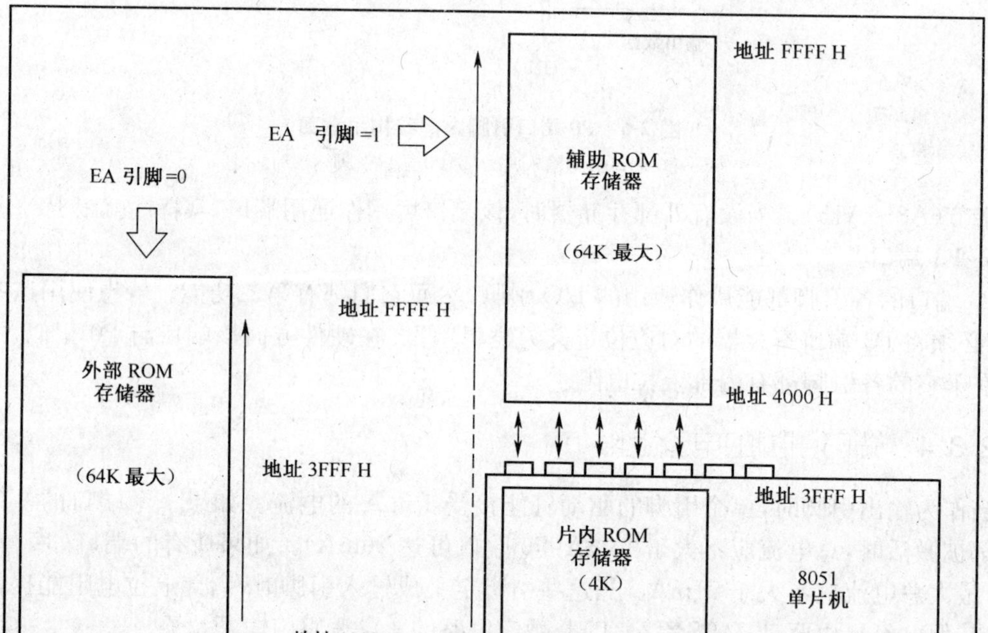


**图 2-7 引脚 EA 控制外部程序存储器的使用**

（1）$\overline{EA}$=0 时，单片机完全忽略内部程序存储器，而仅执行存储在外部存储器的程序。

（2）$\overline{EA}$=1 时，单片机首先执行片内 ROM 中的程序，而后才执行存储在外部存储器的程序。

在这两种情况下，P0 和 P2 端口用于与外扩 ROM 之间的数据和地址传输，而不能再作其他使用。另外，ALE 和$\overline{PSEN}$两个引脚也被使用。

### 2.4.2 数据存储器 RAM

数据存储器在单片机运行时用于暂存临时数据和中间结果。另外，8051系列单片机的片内RAM存储器空间内还包括许多SFR寄存器，例如与CPU、中断逻辑、输入/输出端口、定时器/计数器、串行通信接口等硬件模块相关的寄存器。早期的单片机有256个RAM字节，而后来的单片机在此基础上又增加了128个辅助RAM寄存器，最初的256个存储器单元仍属于80C51单片机中通用的核心存储空间。用户使用地址00H～7FH可以寻址的存储器空间就是前128个存储器或寄存器单元。这部分RAM分成以下几个区段：

(1)第一区段(地址00H～1FH)为32个通用寄存器，分为4组，每组包括8个寄存器，记为R0～R7。在使用这些寄存器之前，先要选择寄存器组。

(2)第二区段(地址20H～2FH)为16个字节，可以按位寻址，这意味着每一位都有一个地址(其地址编码00H～7FH)。该区段的16个字节共包含128个具有独立地址的比特位(从20H字节的第0号比特地址为00H，直到2FH字节的第7号比特地址为7FH)。

(3)第三个区(地址30H～7FH)共有80个字节单元，没有特殊的功能和特性，用作通用存储区(堆栈空间一般安排在此)。

### 2.4.3 辅助 RAM

为了满足用户对于更大数据存储器空间的需求，新版本的80C51单片机中额外增加一个128字节的辅助存储器空间。

辅助存储器空间与特殊功能寄存器SFR空间共用相同的地址编码(80H～FFH)，它们是通过采用不同的寻址方式来区分这两个物理上分离的存储器空间。对特殊功能寄存器SFR空间采用“直接寻址”方式，而对辅助RAM存储器空间则采用“间接寻址”方式，如图2-8所示。

### 2.4.4 存储器扩展

当片内的存储器(RAM或ROM)不够用时，可以扩展两个(不同类型的)64KB外部存储器芯片。P0和P2两个I/O端口(及P3部分引脚)可用于它们的地址和数据信息的传输。如图2-9所示。

80C51单片机有两个引脚$\overline{RD}$(P3.7)和$\overline{PSEN}$用于数据读取。前者用于从外部数据存储器RAM读取数据；后者用于从外部程序存储器ROM中提取指令编码。两个引脚都是低电平有效。图2-10所示是一个同时外挂64KB的RAM和ROM芯片以实现存储器满额扩展的典型示例。

下面对图2-9的原理进行简要说明：

(1)当程序执行过程中遇到一条从外部ROM读数的指令时，例如MOVC A，@A＋DPTR(常数表格的查表指令)，单片机将输出第一个地址字节(低8位地址A0～A7)到P0端口，同时激活地址锁存使能信号输出引脚ALE，控制8位锁存器74HCT573锁住，并且转送给外扩ROM的地址输入引脚。

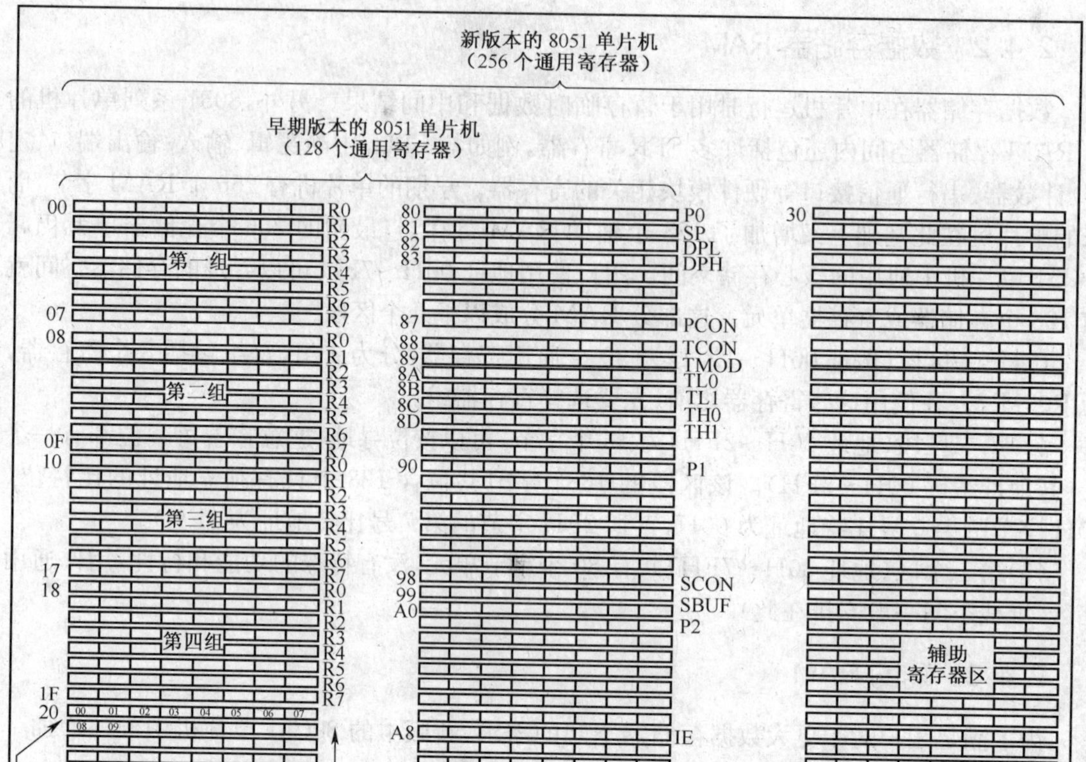


**图 2-8 数据存储器的组织**

（2）在利用 ALE 引脚信号控制 74HCT573 锁存低地址字节的同时，第二个地址字节（高 8 位 A8～A15）已经输出到 P2 端口。这样就实现了外扩程序存储器的寻址。接着就该读取对应存储单元的内容了。

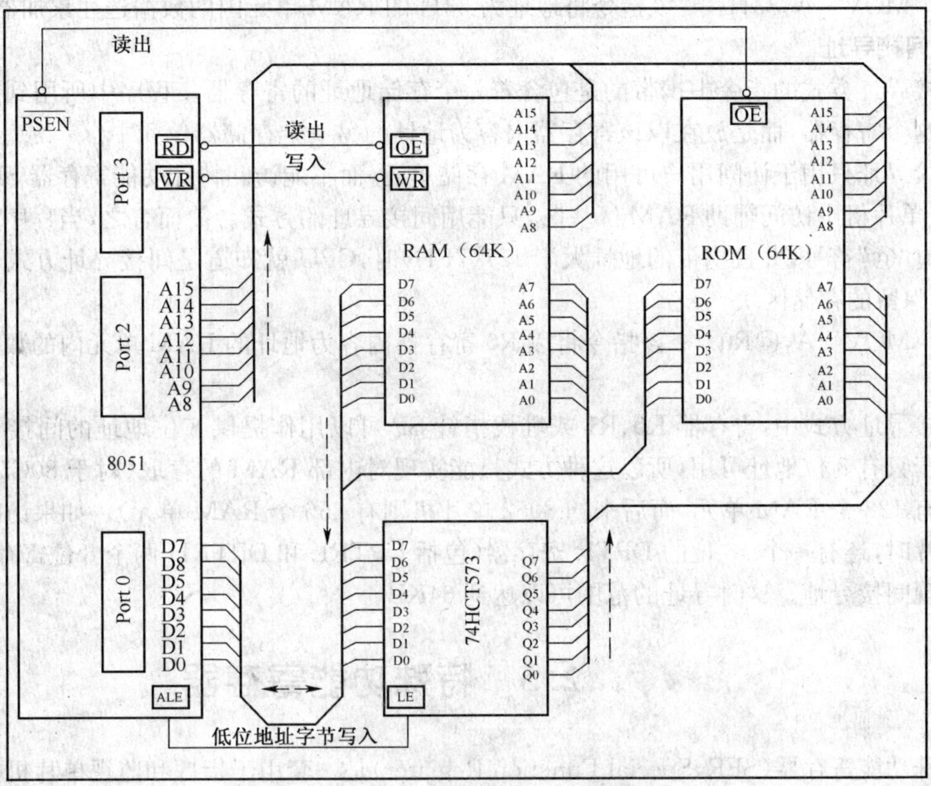


图 2-9 存储器满额扩展示意图

(3)随后 P0 端口的各条引脚被自动设置成了输入引脚来充当数据总线，同时单片机将激活选通信号输出引脚$\overline{PSEN}$，控制 ROM 芯片把指定单元的内容送到数据总线 D0～D7，以供单片机读取到 CPU 内部的累加器 A 中。

与此类似，也可以实现读取外部 RAM 存储单元的内容。其寻址方式是相同的，不同的是通过读操作$\overline{RD}$和写操作$\overline{WR}$引脚上的选通控制信号分别实现读取和写入。

## 2.4.5 寻址方式

单片机在运行时，CPU 总是严格按照程序的每条指令来处理的。每条指令由两部分组成：一部分说明应该做什么，另一部分解释怎么做。前者是指令码，后者可以是数据(二进制数)或者数据存储的地址。根据所要访问的 RAM 区块的不同(是否访问辅助 RAM)，80C51 单片机将采用两种不同的寻址方式。

**1. 直接寻址**

直接寻址方式的指令中直接携带的是被处理数据的存储地址。这个地址中包含的数据在程序运行过程中是可变的。由于地址长度只有一个字节(表示的地址范围00H～FFH)，最多只有 256 个 RAM 存储单元能用这种方式寻址。对于地址为 00H～7FH 的前一半 128 个 RAM 单元可用于保存用户变量，而地址为 80H～FFH 的另一半 128 个存储单元地址留给了 SFR。

**例** MOV A,33H ；该指令将地址为 33H 的 RAM 单元内的数据送往累加器

**2. 间接寻址**

间接寻址方式的指令中携带的是包含着一个存储地址的寄存器。程序中所用到的数据不是放在这个寄存器，而是放在以该寄存器内容为地址的另一个存储器单元中。

间接寻址只用于访问用户可用的 RAM 存储单元，而不能访问特殊功能寄存器 SFR 空间。在 8052 单片机中访问辅助 RAM 区块时，只能用间接寻址的方式。简而言之，当程序遇到指令中包含有“@”符号，并且携带的地址大于 127(7FH)时，CPU 就知道是间接寻址方式从而回避为 SFR 保留的存储区块。

**例** MOV A,@R0 ；该指令将以 R0 寄存器内容为地址的 RAM 单元内的数据送往累加器

间接寻址方式中，寄存器 R0、R1 或堆栈指针 SP 可以用作提供 8 位地址的间接寻址寄存器。由于只有 8 位地址可用，所以这种方式只能实现对内部 RAM 的存取(对于 80C51 单片机来说只有 128 个 RAM 单元，而后来的 8052 单片机则有 256 个 RAM 单元)。如果访问外扩存储器芯片时，还有一个 16 位的 DPTR 寄存器(包括 DPTRL 和 DPTRH 两个 8 位寄存器)专门用来实现间接寻址。这时寻址的范围可以达到 64KB。

## 2.5 特殊功能寄存器

特殊功能寄存器(SFR，Special Function Register)是一套用于指挥和监视单片机操作的控制表，如图 2-10 所示，其中每个寄存器以及寄存器中的每个比特位都有自己的专用名称，一是用于直接寻址，二是准确定义其作用。例如定时器控制、中断控制、串行通信控制等。尽管有 128 个存储单元的地址空间可供使用，但是标准 80C51 单片机基本内核实际只配置了 21 个 SFR 寄存器。剩余的一些存储单元地址被保留下来，以便为以后的制造商做进一步开发或者扩充单片机功能时仍然能够与以前的单片机版本保持兼容。

| | | | | | | | | | |
|---|---|---|---|---|---|---|---|---|---|
| F8 | | | | | | | | | FF |
| F0 | B | | | | | | | | F7 |
| E8 | | | | | | | | | EF |
| E0 | ACC | | | | | | | | E7 |
| D8 | | | | | | | | | DF |
| D0 | PSW | | | | | | | | D7 |
| C8 | | | | | | | | | CF |
| C0 | | | | | | | | | C7 |
| B8 | IP | | | | | | | | BF |
| B0 | P3 | | | | | | | | B7 |
| A8 | IE | | | | | | | | AF |
| A0 | P2 | | | | | | | | A7 |
| 98 | SCON | SBUF | | | | | | | 9F |
| 90 | P1 | | | | | | | | 97 |
| 88 | TCON | TMOD | TL0 | TL1 | TH0 | TH1 | | | 8F |
| 80 | P0 | SP | DPL | DPH | | | | PCON | 87 |

↑可位寻址的寄存器

**图 2-10 特殊功能寄存器(21 个)布局图**

## 2.5.1　寄存器 A(累加器)

寄存器 A(或者 ACC)称作累加器,是一个多用途的核心寄存器,用来暂存操作数或者运行中产生的中间结果,如图 2-11 所示。

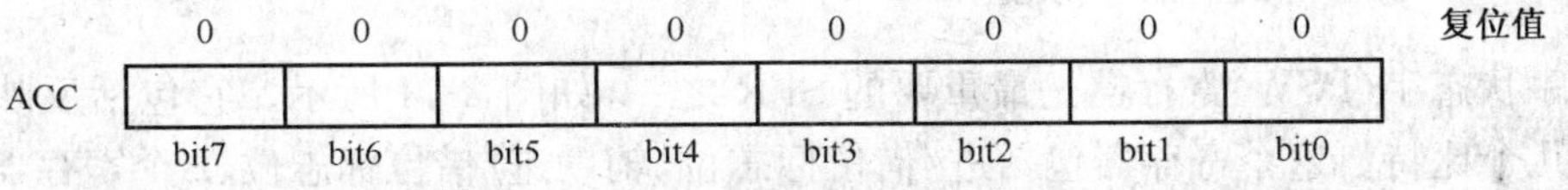


图 2-11　寄存器 A

在执行一条运算指令之前,参与运算的数值或叫操作数必须事先存放到累加器中。在执行运算指令之后,运算器所产生的所有算术运算结果也都存放在累加器中。数据从一个寄存器转移到另一个寄存器时,也往往通过累加器进行中转。换言之,累加器 A 是一个最常用的寄存器,80C51 单片机中有超过一半的指令会以某种方式用到累加器。

## 2.5.2　寄存器 B

乘法和除法运算只能通过存储在 A 和 B 寄存器的数值来执行。程序中所有其他指令可以将 B 寄存器用作备用的累加器,如图 2-12 所示。

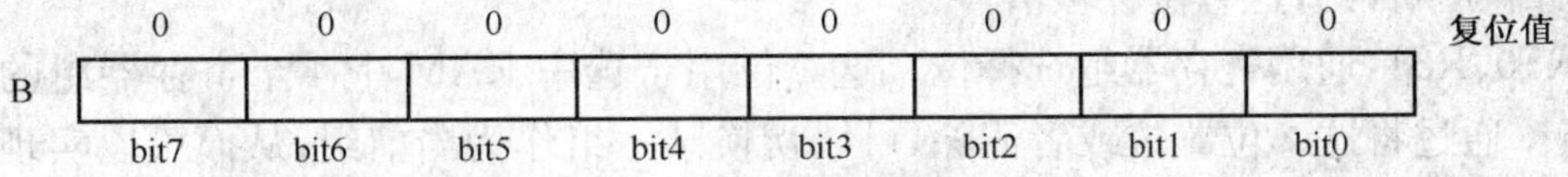


图 2-12　寄存器 B

**注意:**在编写程序过程中,由于使用的是每个寄存器的名字,所以对用户而言它们的确切地址是不重要的。在编译过程中,它们的名字将自动地被代替为相应的地址。

## 2.5.3　通用寄存器组(R0～R7)

通用寄存器组是指 4 组、每组 8 个多用途寄存器(R0、R1、R2、……、R7),如图 2-13所示。它们在 RAM 存储区里占用 4 行(每行一组)。与累加器类似,它们用于存储临时变量和操作时的中间结果。具体哪一组被选中作为当前使用的寄存器组取决于 PSW 寄存器中的 2 个比特位。

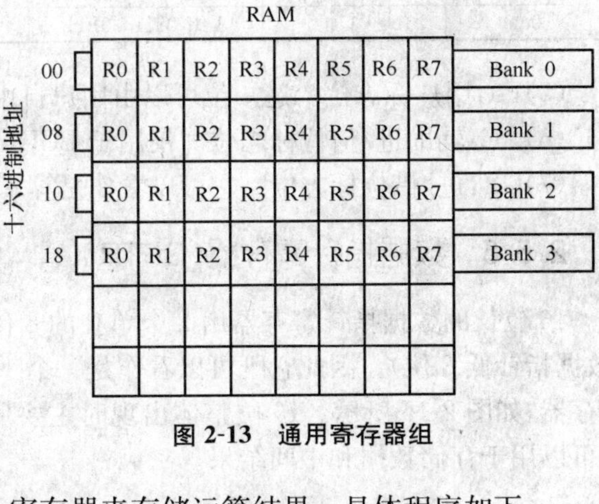


图 2-13　通用寄存器组

下面举例说明通用寄存器的用法。假设要用通用寄存器中的数值来执行算术运算:(R1＋R2) － (R3＋R4)。显然,需要一个寄存器来存储运算结果。具体程序如下:

```
MOV   A,R3   ;  将 R3 中的数值送入累加器
ADD   A,R4   ;  将 R4 中的数值与累加器中的数值相加(结果仍放在累加器中)
MOV   R5,A   ;  将累加器中的结果临时送入 R5
```

```
MOV   A,R1   ;  将 R1 中的数值送入累加器
ADD   A,R2   ;  将 R2 中的数值与累加器中的数值相加(结果仍放在累加器中)
SUBB  A,R5   ;  将累加器中的数值与 R5 中的数值相减(结果仍放在累加器中)
```

### 2.5.4 程序状态字寄存器(PSW)

程序状态字(PSW)寄存器是最重要的 SFR 之一,如图 2-14 所示。它包括反映 CPU 当前状态的几个比特。这个寄存器包括进/借位标志位、辅助进/借位标志位、2 个寄存器组选择位、溢出标志位、奇偶校验位和用户自定义状态标志。

| | | | | | | | | | |
|---|---|---|---|---|---|---|---|---|---|
| | 0 | 0 | 0 | 0 | 0 | 0 | 0 | 0 | 复位值 |
| PSW | CY | AC | F0 | RS1 | RS0 | OV | | P | |
| | bit7 | bit6 | bit5 | bit4 | bit3 | bit2 | bit1 | bit0 | 位名称 |

图 2-14 程序状态字寄存器(PSW)

(1)P:奇偶校验位。如果当前累加器中“1”的个数为奇数,该位自动置“1”,否则会被清“0”。它主要用于串行通信过程中的数据传送和接收的校验。

(2)Bit1:这一位保留未用(可以由用户定义为 F1)。

(3)OV:溢出标志位。在算术运算结果大于 255,一个寄存器中放不下而发生溢出时,将导致 OV 位置“1”,否则,这一位会被清“0”。

(4)RS0、RS1:通用寄存器组选择位。这 2 位用于选中 RAM 中 4 个寄存器组的某一组作为当前组。通过将这 2 位置位或者清除,可以切换某一组作为当前组,从而可以实现保护当前组寄存器内容的作用,见表 2-1。

表 2-1 通用寄存器组的选择

| RS1 | RS2 | 选中的当前组 | RS1 | RS2 | 选中的当前组 |
|---|---|---|---|---|---|
| 0 | 0 | 0 组 00H～07H | 1 | 0 | 2 组 10H～17H |
| 0 | 1 | 1 组 08H～0FH | 1 | 1 | 3 组 18H～1FH |

(5)F0:用户标志位。这一位可以由用户自由定义状态标志。

(6)AC:辅助进/借位标志位。仅用于 BCD(二进制编码的十进制数)操作。

(7)CY:进/借位标志位。它可以看作是算术运算指令与移位指令的(第九位)辅助位。

### 2.5.5 数据指针寄存器(DPTR)

16 位长的数据指针寄存器由 2 个单独的 8 位寄存器组成:DPH(数据指针高 8 位)和 DPL(数据指针低 8 位)。因此它既可以看作是一个 16 位的寄存器,也可以看作是 2 个独立的 8 位寄存器,如图 2-15 所示。16 位整体出现时主要用于外部存储器的寻址。另外,DPTR 寄存器也可以用于存储数据和中间结果。

### 2.5.6 堆栈指针寄存器(SP)

堆栈指针(SP,Stack Pointer)寄存器中存储的数值是堆栈地址,它始终指向栈顶单元,以便该单元内容的存或取,如图 2-16 所示。

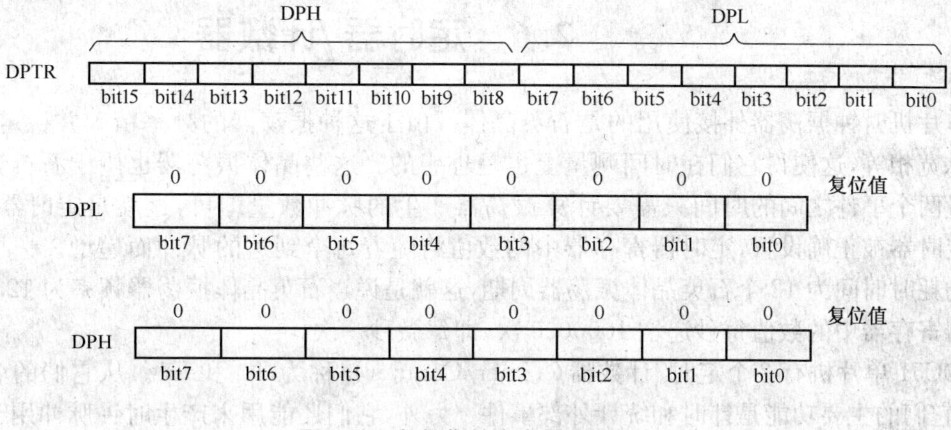


**图 2-15　数据指针寄存器 DPTR**

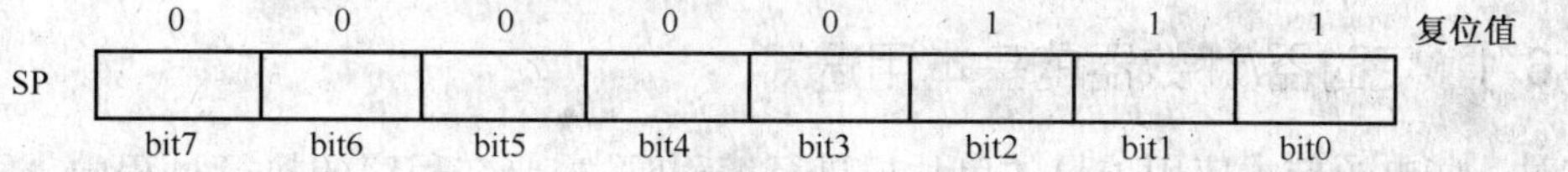


**图 2-16　堆栈指针寄存器(SP)**

入栈时 SP 的值自动加 1，而出栈时 SP 的值自动减 1。当重启动和加电时，SP 的复位值为 07H，这意味着为堆栈保留的 RAM 空间从 07H 存储单元开始。当用另一个数值写入 SP 寄存器时，整个堆栈移到新的存储器区段。

## 2.5.7　端口寄存器(P0～P3)

P0～P3 为 4 个并行端口对应的 I/O 端口寄存器。它们都由 8 位组成，其中 P0 端口寄存器如图 2-17 所示。如果既没有外部存储器也不进行串行通信时，4 个端口共 32 个 I/O 引脚都可以用于连接外部电路。这些端口寄存器的每一位，将影响着对应端口引脚的状态和功能。因此，该位的逻辑状态反映了对应引脚的电压(0V 或 5V)，反之亦然，引脚的电压也反映了对应端口寄存器位的状态。

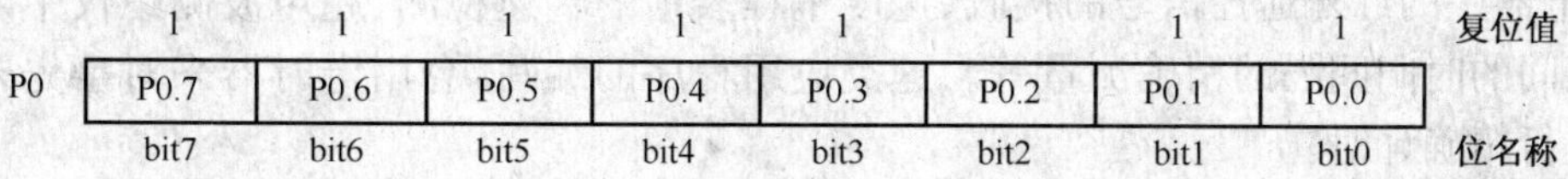


**图 2-17　端口寄存器 P0**

端口寄存器某位的状态影响着端口引脚的功能，即它们会相应地被配置成输入引脚或输出引脚。如果某一位被清"0"，对应引脚会被配置成输出引脚；当某一位被置"1"，对应引脚会被配置成输入引脚。当重启动和加电时，所有端口寄存器位都自动置"1"，这意味着所有的引脚会被配置成输入引脚。

总之，I/O 端口直接与单片机引脚相连接，这些寄存器的逻辑状态能够用电压表检测，反之亦然，通过检查这些位的状态也可以检测端口寄存器的位值。

# 2.6 定时器/计数器

单片机时钟振荡器外接使用的是石英晶体。由于这种振荡器的频率精确并稳定，它所产生的脉宽相等，这使得它们在时间测量上也是理想的。这些晶体振荡器也用于石英钟内。为了测量两个事件之间的时间只需要计算振荡器产生的脉冲数量即可，这就是定时器的原理。如果定时器被正确设置，定时器寄存器中的数值将随着每个到达的脉冲而递增。一个单周期指令的耗时时间为 12 个石英晶体振荡器周期，这就是说当石英晶体振荡器频率为 12MHz 时，定时器寄存器中的数值每秒递增 1000000 次，即每微秒一次。

80C51 单片机有 2 个定时/计数器（Timer/Counter），称为 T0 和 T1。从它们的名字可想而知，它们的主要功能是计时和统计外部事件。另外，它们还能用来产生时钟脉冲用于串行通信，即所谓的波特率。

## 2.6.1 定时器/计数器的基本用途

在对一些电子技术应用项目的单片机进行编程时，需要在程序的执行过程中，插入一定时长的延时。延时可通过两种途径实现：一是利用芯片内部现成的硬件资源——可编程定时器；二是采用软件手段——插入一段延时程序。软件手段延时其缺点是需要占用机时。在此仅对第一种方法中用到的硬件资源进行讲解。

在单片机芯片内部配置的各种外围模块中，定时器/计数器模块是一种应用比较灵活的外围模块，其用途如下：

（1）在一些单片机的应用项目中，有时要求单片机在其端口引脚上，从指定的起、止时刻，向外部电路发出一个单脉冲或者一系列脉冲的方波信号。例如，照相机的快门控制、遥控器编码信号的波形合成、继电器的驱动控制等。这类应用程序的编写，会用定时器来精确定时以便提供事先预定的起点时刻和持续时长。

（2）在另外一些单片机的应用项目中，经常要求单片机在其引脚上，检测外部电路“发送”的一系列方波信号的脉宽、周期或频率，以便单片机接收外部电路的输入信号或通信信号。例如，遥控电器中的红外遥控信号的接收、速度里程表中的转速检测、超声波测距仪中发射波与反射波之间的时间间隔的精确测量等。这类应用程序的编写，会用定时器来对事先未知的时间间隔进行精确计时。

（3）也有一些单片机应用项目中，要求每隔一个预定的时间周期产生一次提示信号给 CPU，提醒 CPU 定时处理那些周期性的任务。例如，产生周期方波信号、产生脉宽调制信号 PWM、提供 LED 数码管动态驱动信号、形成可控硅驱动信号、步进电机的驱动控制、直流电机的调速控制、交流电机的变频控制、串行通信的波特率发生器等。这里把定时器用作一种循环往复、滚动运行的“时基中断发生器”。

（4）还有一些单片机应用项目中，需要单片机对其端口引脚上输入的由外部事件产生的触发信号进行准确地计数，依据计数结果来控制完成相应的动作。例如，在饮料生产车间的灌装生产线上，传送带上的易拉罐在移动时，可以借助于红外线透射或者反射方式，获得触发信号并且送入单片机相应的计数引脚，由单片机内部的可编程计数器来对移过红外探头的易拉罐数量进行计数。每当计数器的累加值达到一定值时，就控制相应装置完成封箱操作。

### 2.6.2　定时器/计数器 T0

由于定时器/计数器 T0 和 T1 的电路结构和工作原理几乎相同，因此以下就重点以 T0 为讲解模型。如图 2-18 所示，定时器/计数器 T0 包括 2 个寄存器——TH0 和 TL0，以表示一个 16 位寄存器的低字节和高字节。

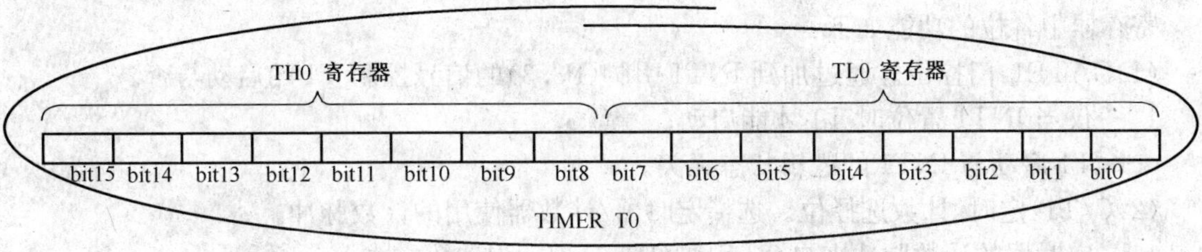


**图 2-18　定时器/计数器 T0**

因此，如果定时器 T0 的内容为 0000H，即 T0＝0，那么它包括的两个寄存器都置 00H。如图 2-19 所示。如果定时器 T0 的内容为 1000（十进制），那么 TH0 寄存器（高字节）将置 3，同时 TL0 寄存器（低字节）将置 232，如图 2-20 所示。

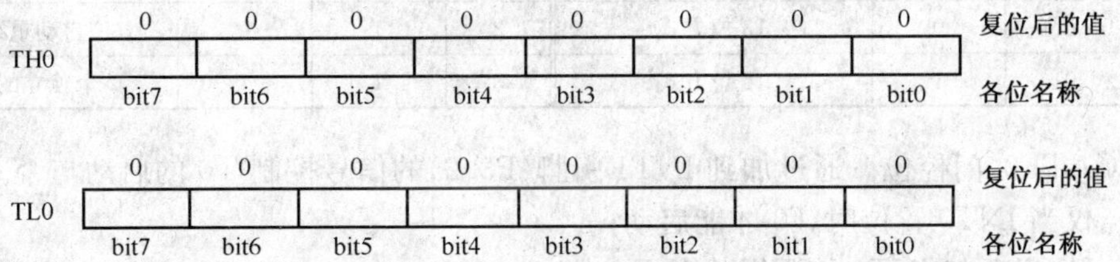


**图 2-19　定时器/计数器 T0**

用于计算这两个寄存器中数值的公式非常简单：

TH0 × 256 ＋ TL0＝T0

按照前面的例子将数值代入后，即

3 × 256 ＋ 232＝1000

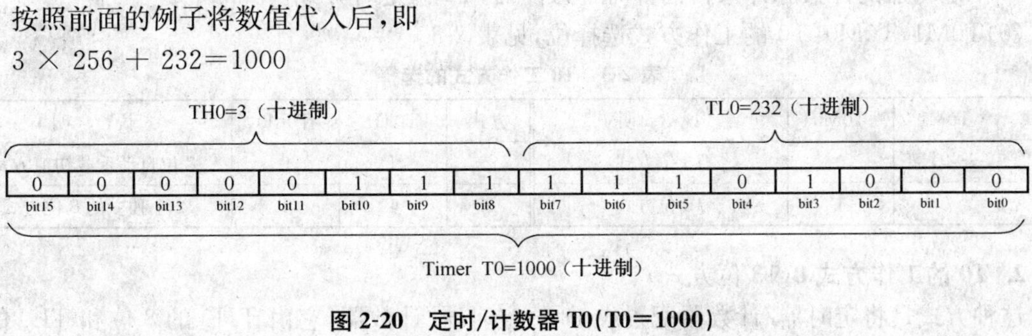


**图 2-20　定时/计数器 T0（T0＝1000）**

由于定时器 T0 事实上是一个 16 位的寄存器，它能够存储的最大值为 65535，即为 FFFFH。当超过这个数值时，定时器将被自动清除并重新从 0 开始计数，这个条件称为一次溢出。TMOD 和 TCON 两个 SFR 寄存器与这个定时器紧密相关并控制它的运行。

**1. 定时器/计数器方式控制寄存器**(TMOD)

TMOD 寄存器用于选择定时器 T0 和 T1 的工作方式。如图 2-21 所示，低 4 位(bit0～bit3)用于定时器 T0，而高 4 位(bit4～bit7)用于定时器 T1。共有 4 种工作方式，下面分别进行介绍。

| | | | | | | | | | |
|---|---|---|---|---|---|---|---|---|---|
| | 0 | 0 | 0 | 0 | 0 | 0 | 0 | 0 | 复位后的值 |
| TMOCD | GATE1 | C/T1 | T1M1 | T1M0 | GATE0 | C/T0 | T0M1 | T0M0 | |
| | bit7 | bit6 | bit5 | bit4 | bit3 | bit2 | bit1 | bit0 | 各位名称 |

**图 2-21 TMOD 寄存器**

寄存器中各位的功能如下：

(1)GATE1:门控位。通过加到 INT1 引脚(P3.3)的信号控制 T1 的启动与否。

1 — 仅当 INT1 置位时 T1 才能启动；

0 — T1 启动与 INT1 的逻辑状态无关。

(2)C/T1:定时/计数选择位。选择定时器/计数器使用的计数脉冲。

1 — 定时器的计数脉冲来自 T1 引脚(P3.5)，T1 为计数方式；

0 — 定时器的计数脉冲来自内部时钟振荡器，T1 为定时方式。

(3)T1M1，T1M0:T1 的工作方式选择位，见表 2-2。

**表 2-2 T1 工作方式的选择**

| 方式 | T1M1 | T1M0 | 说　明 | 方式 | T1M1 | T1M0 | 说　明 |
|---|---|---|---|---|---|---|---|
| 0 | 0 | 0 | 13 位方式 | 2 | 1 | 0 | 8 位自动重载初值方式 |
| 1 | 0 | 1 | 16 位方式 | 3 | 1 | 1 | 2 个独立的 8 位方式 |

(4)GATE0:门控位。通过加到 INT1 引脚(P3.2)的信号控制 T0 的启动与否。

1 — 仅当 INT0 置位时 T0 才能启动；

0 — T0 启动与 INT0 的逻辑状态无关。

(5)C/T0:定时/计数选择位。选择定时器/计数器使用的计数脉冲。

1 — 定时器的计数脉冲来自 T0 引脚(P3.4)，T0 为计数方式；

0 — 定时器的计数脉冲来自内部时钟振荡器，T0 为定时方式。

(6)T0M1，T0M0:T0 的工作方式选择位，见表 2-3。

**表 2-3 T0 工作方式的选择**

| 方式 | T0M1 | T0M0 | 说　明 | 方式 | T0M1 | T0M0 | 说　明 |
|---|---|---|---|---|---|---|---|
| 0 | 0 | 0 | 13 位方式 | 2 | 1 | 0 | 8 位自动重载初值方式 |
| 1 | 0 | 1 | 16 位方式 | 3 | 1 | 1 | 2 个独立的 8 位方式 |

**2. T0 的工作方式 0**(13 位方式)

这种方式是将定时器/计数器配置成 13 位定时器/计数器，它由 TH0 的 8 位和 TL0 的低 5 位组成。结果 T0 只用了 16 位中的 13 位，如图 2-22 所示。

随着每个到达的脉冲，低字节寄存器的各位不断改变它们的状态。在收到 32 个脉冲后，TL0 寄存器计满并自动回 0，同时高字节寄存器 TH0 加 1。如此重复，直到寄存器计满 8192

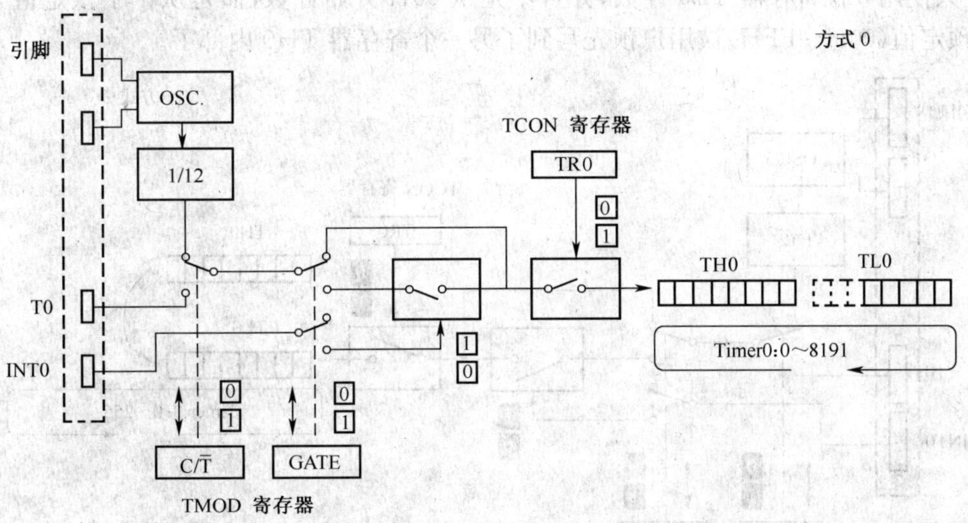


**图 2-22　13 位方式示意图**

($2^{13}$)个脉冲，然后两个寄存器都被清除并重新从 0 开始计数。

**3. T0 的工作方式 1**(16 位方式)

工作方式 1 将 T0 配置成 16 位定时器/计数器，它由 TH0 和 TL0 寄存器的所有位组成。如图 2-23 所示。这是最常用的方式之一。定时器/计数器的运行方法与工作方式 0 相同，区别在于 16 位寄存器的最大计数范围是 0～65535(0000H～FFFFH)，总共可累计 65536($2^{16}$)个状态。

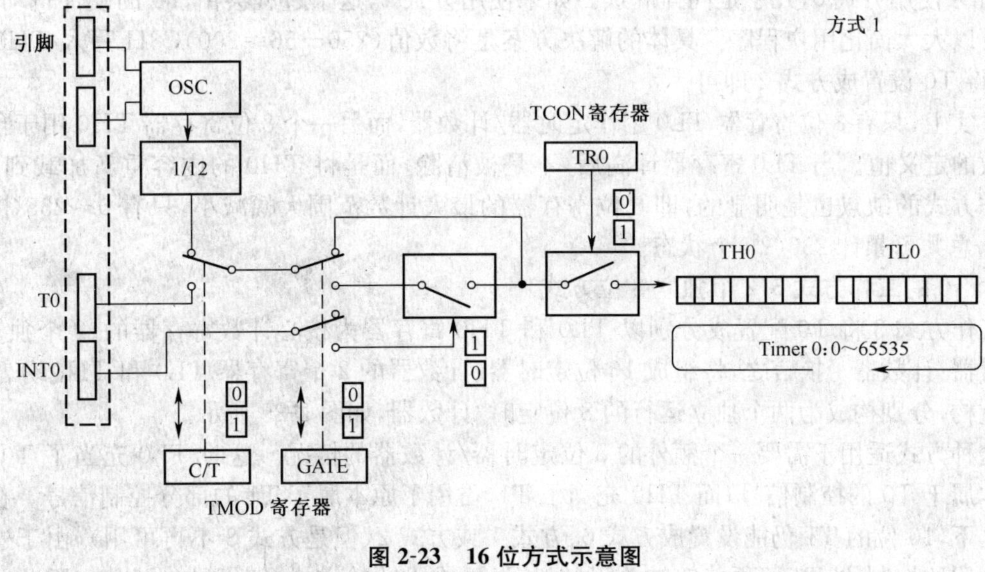


**图 2-23　16 位方式示意图**

**4. T0 的工作方式 2**(8 位自动重载方式)

工作方式 2 将 T0 配置成一个带有自动重载初值功能的 8 位定时器/计数器，如图 2-24 所示。T0只使用8位寄存器TL0计数，并且不是从00H开始计数，而是从一个预定值开始计数。该预定值(00H～FFH)被用户预先写到了另一个寄存器TH0内部了。

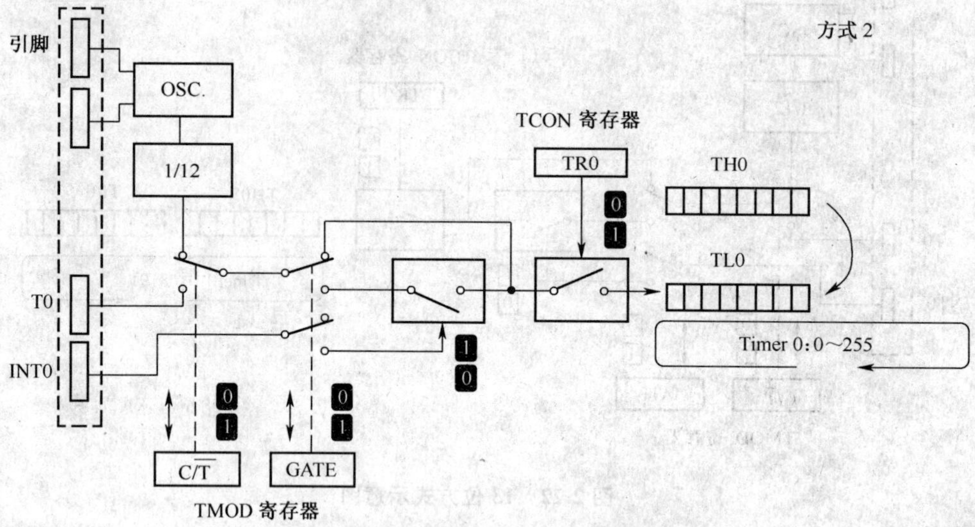


**图2-24 8位自动重载初值方式示意图**

下面举例说明这种方式的优点。假设需要定时器T0每次累计够56个计数脉冲，产生一次溢出信号，以供其他电路使用。如果使用方式1，则需要将一个(65536－56＝65480)FFC8H的数值写入定时器T0寄存器中(具体操作是分别写入数据字节FFH和C8H到TH0和TL0寄存器中)，并不断地检查是否有溢出发生。在每次发生溢出时，都需要重新写入FFC8H到T0。如果使用方式0，几乎是同样麻烦。如果使用方式2，这个过程会由T0的硬件自动完成，从而可以大大简化用户程序。具体的解决方案是将数值(256－56＝200)C8H写入TH0寄存器，并将T0设置成方式2即可。

事实上，只有8位寄存器TL0用作定时器/计数器，而另一个8位寄存器TH0用于预存开始计数的定义值。当TL0寄存器计满后，不是被清除，而是将TH0的内容重新加载到TL0。该工作方式的缺点也是明显的，即8位寄存器的最大计数范围大幅减小，只有0～255(00H～FFH)，总共可累计256($2^8$)个状态。

**5. T0的工作方式3**(2个独立8位方式)

工作方式3将T0配置成分别以TL0和TH0寄存器为核心计数寄存器的，2个独立的8位定时器/计数器。换言之，将组成16位定时器/计数器的2个寄存器TL0和TH0分割开来进行重构，分别构成为两个独立运行的8位定时/计数器，如图2-25所示。

这种方式适用于需要一个额外的8位定时器/计数器的情况。这时TL0充当了T0，占用了原本属于T0的控制信号；而TH0充当了T1，占用了原本属于T1的部分控制信号。在这种情况之下，16位的T1仍能设置成方式0、方式1或方式2(但是方式3不再可用)，由于这时没有了可用的控制位，T1不再能够被关闭(但是设置成无效的方式3时可以关闭)。因此，在T0使用方式3时，T1的运行会受到限制。

这种方式的唯一应用就是当作2个8位定时器/计数器使用，运行失去控制的16位的T1

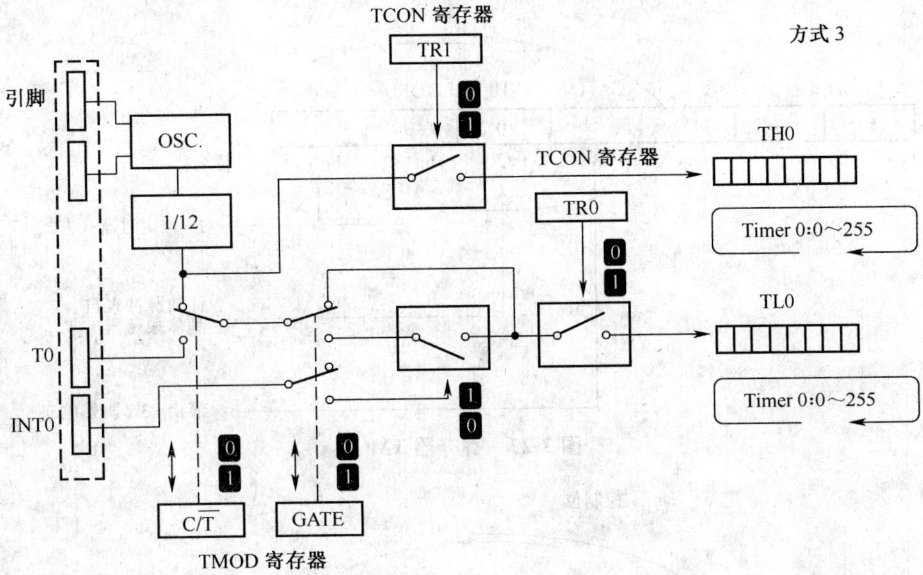


**图 2-25 独立的 2 个 8 位方式示意图**

通常被用作串口 UART 的波特率发生器。

**6. 定时器/计数器控制寄存器(TCON)**

如图 2-26 所示，TCON 寄存器中只有高 4 位用于直接控制定时器/计数器的运行。其他的几位用于中断控制。高 4 位的含义如下。

| | | | | | | | | | |
|---|---|---|---|---|---|---|---|---|---|
| | 0 | 0 | 0 | 0 | 0 | 0 | 0 | 0 | 复位后的值 |
| TCON | TF1 | TR1 | TF0 | TR0 | IE1 | IT1 | IE0 | IT0 | |
| | bit7 | bit6 | bit5 | bit4 | bit3 | bit2 | bit1 | bit0 | 各位名称 |

**图 2-26 寄存器 TCON**

(1)TF1:T1 的溢出中断请求标志位。该位在 T1 溢出时自动置位。

(2)TR1:T1 运行控制位。

1—启动 T1 工作；

0—停止 T1 工作。

(3)TF0:T0 的溢出中断请求标志位。该位在 T0 溢出时自动置位。

(4)TR0:T0 运行控制位。

1—启动 T0 工作；

0—停止 T0 工作。

**7. 怎样玩转 T0**

为了使 T0 运转起来，首先需要选中它并设置它的工作方式。用 TMOD 寄存器的各位来设置 T0 的工作方式和功能。

如图 2-27 所示的定义值，T0 的工作方式为方式 1，并且计数脉冲由石英晶体振荡器提供，频率为内部时钟频率的 1/12。

(1)如何启动 T0。将 TCON 寄存器的 TR0 位置位，T0 便开始运行，如图 2-28 所示。

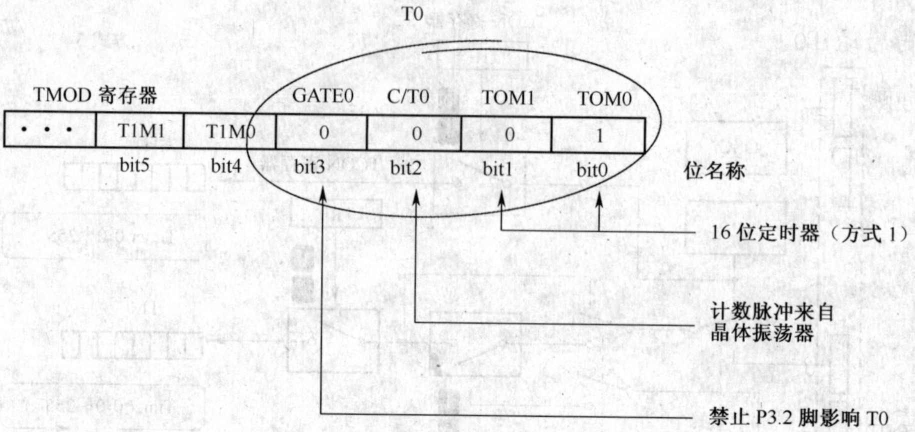


图 2-27 寄存器 TMOD

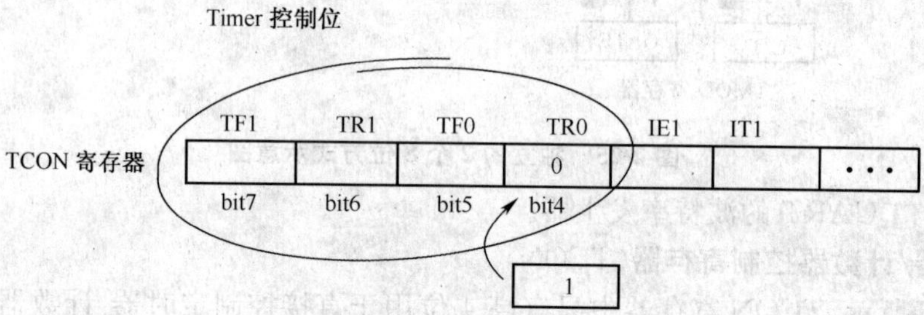


图 2-28 启动 T0 的 TCON 寄存器

如果时钟振荡器连接的是 12MHz 的石英晶体，那么 T0 的计数寄存器将会每微秒加 1。在 65536 微秒之后，组成 T0 的寄存器对 TH0:TL0 将计满，并且自动回 0 和溢出；然后从头重复这一过程，直到 TR0 的值被改写为逻辑 0，即 T0 被关闭为止。

(2)如何读取 T0。根据实际应用，有时需要读出 T0 寄存器中的计数值，有时还需要记录 T0 寄存器的清零时刻。

在 T0 工作于方式 2 和 3 时，只有一个 8 位寄存器在计数，所以读出某个时刻它的计数值就行了，操作非常简单；而在 T0 工作于方式 1 时，读取 T0 就变得复杂了，原因是计数寄存器由 16 位构成，而单片机本身是 8 位的，一次只能读取一个 8 位寄存器。假设先读低字节(TL0)，再读高字节(TH0)。结果为：

TH0＝15 ，TL0＝255

但是在读取时刻寄存器的实际计数值则是：

TH0＝14 ，TL0＝255

如果粗心大意的话，将会产生一个包含 255 个计数脉冲的误差。这个误差不是很明显，但是可以从逻辑上分析出来。低字节 TL0 的读取是正确的(255)，但是再去读高字节 TH0 的那一刻，由于一次溢出的发生，两个寄存器的内容同时改变了(TH0：14→15；TL0：255→0)。解决这个问题的简单方案是按这样的顺序读取：先读高字节，再读低字节，然后再读一次高字节。如果两次读取的高字节的内容不同，再需要重复上面这个顺序，重新读到的结果应该相同。

还有另外一个解决方案，就是在读取 T0 时先将 T0 停止(将 TCON 寄存器的 TR0 清除)，读取完了再启动 T0 即可。

(3)如何检测 T0 溢出。通常，不需要连续地读取 T0 寄存器的内容，只是记录它的清零时刻(即为从 0 计数的时刻)就足够了。这种情况叫做溢出。当发生溢出时，TCON 寄存器中的 TF0 位自动置位。该位的状态可以在程序中不断地检查，或者当这一位被置位时触发一个中断，中断会停止主程序的执行而转向执行相应的中断服务子程序。假设，要实现一个 0.05 秒的延时程序，这时好像 CPU 被停止了 0.05 秒没干有用的事。0.05 秒即为 50 毫秒，也就是 50000 个机器周期，前提是晶体振荡器频率选用 12MHz。

首先，计算定时器寄存器的初值，应该是 65536－50000＝15536，如图 2-29 所示。

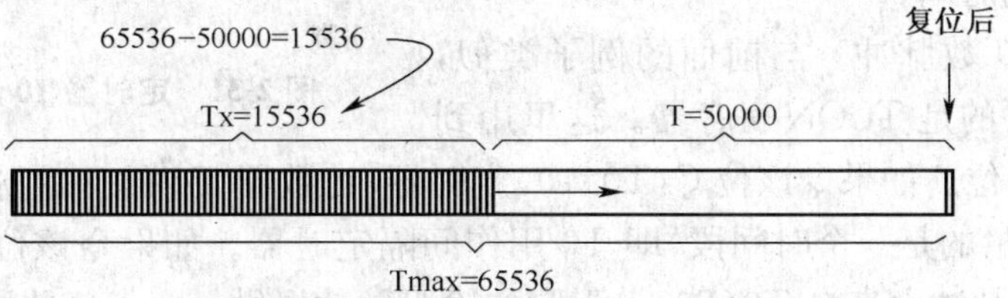


**图 2-29 定时器寄存器的初值确定**(15536)

然后，将初值 15536 分解开来，分别写入到寄存器 TH0 和 TL0。如图 2-30 所示(15536＝60×256＋176＝TH0×256＋TL0)。

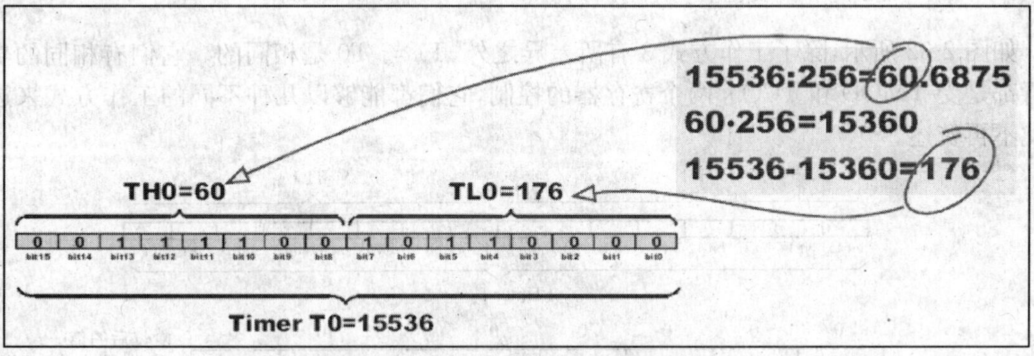


**图 2-30 定时器的寄存器 TH0 和 TL0 的初值分解**(60 和 176)

其实，将初值 15536 分解成填写 TH0 和 TL0 所需的数据字节，实现方法还有以下两种：一是直接转换为十六进制形式 15536＝3CB0H，则高字节 3CH 写入 TH0，低字节 B0H 写入 TL0 即可；还可以直接利用一条 16 位传送指令来分解，方法如下。

```
MOV   DPTR,#15536      ；把一个 16 位数(初值)送入 16 位数据指针寄存器 DPTR
MOV   TH0,DPH          ；数据指针的高字节 DPH 送定时器 T0 的高字节
MOV   TL0,DPL          ；数据指针的低字节 DPL 送定时器 T0 的高字节
```

定时器启动后将从该初值开始计数。在程序中要检查 TF0 位的状态，即它是否被置位。发生 TF0 置位的时刻，就是正好累计了 50000 个机器周期的时刻，也就是 0.05 秒延时到期后产生一次溢出的时刻。

(4)如何用 T0 测脉宽。以测试一个设备的启动时间是多长为例。定时器/计数器 T0 测脉宽的示意图如图 2-31 所示。

利用 TMOD 寄存器中的 GATE0 位的功能，当 GATE0＝0 时，INT0(P3.2 引脚)信号的状态对 T0 的计数过程没有影响；当 GATE0＝1 时，T0 的计数过程将受制于 INT0 信号，并且只有在 INT0＝1 的期间 T0 才能计数，否则保持冻结。因此，如果在一个设备启动的时间内，通过某个外部开关给 INT0(P3.2 引脚)施加一个高电平，T0 就能测量出设备启动时间。

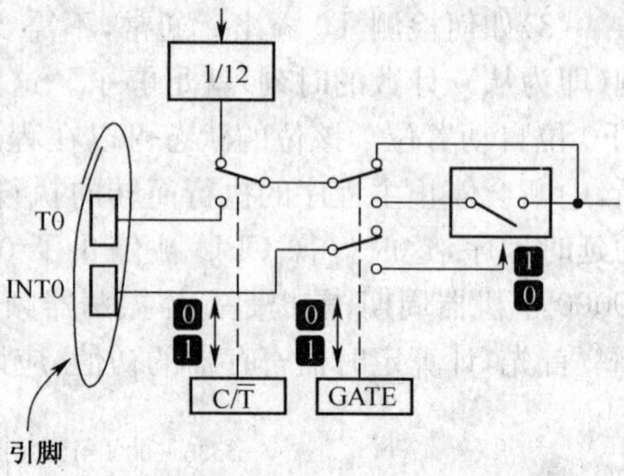


**图 2-31　定时器 T0 测脉宽的示意图**

(5)如何用 T0 数脉冲。与前面的例子类似，解决这个问题需要的是 TCON 寄存器。这里用到的是其中的 C/T0 位。如果令该位 C/T0＝0，定时器/计数器 T0 的计数脉冲由内部时钟振荡器供应，这时候测量的是一个时间段，即 T0 用作间隔定时器。如果令该位 C/T0＝1，定时器/计数器 T0 的计数脉冲由来自 T0(P3.4)引脚的输入脉冲提供。由于这些脉冲的宽度和间隔不一定总是相等，这时候测量的不是时间而是脉冲的个数，即 T0 用作事件计数器。

**提示：**这个计数器所能测量的最高频率是所用石英晶体振荡器频率的 1/24。

### 2.6.3　定时器/计数器 T1

如图 2-32 所示，除了工作方式 3 有所差异之外，T1 与 T0 是相同的。它们有相同的功能，运行都是受 TMOD 和 TCON 两个寄存器的控制，它们都能够以几种不同的工作方式来运行，因此不再赘述。

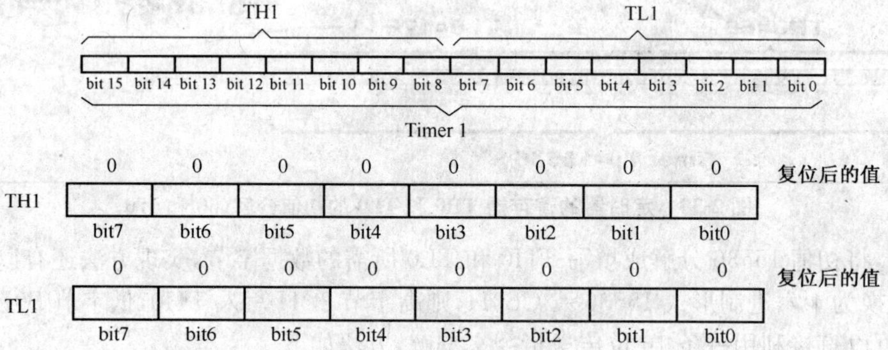


**图 2-32　定时器/计数器 T1**

## 2.7　通用异步收发器

80C51 单片机片内部的串行通信接口(SCI, serial communication interface)，也时常被简称作串行口或串口，它集成了两种不同的串行通信功能，即通用异步收/发器 UART(universal asynchronous receiver transmitter)功能和通用同步收/发器 USRT(universal synchronous receiver transmitter)功能。本节主要讲解 UART 模块。在正式讲解之前,先介绍一些有关串行通信的基本概念和背景知识。这些背景知识也适用于 SPI 和 $I^2C$。

## 2.7.1 关于串行通信的背景知识

串行通信的实现在制式、种类、形式、规范、标准、编码、检错、纠错、帧结构、组网方式、调制方式、主要用途等许多方面,存在着多种类型、变化、选择和解决方案。例如,PHILIPS 公司发明的 $I^2C$ 总线;Intel 等公司提出的 SMBus 总线;MOTOROLA 公司首先应用的 SPI 接口;国家半导体(NSC)公司首先应用的 MicroWire 接口等,都是用来实现与串行通信功能相关的技术和规范。

**1. 串行通信的两种基本方式**

根据收发双方通信时钟的形成方法不同,串行通信可以划分为异步传送和同步传送两种基本方式。

(1)异步传送方式。在线路上,异步传送的数据主要是以字符为信息单位来传送的(即面向字符)。其特点是数据在线路上的传送,各个字符可以是断续的,也可以是连续的,这完全由发送方根据需要来控制。另外,在异步传送时,起同步作用的时钟脉冲,并不传送到接收方,即,收、发双方各自使用自己的时钟源来控制发送的速率和接收的速率,及其检测(采样)时刻。为了克服数据传输时,双方时钟的不一致性以及时钟偏差的积累而引起数据接收的错位,异步传送过程中采用了两项技术:一是通信双方在通信速率、每个字符的总长度上,必须要作预先的约定;二是接收方需要采用字符再同步技术,即每接收一个字符都要进行一次起始位的确认和定位。

从物理线路的连接上看,进行异步通信的双方之间的连线,只有信息传输线,而没有时钟传输线。

由于字符的发送是随机进行的,因此,对于接收方来说就是一个判断何时有字符送来、何时是一个新的字符开始的问题。所以,在异步通信过程中,对于被传送的字符必须进行必要的包装、必须预先规定一种双方认可的信息格式,即,每个字符的信息格式由 4 部分组成:“起始位、数据位串、奇偶校验位和停止位”。这样一组信息就称为一个数据帧,或简称一帧。一帧信息的传送由起始位开始,停止位结束。

①起始位:是一个逻辑“0”,占用一个比特的时间,用来通知收信方一个新的字符开始到来。线路上在不传送字符期间,线路电平应该一直保持为逻辑“1”。接收方不断地检测线路上的状态,如果连续检测到逻辑 1 之后,又检测到一个逻辑 0,就断定开始发来一个新的字符,立刻准备接收数据。字符的起始位还被用来同步接收方的时钟,以保障后面的接收能够按照正确的节奏和正确的检测时刻进行。

②数据位串:起始位后面紧接着就是多位数据,它可以是 5 位、6 位、7 位、8 位或 9 位等。由于串行通信的效率与数据的位数有关,因此要根据实际需要来确定数据的位数,一般采用 8 位或 9 位者居多(尤其在单片机通信中更是如此)。另外需要注意的是,在发送时,通常是数据的最低位在前,即紧挨起始位的是数据的最低有效位(LSB,Least Significant Bit),其最高有效

位(MSB,Most Significant Bit)后面紧接奇偶校验位。

③奇偶校验位:只占一位,但是它不是必需的,就是说,也可以规定不用奇偶校验位。或者,将奇偶校验位替换为其他标志位。比如,用该位来确定这个字符所代表信息的性质(例如是地址、数据、命令或状态信息等)。该比特的利用,需要通信双方预先作好硬件上或软件上的约定。

④停止位:用来表示一个字符的结束。它被规定为逻辑"1"。停止位可以是1位、1.5位或者2位,采用1位的情况较为多见(在单片机通信中就是1位)。接收方收到停止位时,便得知一个字符接收完毕,同时为接收下一个字符作好准备,即只要再收到一位"0",就是一个新的字符的起始位。如果停止位后面不是紧接着传送下一个字符,则让线路上保持逻辑"1",以示空闲。

图2-33a描述的是字符连续发送的情况,即上一个字符的停止位紧接下一个字符的起始位。图2-33b则描述的是字符断续发送的情况,即上一个字符的停止位与下一个字符的起始位之间,有不定数量的空闲位,空闲位自然填充1,线路处于等待状态。

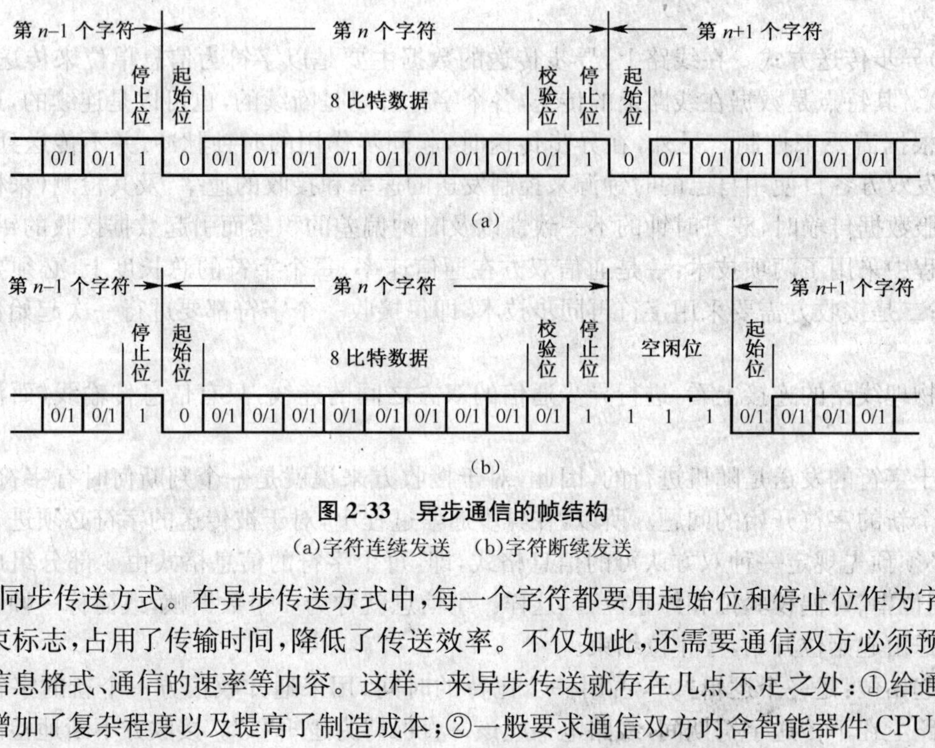


**图2-33 异步通信的帧结构**

(a)字符连续发送 (b)字符断续发送

(2)同步传送方式。在异步传送方式中,每一个字符都要用起始位和停止位作为字符的开始和结束标志,占用了传输时间,降低了传送效率。不仅如此,还需要通信双方必须预先约定通信的信息格式、通信的速率等内容。这样一来异步传送就存在几点不足之处:①给通信双方的硬件增加了复杂程度以及提高了制造成本;②一般要求通信双方内含智能器件CPU;③给通信双方的软件设计增加了负担;④还降低了不同通信对象互相之间的广泛适应性和灵活性。

鉴于上述原因,在单片机MCU(或数字信号处理器DSP)与外围芯片之间的短距离通信中,同步传送方式得到了广泛地应用,甚至越来越广泛地普及。例如,目前非常流行的SPI、MicroWire、I²C、SMBus等,均属于同步传送方式。

从物理线路的连接上看,进行同步通信的双方之间的连线,不仅有信息传输线,还有时钟传输线。同步时钟由主控方负责提供。

由此可见,同步传送方式比异步传送方式增加了双方之间的连接线路,但是通信的传输效率有所提高。可以不需要像异步通信那样，把信息必须组织成包含起始位和停止位的帧结构。

**2. 串行通信中数据传送方向**

在同步或者异步串行通信过程中，通常通信的内容(即数据或字符)是在双方之间双向传送的，只有少数情况是只能单向传送。

(1)单工传送方式。在单工(Simplex)通信系统中，一方只能发送信息，而另一方只能接收信息。例如：单片机下传信息的应用实例有，以串行通信方式控制数模转换器 DAC、数字电位器、DTMF 电话拨号信息发生器、LCD 液晶显示驱动器或 LED 显示驱动器等器件；单片机上传信息的应用实例有，接收来自模数转换器 ADC、矩阵键盘编码器、温度传感器及其他传感器等器件的信息。示意图如图 2-34 所示。通信双方之间只需要连接一条信道，该信道对于异步方式就只是一条信号线，而对于同步方式则是一条信号线和一条时钟线。

(2)半双工传送方式。在半双工(Half Duplex)通信系统中，在某一时刻，A 方只能发送信息，B 方只能接收信息；而在另一时刻，B 方只能发送信息，A 方只能接收信息。虽然双方都能够发送和接收信息，但是，不能够同时进行。应用实例有，单片机以串行通信方式读出或者写入外部扩展 RAM 数据存储器、EEPROM 存储器、FLASH 存储器、NVRAM 存储器、FRAM 铁电存储器、矩阵键盘和 LED 数码管二合一智能控制器、实时时钟 RTC、串口到并口扩展器、无线电收发器件、电力线载波 MODEM 专用器件，以及单片机之间半双工通信等。示意图如图 2-35 所示。通信双方之间也只需要连接一条信道，该信道对于异步方式就只是一条信号线，而对于同步方式则是一条信号线和一条时钟线。

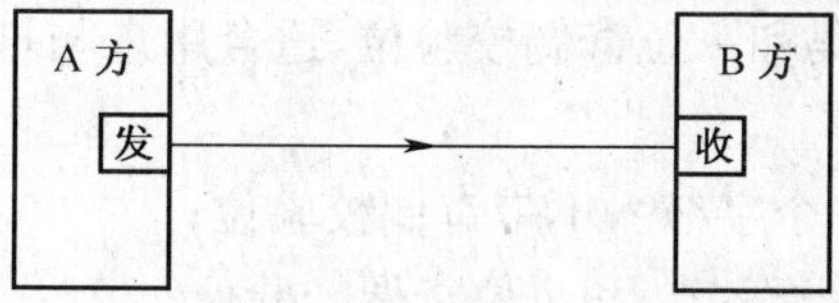


**图 2-34　单工通信示意图**

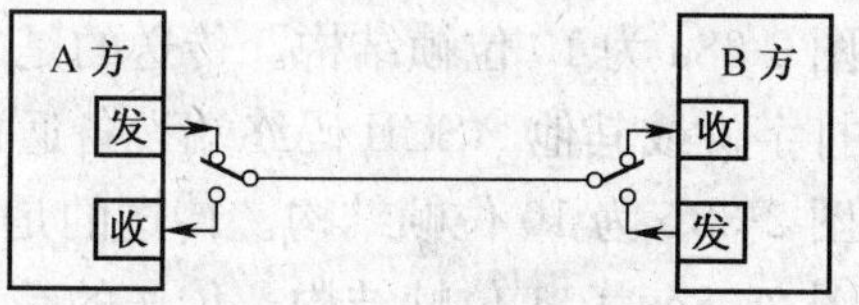


**图 2-35　半双工通信示意图**

(3)全双工传送方式。在全双工(Full Duplex)通信系统中，在同一时刻，A、B 双方既能发送信息也能接收信息。也就是发送信息和接收信息是两个独立的活动，而且两个活动之间不存在时间上的互斥性。应用实例有，单片机之间，或者单片机与微机之间进行的全双工通信等。示意图如图 2-36 所示。通信双方之间需要连接两条信道，每条信道对于异步方式就只是一条信号线，而对于同步方式则是一条信号线和一条时钟线。

**图 2-36　全双工通信示意图**

**3. 串行通信中的控制方式**

在一次通信的建立到结束的全过程中，总会有通信的一方处于主动地位，而另一方处于被动地位。处于主动地位的一方叫做主控器，也称作主器件或主机，处于被动地位的另一方叫做被控器，也称作从器件或从机。

(1)主控器方式。主控器是一次通信的倡议者和通信过程的控制者，控制着通信线路的使用权和分配权。此外，对于同步通信方式来讲，主控器还负责发送同步时钟；对于多机通信系统，由主控器负责发送地址码，寻址即将与之建立通信的被控器。

(2)被控器方式。被控器是一次通信的响应者和通信过程的受控者。此外，对于同步通信方式来讲，被控器接收主控器发送的同步时钟，以便与主控器保持同步；被控器既可以是发送器，也可以是接收器；对于多机通信系统，由被控器负责接收地址码，并与自身预先分配的地址码进行比较。

**4. 串行通信中的码型、编码方式和帧结构**

在串行通信的线路上传送的码型，主要是不归零码，简称 NRZ(Non-Return Zero)码，如图 2-37 所示。NRZ 码也是一种占空比 100%的单极性码，这是最基本、最简单的码型。此外，用于通信的码型还有半占空单极性码、半占空双极性码、AMI 码、HDB3 码等。

在计算机中，数据和字符都是以一定的编码来表示的。编码的种类很多，但是较常用的主要是 ASCII 码(附录 A)。ASCII(American Standard Code for Information Interchange)码意指美国标准信息交换码。它已被国际标准化组织(ISO)批准为国际标准，称为 ISO 646 标准。

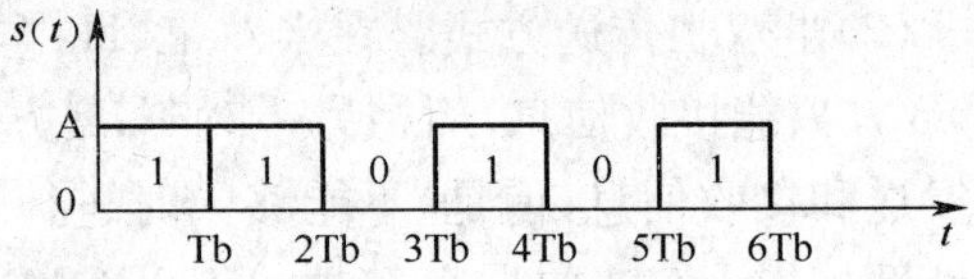


**图 2-37　NRZ 码型**

关于串行异步通信的帧结构，在前面已经有过介绍。原则上讲，一帧中包含的数据位数可以是 5 位、6 位、7 位或 8 位等，但是一般采用 8 位或 9 位数据者比较常见(80C51 单片机即如此)。如图 2-38 所示，是几种典型的帧结构。其中：

图 2-38a 为 10 位帧结构。传送的是 7 位 ASCII 码和一位奇偶校验位，适合用来与打印机、电传打字机或其他 ASCII 码终端设备通信；

图 2-38b 为 10 位帧结构。传送的是 8 位数据(一个字节)，不带奇偶校验位；

图 2-38c 为 11 位帧结构。传送的是 8 位数据(一个字节)和 1 位奇偶校验位；

图 2-38d 为 11 位帧结构。传送的是 8 位数据(一个字节)，不带奇偶校验位，而带 1 位地址/数据识别码，以区别本帧是数据帧还是地址帧；

图 2-38e 为 11 位帧结构。传送的是 8 位数据(一个字节)，不带奇偶校验位，而带 1 位标志位，以区别本帧是命令字还是状态字等。命令字也可以称为控制字。

| | | | | | | | | | |
|---|---|---|---|---|---|---|---|---|---|
| 起始位 | bit0 | bit1 | bit2 | bit3 | bit4 | bit5 | bit6 | 校验位 | 停止位 |

(a)

| | | | | | | | | | |
|---|---|---|---|---|---|---|---|---|---|
| 起始位 | bit0 | bit1 | bit2 | bit3 | bit4 | bit5 | bit6 | bit7 | 停止位 |

(b)

| | | | | | | | | | | |
|---|---|---|---|---|---|---|---|---|---|---|
| 起始位 | bit0 | bit1 | bit2 | bit3 | bit4 | bit5 | bit6 | bit7 | 校验位 | 停止位 |

(c)

| | | | | | | | | | | |
|---|---|---|---|---|---|---|---|---|---|---|
| 起始位 | bit0 | bit1 | bit2 | bit3 | bit4 | bit5 | bit6 | bit7 | 地址 / 数据 | 停止位 |

(d)

| | | | | | | | | | | |
|---|---|---|---|---|---|---|---|---|---|---|
| 起始位 | bit0 | bit1 | bit2 | bit3 | bit4 | bit5 | bit6 | bit7 | 标志位 | 停止位 |

(e)

**图 2-38　几种帧结构**

图 2-38 所示的几种帧结构均可用于单片机通信。其中，有的帧结构适合于两只单片机之间或者单片机与 PC 机之间进行的点对点双机通信，不需要寻址操作；而有的帧结构则适合于多只单片机之间或者多只单片机与 PC 机之间的多机通信方式，需要寻址操作。

**5. 串行通信中的检错和纠错方式**

在数据通信中，如何保证数据传输的正确性是十分重要的，因此在数据传输过程中，常常伴随着数据校验措施。在单片机数据通信中，通常采用的校验方法有奇偶校验、累加和校验、循环冗余校验 CRC(Cyclic Redundancy Check)等。也可以几种校验手段同时组合运用。

(1)奇偶校验。在硬件结构上 80C51 系列单片机提供了奇偶校验的硬件支持。当一个数据字节读入累加器 A 中，该字节的奇偶性自动反映到程序状态字 PSW 的奇偶标志位 P 上。因此，不需要利用软件来实现该功能。

当单片机通信采用 7 位的 ASCII 码时，奇偶校验位可以放在字节的最高位；如果采用 8 位数据格式的话，则需要一个第 9 位作为奇偶校验位。奇偶校验又可以细分为奇校验，即数据字节和校验位中“1”的总数为奇数。偶校验即数据字节和校验位中“1”的总数为偶数。

(2)累加和校验。如果传送一个数据块，即由多个数据字节组成的一个数据组群，其中有 $n$ 个字节，在数据块传送之前，对 $n$ 个字节进行累加运算，形成一个累加和字节把累加和附加在数据块的后面传送；接收方收到包含 $n$ 个字节数据和 1 个字节累加和的数据块后，也按同样的方法对于 $n$ 个字节数据进行累加，并且把两个累加和进行比较，如果不相同，表示数据块传送有误，可以通知发送方重新发送一次数据块。累加和的加运算，既可以是算术加(按字节加)，采用加法指令实现；也可以是逻辑加，采用异或操作指令实现。

(3)循环冗余校验 CRC。奇偶校验和累加和校验虽然使用起来比较方便，但是，实现校验目的的有效性存在一定的限制。比如，对于奇偶校验，如果干扰持续时间较短，仅仅使得数据字节中的一个比特出现错误时，该校验方法还是有效的；而如果干扰持续较长，引起连续出错，导致数据字节中的 2 个、4 个、6 个或 8 个比特出现错误时，该校验方法将不再有效。虽然，累加和校验可以发现几个连续比特的差错，但是不能检测出数据字节的顺序错误，因为数据字节交换顺序后累加和是不变的。循环冗余校验却可以克服上述不足，因此，在重要的数据存储和数据通信中，常常采用循环冗余校验方法。

循环冗余校验 CRC 的基本原理是将一个数据块看作是一个很长的二进制数，例如把一个 64 字节的数据块，看作是一个 512 比特的二进制数。然后，利用一个特定的数据去除它，将余数作为校验码，附加在数据块之后一起发送。接收方在接收到携带着校验码的数据块之后，对它们进行同样的运算，即可检测出数据块传送是否无误。

目前，循环冗余校验已经在数据存储、数据处理和数据通信中，得到越来越广泛的应用，并且在国际上形成了规范(例如国际电报电话咨询委员会 CCITT 的标准是 CRC-CCITT)，已经有不少现成的 CRC 软件算法、以及专为 MCS-51 系列和 PIC 系列等单片机编写的程序。

(4)通信中的纠错。不管是采用哪一种校验方法，也只能是发现数据传输时发生的错误，在发现数据出错后只能通知发送方重发一遍，来间接地实现纠错的目的，这在实时性要求很强的通信过程中，比如是现场采集的瞬息万变的信息，就无法实现信息的重发。因为，此刻信源的信息已经改变，无法找回上一时刻的信息。即使保留有信源样本，当差错频繁出现时，重发会占用很多的通信时间，而降低有效通信速率。在此情况之下，接收方就特别需要不仅能够检错，而且还能纠错的通信编码方式。

纠错码是采用加大码距的办法来区别非法代码，其纠错原理建立在概率统计的理论基础之上，目前，常用的纠错码有汉明码、矩阵码、检二纠一码等。一般符合这样一个原则，纠错能力越强的编码方式，其需要附加的额外信息就越多，对有效通信速率降低的幅度就越大。

**6. 串行通信组网方式**

计算机之间通信、计算机与单片机之间通信、单片机与单片机之间通信或者单片机与外设器件之间通信，都需要组织成一定的网络形式，例如星形网、树形网、环形网、总线形网等，如图2-39所示。一般总线形网络结构在单片机通信中用的较多。无论是哪种网络形式，都无外乎包含若干的节点和连线。节点就是参与通信的计算机、单片机、外设器件等，连线就是连接各个节点的通信线路。这里所说的网是一个广义的概念，其覆盖的范围可以是一块电路板上几个器件的互连，一台家用电器内各部分电路间的互连，一辆汽车之内的多个单片机的互连等。以下主要针对单片机通信，简单介绍几种组网方式的特点。

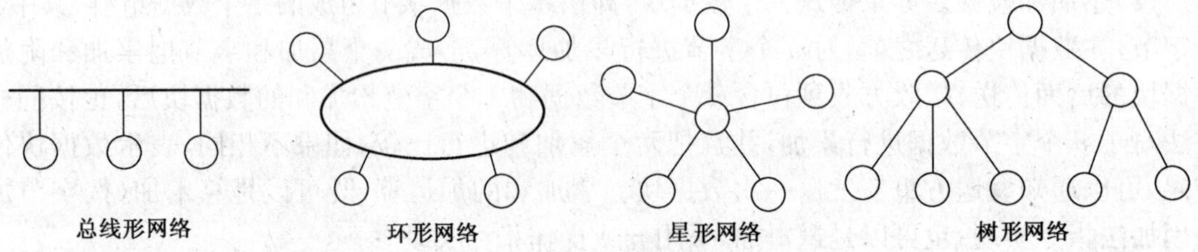


图2-39 常见的4种网络结构类型

(1)双机通信方式。双机通信方式指的是一对一或点对点的通信方式，也是最简单、最容易实现的一种方式。其特点是：

①参与通信的节点只有两个，通常是一个节点为主控器(主机)，另一个节点为被控器(从机)。

②主控器和被控器的角色并不是绝对不可互换的。

③两个节点之间的通信线路为这两个节点所专用。

④不存在主控器寻址选取某一个被控器的问题。

⑤不存在争夺线路控制权的问题。

(2)多机通信方式。多机通信方式指的是一点对多点的单主机通信方式，也是在单片机通信方面应用较多的一种方式。示意图如图2-40所示。其特点是：

①参与通信的节点数在两个以上。

②通信线路为多个节点所共同使用，但是不能被两组或两组以上通信对象同时使用。

③系统内只有一个节点为主控器(主机)，其余节点均为被控器(从机)。

④主控器需要发送欲与之通信的被控器地址或者选通信号。

⑤被控器需要地址检测逻辑功能。

⑥主控器独自享有线路控制权，不存在争夺线路控制权的问题。

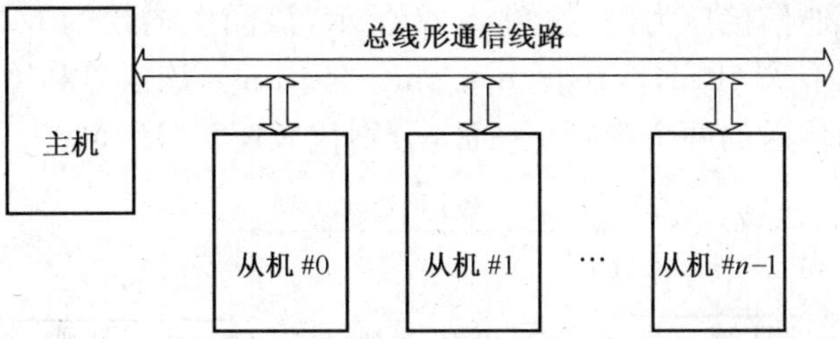


**图 2-40　一点对多点多机通信方式**

⑦一般通信只是在主机和某一从机之间进行，而从机之间不能直接建立通信。

(3)多主机通信方式。多主机通信方式从连接形式上看，很类似但是又不同于一点对多点的多机通信方式，是在单片机通信方面应用不太多的一种方式。示意图如图 2-41 所示。其特点是：

①参与通信的节点数有多个。

②通信线路为多个节点所共同使用，但是不能被两组或两组以上通信对象同时使用。

③网络内有两个或两个以上的节点，具有控制通信线路的权利和能力(就是至少有两个节点既可充当主控器也可充当被控器，其余节点固定作为被控器，或者无被控器节点)。

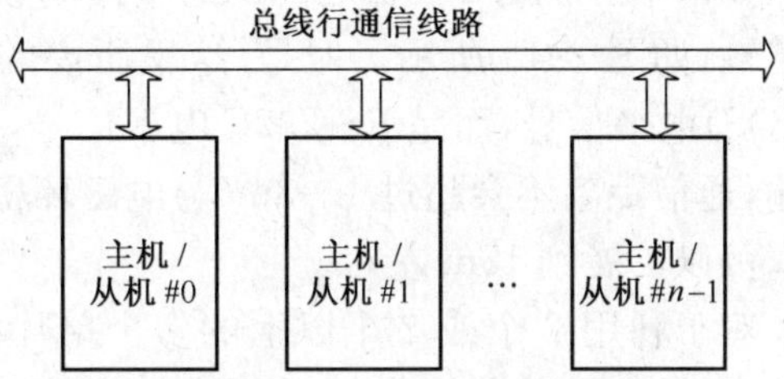


**图 2-41　多主机通信方式**

④在某一时刻只能有一个节点作为主控器，享有通信线路的控制权。

⑤主控器需要发送欲与之通信的被控器的地址或选通信号。

⑥被控器(或者临时被控器)具备地址检测逻辑功能。

⑦存在争夺线路控制权的问题，主控器需要具备总线仲裁逻辑功能。

⑧通信可以在包含一个主控器的任意两个节点之间建立。

**7. 串行通信接口电路和参数**

在被广泛使用的微型个人计算机、调制/解调器、数字设备、通信设备、终端设备、计算机外围设备、仪器仪表设备、工业控制设备、游戏装置等各种设备上，大都配置有现成的串行通信接口。如果让单片机与这些设备建立通信，就要用到与这些设备相互兼容的通信接口。

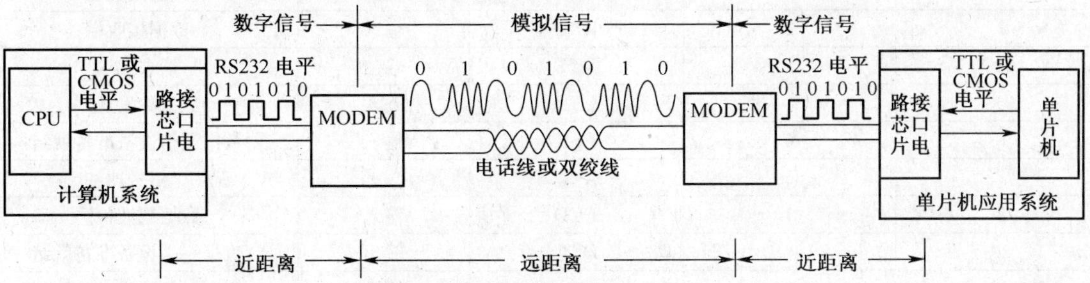


**图 2-42　远程通信示意图**

以单片机与PC机通信接口为例，如图2-42所示，该图中描绘的MODEM之间的长途线路上传输的是频移键控信号(FSK,Frequency Shift Keying)，该信号利用适合电话交换和传输通频带(300～3400Hz)传送的两个音频正弦波，分别代表逻辑“1”和“0”。

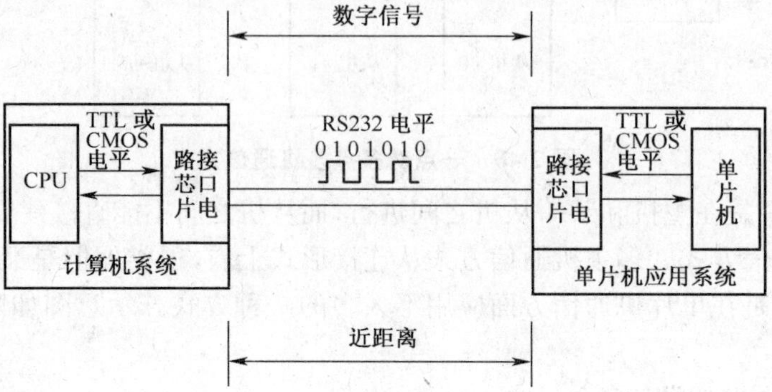


图2-43 近程通信示意图

如果单片机与PC机之间的通信距离较近，则可以不用MODEM而直接利用数字信号进行传输，如图2-43所示。但是，这里所说的数字信号并不是电压幅度不超过5V的TTL(或CMOS)电平信号，而是RS-232C电平信号，原因是，假如直接利用TTL(或CMOS)电平进行传输，通信距离不会超过1～3m(与电磁环境有关)，而利用RS-232C电平进行传输的话，通信距离可以扩展到15m左右。

对于利用2个或2个以上的多个单片机联合控制的系统而言，如果单片机之间需要串行通信，并且其通信距离也不超过1～3m，就不再需要在TTL(或CMOS)电平与RS-232电平之间实现电平互换的接口芯片，而直接将单片机的串行接口对接即可。这样可以简化电路和降低成本，如图2-44所示。

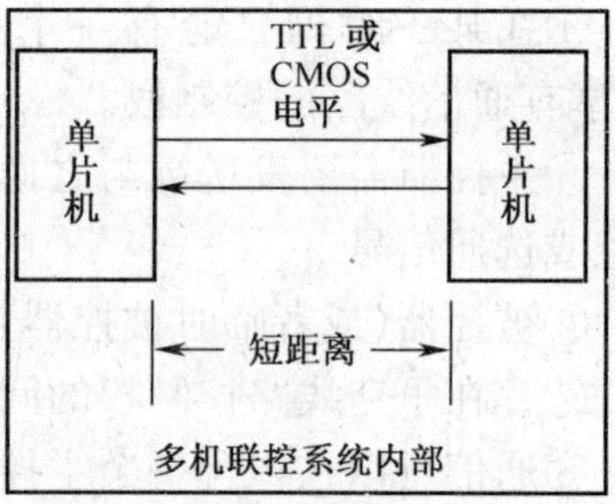


图2-44 系统内短距离通信示意图

下面来简单地介绍一下在实际工程中大量应用的RS-232C接口标准。其基本的信号定义见表2-4。

表2-4 RS-232C接口的信号定义

| DB-25脚位 | DB-9脚位 | 信号名称 | 方向 | 含　义 |
|---|---|---|---|---|
| 2 | 3 | TXD | 输出 | 数据发送端 |
| 3 | 2 | RXD | 输入 | 数据接收端 |
| 4 | 7 | RTS | 输出 | 请求发送 |
| 5 | 8 | CTS | 输入 | 清除发送 |
| 6 | 6 | DSR | 输入 | 数据通信设备准备就绪 |
| 7 | 5 | SG | — | 信号地 |
| 8 | 1 | DCD | 输入 | 数据载波检测 |
| 20 | 4 | DTR | 输出 | 数据终端设备准备就绪 |
| 22 | 9 | RI | 输入 | 响铃指示 |
| 1 | — | — | — | 保护地 |

其中只有 TXD、RXD 是数据通信信号，其余基本是实现控制目的的握手信号（互锁信号）。对于各种信号电平的规定如下：

(1)数据信号逻辑 1＝－ 3V ～ － 25V(典型值－12V)；

(2)数据信号逻辑 0＝＋ 3V ～ ＋ 25V(典型值＋12V)；

(3)控制信号 ON＝－ 3V ～ － 25V(典型值－12V)；

(4)控制信号 OFF＝＋ 3V ～ ＋ 25V(典型值＋12V)。

大多数的电脑设备都具有 RS-232C 接口，尽管它的性能指标并非很好。在巨大的市场支持下依然常胜不衰。就使用而言，RS-232C 也确实有其优势：仅需 3 根线（TXD、RXD 和 SG）便可在两个数字设备之间以全双工方式交换数据。

这就是说，在通信过程中，表 2-4 中的连接方式可以有裁减地被利用。最简单的全双工通信仅需 TXD 及 RXD 及 SG 即可完成，其他的握手信号可以做适当处理或直接悬空。在单片机通信中经常采用的就是这种最简单的连接方式。

**8. 串行通信的传输速率**

模拟通信的主要特征是信号幅度的取值是连续的且无限的，而数字通信的主要特征则是信号幅度的取值是离散的且有限的。数字信号的每一位编码可以是任意进制的，不过，二进制码最为常见。如图 2-45a 所示描述的二进制编码，每一个码元只有两种编码状态“0”和“1”，信号幅度的取值也只有 0V 和 3V 两种。而图 2-45b 描述的是四进制编码，每一个码元具有 4 个编码状态“0”、“1”、“2”和“3”，信号幅度的取值则有－3V、－1V、＋1V 和＋3V 四种，携带的信息量也比前者高出一倍。

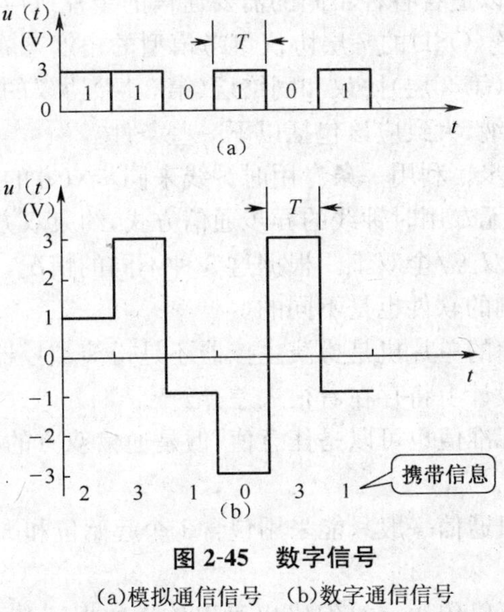


**图 2-45　数字信号**

(a)模拟通信信号　(b)数字通信信号

在数字通信系统的主要性能指标中，衡量传输速率的指标一般有两个：信息传输速率和符号传输速率。

(1)信息传输速率 R。信息传输速率（通常记作 R），指每秒传送的比特数，单位是“比特/

秒”(bit/s、b/s或bps)。

信道或线路上的传输速率通常是以每秒所传送的信息量多少来衡量的。信息论中定义信源发生信息量的度量单位是“比特”(bit)。一个二进制码元所包含的信息量是一个比特，所以信息传输速率的单位是“比特/秒”。例如，一条传输线路，每秒传输2400个二进制码元，它的信息传输速率就是2400bps。

(2)符号传输速率N。符号传输速率(通常记作N)，指单位时间内传送的符号(即码元)个数，单位是“波特”(baud)。

这里的码元可以是二进制的，也可以是多进制的。在二进制通信系统中，符号传输速率N就等于信息传输速率R；而对于多进制通信系统，两者是不相等的。例如在四进制通信系统中，符号速率为2400baud，其信息速率则为4800bps；如果符号速率保持不变，换成八进制编码，则信息速率就可以提高到7200bps(或记作b/s)。

信息传输速率R和符号传输速率N，两者之间的换算关系是：

$$R=N\log_2 M(\text{bps})$$

式中 M——符号编码的进制。

对于二进制编码，M=2，代入式中可得：R=N。对于换算公式来说，虽然这是一种特例，但是这也正是实践中最常见的一种情况。

**9. 串行通信协议**

实质上，订立通信协议就是为了达到有效通信的目的。为此通信双方须预先签定合约，约定双方在通信活动中应该遵守的行为规范。对于单片机的串行通信，尤其是串行异步通信，没有一个现成的统一的标准可以适合各种不同的需要通信的单片机应用项目。如果从国际标准化组织(ISO)的开放系统互连(OSI)的7层协议参考模型的角度来看，这里所说的协议主要属于贴近物理层的数据链路层(第2层)协议和网络层(第3层)协议的范畴。对于通信双方需要约定的内容进行了粗略地归纳，大致应该包括以下一些条件：

(1)定时方式。同步/异步。利用一条专用时钟线来同步双方的启停和速率的同步通信方式，其协议比较简单，而对于无专用时钟线的异步通信方式，约束双方的协议内容就复杂多了。

(2)传送方向。单工/半双工/全双工。根据这3种不同的情况，通信双方所需要做的准备工作是不一样的，所需要编制的软件也是不同的。

(3)控制方式。参与通信的单片机是扮演主控器还是扮演被控器的角色，还是有时是主控器又有时是被控器，其软件设计上将存在着很大差异。

(4)波特率。既可以是标准值也可以是任意值，但是通信双方的移位速率必须保持一致或者基本一致。

(5)帧结构。对于单片机通信一般只能采用包含1个起始位和1个停止位的10位或11位帧结构。即只有2种选择。

(6)信息编码方式。既可以传送字符编码也可以传送数据字节。字符编码一般采用已经被确定为国际标准的ASCII码字符表，不过对于单片机通信而言，直接采用8位数据字节将更为实惠。

(7)信息组织方式。一次通信过程中是只传送一帧，还是连续传送多帧；如果是一次通信中连续传送多帧，那么帧数是固定还是可变；如果整数可变，那么以何种方式将帧数告知接收方。

(8)信息帧标志位。一帧信息既可以是地址，也可以是数据、命令或状态，以何种方式加以标识，标志位就是一种行之有效的办法。

(9)软件握手信号。既可以采用简单的电平信号，也可以采用专用的编码信号(比如命令字和状态字)作为软件握手信号。例如当采用电平信号时，可用半双工方式通信，在发送方经过 TXD 线发出一个低电平起始位，接收方收到后经过 RXD 线反送一个低电平作为应答信号，通知对方可以继续发送。

(10)命令字列表。对于比较复杂的通信过程控制，主控器可以利用一些预定的专用编码作为命令字去控制被控器，并且随着复杂程度的加剧，命令字列表中的条数也会增多。

(11)状态字列表。与命令字列表类似，不同的是状态字是作为被控器向主控器汇报自身状态的一些预定的专用编码。

(12)检错方式。目前在单片机通信中，比较常见的检错方式有奇偶校验、累加和校验和循环冗余校验(CRC)。几种校验方式也可以同时应用和组合应用。

(13)纠错方式。对于单片机通信来说，有必要采取纠错手段的场合甚少。只有那些信息重发不易实现的、实时性要求很高的场合才可能使用。纠错方式可采用汉明码等。

(14)群呼/组呼编码。通信对象通常为一对一，但是也不排除一发多收式的广播通信。可以预定寻址方案，实现一个主机呼叫其他所有从机，或者一个主机呼叫其他部分从机。

## 2.7.2 标准 80C51 的 UART 接口

UART 模块是单片机内部配置的串行接口模块，通常采用的是一种在标准规范基础上简化了的、无握手信号的、二线式的串行通信方式，使得占用单片机引脚资源的数量降低到最低限度。UART 串口是一个全双工的串行通信接口，因此能够同时收和发且能以不同的波特率接收数据和发送数据。

80C51 系列单片机内部集成的 UART 模块，适合用于与微机系统、其他单片机系统及单片机外部扩展的外围芯片之间进行串行通信，并且可以支持四种工作方式：方式 0、方式 1、方式 2 和方式 3。

异步通信方式主要用于和其他包含智能部件 CPU 的数字系统进行系统之间的串行通信，例如与微机系统、数字信号处理器系统或其他单片机的系统之间的串行通信，或者用于多个单片机联合控制的单一系统之内的各单片机之间的串行通信。

同步通信方式一般主要用于单片机和一些外围扩展的接口兼容的非智能器件之内的串行通信。例如与串入并出移位寄存器 74LS164、并入串出移位寄存器 74LS165、串口模数转换器 ADC、串口数模转换器 DAC、串口存贮器 $E^2$PROM、串口温度传感器、串口实时时钟 RTC 等器件之间的串行通信。

如果进一步细致划分的话，标准 80C51 单片机的串行通信接口，即 UART 模块，从硬件上能够支持几种不同的通信类型，见表 2-5。

对于没有串口而又需要串行通信的单片机，可利用软件编程来模拟实现，需要对引脚的状态不断地进行改变并且定期地检查，串行数据的发送和接收非常复杂。若使用 UART 串口，只需选择串口的工作方式和波特率。设定好串口的工作方式和波特率以后，串行数据的发送就是简单地把数据写入 SBUF 寄存器，而数据的接收则是读取该寄存器即可。

**表 2-5 标准 80C51 的 UART 串口支持的通信类型**

| 时钟 | 控制 | 方向 | 主要用途 | 帧结构 | | 方式对应 |
|---|---|---|---|---|---|---|
| | | | | 帧长度 | 起/止位 | |
| 同步（USRT） | 主控器 | 单工发<br>单工收<br>半双工 | 扩展外围从器件 | 8 位数据 | 无 | 方式 0 |
| 异步（UART） | 主控器<br>被控器 | 单工发<br>单工收<br>半双工<br>全双工 | 双机通信（不寻址） | 10 位帧 | 有 | 方式 1 |
| | | | | 11 位帧 | 有 | 方式 2<br>方式 3 |
| | | | 多机通信（可寻址） | 11 位帧 | 有 | |

**1. UART 模块相关的寄存器**

与 UART 模块有牵连的寄存器共有 9 个，都在 SFR 阵列中具有统一的地址编码，见表 2-6。

**表 2-6 与 UART 模块相关的寄存器**

| 寄存器名称 | 寄存器符号 | 寄存器地址 | 寄存器内容 | | | | | | | | 复位值 |
|---|---|---|---|---|---|---|---|---|---|---|---|
| | | | bit7 | bit6 | bit5 | bit4 | bit3 | bit2 | bit1 | bit0 | |
| 串口控制寄存器 | SCON | 98H | SM0 | SM1 | SM2 | REN | TB8 | RB8 | TI | RI | 00H |
| 收发缓冲寄存器 | SBUF | 99H | 准备发送的数据字节 | | | | | | | | XXH |
| | | | 已经接收的数据字节 | | | | | | | | XXH |
| 电源控制寄存器 | PCON | 87H | SMOD | — | — | — | GF1 | GF0 | PD | IDL | 0xxx 0000B |
| 中断允许寄存器 | IE | A8H | EA | — | — | ES | ET1 | EX1 | ET0 | EX0 | 0xx0 0000B |
| 优先权寄存器 | IP | B8H | — | — | — | PS | PT1 | PX1 | PT0 | PX0 | xxx0 0000B |
| 定时控制寄存器 | TCON | 88H | TF1 | TR1 | TF0 | TR0 | IE1 | IT1 | IE0 | IT0 | 00H |
| 定时方式寄存器 | TMOD | 89H | GATE | $C/\overline{T}$ | M1 | M0 | GATE | $C/\overline{T}$ | M1 | M0 | 00H |
| T1 低字节 | TL1 | 8BH | 定时器/计数器 1 低 8 位累加计数寄存器 | | | | | | | | 00H |
| T1 高字节 | TH1 | 8DH | 定时器/计数器 1 高 8 位累加计数寄存器 | | | | | | | | 00H |

（1）串口数据缓冲寄存器（SBUF）。如图 2-46 所示为数据缓冲寄存器 SBUF，地址为 99H。在同一个名字 SBUF 和同一个地址 99H 之下，物理上配置了两个寄存器实体，分别用于发送

通道和接收通道，发送通道的 SBUF 只写，接收通道的 SBUF 只读。

| | bit7 | bit6 | bit5 | bit4 | bit3 | bit2 | bit1 | bit0 | |
|---|---|---|---|---|---|---|---|---|---|
| | X | X | X | X | X | X | X | X | 复位后的值 |
| SBUF | | | | | | | | | |

图 2-46 数据缓冲寄存器 SBUF

串口在使用前必须进行设置。换言之，必须决定一次传送包括多少位，以及使用的波特率和同步时钟脉冲源。整个过程受 SCON 寄存器中各位的控制。

(2)串口控制寄存器(SCON)。SCON 寄存器是用于串行通信接口 UART 控制和监视的寄存器，如图 2-47 所示。各位的功能如下。

| | | | | | | | | | |
|---|---|---|---|---|---|---|---|---|---|
| | 0 | 0 | 0 | 0 | 0 | 0 | 0 | 0 | 复位后的值 |
| SCON | SM0 | SM1 | SM2 | REN | TB8 | RB8 | TI | RI | |
| | bit7 | bit6 | bit5 | bit4 | bit3 | bit2 | bit1 | bit0 | 各位名称 |

图 2-47 寄存器 SCON

①SM0、SM1 为串口工作方式设置位。见表 2-7，串口方式由 SM0 和 SM1 两位的组合来定义成 4 种。

表 2-7 串口方式的选择

| 方 式 | SM0 | SM1 | 说 明 | 波 特 率 |
|---|---|---|---|---|
| 0 | 0 | 0 | 8-bit 移位寄存器 | $f_{osc}/12$ |
| 1 | 0 | 1 | 8-bit UART | 由定时器 T1 产生 |
| 2 | 1 | 0 | 9-bit UART | $f_{osc}/32$ (或 $f_{osc}/64$) |
| 3 | 1 | 1 | 9-bit UART | 由定时器 T1 产生 |

②SM2：多机通信控制位。

a. 在方式 2 和方式 3 中，当 SM2＝1 时，用于启动多机通信从机一侧的地址识别功能。

b. 在方式 1 中，若将 SM2＝1，只有在收到有效停止位(一位逻辑 1)才能置位 RI 接收标志位。

c. 在方式 0 中，SM2 应被清 0。

③REN：串口接收通道允许位。当 REN＝1 时，允许串行接收；当 REN＝0 时，禁止串行接收。

④TB8：欲发的第九位数据。由于所有的寄存器都是 8 位宽，在方式 2 和方式 3 中，这一位用于解决发送第九位的问题。如果它被置 1，那么在第九位将发送逻辑 1。

⑤RB8：收到的第九位数据。在方式 2 和方式 3 中，收到的第九位数据为 0 时该位被清 0；收到的第九位数据为 1 时该位就被置 1。

⑥TI：发送中断标志位。当一个字节的最后一位被发送完时自动将 TI 置位。它告诉 CPU 可以发送下一个字节了。发送新数据前必须用软件将 TI 清除。

⑦RI：接收中断标志位。当一个字节的最后一位被接收到时自动将 RI 置位。它告诉 CPU 收到一个字节，应该在被新的数据覆盖之前迅速读走。接收新数据前也必须用软件将 RI 清除。

**2. 串口方式0——同步/主控/半双工/8位数据**

如图2-48所示，在方式0中，串行数据同时通过RXD引脚发送和接收，通过TXD引脚输出同步时钟脉冲。这时RXD用作双向数据端，TXD用作时钟输出端。波特率固定为晶体振荡器频率$f_{osc}$的1/12。数据传送时，低位在前，高位在后。

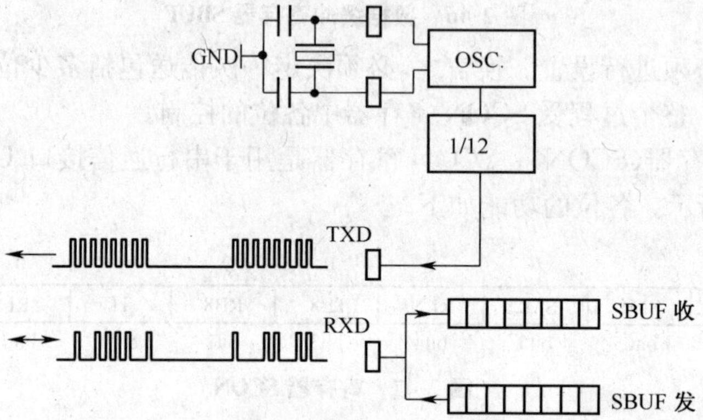


**图2-48　方式0示意图**

(1)发送过程。数据发送过程以写SBUF寄存器开始。这个过程是在一条把待发数据字节装入发送缓冲寄存器SBUF的写入指令执行之后开始的。待发数据利用发送通道中的移位寄存器逐位移出，并且经过数据端RXD逐位发送出去，一旦发送完毕时，SCON寄存器中的发送中断标志位TI被自动置位，以提示CPU一个字节发送完成，如图2-49所示。

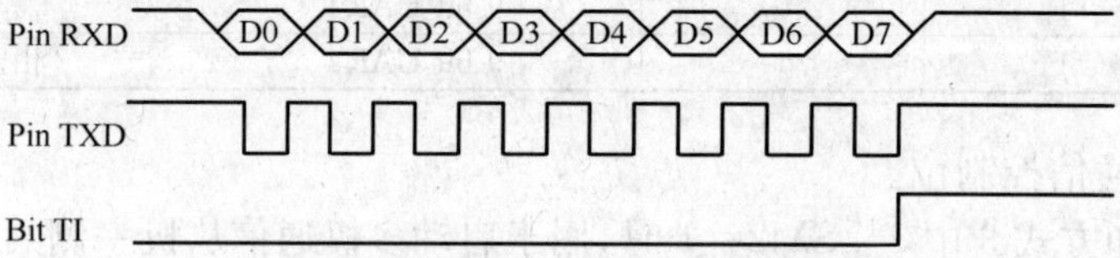


**图2-49　方式0发送时序示意图**

(2)接收过程。在TXD端输出时钟的同步控制下，通过数据端RXD的数据移入开始了接收过程。但需要满足下面两个条件：接收使能位REN＝1和接收中断标志位RI＝0(这两位都包含于SCON寄存器中)。待收数据经过数据端RXD逐位接收进来，并且利用接收通道中的移位寄存器逐位移入。一旦接收完毕，SCON寄存器中的接收中断标志位RI被自动置位，以提示CPU一个字节接收完成，如图2-50所示。

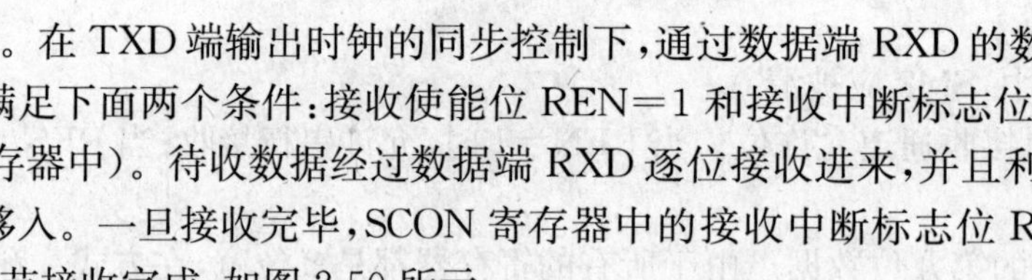


**图2-50　方式0接收时序示意图**

由于既没有起始位也没有停止位，甚至没有任何附加的控制位，只有待发数据从寄存器

SBUF 中以脉冲序列的形式发出，所以这种方式主要用于短距离、低噪声、注重传送速度的单片机与周边器件之间的串行通信。

**3. 串口方式 1——异步/双工/10 位帧/双机通信**

如图 2-51 所示，在方式 1 中，以 TXD 引脚发送数据，以 RXD 引脚接收数据。每帧数据有 10 位构成，包括一个起始位(Start bit，总是“0”)，8 个数据位(低位 LMB 在前)和一个停止位(Stop bit，总是“1”)。起始位仅作为提示接收方的信息，引导一帧数据的开始，而停止位则被自动写入 SCON 寄存器的 RB8。

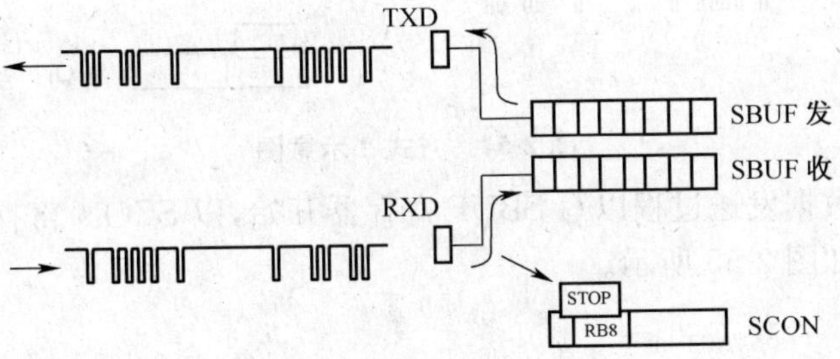


**图 2-51 方式 1 示意图**

(1)发送过程。数据发送过程以写 SBUF 寄存器开始，而以 SCON 寄存器中的标志位 TI 被置位表示数据发送完成，如图 2-52 所示。

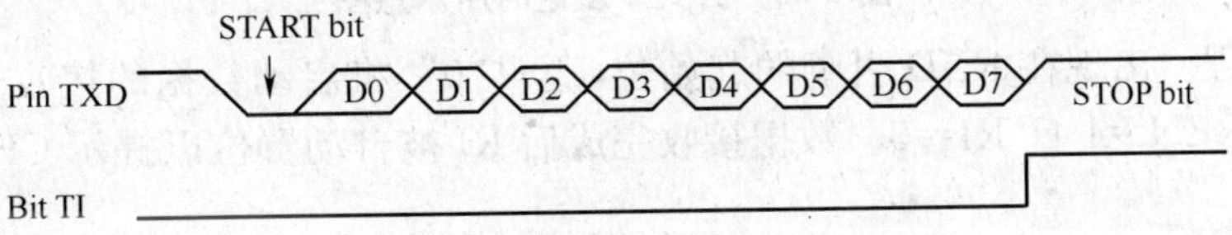


**图 2-52 方式 1 发送时序示意图**

(2)接收过程。数据接收过程以出现在 RXD 引脚的起始位(逻辑“0”)来启动。必须满足下面两个条件：REN=1 且 RI=0。数据接收完成后 RI 被自动置位以提示 CPU。如图 2-53 所示。该方式中的波特率由定时器 T1 的溢出速率来提供，是可变的。

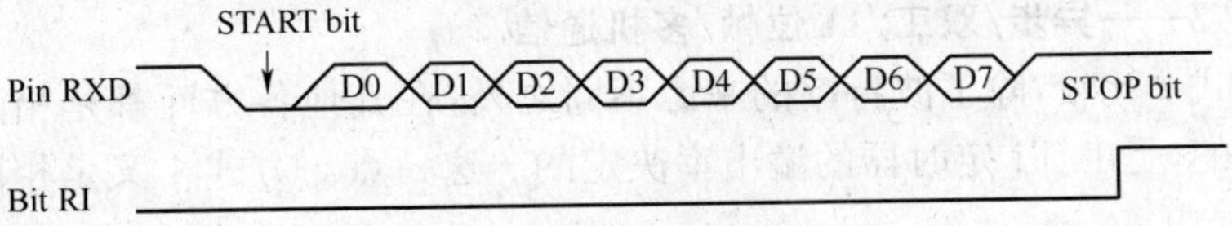


**图 2-53 方式 1 接收时序示意图**

**4. 串口方式 2——异步/双工/11 位帧/多机通信**

如图 2-54 所示。在方式 2 中，以 TXD 引脚发送数据，以 TXD 引脚接收数据。每帧数据 11 位，包括一个起始位(总是 “0”)，8 个数据位(低位在前)，一个可编程控制的第九位数据和一个停止位(总是 “1”) 。发送时，第九位数据实际上就是 SCON 寄存器中的 TB8。该位通常用作奇偶校验位或者用作地址帧/数据帧指示位。而在接收时，则将第九位数据自动存入 SCON 寄存器中的 RB8。波特率只有两种选择，即只能是晶体振荡器频率 $f_{osc}$ 的 1/32 或 1/64。

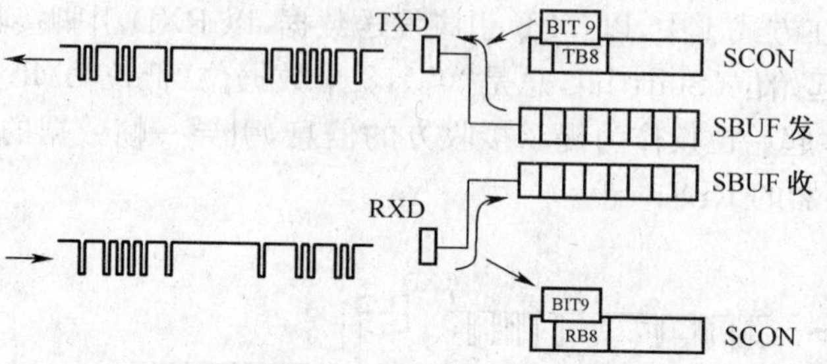


图 2-54　方式 2 示意图

(1)发送过程。数据发送过程以写 SBUF 寄存器开始，以 SCON 寄存器中的 TI 位被置位表示数据发送完成，如图 2-55 所示。

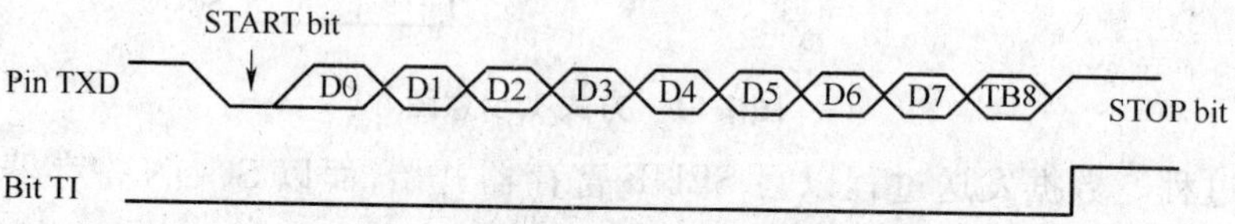


图 2-55　方式 2 发送时序示意图

(2)接收过程。出现在 RXD 引脚的起始位(逻辑“0”)将启动数据的接收过程。必须满足下面两个条件：REN=1 且 RI=0。数据接收完成后 RI 被自动置位以提示 CPU，如图 2-56 所示。

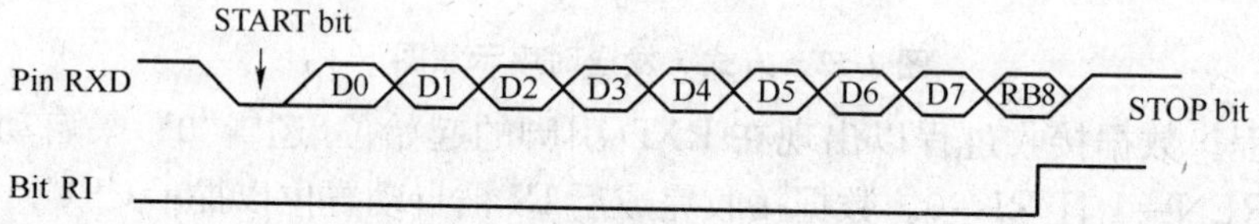


图 2-56　方式 2 接收时序示意图

**5. 串口方式 3——异步/双工/11 位帧/多机通信**

方式 3 与方式 2 比较，除了波特率的来源不同之外，在其他各方面都是相同的；方式 3 中的波特率是可变的，是由 T1 定时器的溢出率决定的。这一点与方式 1 又是相同的，因此方式 3 不再详述。

总之，奇偶校验位是 PSW 寄存器中的 P 位。检查接收字节中是否有错误，最简单的方法是加上一个奇偶校验位。简单地说，发方在启动数据发送之前，将要发送的字节存储在累加器 A 中，并且将自动根据 A 内容生成的 P 位，写入 TB8 作为信息的一部分。收方的接收过程正好相反，接收的字节保存在累加器 A 中，并且将自动生成的 P 位与 TB8 相比较。如果它们是相同的，说明一切顺利，已正确接收。否则，说明所收到的数据字节中至少有一个比特途中发生了改变，这时应该通知发方重发。

**6. 串口通信波特率**

这里所说的波特率是指每秒钟发送或接收的比特数。假如使用串口通信，其波特率取决于选择的工作方式和晶体振荡器的频率 $f_{osc}$，有时还和 SCON 寄存器中 SMOD 位的状态有关。各种方式中的波特率计算公式见表 2-8 所列。

**表 2-8 各种串口方式中的波特率**

| 工作方式 | 波特率 | 工作方式 | 波特率 |
|---|---|---|---|
| 方式 0 | $f_{osc}/12$ | 方式 2 | $2^{SMOD} f_{osc}/64$ |
| 方式 1 | $\frac{2^{SMOD}}{32} \cdot \frac{f_{osc}}{12(256-TH1)}$ | 方式 3 | 同方式 1 |

**7. 用 T1 作波特率发生器**

定时器 T1 通常被用作串口 UART 的波特率发生器，因为用它可以很容易地定义和改变波特率。定义波特率首先应该关闭 T1 的溢出中断；然后配置 T1 为自动重载初值方式，即为方式 2；根据需要从表 2-9 中选择一个标准波特率，将其对应的定时器初值写入 TH1 寄存器即可。

**表 2-9 波特率与 $f_{osc}$ 及 SMOD 位的关系**

| 波特率 | $f_{osc}$(MHz) | | | | | SMOD 位 |
|---|---|---|---|---|---|---|
| | 11.0592 | 12 | 14.7456 | 16 | 20 | |
| 150 | 40 H | 30 H | 00 H | | | 0 |
| 300 | A0 H | 98 H | 80 H | 75 H | 52 H | 0 |
| 600 | D0 H | CC H | C0 H | BB H | A9 H | 0 |
| 1200 | E8 H | E6 H | E0 H | DE H | D5 H | 0 |
| 2400 | F4 H | F3 H | F0 H | EF H | EA H | 0 |
| 4800 | | F3 H | EF H | EF H | | 1 |
| 4800 | FA H | | F8 H | | F5 H | 0 |
| 9600 | FD H | | FC H | | | 0 |
| 9600 | | | | | F5 H | 1 |
| 19200 | FD H | | FC H | | | 1 |
| 38400 | | | FE H | | | 1 |
| 76800 | | | FF H | | | 1 |

**8. 多机通信的实现**

在方式 2 和方式 3 中附加的第九位数据（发方为 TB8，收方为 RB8）是信息的一部分，其用处就是用于奇偶校验，通过奇偶校验位可以检查所收数据的正确与否。另外这一位数据还可用于两个以上的多单片机之间的通信，即多机通信，用来指明一个字节是地址字节还是数据字节。这个特性通过将 SCON 寄存器中的 SM2 位置位来激活，结果在收到表明信息结束的停止位后，只有第九位 RB8＝1 才会触发串口中断，因为一个地址字节被筛选出来了。

假设有几个单片机共用同一对导线来建立通信，即为总线型网络，如图 2-57 所示。每个单片机都有各自预定的 8 位地址。地址字节区别于数据字节的标志，在于地址字节的第九位是“1”，而数据字节的第九位是“0”。当主机（单片机 A）想要发送一个数据块给某个从机，它首先发送一个指明某一目标从机的地址字节（其第九位 TB8＝1）。

各个从机同时都在接收，并且在收到同一个地址字节（其 RB8＝1）后都会产生一个中断。在中断服务程序中，它们都检验接收到的地址字节是否和它们自己的地址相匹配，如图 2-57 所示。

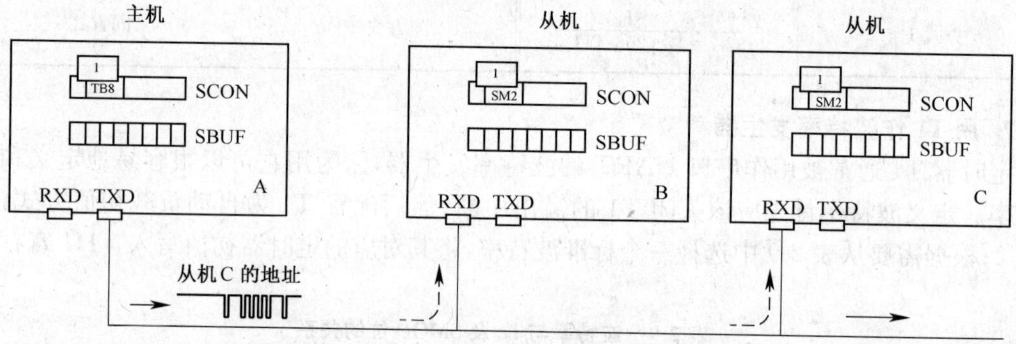


**图 2-57　多机通信寻址示意图**

当然，它们当中有一个且只有一个从机能够与收到的地址匹配。该从机立即将 SCON 寄存器的 SM2 位清 0，并准备接收即将到来的发给它的一个数据块。而其余从机仍然保持其 SM2 位为 1，而忽略那些到来的但不是发给它们的数据字节，如图 2-58 所示。

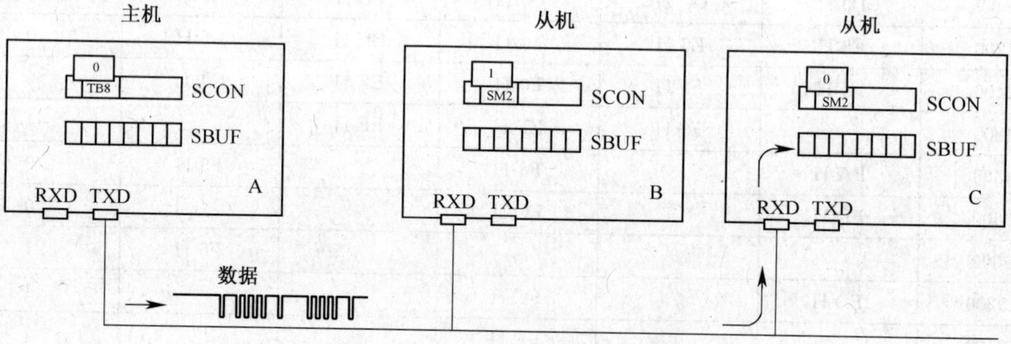


**图 2-58　多机通信数据传输示意图**

## 2.8　中断逻辑

中断逻辑电路如图 2-59 所示。标准 80C51 单片机有 5 个中断源，这意味着能够识别 5 种导致中断现行程序正常执行的事件。通过单独设置 IE 寄存器的每一位的值，每一种中断源都能被启用或禁用。同样，将该寄存器中的总使能位 EA 置 1 或清 0，可以启用或禁用所有的中断源。

首先介绍外部中断源 INT0 和 INT1。如果 TCON 寄存器中的 IT0 和 IT1 位被置位，则中断请求信号是由从高到低的脉冲下降沿触发。而如果 IT0 和 IT1 位被清 0，则只要 INT0 和 INT1 引脚被保持在低电平上，将会一直触发有效而导致一次中断的连续响应或者重复响应现象。

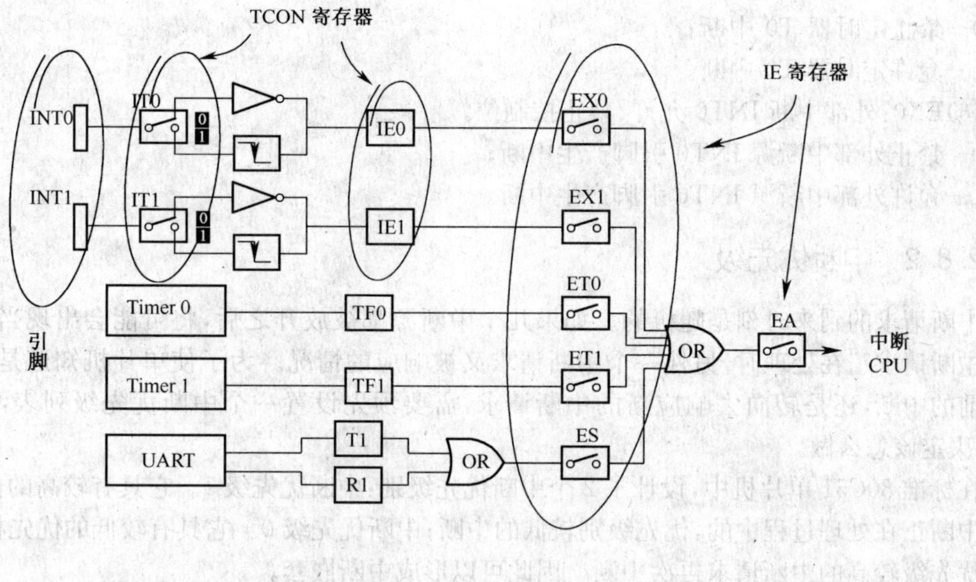


图 2-59 标准 80C51 单片机的中断逻辑

## 2.8.1 中断使能控制寄存器 IE

如图 2-60 所示为控制所有中断源是否开放的中断使能控制寄存器。从图中可以看出，标准 8051 共有 5 个中断源，每个中断源设置一个专用使能位，各位的功能简介如下：

| | | | | | | | | | |
|---|---|---|---|---|---|---|---|---|---|
| | 0 | X | 0 | 0 | 0 | 0 | 0 | 0 | 复位后的值 |
| IE | EA | | | ES | ET1 | EX1 | ET0 | EX0 | |
| | bit7 | bit6 | bit5 | bit4 | bit3 | bit2 | bit1 | bit0 | 各位名称 |

图 2-60 中断使能寄存器 IE

(1)EA：总的中断允许/禁止控制位。

0—禁止所有中断请求；

1—允许所有中断请求。

(2)ES：串口中断允许/禁止控制位。

0—禁止 UART 接口中断；

1—允许 UART 接口中断。

(3)ET1：T1 中断允许/禁止控制位。

0—禁止定时器 T1 中断；

1—允许定时器 T1 中断。

(4)EX1：外部中断 INT1 允许/禁止控制位。

0—禁止外部中断源 INT1 引脚产生中断；

1—允许外部中断源 INT1 引脚产生中断。

(5)ET0：T0 中断允许/禁止位控制位。

0—禁止定时器 T0 中断；

1—允许定时器 T0 中断。

(6)EX0：外部中断 INT0 允许/禁止控制位。

0—禁止外部中断源 INT0 引脚产生中断；

1—允许外部中断源 INT0 引脚产生中断。

## 2.8.2 中断优先级

中断请求的到来时刻是随机的。如果几个中断源都被放开之后，将可能会出现当其中某一个中断请求正在处理时，另外一个中断请求又被响应的情况。为了使单片机知道是继续处理当前的中断，还是转向去响应新的中断请求，需要预先设置一个中断优先级列表，来帮助 CPU 决定该怎么做。

在标准 80C51 单片机中，设计了 2 个中断优先级别：中断优先级 1。它具有较高的优先权，可以中断正在处理过程中的，优先级别较低的中断；中断优先级 0。它具有较低的优先权，能被中断优先级较高的中断请求再次中断。因此可以形成中断嵌套。

另外，如果把复位信号也看作是一种特殊的中断源的话，那么这个中断源具有最高优先级。一旦复位信号到达，所有程序都被停止和放弃，单片机重新启动，并且从头开始执行主程序。

IP 寄存器(中断优先级管理寄存器)可以在两个中断优先级中，为每个中断源指定一个级别。没有被指定优先级别的中断源，默认是 0 级。中断优先级的指定通常安排在主程序的开头部分。在程序执行过程中，存在以下几种可能：

(1)若一个中断处理程序正在执行时，有一个优先级别更高的中断请求到达，当前中断程序将被立即打断，而转去执行高级别的中断处理程序。

(2)若有优先级别不同的两个中断请求同时到达，那么优先执行优先级别较高的那个中断处理程序。

(3)若有优先级别相同的两个中断请求先后到达，那么到达较晚的中断请求只能等待，直到前一个执行中的中断处理程序结束，才能得到响应。

(4)若有优先级别相同的两个中断请求同时到达，那么究竟哪个中断请求得到优先响应，将根据下面的自然硬件排序来依次逐个处理：

①外部中断 INT0。

②定时器 T0 中断。

③外部中断 INT1。

④定时器 T1 中断。

⑤串口中断。

## 2.8.3　中断优先级寄存器 IP

如图 2-61 所示，为中断优先级管理寄存器 IP，其中各位分别与标准 80C51 单片机的 5 个中断源相对应，分别用来指定每个中断源的优先级别（优先级高或低）。各位含义如下：

| | | | | | | | | | |
|---|---|---|---|---|---|---|---|---|---|
| | X | X | 0 | 0 | 0 | 0 | 0 | 0 | 复位后的值 |
| IP | | | | PS | PT1 | PX1 | PT0 | PX0 | |
| | bit7 | bit6 | bit5 | bit4 | bit3 | bit2 | bit1 | bit0 | 各位名称 |

**图 2-61　中断优先级寄存器 IP**

(1)PS：串口 UART 中断优先级设定位。

0—串口 UART 被定义为中断优先级 0；

1—串口 UART 被定义为中断优先级 1。

(2)PT1：定时器 T1 中断优先级设定位。

0—定时器 T1 被定义为中断优先级 0；

1—定时器 T1 被定义为中断优先级 1。

(3)PX1：外部中断源 INT1 中断优先级设定位。

0—外部中断源 INT1 被定义为中断优先级 0；

1—外部中断源 INT1 被定义为中断优先级 1。

(4)PT0：定时器 T0 中断优先级设定位。

0—定时器 T0 被定义为中断优先级 0；

1—定时器 T0 被定义为中断优先级 1。

(5)PX0：外部中断源 INT0 中断优先级设定位。

0—外部中断源 INT0 被定义为中断优先级 0；

1—外部中断源 INT0 被定义为中断优先级 1。

## 2.8.4　中断处理

当一个中断请求到达时，后续处理将分为以下几步：

(1)首先，正在执行的指令被执行完后停止。

(2)其次，下一条指令的地址被压入堆栈。

(3)然后，把与该中断对应的中断矢量装入程序计数器 PC 中。见表 2-10，表 2-10 是标准 8051 的 5 个中断源及其对应的中断矢量。从中断矢量对应的这些地址，开始分别存放着相应的中断处理子程序，或者是一条转向相应中断处理子程序的跳转指令。

(4)当中断处理程序执行完毕，接下来要执行的那条指令地址被从堆栈弹出，并装回到程序计数器 PC，被中断的程序从停止的位置开始恢复执行。

**表 2-10 中断标志位及其中断矢量**

| 中 断 源 | 中断标志位 | 中断矢量 | 中 断 源 | 中断标志位 | 中断矢量 |
|---|---|---|---|---|---|
| 外部中断 INT0 | IE0 | 0003 H | 定时器 T1 中断 | TF1 | 001B H |
| 定时器 T0 中断 | TF0 | 000B H | 串口 UART 中断 | RI 和 TI | 0023 H |
| 外部中断 INT1 | IE1 | 0013 H | | | |

总之，从中断被放开时起，单片机就一直处于戒备状态。一个中断请求到达时，当前程序被立刻停止，在硬件电路对于中断源进行识别之后，程序跳转到相应的中断矢量。通常的做法是，在中断矢量的地址存放的是一条跳转指令，以转向相应中断服务子程序的起始位置。

## 2.8.5 单步执行控制

80C51单片机的中断系统可以停止单片机的运行，使得指令能够由按钮开关控制而一条一条地执行。这与中断的两个特性有关：如果一个中断请求正在响应，那么同优先级别的中断请求会被忽略；中断服务子程序被执行时，新的中断请求不会被响应，直到中断返回主程序后至少其中的一条指令被执行为止。

为了在实践中用好这一点儿，应做到以下几步：

(1)外部中断应对信号电平敏感（如 INT0）。

(2)以下 3 条指令应插入到程序中（放在 INT0 的中断矢量 03H 指定的 ROM 单元处）。

```
JNB     P3.2,$      ；原地循环检测 P3.2(INT0)引脚状态，直到电平变高为止
JB      P3.2,$      ；原地循环检测 P3.2(INT0)引脚状态，直到电平变低为止
RETI                ；返回主程序
```

一旦 P3.2 引脚被拉低（例如通过按下 P3.2 脚的接地按钮开关），单片机将停止程序运行而跳转到 03H 地址处接着执行程序。从这个地址开始存储着一个包括 3 条指令的 INT0 中断服务子程序（如上所述）。

第一条指令循环执行直到按钮开关被松开为止（即 P3.2 变成逻辑 1）；第二条指令循环执行直到按钮开关再次按下为止（即 P3.2 再变成逻辑 0）。接下来，RETI 指令被执行从而返回到主程序恢复执行。但是在主程序中执行一条并且仅仅执行一条指令后，将再次进入中断服务程序，原因是 INT0 还处在低电平。结果造成的效果就是，按一次按钮，执行一条主程序指令，就像是单步调试程序一样。

## 2.8.6 复位控制

复位发生在 RST 引脚持续不少于 2 个机器周期为正脉冲的情况。之后，单片机产生一个内部复位信号以还原除了 SBUF 寄存器之外所有的 SFR、堆栈指针和各端口。根据环境和单片机的用途，RST 引脚通常连接到一个上电复位按钮开关或电路，或者与两者同时连接。如图 2-62 所示，是一个最简单而可靠的上电复位电路。

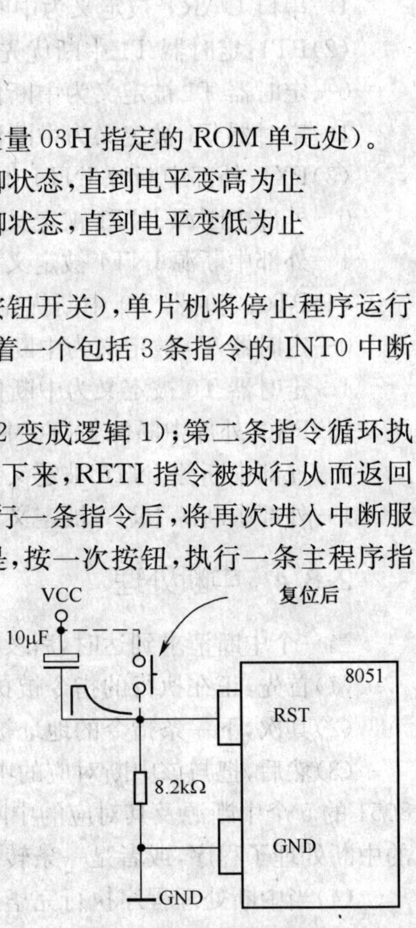

**图 2-62 加电复位电路**

在上电后，电容器通过一个接地电阻进行充电，并且持续几十毫秒。在这个过程中复位信号输入引脚 RST 上的电平逐渐由高变低。当电容器被充满后，电源电压已经稳定，RST 引脚保持低电平，因此使得单片机进入正常运行状态。按下复位开关使电容器短时间内放电，并使单片机实现复位。当松开开关，又将重复上述过程。

# 2.9　电源节能控制

AT89S8253 单片机在正常运行时的工作电流大约为 25mA，但是它并不总是满负荷运行，它能转换运行模式，能够使得总功耗降低到约 40μA 甚至更低。实际上，80C51 兼容单片机都有两种节电模式：待机模式和停机模式。实现节能控制技术的支撑硬件电路，如图 2-63 所示。

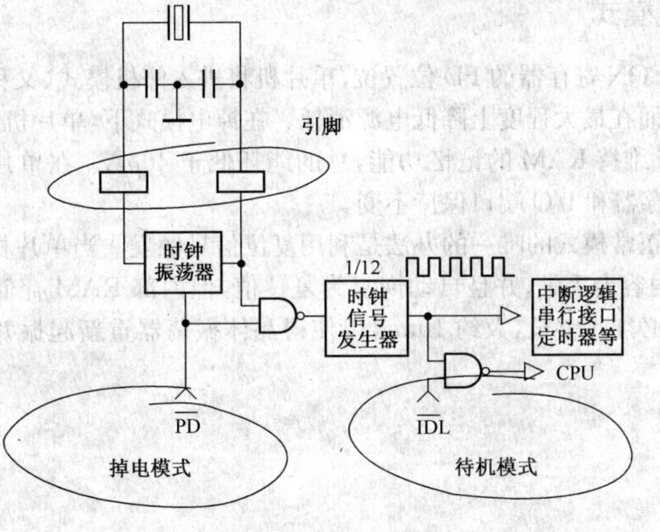


图 2-63　节电模式电路

## 2.9.1　电源控制寄存器 PCON

实现节能控制的是一个电源控制寄存器 PCON，如图 2-64 所示。

| | bit7 | bit6 | bit5 | bit4 | bit3 | bit2 | bit1 | bit0 |
|---|---|---|---|---|---|---|---|---|
| 复位后的值 | 0 | X | X | X | 0 | 0 | 0 | 0 |
| PCON（各位名称） | SMOD | | | | GF1 | GF0 | PD | IDL |

图 2-64　电源控制寄存器 PCON

PCON 寄存器各位的作用如下：

(1)SMOD：串口通信波特率倍增位。在它被置位时波特率会加倍。

(2)GF1，GF0：通用标志位(可供用户自由定义)。

(3)PD：停机模式控制位。将 PD 位置位后单片机进入停机模式。

(4)IDL:待机模式控制位。将IDL位置位后单片机进入待机模式。

### 2.9.2 待机模式

当PCON寄存器的IDL位被置位时,单片机会进入待机模式,CPU停止运行,而保持一些外设模块诸如串行接口、定时器和中断逻辑继续正常运行,需耗电6.5mA。在待机模式下,所有寄存器内容和端口状态保持不变。

为了退出待机模式而使单片机恢复到正常运行,只需要利用被预先放开的任意一种中断源或复位信号进行触发即可。同时将使IDL位自动被清除,程序将从把IDL位置位的那条指令后面的下一条指令恢复运行。一般推荐在这里开始放置三条NOP指令,在它们被执行时不产生任何操作,这样使得单片机有段缓冲时间稳定下来,并防止I/O端口发生意外的变化。

### 2.9.3 停机模式

在程序中将PCON寄存器的PD位置位,单片机将进入停机模式(又称掉电模式),将停掉内部时钟振荡器从而在最大程度上降低电源消耗。在掉电模式下,单片机能够在低至2V的电源供电时,仍然能够维持RAM的记忆功能,总的能耗低于40$\mu$A。在单片机进入掉电模式期间,所有的SFR寄存器和I/O端口保持不变。

使单片机回到正常模式的唯一的办法是利用复位信号触发。当单片机回到正常运行状态时,SFR寄存器的内容会丢失,并且自动恢复为复位值,但内部RAM存储器的内容却保持不变。所需复位信号必须足够长,大约10ms,以使得晶体振荡器重新起振并且达到运行稳定的状态。

# 第3章

# 80C51指令系统

## 3.0 引　言

给单片机编写程序的过程就是为了执行一项特定的任务，按照特定的规则把一系列现有指令进行排列组合的过程。所有指令的集合被称为指令系统或指令集。几乎所有与8051兼容的单片机总共都有255条不同的机器码指令。

尽管许多指令做同样的操作，但是它们却被认为不同。因此，真正不同的命令只有111条。例如8条加法指令ADD A,R0;ADD A,R1;……;ADD A,R7都做同样功能的操作。因为有8个这样的寄存器(即R0～R7)，每条指令就单独被累计到255条之中了。考虑到所有的指令仅仅执行53种不同的操作，而且在真正编程时多数指令被用到的概率很小，因此需要熟记的指令一般只有20～30条。

## 3.1 指令的描述方法

单片机各种指令及符号的含义见表3-1～表3-3。

表3-1　寄存器和存储器符号说明

| 符　号 | 说　明 |
|---|---|
| A | 累加寄存器，简称累加器 |
| AB | 表示累加器A和寄存器B搭配成的寄存器对，仅用于乘、除法指令中 |
| PSW | 程序状态字寄存器 |
| SP | 8位堆栈指针寄存器 |
| DPTR | 16位数据指针(即间址寄存器) |
| DPL | 数据指针DPTR的低8位 |
| DPH | 数据指针DPTR的高8位 |
| PC | 16位程序计数器 |
| PCL | 程序计数器PC的低8位 |
| PCH | 程序计数器PC的高8位 |
| Ri | 可用于间接寻址的寄存器，只有R0和R1，所以只能i=0或1 |
| Rn | 泛指当前组的8个通用寄存器R0～R7，只能取值n=0,……,7 |
| #data | 8位立即数 |
| #data16 | 16位立即数 |

续表 3-1

| 符　号 | 说　　明 |
|---|---|
| addr11 | 11位程序存储器(ROM)地址 |
| addr16 | 16位程序存储器(ROM)地址 |
| rel | 8位相对地址，即地址偏移量，一个带符号的数，取值范围－128～＋127 |
| direct | 代表一个“字节单元”的直接地址，8位长，取值范围是00H～FFH |
| bit | 代表一个“位单元”的地址，8位长，取值范围是00H～FFH |
| direct. n | 位单元地址的一种表示形式，这里的n取值范围为0～7，比如21H.5表示21H单元的bit5 |
| () | 代表寄存器或存储单元中的内容 |

表 3-2　标志位及其符号说明

| 符号 | 说　明 | 符号 | 说　明 | 符号 | 说　明 |
|---|---|---|---|---|---|
| C或CY | 进位/借位标志位 | AC | 半进位标志位 | OV | 溢出标志位 |

表 3-3　操作性符号说明

| 符　号 | 说　　明 |
|---|---|
| ← | 表示数据传送方向 |
| ＋ | 代表算术“加法”运算符 |
| － | 代表算术“减法”运算符 |
| × | 代表算术“乘法”运算符 |
| ÷ | 代表算术“除法”运算符 |
| ∧ | 代表逻辑“与”运算符 |
| ∨ | 代表逻辑“或”运算符 |
| ⊕ | 代表逻辑“异或”运算符 |
| / | 出现在位地址前面时，表示将对应位操作数取反 |
| @ | 出现在特定寄存器的前面时，表示被用作间接寻址寄存器 |
| # | 用在指令中的操作数之前，表示该数据为立即数(也是一个常数) |
| H | 当作为数据的后缀时表示该数据为一个十六进制数(不区分大小写) |
| D | 当作为数据的后缀时表示该数据为一个十进制数(不区分大小写)。表示十进制数的后缀通常被省略 |
| O | 当作为数据的后缀时表示该数据为一个八进制数(不区分大小写) |
| B | 应用于3种不同的情况，对应3种不同的含义：<br>(1)当作为一个数据的后缀时表示该数据为二进制数(不区分大小写)<br>(2)有时代表字节(Byte)，例如1KB就是1024字节(这里用大写K)<br>(3)又有时代表一个寄存器，即B寄存器 |

## 3.2 指令的执行时序

CPU 内核以及各种功能部件和外围模块单元电路通常都是由数字电路构造成的。数字电路的工作离不开时钟信号，每一步细微动作都是在一个共同的时间基准信号的指挥之下完成的。时基发生器的时钟振荡器，为整个单片机芯片的工作提供系统时钟信号，也为单片机与其他外接芯片或外接系统之间的通信提供定时信号。

时间基准的时钟振荡电路所产生的时钟脉冲信号，经内部分频电路进行 2 分频后形成状态周期 S，再进行 6 分频后形成机器周期。这就是说，每个机器周期内部包含 12 个时钟振荡器周期，简称时钟周期，一个机器周期由 6 个状态组成，记作 S1、S2、S3、S4、S5 和 S6，每个状态内又包含 2 个节拍，记作 P1 和 P2，每个节拍对应着一个时钟周期。标准 80C51 内部时钟如图 3-1 所示。

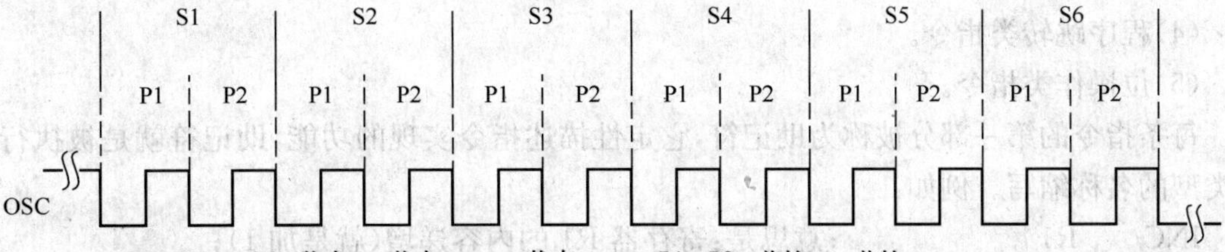


**图 3-1 内部时钟**

80C51 系列单片机的指令系统的特点是不仅编码长度各不相同，而且执行时间也各有所异。在这一点上与 MC68HC08 系列单片机，以及 8086 系列微处理器是相同的。指令的长度以字节为单位，从 1 个字节到 3 个字节不等；指令的执行时间以机器周期为单位，占用的机器周期数量有 1 个、2 个、4 个不等。一条指令的执行时间又称为指令周期，指令周期不是一个恒定值，不同的指令其指令周期也不同。

时钟周期和机器周期对于我们以后编写与时间参数有关的程序时是两个重要的计时概念。标准 80C51 内部操作时序如图 3-2 所示。从该图中还可以看出地址锁存 ALE 和程序选通 $\overline{\text{PSEN}}$ 两个引脚信号的时序。

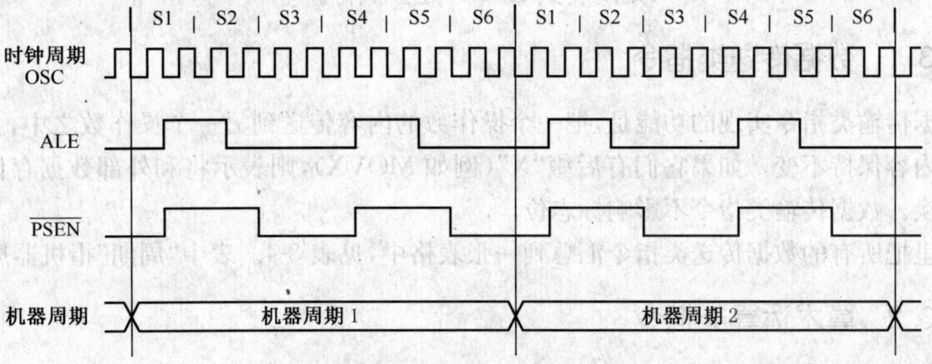


**图 3-2 内部操作时序**

指令一般都具有空间属性和时间属性，简称时空属性。空间属性是指一条指令在存储时所占用程序存储器的空间大小；时间属性是指一条指令在执行时所占用 CPU 的时间长短。编程人员在利用指令编写程序时，除了关心其功能之外，树立空间观念和时间观念也是很重要的。通常，在实现规定功能的前提下，编写的程序所占用的空间越小越好，所占用的时间越短越好。

## 3.3 指令的分类方法

根据实现的操作类型不同，可以把所有 111 条指令分为 5 种类型：

(1)数据传送类指令。

(2)算术运算类指令。

(3)逻辑运算类指令。

(4)程序跳转类指令。

(5)位操作类指令。

每条指令的第一部分被称为助记符，它定性描述指令实现的功能，助记符就是被执行的操作类型的名称缩写。例如：

```
INC     R1              ;意思是：寄存器 R1 的内容递增（就是加 1）；
LJMP    LAB5            ;意思是：长距离跳转到地址标号 LAB5 处去执行；
JNZ     LOOP            ;意思是：若累加器 A 内容不为 0 就跳到 LOOP 处去执行。
```

每条指令的第二部分（被称为操作数）与助记符之间利用至少一个“空格”分开，定义了被该指令处理的数据。有一些指令无操作数，而另一些指令则携带一个、二个或者三个操作数。对于那些携带不止一个操作数的指令，操作数之间利用“逗号”隔开。例如：

```
RET                     ;从子程序返回；
JZ      TEMP            ;如果累加器 A 内容为 0 就跳转到 TEMP 处去执行；
ADD     A,R3            ;累加器 A 和寄存器 R3 内容做加法，结果保存到 A 中；
CJNE    A,#20,LOOP      ;比较累加器 A 内容和 20 的大小，如果两者不等，
                        ;则跳转到 LOOP 处去执行。
```

### 3.3.1 数据传送类指令

数据传输类指令实现的功能是，把一个操作数的内容传送到另一个操作数之中，并且源寄存器的内容保持不变。如果它们有后缀“X”（例如 MOVX），则表示将和外部数据存储器进行数据交换。数据传输类指令不影响标志位。

这里把所有的数据传送类指令汇总到一张表格中，见表 3-4。表中“周期”指机器周期数。

### 3.3.2 算术运算类指令

算术运算类指令，简称算术指令，实现几种基本算术运算，例如加法、减法、乘法、除法等，

表 3-4 数据传送类指令

| 数据传送类指令 | | | |
|---|---|---|---|
| 助记符 | 功能描述 | 字节 | 周期 |
| MOV A,Rn | 传送寄存器 Rn 的内容到累加器 | 1 | 1 |
| MOV A,direct | 传送以直接寻址的 RAM 单元的内容到累加器 | 2 | 1 |
| MOV A,@Ri | 传送间接寻址 RAM 单元的内容到累加器 | 1 | 1 |
| MOV A,#data | 传送立即数到累加器 | 2 | 1 |
| MOV Rn,A | 传送累加器的内容到寄存器 Rn | 1 | 1 |
| MOV Rn,direct | 传送以直接寻址的 RAM 单元的内容到寄存器 Rn | 2 | 2 |
| MOV Rn,#data | 传送立即数到寄存器 Rn | 2 | 1 |
| MOV direct,A | 传送累加器的内容到以直接寻址的 RAM 单元 | 2 | 1 |
| MOV direct,Rn | 传送寄存器 Rn 的内容到以直接寻址的 RAM 单元 | 2 | 2 |
| MOV direct,direct | 传送以直接寻址的 RAM 单元的内容到另一个以直接寻址的 RAM 单元 | 3 | 2 |
| MOV direct,@Ri | 传送以间接寻址的 RAM 单元的内容到直接寻址 RAM 单元 | 2 | 2 |
| MOV direct,#data | 传送立即数到以直接寻址的 RAM 单元 | 3 | 2 |
| MOV @Ri,A | 传送累加器的内容到间接寻址 RAM 单元 | 1 | 2 |
| MOV @Ri,direct | 传送以直接寻址的 RAM 单元的内容到间接寻址 RAM 单元 | 2 | 2 |
| MOV @Ri,#data | 传送立即数到间接寻址 RAM 单元 | 2 | 1 |
| MOV DPTR,#data16 | 传送 16 位立即数到数据指针 | 3 | 2 |
| MOVC A,@A+DPTR | 把以(A+DPTR)为地址的程序存储器 ROM 单元内容传送到累加器中 | 1 | 2 |
| MOVC A,@A+PC | 把以(A+PC)为地址的程序存储器 ROM 单元内容传送到累加器中 | 1 | 2 |
| MOVX A,@Ri | 把以(Ri)为地址的外部 RAM 单元的内容传送到累加器 | 1 | 2 |
| MOVX A,@DPTR | 把以(DPTR)为地址的外部 RAM 单元的内容传送到累加器 | 1 | 2 |
| MOVX @Ri,A | 把累加器的内容传送到以(Ri)为地址的外部 RAM 单元 | 1 | 2 |
| MOVX @DPTR,A | 把累加器的内容传送到以(DPTR)为地址的外部 RAM 单元 | 1 | 2 |
| PUSH direct | 把以直接寻址的 RAM 单元的内容推入堆栈 | 2 | 2 |
| POP direct | 把堆栈的内容弹出到以直接寻址的 RAM 单元中 | 2 | 2 |
| XCH A,Rn | 交换累加器与寄存器的内容 | 1 | 1 |
| XCH A,direct | 交换累加器与直接寻址的 RAM 单元的内容 | 2 | 1 |
| XCH A,@Ri | 交换累加器与间接寻址的 RAM 单元的内容 | 1 | 1 |
| XCHD A,@Ri | 交换累加器与间接寻址的 RAM 单元内容的低半字节 | 1 | 1 |

执行后的结果被保存到第一个操作数当中。例如：

ADD　　A,R1　　;加法之和(A+R1)将存储到累加器 A 中。

算术运算类指令见表 3-5。

**表 3-5　算术运算类一览表**

| 算术运算类指令 | | | |
|---|---|---|---|
| 助记符 | 功能描述 | 字节 | 周期 |
| ADD A,Rn | 把寄存器的内容加到累加器中 | 1 | 1 |
| ADD A,direct | 把直接寻址 RAM 单元的内容加到累加器中 | 2 | 1 |
| ADD A,@Ri | 把间接寻址 RAM 单元的内容加到累加器中 | 1 | 1 |
| ADD A,#data | 把立即数加到累加器中 | 2 | 1 |
| ADDC A,Rn | 把寄存器的内容和 C 标志位一起加到累加器中 | 1 | 1 |
| ADDC A,direct | 把直接寻址 RAM 单元的内容和 C 标志位一起加到累加器中 | 2 | 1 |
| ADDC A,@Ri | 把间接寻址 RAM 单元的内容和 C 标志位一起加到累加器中 | 1 | 1 |
| ADDC A,#data | 把立即数和 C 标志位一起加到累加器中 | 2 | 1 |
| SUBB A,Rn | 从累加器中减去寄存器内容和 C 标志位 | 1 | 1 |
| SUBB A,direct | 从累加器中减去直接寻址 RAM 单元的内容和 C 标志位 | 2 | 1 |
| SUBB A,@Ri | 从累加器中减去间接寻址 RAM 单元的内容和 C 标志位 | 1 | 1 |
| SUBB A,#data | 从累加器中减去立即数和 C 标志位 | 2 | 1 |
| INC A | 累加器的内容加 1 | 1 | 1 |
| INC Rn | 寄存器的内容加 1 | 1 | 1 |
| INC direct | 直接寻址 RAM 单元的内容加 1 | 2 | 1 |
| INC @Ri | 间接寻址 RAM 单元的内容加 1 | 1 | 1 |
| INC DPTR | 数据指针寄存器 DPTR 的内容加 1 | 1 | 2 |
| DEC A | 累加器的内容减 1 | 1 | 1 |
| DEC Rn | 寄存器的内容减 1 | 1 | 1 |
| DEC direct | 直接寻址 RAM 单元的内容减 1 | 1 | 1 |
| DEC @Ri | 间接寻址 RAM 单元的内容减 1 | 2 | 1 |
| MUL AB | 乘法运算，累加器 A 和寄存器 B 的内容做乘法 | 1 | 4 |
| DIV AB | 除法运算，累加器 A 的内容被寄存器 B 的内容除 | 1 | 4 |
| DA A | 对于累加器 A 的内容进行十进制调整 | 1 | 1 |

## 3.3.3　逻辑运算类指令

逻辑运算类指令实现的功能是把两个操作数的内容进行按位逻辑运算，然后把结果保存到第一个操作数之中。逻辑运算类指令见表 3-6。

**表 3-6 逻辑运算类指令**

| 逻辑运算类指令 | | | |
|---|---|---|---|
| 助记符 | 功能描述 | 字节 | 周期 |
| ANL A,Rn | 把寄存器与累加器的内容进行与运算，结果存入 A | 1 | 1 |
| ANL A,direct | 把直接寻址的 RAM 单元内容与累加器的内容进行与运算，结果存入 A | 2 | 1 |
| ANL A,@Ri | 把间接寻址的 RAM 单元内容与累加器的内容进行与运算，结果存入 A | 1 | 1 |
| ANL A,#data | 把立即数与累加器的内容进行与运算，结果存入 A | 2 | 1 |
| ANL direct,A | 把直接寻址的 RAM 单元内容与累加器的内容进行与运算，结果存入 RAM 单元 | 2 | 1 |
| ANL direct,#data | 把直接寻址的 RAM 单元内容与立即数进行与运算，结果存入 RAM 单元 | 3 | 2 |
| ORL A,Rn | 把寄存器与累加器的内容进行或运算，结果存入 A | 1 | 1 |
| ORL A,direct | 把直接寻址的 RAM 单元内容与累加器的内容进行或运算，结果存入 A | 2 | 1 |
| ORL A,@Ri | 把间接寻址的 RAM 单元内容与累加器的内容进行或运算，结果存入 A | 1 | 1 |
| ORL A,#data | 把立即数与累加器的内容进行或运算，结果存入 A | 2 | 1 |
| ORL direct,A | 把直接寻址的 RAM 单元内容与累加器的内容进行或运算，结果存入 RAM 单元 | 2 | 1 |
| ORL direct,#data | 把直接寻址的 RAM 单元内容与立即数进行或运算，结果存入 RAM 单元 | 3 | 2 |
| XRL A,Rn | 把寄存器与累加器的内容进行异或运算，结果存入 A | 1 | 1 |
| XRL A,direct | 把直接寻址的 RAM 单元内容与累加器的内容进行异或运算，结果存入 A | 2 | 1 |
| XRL A,@Ri | 把间接寻址的 RAM 单元内容与累加器的内容进行异或运算，结果存入 A | 1 | 1 |
| XRL A,#data | 把立即数与累加器的内容进行异或运算，结果存入 A | 2 | 1 |
| XRL direct,A | 把直接寻址的 RAM 单元内容与累加器的内容进行异或运算，结果存入 RAM 单元 | 2 | 1 |
| XRL direct,#data | 把直接寻址的 RAM 单元内容与立即数进行异或运算，结果存入 RAM 单元 | 3 | 2 |
| CLR A | 把累加器的内容清 0 | 1 | 1 |
| CPL A | 把累加器的内容取反(1=0,0=1) | 1 | 1 |
| SWAP A | 把累加器的内容进行高低半字节交换位置 | 1 | 1 |
| RL A | 把累加器的内容进行循环左移 | 1 | 1 |
| RLC A | 把累加器的内容进行循环左移，并且连同进位标志位 C | 1 | 1 |
| RR A | 把累加器的内容进行循环右移 | 1 | 1 |
| RRC A | 把累加器的内容进行循环右移，并且连同进位标志位 C | 1 | 1 |

## 3.3.4 程序跳转类指令

程序跳转类指令包含两种指令：

(1) 条件跳转指令。这种指令的功能是，仅当规定的条件被满足后才会跳转到指定的目标地址去执行，否则顺序执行。

(2) 无条件跳转指令。这种指令的功能是，引导程序无条件地跳转到指定的目标地址去继续执行。

程序跳转类见表 3-7。

**表 3-7 程序跳转类指令**

| 程序跳转类指令 | | | |
|---|---|---|---|
| 助记符 | 功能描述 | 字节 | 周期 |
| ACALL addr11 | 子程序近调用。地址码 11 位长，调用范围 2KB | 2 | 2 |
| LCALL addr16 | 子程序远调用。地址码 16 位长，调用范围 64KB | 3 | 2 |
| RET | 子程序返回 | 1 | 2 |
| RETI | 中断服务子程序返回 | 1 | 2 |
| AJMP addr11 | 绝对近跳转。地址码 11 位长，跳转范围 2KB | 2 | 2 |
| LJMP addr16 | 绝对远跳转。地址码 16 位长，跳转范围 64KB | 3 | 2 |
| SJMP rel | 相对短跳转指令。跳转范围为 - 128～+127 | 2 | 2 |
| JMP @A+DPTR | 跳转目标地址是由(A + DPTR)构成的 16 位地址 | 1 | 2 |
| JC rel | 若 C=1 则跳转。跳转范围 - 128～+127 | 2 | 2 |
| JNC rel | 若 C ≠ 1 则跳转。跳转范围 - 128～+127 | 2 | 2 |
| JB bit, rel | 若直接寻址 bit=1 则跳转。跳转范围 - 128～+127 | 3 | 2 |
| JBC bit, rel | 若直接寻址 bit ≠ 1 则跳转。跳转范围 - 128～+127 | 3 | 2 |
| JZ rel | 若累加器内容(A)=0000 0000 则跳转。跳转范围 - 128～+127 | 2 | 2 |
| JNZ rel | 若累加器内容(A) ≠ 0000 0000 则跳转。跳转范围 - 128～+127 | 2 | 2 |
| DJNZ Rn, rel | 寄存器内容(Rn) 减 1 后不为 0 则跳转。跳转范围 - 128～+127 | 2 | 2 |
| DJNZ direct, rel | 直接寻址 RAM 单元内容减 1 后不为 0 则跳转。跳转范围 - 128～+127 | 3 | 2 |
| CJNE A, #data, rel | 比较累加器内容和立即数不等则跳转。跳转范围 - 128～+127 | 3 | 2 |
| CJNE A, direct, rel | 比较累加器和直接寻址 RAM 单元内容不等则跳转。跳转范围 - 128～+127 | 3 | 2 |
| CJNE Rn, #data, rel | 比较寄存器 Rn 内容和立即数不等则跳转。跳转范围 - 128～+127 | 3 | 2 |
| CJNE @Ri, #data, rel | 比较间接寻址 RAM 单元内容和立即数不等则跳转。跳转范围 - 128～+127 | 3 | 2 |
| NOP | 不做任何操作。仅仅是占用一个程序存储器单元，并且空耗一个机器周期 | 1 | 1 |

## 3.3.5 位操作类指令

位操作类指令实现的功能是，类似于逻辑操作类指令，其操作也是面向比特位的，不同的是这些指令的操作对象仅仅是其中一位。位操作类指令汇总见表 3-8。

**表 3-8 位操作类指令**

| 位操作类指令 | | | |
|---|---|---|---|
| 助记符 | 功能描述 | 字节 | 周期 |
| CLR C | 把进位标志位 C 清 0 | 1 | 1 |
| CLR bit | 把直接寻址的位单元清 0 | 2 | 1 |
| SETB C | 把进位标志位 C 置 1 | 1 | 1 |
| SETB bit | 把直接寻址的位单元置 1 | 2 | 1 |
| CPL C | 把进位标志位 C 取反 | 1 | 1 |

续表 3-8

| 位操作类指令 | | | |
|---|---|---|---|
| 助记符 | 功能描述 | 字节 | 周期 |
| CPL bit | 把直接寻址的位单元取反 | 2 | 1 |
| ANL C,bit | 把进位标志位 C 与直接寻址的位单元内容进行与运算,结果存入 C | 2 | 2 |
| ANL C,/bit | 把进位标志位 C 与直接寻址的位单元内容的反值进行与运算,结果存入 C | 2 | 2 |
| ORL C,bit | 把进位标志位 C 与直接寻址的位单元内容进行或运算,结果存入 C | 2 | 2 |
| ORL C,/bit | 把进位标志位 C 与直接寻址的位单元内容的反值进行或运算,结果存入 C | 2 | 2 |
| MOV C,bit | 把直接寻址的位单元内容传送到进位标志位 C | 2 | 1 |
| MOV bit,C | 把进位标志位 C 传送到直接寻址的位单元 | 2 | 2 |

## 3.4 指令的功能解析

**1. ACALL addr11 ;子程序近调用指令**

功能描述:自动把下一条指令的地址压入堆栈保护起来,然后跳转到子程序的入口地址去执行子程序。由于地址码只有 11 位长,因此调用范围只有 2KB,并且是限定在本指令所在的一个 2KB 的程序存储器页之内。

指令语法:ACALL 子程序符号名

影响标志:不影响任何标志位。

应用举例:调用一个名称为 SUBRTN 的子程序。

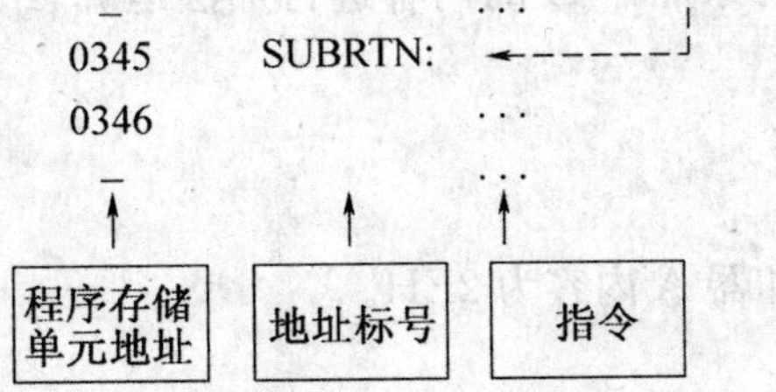


执行之前:程序计数器 PC=0123H;堆栈指针 SP=07H

执行之后:程序计数器 PC=0345H;堆栈指针 SP=09H

**2. ADD A,#data ;立即数与累加器做加法**

功能描述:把一个数值(范围 00H~FFH,即 0~255)与累加器 A 的内容进行加法运算,结果保存到累加器 A 中。

指令语法：ADD A，# data

影响标志：C、OV 和 AC。

应用举例：

```
0122  …
0123  (Label)  ADD  A,#33H
0124  …
```

执行之前：A=16H (22 D)

执行之后：A=49H (73 D)

补充说明：A=49H (73 D)表示，这时的累加器内容为十六进制数的 49H，也就是等值十进制数的 73D。

**3. ADD A，direct ；直接寻址单元内容与累加器做加法**

功能描述：把一个直接寻址的 RAM 单元（地址范围是 00H～7FH）的内容，或者是一个特殊功能寄存器 SFR 单元（地址范围是 80H～FFH）的内容，与累加器 A 的内容进行加法运算，得到的结果保存到累加器 A 中。

指令语法：ADD A，SFR 名或直接地址

影响标志：C、OV 和 AC。

应用举例：假设在 RAM 内有一个字节单元，其符号地址预先定义为 SUM，其内容为 33H；累加器 A 内容为 49H。

```
0122  …
0123  (Label)  ADD A,SUM
0124  …
```

执行之前：A=16H (22 D)； (SUM)=33H (51 D)

执行之后：A=49H (73 D)； (SUM)=33H (51 D)

**4. ADD A，Rn ；寄存器与累加器做加法**

功能描述：把寄存器 Rn (R0～R7)的内容与累加器 A 的内容进行加法运算，结果保存到累加器 A 之中。

指令语法：ADD A，Rn

影响标志：影响标志位 C、OV 和 AC。

应用举例：假设寄存器 R4 内容为 12H；累加器 A 内容为 2EH。

```
0122  …
0123  (Label)  ADD  A,R4
0124  …
```

执行之前：A=2EH (46 D)；R4=12H (18 D)

执行之后：A=40H (64 D)；R4=12H (18 D)

**5. ADD A,@Ri ;间接寻址单元与累加器做加法**

功能描述:把以间接寻址寄存器(R0 或者 R1)的内容为地址的一个 RAM 单元的内容,与累加器 A 的内容进行加法运算,结果保存到 A 中。

指令语法:ADD A,@Ri

影响标志:影响标志位 C、OV 和 AC。

应用举例:假设有一个地址为 4FH 的 RAM 单元,其符号地址预先定义为 SUM(这里表达为 SUM=4FH),其预先存入的内容是 33H(这里表达为(SUM)=33H);本例中选用了一个可以当作间接寻址寄存器的 R0,预先写入的内容是 4FH(这里表达为 R0=4FH)。

```
0122  …
0123  (Label)   ADD   A,@R0
0124  …
```

执行之前:A=16H (22 D);(SUM)=33H (51 D);R0=4FH

执行之后:A=49H (73 D);(SUM)=33H (51 D);R0=4FH

**6. ADDC A,#data ;带进位 C,立即数与累加器做加法**

功能描述:把一个数值(范围 00H~FFH,即 0~255)与累加器 A 的内容,连同进位标志位 C,一起进行加法运算,结果保存到累加器 A 中。

指令语法:ADDC A,#data

影响标志:C、OV 和 AC。

应用举例:

```
0122  …
0123  (Label)   ADDC A,#A9H
0124  …
```

执行之前: A=C3H (195 D) ;C=1

执行之后: A=6DH (109 D) ;C=1;AC=0;OV=1

**7. ADDC A,direct ;带进位 C,直接寻址单元与累加器做加法**

功能描述:把一个直接寻址的 RAM 单元(地址范围是 00H~7FH)的内容,或者是一个特殊功能寄存器 SFR 单元(地址范围是 80H~FFH)的内容,与累加器 A 的内容连同进位标志位 C,一起进行加法运算,结果保存到累加器 A 中。

指令语法:ADDC A,SFR 名称 或 8 位直接地址

影响标志:C、OV 和 AC。

应用举例:假设在 RAM 内有一个字节单元,其符号地址预先定义为 TEMP,其内容为 AAH。

```
0122  …
0123  (Label)   ADDC   A,TEMP
0124  …
```

执行之前:A=C3H (195 D);(TEMP)=AAH (170 D);C=1

执行之后：A＝6DH (110 D)；C＝1；AC＝0；OV＝1

**8. ADDC A,Rn ；带进位C,寄存器与累加器做加法**

功能描述：把一个通用寄存器(R0～R7)的内容与累加器A的内容连同进位标志位C,一起进行加法运算,结果保存到累加器A中。

指令语法：ADDC A,Rn

影响标志：C、OV和AC。

应用举例：

```
0124  …
0123  (Label)   ADDC   A,R0
0122  …
```

执行之前：A＝C3H (195 D)；R0＝AAH (170 D)；C＝1

执行之后：A＝6EH (110 D)；C＝1；OV＝1；AC＝0

**9. ADDC A,@Ri ；带进位C,间接寻址单元与累加器做加法**

功能描述：把以Ri (R0或R1)内容为地址(地址范围00H～FFH)、以间接寻址方式确定的一个RAM单元的内容,与累加器A的内容连同进位标志位C一起进行加法运算,结果保存到累加器A中。

指令语法：ADDC A,@Ri

影响标志：C、OV和AC。

应用举例：假设有一个RAM单元,其符号地址为SUM,其实际地址为4FH,其内容为(SUM)＝AAH；间接寻址寄存器R0的内容为R0＝4FH。

```
0122  …
0123  (Label)   ADDC,A,@R0
0124  …
```

执行之前：A＝C3H (195 D)；(SUM)＝AAH (170 D)；C＝1

执行之后：A＝6EH (110 D)；C＝1；AC＝0；OV＝1

**10. AJMP addr11 ；无条件近跳转**

功能描述：遇到该指令将无条件跳转到一个指定地址去执行程序。由于地址码只有11位长,因此调用范围只有2KB(并且是限定在本指令所在的一个2KB的程序存储器页之内)。

指令语法：AJMP address (label)

影响标志：无。

应用举例：跳转到一个地址标号为JUMP1的地址去执行。

```
0122                      …
0123   JUMP1:             …
0124                      …
–                         …
–                         …
0345   (Label)    AJMP    JUMP1
```

执行之前：PC＝0345H

执行之后：PC＝0123H

**11. ANL A,Rn ;寄存器同 A 逻辑与**

功能描述：把一个通用寄存器 Rn(即 R0～R7)的内容同累加器 A 的内容进行逻辑与运算，其结果保存到累加器 A 中。

指令语法：ANL A,Rn

影响标志：无。

应用举例：把 R5 和 A 的内容进行与运算，结果存入 A。

```
0222  …
0223  (Label)  ANL   A,R5
   0224  …
```

执行之前：A＝C3H (11000011 B)；R5＝55H (01010101 B)

执行之后：A＝41H (01000001 B)

补充说明：A＝41H (01000001 B)表示，这时的累加器内容为十六进制数的 41H，也就是等值二进制数的 01000001 B。

**12. ANL A,direct ;直接寻址单元同 A 逻辑与**

功能描述：把一个直接寻址的 RAM 单元(地址范围是 00H～7FH)的内容，或者是一个特殊功能寄存器 SFR 单元(地址范围是 80H～FFH)的内容，同累加器 A 进行逻辑与运算，其结果保存到累加器 A 中。

指令语法：ANL A,SFR 名称 或 8 位直接地址

影响标志：无。

应用举例：

```
0222  …
0223  (Label)  ANL   A,MASK
0224  …
```

执行之前：A＝C3H (11000011 B)；(MASK)＝55H (01010101 B)

执行之后：A＝41H (01000001 B)；(MASK)＝55H (01010101 B)

**13. ANL A,@Ri ;间接寻址单元同 A 逻辑与**

功能描述：把以间接寻址寄存器(R0 或 R1)的内容为地址的一个 RAM 单元的内容，与累加器 A 的内容进行逻辑与运算，其结果保存到累加器 A 中。

指令语法：ANL A,@Ri

影响标志：无。

应用举例：假设有一个 RAM 单元，其地址为 SUM＝4FH，其内容为(SUM)＝55H；间接寻址寄存器 R0 的内容为 R0＝4FH。

```
0222  …
0223  (Label)  ANL   A,@R0
0224  …
```

执行之前：A=C3H（11000011 B）；(SUM)=55H（01010101 B）；R0=4FH

执行之后：A=41H（01000001 B）；其他不变

**14. ANL A,#data ;立即数同A逻辑与**

功能描述：把指令中直接给出的一个立即数，同累加器A的内容进行逻辑与运算，其结果保存到累加器A中。

指令语法：ANL A,#data

影响标志：无。

应用举例：

```
0322  …
0323  (Label)  ANL  A,#55H
0324  …
```

执行之前：A=C3H（11000011 B）

执行之后：A=41H（01000001 B）

**15. ANL direct,A ;A同直接寻址单元逻辑与**

功能描述：把一个直接寻址的RAM单元（地址范围是00H～7FH）的内容，或者是一个特殊功能寄存器SFR单元（地址范围是80H～FFH）的内容，同累加器A进行逻辑与运算，其结果保存到RAM单元或SFR单元中。

指令语法：ANL SFR名称 或 8位直接地址,A

影响标志：无。

应用举例：假设有一个RAM单元，其符号地址为MASK，其内容为55H。

```
0122  …
0123  (Label)  ANL  MASK,A
0124  …
```

执行之前：(MASK)=55H（01010101 B）；A=C3H（11000011 B）

执行之后：(MASK)=41H（01000001 B）；A=C3H（11000011 B）

**16. ANL direct,#data ;立即数同直接寻址单元逻辑与**

功能描述：把一个直接寻址的RAM单元（地址范围是00H～7FH）的内容，或者是一个特殊功能寄存器SFR单元（地址范围是80H～FFH）的内容，同一个立即数进行逻辑与运算，其结果保存到RAM单元或SFR单元中。

指令语法：ANL SFR名称 或 8位直接地址,#data

影响标志：无。

应用举例：把一个立即数C3H同一个符号地址为MASK的RAM单元的内容55H进行逻辑与。

```
0A22  …
0A23  (Label)  ANL  MASK,#C3H
0A24  …
```

执行之前：(MASK)＝55H (01010101 B)；立即数＝C3H (11000011 B)

执行之后：(MASK)＝41H (01000001 B)

**17. ANL C,bit ；直接寻址位同 C 逻辑与**

功能描述：把一个“位单元”的内容同进位标志位 C 的内容进行逻辑与运算，其结果保存到 C 中。其真值表如下：

| bit | 2.5.1.1.1.1 C | 结果 | bit | 2.5.1.1.1.1 C | 结果 |
|---|---|---|---|---|---|
| 0 | 0 | 0 | 1 | 0 | 0 |
| 0 | 1 | 0 | 1 | 1 | 1 |

指令语法：ANL C,位单元地址

影响标志：C。

应用举例：把累加器 A 中的 bit7(即为最高位)的内容同进位标志位 C 的内容进行逻辑与运算。

```
0222 …
0223 (Label) ANL C,ACC.7
0224 …
```

执行之前：C＝1；A＝43H (01000011 B)

执行之后：C＝0；A＝43H (01000011 B)

小知识：

**位单元**：8051 单片机内部的位单元包含两部分。一部分位于 RAM 空间内、字节地址为 21H～2FH、可以位寻址的区间，位地址编码范围是 00H～7FH，共有 128 个位单元；另一部分位于 SFR 空间内、字节地址可以被 8 整除的一些 SFR 单元中。指令中代表位地址的“bit”实际是一个 8 位长的地址，因为 8051 总共有 256 个位单元的地址编码空间(不过物理上真正配置的位单元则少于 256 个)。

**18. ANL C,/bit ；直接寻址位取反后同 C 逻辑与**

功能描述：把一个“位单元”的内容的反值，同进位标志位 C 的内容进行逻辑与运算，其结果保存到 C 中。其值表如下：

| bit | /bit | C | 结果 | bit | /bit | C | 结果 |
|---|---|---|---|---|---|---|---|
| 0 | 1 | 0 | 0 | 1 | 0 | 0 | 0 |
| 0 | 1 | 1 | 1 | 1 | 0 | 1 | 0 |

指令语法：ANL C,/位单元地址

影响标志：无。

应用举例：把累加器 A 中的 bit7 的内容取反后同进位标志位 C 的内容进行逻辑与运算。

```
0222   …
0223   (Label)   ANL C,/ACC.7
0224   …
```

执行之前:C=1;A=43H (01000011 B)

执行之后:C=1;A=43H (01000011 B)

**19. CJNE A,direct,rel ;比较 A 与 RAM 单元的内容若不等则跳**

功能描述:把累加器 A 的内容与一个地址为“direct”的、直接寻址的 RAM 单元的内容进行比较,如果二者不相等,则跳转到以“rel”指定的新地址去执行;如果二者相等,则顺序执行。其实,rel 是一个相对地址,即为落脚点到起跳点之间的距离,跳转范围为－128～＋127。

指令语法:CJNE A,direct,[jump address]

影响标志:C。

应用举例:比较 A 和符号地址为 MAX 的 RAM 单元的内容,不等则跳,否则顺序执行。

```
0122
0123   JUMP1:      …
0124
 —                 —
0145   (Label)     CJNE   A,MAX,JUMP1
0146               …
0147               …
```

执行之前:PC=0145H;A=27H

执行之后:如果(MAX)≠27H 则 PC=0123H;如果(MAX)=27H 则 PC=0146H

**20. CJNE A,#data,rel ;比较 A 与立即数若不等则跳**

功能描述:把累加器 A 的内容与一个立即数“#data”进行比较,如果二者不相等,则跳转到以“rel”指定的新地址去执行;如果二者相等,则顺序执行。

指令语法:CJNE A,#data,[jump address]

影响标志:C。

应用举例:比较 A 内容和立即数 33H,不等则跳,否则顺序执行。

```
0422                 ...
0423   JUMP2:        ...  <------┐
0424                 ...         ¦
 —                   ...         ¦
 —                   ...         ¦
0445   (Label)   CJNE A,#33H,JUMP2
0446                 ...         ¦
0447                 ...         ▼
```

执行之前:PC=0445H

执行之后:如果 A≠33H 则 PC=0423H;如果 A=33H 则 PC=0446H

**21. CJNE Rn, ♯data, rel ;比较寄存器内容与立即数若不等则跳**

功能描述：把一个通用寄存器 Rn 的内容与一个立即数“♯data”进行比较，如果二者不相等，则跳转到以“rel”指定的新地址去执行；如果二者相等，则顺序执行。

指令语法：CJNE Rn，♯data，[jump address]

影响标志：C。

应用举例：比较寄存器 R5 内容和立即数 44H，不等则跳，否则顺序执行。

```
0322                ···
0323   JUMP3:       ···  <------
0324                ···         |
 –                  ···         |
 –                  ···         |
0345   (Label)   CJNE   R5,#44H,JUMP3
0346                ···         |
                                v
```

执行之前：PC＝0345H

执行之后：如果 R5≠44H 则 PC＝0323H；如果 R5＝44H 则 PC＝0346H

**22. CJNE @Ri, ♯data, rel ;比较一个间接寻址 RAM 单元内容与立即数若不等则跳**

功能描述：把一个以间接寻址寄存器 Ri 内容为地址的 RAM 单元的内容与一个立即数“♯data”进行比较，如果二者不相等，则跳转到以“rel”指定的新地址去执行；如果二者相等，则顺序执行。

指令语法：CJNE @Ri，data，[jump address]

影响标志：C。

应用举例：假设有一个地址为 44H 的 RAM 单元，其符号地址定义为 SUM，即 SUM＝F3H，其内容未知；一个间接寻址寄存器 R0 的内容预先写入的是 F3H，即为 R0＝F3H。

```
0322                ···
0323   JUMP4:       ···  <------
0324                ···         |
 –                  ···         |
 –                  ···         |
0345   (Label)   CJNE   @R0,#44H,JUMP4
0346                ···         |
                                v
```

执行之前：PC＝0345H；R0＝F3H

执行之后：如果(SUM)≠44H 则 PC＝0323H；如果 (SUM)＝44H 则 PC＝0346H

**23. CLR A ;累加器清 0**

功能描述：把累加器 A 的内容清 0，也就是令 A＝00H。

指令语法：CLR A

影响标志：无。

应用举例：

```
0322  …
0323  CLR   A
0324  …
```

执行之前:A=xxH(即为任意值)

执行之后:A=00H

补充说明:"xx"表示未知或者任意值。

**24. CLR C ;进位位清 0**

功能描述:把进位标志位 C 清 0,也就是令 C=0。

指令语法:CLR C

影响标志:C。

应用举例:

```
0322
0323  CLR   C
0324
```

执行之前:C=x(即为任意值)

执行之后:C=0

**25. CLR bit ;位单元清 0**

功能描述:把一个以 8 位地址 bit 所指定的位单元清 0。

指令语法:CLR [bit address]

影响标志:无。

应用举例:将并行端口 P0 的引脚 P0.3 清 0,即从该脚输出逻辑低电平。

```
0322  …
0323  CLR   P0.3
0324  …
```

执行之前:P0.3=x(即为任意值)

执行之后:P0.3=0

**26. CPL A ;累加器取反**

功能描述:把累加器 A 内容的 8 个比特位全部逐位取反,即 0 变 1,1 变 0。

指令语法:CPL A

影响标志:无。

应用举例:

```
0322  …
0323  CPL   A
0324  …
```

执行之前:A=0011 0110B

执行之后:A=1100 1001B

**27. CPL bit ;位单元取反**

功能描述：把一个以 8 位地址 bit 所指定的位单元内容取反。

指令语法：CPL [bit address]

影响标志：无。

应用举例：将并行端口引脚 P0.3 的逻辑状态取反。

```
0322  …
0323  CPL   P0.3
0324  …
```

执行之前：P0.3=1（原先输出的是高电平）

执行之后：P0.3=0（后来输出的是低电平）

**28. CPL C ;进位位取反**

功能描述：把进位标志位 C 的内容取反。

指令语法：CPL C

影响标志：C。

应用举例：

```
0322  …
0323  CPL   C
0324  …
```

执行之前：C=1(或者 C=0)

执行之后：C=0(或者 C=1)

**29. DA A ;对于 A 的内容做十进制调整**

功能描述：在利用 ADD 或者 ADDC 指令，对于 2 个给定的 BCD 码进行十进制加法之后，需要再利用本指令对于 A 中的结果进行调整，才能得到正确的 BCD 码。所谓"BCD 码"就是二进制形式的十进制数。一个字节的 BCD 码能够表达一个 2 位长的十进制数，低半字节表示十进制数的个位，高半字节表示十进制数的十位。

指令语法：DA A

影响标志：C。

应用举例：

```
0322  …
0323  ADDC   A,B
0324  DA     A
```

执行之前：A=56H (01010110B 或 56 BCD)；B=67H (01100111B 或 67BCD)

这里带 BCD 后缀的数表示是一个 BCD 码

加法之后：A=BDH (10111101B)

调整之后：A=23H (00100011B)；C=1 (有进位，代表十进制的 100)

即为 100+23=123=56+67

**30. DEC A ；累加器递减**

功能描述：把累加器 A 的内容减 1。如果事先 A 的内容为 0（即 00H），则事后将变为 FFH（即为 255D）。

指令语法：DEC A

影响标志：无。

应用举例：

```
0322  …
0323  DEC   A
0324  …
```

执行之前：A＝E4H

执行之后：A＝E3H

**31. DEC Rn ；寄存器 Rn 递减**

功能描述：把一个通用寄存器 Rn 的内容减 1。如果事先 Rn 的内容为 0（即 00H），则事后将变为 FFH（即为 255D）。

指令语法：DEC Rn

影响标志：无。

应用举例：R3 的内容减 1。假设其内容为 B0H。

```
0322  …
0323  DEC   R3
0324  …
```

执行之前：R3＝B0H

执行之后：R3＝AFH

**32. DEC direct ；直接寻址 RAM 单元递减**

功能描述：把一个 8 位地址"direct"所指定的 RAM 单元的内容减 1。如果事先该单元的内容为 0（即 00H），则事后将变为 FFH（即为 255D）。

指令语法：DEC [register address]

影响标志：无。

应用举例：把一个符号地址预先定义为 CNT 的 RAM 单元的内容减 1。假设其内容为 0。

```
0322  …
0323  DEC   CNT
0324  …
```

执行之前：CNT＝00H

执行之后：CNT＝FFH

**33. DEC @Ri ；间接寻址 RAM 单元递减**

功能描述：把以 Ri 内容为地址，以间接寻址所确定的一个 RAM 单元的内容减 1。如果事先该单元的内容为 0（即 00H），则事后将变为 FFH（即为 255D）。

指令语法:DEC @Ri

影响标志:无

应用举例:假设有一个 RAM 单元,其符号地址为 CNT,其实际地址为 4FH,即为 CNT=4FH,其内容为 35H,即为(CNT)=35H;间接寻址寄存器 R0 的内容为 4FH,即为 R0=4FH。

```
0222            ...
0223  (Label)  DEC   @R0
0224            ...
```

执行之前:(CNT)=35H

执行之后:(CNT)=34H

**34. DIV AB ;除法指令**

功能描述:唯一的一条除法指令。功能是把累加器 A 内容作为被除数,以寄存器 B 内容作为除数,进行除法运算之后,商保存到 A,余数保存到 B。如果存在余数部分,则同时设置标志位 OV=1。

指令语法:DIV AB

影响标志:C、OV。

应用举例:

```
0222  ...
0223  (Label)  DIV   AB
0224  ...
```

执行之前:A=FBH (251D);B=12H (18D)

执行之后:A=0DH (13D);B=11H (17D);即为 13×18 + 17=251

**35. DJNZ direct,rel ;直接寻址单元递减不为 0 则跳**

功能描述:把一个 8 位地址"direct"所指定的 RAM 单元的内容减 1,如果结果不为 0,则跳转到以"rel"指定的新地址去执行;如果结果为 0,则顺序执行。跳转范围为-128~+127。

指令语法:DJNZ direct,[jump address]

影响标志:无。

应用举例:

```
0422                 ...
0423   LABEL1:       ...  <------
0424                 ...        |
 -                   ...        |
 -                   ...        |
0445   (Label)       DJNZ CNT,LABEL1
0446                 ...        |
0447                 ...        v
```

执行之前:PC=0445H

执行之后:如果 CNT≠0 则 PC=0423H;如果 CNT=0 则 PC=0446H

**36. DJNZ Rn,rel ;寄存器递减不为 0 则跳**

功能描述：把一个通用寄存器 Rn 的内容减 1，如果结果不为 0，则跳转到以“rel”指定的新地址去执行；如果结果为 0，则顺序执行。跳转范围为－128～＋127。

指令语法：DJNZ Rn,[jump address]

影响标志：无。

应用举例：

```
0422                 ...
0423    JUMP2:       ...  <------------
0424                 ...              |
 -                   ...              |
 -                   ...              |
0445    (Label)      DJNZ  R1,JUMP2
0446                 ...              v
```

执行之前：PC＝0445H

执行之后：如果 R1≠0 则 PC＝0423H；如果 R1＝0 则 PC＝0446H

**37. INC A ;累加器递增**

功能描述：把累加器 A 的内容加 1。如果事先 A 的内容为 FFH(即为 255D)，则事后将变为 0(即 00H)。

指令语法：INC A

影响标志：无。

应用举例：把累加器 A 的内容加 1。假设其内容为 E4H。

```
0322  ...
0323  INC   A
0324  ...
```

执行之前：A＝E4H

执行之后：A＝E5H

**38. INC Rn ;寄存器递增**

功能描述：把一个通用寄存器 Rn 内容加 1。如果事先其内容为 FFH(即为 255D)，则事后将变为 0(即 00H)。

指令语法：INC Rn

影响标志：无。

应用举例：把寄存器 R4 内容加 1。假设其内容为 18H。

```
0322  ...
0323  INC   R4
0324  ...
```

执行之前：R4＝18H(假设)

执行之后：R4＝19H

**39. INC @Ri ;间接寻址 RAM 单元递增**

功能描述:把以 Ri(即 R0 或 R1)内容为地址,以间接寻址所确定的一个 RAM 单元的内容加 1。如果事先其内容为 FFH(即为 255D),则事后将变为 0(即 00H)。

指令语法:INC @Ri

影响标志:无。

应用举例:假设有一个 RAM 单元,其符号地址为 CNT,其实际地址为 4FH,即为 CNT=4FH,其内容为 35H,即为(CNT)=35H;间接寻址寄存器 R1 的内容为 4FH,即为 R1=4FH。

```
0222  …
0223  (Label)  INC  @R1
0224  …
```

执行之前:(CNT)=35H;R1= 4FH

执行之后:(CNT)=36H;R1= 4FH

**40. INC direct ;直接寻址 RAM 单元递增**

功能描述:把以 8 位地址"direct"所指定的一个 RAM 单元的内容加 1。如果事先其内容为 FFH(即为 255D),则事后将变为 0(即 00H)。

指令语法:INC direct

影响标志:无。

应用举例:假设有一个 RAM 单元,其符号地址为 CNT,其内容为 35H,即为(CNT)=35H。

```
0322  …
0323  INC  CNT
0324  …
```

执行之前:(CNT)=33H

执行之后:(CNT)=34H

**41. INC DPTR ;数据指针递增**

功能描述:把 16 位宽的数据指针 DPTR 的内容加 1。DPTR 是唯一一个可以被指令操作的 16 位寄存器。它又可以被分解为高、低两个 8 位寄存器 DPH 和 DPL。

指令语法:INC DPTR

影响标志:无。

应用举例:

```
0222  …
0223  INC  DPTR
0224  …
```

执行之前:DPTR=13FFH (DPH=13H;DPL=FFH)

执行之后:DPTR=1400H (DPH=14H;DPL=00H)

**42. JB bit,rel ;若直接寻址位为 1 则跳**

功能描述:检测以 8 位地址“bit”指定的一个位单元内容,如果为 1 则跳转到以“rel”指定的新地址去执行,如果为 0 则顺序执行。跳转范围为－128～＋127。

指令语法:JB bit,[jump address]

影响标志:无。

应用举例:

```
0322                    ......
0323    (Label)         JB P0.5,PUSH2
0324                    ......
 -                      ......
 -                      ......
0345    PUSH2:          ......
0346                    ......
```

执行之前:PC＝0323H

执行之后:如果 P0.5＝0 则 PC＝0324H;如果 P0.5＝1 则 PC＝0345H

**43. JC rel ;如果 C 为 1 则跳**

功能描述:检测进位标志位 C 的内容,如果为 1 则跳转到以“rel”指定的新地址去执行,如果为 0 则顺序执行。跳转范围为－128～＋127。

指令语法:JC [jump address]

影响标志:无。

应用举例:

```
0322                    ......
0323    (Label)         JC      LAB3
0324                    ......
 -                      ......
 -                      ......
0345    LAB3:           ......
0346                    ......
```

执行之前:PC＝0323H

执行之后:如果 C＝0 则 PC＝0324H;如果 C＝1 则 PC＝0345H

**44. JBC bit,rel ;若直接寻址位为 1 则跳,并清除测试位**

功能描述:检测以 8 位地址“bit”指定的一个位单元内容,并且随即把它清 0,如果检测结果为 1 则跳转到以“rel”指定的新地址去执行,如果为 0 则顺序执行。跳转范围为－128～＋127。该指令类似于“JB bit,rel”指令,差别仅是多了一项清 0 测试位的操作。

指令语法:JBC bit,[jump address]

影响标志:无。

应用举例:假设有一个位单元,其位地址的符号地址定义为 TEST0.4。

```
0322                    ......
0323    (Label)         JB  TEST0.4,JUMP33
0324                    ......
 _                      ......
 _                      ......
0345    JUMP33:         ......
0346                    ......
```

执行之前：PC＝0323H

执行之后：如果（TEST0.4）＝1 则跳转执行 PC＝0345H；（TEST0.4）＝0

如果（TEST0.4）＝0 则顺序执行 PC＝0324H；（TEST0.4）＝0

**45. JMP @A＋DPTR ；无条件变址跳转**

功能描述：把累加器 A 的内容同数据指针 DPTR 的内容进行叠加，形成一个 16 位数据，作为跳转的目标地址，然后跳转到新地址去执行。该指令可以实现多分支跳转，即称为散转。

指令语法：JMP @A＋DPTR

影响标志：无。

应用举例：依据累加器 A 内容不同，实现散转。

```
0223    JMP     @A+DPTR
 _      .......
1402    AJMP    LABEL1
1403
1404    AJMP    LABEL2
1405
1406    AJMP    LABEL3
```

执行之前：PC＝0223H；DPTR＝1400H；A＝2、4 或 6，不确定

执行之后：如果 A＝2 则 PC＝1402H

如果 A＝4 则 PC＝1404H

如果 A＝6 则 PC＝1406H

补充说明：由于“AJMP LABELS”指令占据 2 个程序存储器字节单元，因此相应 A 内容的取值必须以 2 为步长。

**46. JNB bit，rel ；如果直接寻址位不为 1 则跳**

功能描述：检测以 8 位地址“bit”指定的一个位单元内容，如果为 0 则跳转到以“rel”指定的新地址去执行，如果为 1 则顺序执行。跳转范围为－128～＋127。

指令语法：JNB bit，[jump address]

影响标志：无。

应用举例：

```
0322                    ......
0323    (Label)         JNB  P0.5,PUSH3
0324                    ......
 _                      ......
 _                      ......
0345    PUSH3:          ......
0346
```

执行之前:PC=0323H

执行之后:如果 P0.5≠1 则跳转执行 PC=0345H

如果 P0.5=1 则顺序执行 PC=0324H

**47. JNZ rel ;若 A 不为 0 则跳**

功能描述:检测累加器 A 的内容,如果不为 0 则跳转到以"rel"指定的新地址去执行,如果为 0 则顺序执行。跳转范围为-128~+127。

指令语法:JNZ [jump address]

影响标志:无。

应用举例:

```
0282                    ......
0283    LAB5:           ......
–                       ......
–                       ......
0323    (Label)    JNZ        LAB5
0324                    ......
```

执行之前:PC=0323H

执行之后:如果 A≠0 则跳转执行 PC=0283H

如果 A=0 则顺序执行 PC=0324H

**48. JNC rel ;C 不为 1 则跳**

功能描述:检测进位标志位 C 的内容,如果不为 1 则跳转到以"rel"指定的新地址去执行,如果为 1 则顺序执行。跳转范围为-128~+127。

指令语法:JNC [jump address]

影响标志:无。

应用举例:

```
0322                    ......
0323    (Label)    JNZ      LAB4
0324                    ......
–                       ......
–                       ......
0360    LAB4:           ...
```

执行之前:PC=0323H

执行之后:如果 C≠1 则跳转执行 PC=360H

如果 C=1 则顺序执行 PC=324H

**49. JZ rel ;若 A 为 0 则跳**

功能描述:检测累加器 A 的内容,如果为 0 则跳转到以"rel"指定的新地址去执行,如果为 0 则顺序执行。跳转范围为-128~+127。

指令语法:JZ [jump address]

影响标志:无。

应用举例：

```
0282                  ......
0283    LAB6:         ...... ←--┐
 -                    ......    |
 -                    ......    |
0323    (Label)  JZ        LAB6 |
0324                  ......    ↓
```

执行之前：PC＝0323H

执行之后：如果 A＝0 则跳转执行 PC＝0283H

如果 A≠0 则顺序执行 PC＝0324H

**50. LCALL addr16 ；子程序远调用**

功能描述：调用一个入口地址为“addr16”的子程序，并且自动把该指令之后那条指令的地址压入堆栈。调用子程序实际就是跳转到子程序去执行。由于 addr16 是一个 16 位长的地址，因此可以跳跃的地址范围为 64KB。

指令语法：LCALL [subroutine name]

影响标志：无。

应用举例：调用一个名称为 SUBRTN 的子程序。SUBRTN 既是子程序名，也是代表一个 16 位地址的符号地址。

```
0123    (Label)    LCALL   SURRTN
 -                              |
 -                              |
1234    SUBRTN:  ........  ←----┘
```

执行之前：PC＝0123H

执行之后：PC＝1234H

**51. LJMP addr16 ；无条件远跳转**

功能描述：跳转到一个以“addr16”为目标的新地址去执行。由于 addr16 是一个 16 位长的地址，因此可以跳跃的地址范围为 64KB。

指令语法：LJMP [jump address]

影响标志：无。

应用举例：

```
0123    (Label)   LJMP    JUMP33
0124              ......       |
 -                ......       |
 -                ......       |
1234    JUMP33:   ......  ←----┘
```

执行之前：PC＝0123H

执行之后：PC＝1234H

**52. MOV A，Rn ；传送 Rn 内容给 A**

功能描述：把一个通用寄存器 Rn(即 R0～R7)的内容传送到累加器 A 中。实际上 MOV

指令实现的是复制操作，理由是寄存器Rn的内容在事后并没有任何变化。

指令语法：MOV A,Rn

影响标志：无。

应用举例：将寄存器R3的内容传送给A。

```
0123                ...
0124  (Label)       MOV   A,R3
0125                ...
```

执行之前：A=xxH ；R3=58H

执行之后：A=58H ；R3=58H

**53. MOV A,@Ri ；传送间接寻址单元内容给A**

功能描述：把一个以寄存器Ri(即R0或R1)内容为地址，以间接寻址所确定的RAM单元的内容，传送到累加器A中。

指令语法：MOV A,@Ri

影响标志：无。

应用举例：假设有一个RAM单元，其符号地址定义为SUM，其实际地址为F2H(表示为SUM=F2H)，其内容为58H(表示为(SUM)=58H)；间接寻址寄存器R0的内容为F2H(表示为R0=F2H)。

```
0123                ...
0124  (Label)       MOV   A,@R0
0125                ...
```

执行之前：A=xxH；(SUM)=58H；R0=F2H

执行之后：A=58H；(SUM)=58H；R0=F2H

**54. MOV A,direct ；传送直接寻址单元内容给A**

功能描述：把一个以8位地址“direct”所直接寻址确定的RAM单元的内容，传送到累加器A中。Direct可以代表一个地址范围为00H～7FH的通用RAM单元，也可以代表一个地址范围为80H～FFH的一个SFR单元。

指令语法：MOV A,SFR名称 或 8位直接地址

影响标志：无。

应用举例：把堆栈指针寄存器SP(其地址为81H)的内容传送给A。

```
0123               ...
0124  (Label)      MOV   A,SP
0125               ...
```

执行之前：SP=68H；A=xxH

执行之后：SP=68H；A=68H

**55. MOV Rn,A ；传送A内容给寄存器**

功能描述：把累加器A的内容传送给一个通用寄存器Rn(即R0～R7)。

指令语法：MOV Rn，A

影响标志：无

应用举例：将 A 内容传到 R3 中。

```
0123                   …
0124  (Label)   MOV   R3,A
0125                   …
```

执行之前：R3＝xxH；A＝58H

执行之后：R3＝58H；A＝58H

**56. MOV A,#data ;传送立即数给 A**

功能描述：把一个立即数传送到累加器 A 中。

指令语法：MOV A，#data

影响标志：无。

应用举例：将一个立即数 28H 传送给 A。

```
0123                   …
0124  (Label)   MOV   A,#28H
0125                   …
```

执行之前：A＝xxH

执行之后：A＝28H

**57. MOV Rn,#data ;传送立即数给寄存器**

功能描述：把一个立即数传送到一个通用寄存器 Rn（即 R0～R7）中。

指令语法：MOV Rn，#data

影响标志：无。

应用举例：将一个立即数 32H 传送给 R5。

```
0123                   …
0124  (Label)   MOV   R5,#32H
0125                   …
```

执行之前：R5＝xxH

执行之后：R5＝32H

**58. MOV Rn,direct ;传送直接寻址单元内容给寄存器**

功能描述：把一个以 8 位地址“direct”所直接寻址确定的 RAM 单元的内容，传送到一个通用寄存器 Rn（即 R0～R7）中。Direct 可以代表一个地址范围为 00H～7FH 的通用 RAM 单元，也可以代表一个地址范围为 80H～FFH 的一个 SFR 单元。

指令语法：MOV Rn,SFR 名称 或 8 位直接地址

影响标志：无。

应用举例：将程序状态字寄存器 PSW 的内容传送给 R3。

```
0123              …
0124  (Label)     MOV   R3,PSW
0125              …
```

执行之前:R3=xxH;PSW=85H

执行之后:R3=85H;PSW=85H

**59. MOV direct,Rn ;传送寄存器内容给直接寻址单元**

功能描述:把一个通用寄存器 Rn(即 R0～R7)的内容,传送到一个以 8 位地址"direct"所直接寻址确定的 RAM 单元中。

指令语法:MOV direct,Rn

影响标志:无。

应用举例:将寄存器 R3 内容传给并行端口数据寄存器 P1,以便实现并行输出。

```
0123              …
0124  (Label)     MOV   P1,R3
0125              …
```

执行之前:P1=xxH;R3=18H

执行之后:P1=18H;R3=18H

**60. MOV direct,A ;传送 A 内容给直接寻址单元**

功能描述:把累加器 A 的内容,传送到一个以 8 位地址"direct"所直接寻址确定的 RAM 单元中。

指令语法:MOV direct,A

影响标志:无。

应用举例:将 A 的内容经过并口 P2 输出显示。

```
0723              …
0724  (Label)     MOV   P2,A
0725              …
```

执行之前:P1=xxH;A=98H

执行之后:P1=98H;A=98H

**61. MOV direct,@Ri ;传送间接寻址单元内容给直接寻址单元**

功能描述:把一个以寄存器 Ri(即 R0 或 R1)内容为地址,以间接寻址所确定的 RAM 单元的内容,传送到一个以 8 位地址"direct"所直接寻址确定的 RAM 单元中。

指令语法:MOV direct,@Ri

影响标志:无。

应用举例:假设在 RAM 空间内有一个以 50H 为首地址的数据块(其内容为 58H、xxH、xxH、……),现打算把该数据块经过串行接口 UART 发送出去。以下指令将实现第一个数据字节的发送。这里 SBUF 是串口数据收/发缓冲寄存器,其地址为 99H。

```
0123              …
```

```
0124  (Label)  MOV  SBUF,@R1
0125           …
```

执行之前:(SBUF)=xxH ;R1=50H

执行之后:(SBUF)=58H ;R1=50H

**62. MOV direct1,direct2 ;传送一个直接寻址单元内容给另一个直接寻址单元**

功能描述:把一个以 8 位地址“direct2”所直接寻址确定的 RAM 单元的内容,传送到另一个以 8 位地址“direct1”所直接寻址确定的 RAM 单元中。

指令语法:MOV direct1,direct2

影响标志:无。

应用举例:将当前的程序状态字寄存器 PSW 的内容,经过并口 P1 输出显示。

```
0223           …
0224  (Label)  MOV  P1,PSW
0225           …
```

执行之前:P1=xxH ;PSW=58H

执行之后:P1=58H ;PSW=58H

**63. MOV @Ri,A ;传送 A 内容给一个间接寻址单元**

功能描述:把累加器 A 的内容,传送到一个以寄存器 Ri(即 R0 或 R1)内容为地址,间接寻址所确定的 RAM 单元中。

指令语法:MOV @Ri,A

影响标志:无。

应用举例:假设在 RAM 空间开辟一个数据块区间,用来依次保存在 A 中产生的运算结果。该区间的首地址为 40H,首地址的符号地址定义为 SUM。利用 R0 作为间接寻址寄存器,并且写入 40H。以下指令将实现向数据块区间内写入第一个数据字节。

```
0123  …
0124  (Label)  MOV  @R0,A
0125  …
```

执行之前:(SUM)=xxH, xxH, …… ;A=58H;R0=40H

执行之后:(SUM)=58H, xxH, …… ;A=58H;R0=40H

**64. MOV direct,#data ;传送立即数给直接寻址单元**

功能描述:把一个立即数,传送到一个以 8 位数据“direct”为地址的,以直接寻址方式所确定的 RAM 单元中。

指令语法:MOV direct,#data

影响标志:无。

应用举例:在编写初始化程序段时,通常需要一次性设定堆栈的位置和深度。方法是给堆栈指针 SP 赋予一个初始值。这里假设我们选用的初始值为 60H。单片机刚刚加电时硬件自动设置的初始值为 SP=07H。

```
0123            …
0124  (Label)   MOV   @R1,#44H
0125            …
```

执行之前:SP=07H

执行之后:SP=60H

**65. MOV @Ri,#data ;传送立即数给间接寻址单元**

功能描述:把一个立即数,传送到一个以寄存器 Ri(即 R0 或 R1)内容为地址,以间接寻址方式所确定的 RAM 单元中。

指令语法:MOV @Ri,#data

影响标志:无。

应用举例:假设有一个 RAM 单元,其地址为 5EH,其符号地址定义为 TEMP,其内容未知。以下指令将给该单元传入一个数据 44H。

```
0123            …
0124  (Label)   MOV   @R1,#44H
0125  …
```

执行之前:R1=5EH;TEMP=E2H;(TEMP)=xxH

执行之后:R1=5EH;TEMP=E2H;(TEMP)=44H

**66. MOV @Ri,direct ;传送直接寻址单元内容给间接寻址单元**

功能描述:把一个以 8 位地址"direct"所直接寻址确定的 RAM 单元的内容,传送到一个以寄存器 Ri(即 R0 或 R1)内容为地址,以间接寻址所确定的 RAM 单元中。

指令语法:MOV @Ri,direct

影响标志:无。

应用举例:假设在 RAM 中有 2 个符号地址分别叫做 TEMP 和 ZBIR 的单元。TEMP 单元地址为 5FH,内容未知;ZBIR 单元内容为 58H。以下指令将利用间接寻址方式把 ZBIR 单元内容传送给 TEMP 单元。

```
0123  …
0124  (Label)   MOV   @R1,ZBIR
0125  …
```

背景条件:RAM 单元地址

执行之前:(TEMP)=xxH;(ZBIR)=58H;R1=5FH

执行之后:(TEMP)=58H;(ZBIR)=58H;R1=5FH

**67. MOV bit,C ;传送 C 给直接寻址位**

功能描述:把进位标志位 C 的内容,传送给一个以 8 位地址"bit"直接寻址确定的位单元。

指令语法:MOV bit,C

影响标志:无。

应用举例:以下指令将实现一位信号的输出显示。就是把当前进位位 C 内容,送到并行端口的一条引脚 P1.2 上。假如该脚外接一只发光二极管 LED,即可显示出来。

```
0123 …
0124 (Label) MOV P1.2,C
0125 …
```

执行之后：如果 C=0 则 P1.2=0；如果 C=1 则 P1.2=1

**68. MOV C,bit ;传送直接寻址位给 C**

功能描述：把一个以 8 位地址“bit”直接寻址确定的位单元的内容，传送给进位标志位 C。

指令语法：MOV C,bit

影响标志：C。

应用举例：以下指令将实现一位信号的开关输入。就是把当前并行端口的一条引脚 P1.4 的逻辑状态，接收并保存到进位位 C 中。假如该脚外接一只按钮开关或者拨动开关，即可人为给单片机输入一个开关信号。

```
0123 …
0124 (Label) MOV C,P1.4
0125 …
```

执行之后：如果 P1.4=0 则 C=0；如果 P1.4=1 则 C=1

**69. MOV DPTR,#data16 ;传送 16 位立即数给 DPTR**

功能描述：把一个 16 位长的立即数传送给数据指针 DPTR，其高 8 位保存到了 DPH 寄存器中，而低 8 位保存到了 DPL 寄存器中。这是唯一的一条 16 位数据传送指令。

指令语法：MOV DPTR,#data16

影响标志：无。

应用举例：

```
0123 …
0124 (Labela) MOV DPTR,#1234H
0125 …
```

执行之前：DPH=xxH；DPL=xxH

执行之后：DPH=12H；DPL=34H

**70. MOVC A,@A+DPTR ;传送 A+DPTR 变址寻址 ROM 单元内容给 A**

功能描述：首先把累加器 A 与数据指针 DPTR 的内容相加，再把结果作为地址去程序存储器 ROM 空间确定一个单元，然后把该单元内容传送到 A 中。这是实现“查表”功能的两条指令之一。被查表格是一张预先定义(并且固化)于 ROM 空间的常数表格。查表之前 DPTR 被写入表头地址(16 位宽)，A 被写入一个表内偏移量(8 位宽)；查表之后会在 A 中得到一个返回结果(8 位宽)，即为一个指定的表内元素(常数)。

指令语法：MOVC A,@A+DPTR

影响标志：无。

应用举例：在 ROM 空间预先定义了一张以 Table 为表头的常数表格，其中表格元素依次为 66H、77H、88H、99H、……。利用本指令实现查表，返回结果在 A 中得到。

```
0100          MOVC A,@A+DPTR
—             …
1100  Table:  DB  66h
1101          DB  77h
1102          DB  88h
1103          DB  99h
```

执行之前：A=2 ；DPTR=1100H

执行之后：A=88H；DPTR=1100H

小知识：

DB (Define Byte)是一条汇编器伪指令，用来在 ROM 空间定义常数。

**71. MOVC A,@A+PC ；传送 A+PC 变址寻址 ROM 单元内容给 A**

功能描述：首先把累加器 A 与当前程序计数器 PC 的内容相加，再把结果作为地址去程序存储器 ROM 空间确定一个单元，然后把该单元内容传送到 A 中。这是实现“查表”功能的另一条指令。

指令语法：MOVC A,@A+PC

影响标志：无。

应用举例：该指令不如前一条指令好用，一般把它放置在一个“查表子程序”当中来应用。预先在 ROM 空间定义了一张以 Table 为表头的常数表格，其中表格元素依次为 66H、77H、88H、99H、……。利用本指令实现查表，返回结果在 A 中得到。

```
0100  Table:  INC   A
0101          MOVC  A,@A+PC
0102          RET
0103          DB  66h
0104          DB  77h
0105          DB  88h
0106          DB  99h
```

执行之前：“查表子程序”被执行之前假设 A=2

执行之后：“查表子程序”被执行之后则得到结果 A=88H

补充说明：以“Table”为名的查表子程序被执行之后，4 条 DB 语句定义的常数表格当中的一个元素将被保存到累加器 A。

**72. MOVX A,@Ri ；传送外扩 RAM 单元内容到 A**

功能描述：以一个 8 位的间接寻址寄存器 Ri(即 R0 或 R1)内容为地址，从单片机外部扩展的 RAM 空间中，读取一个指定单元的内容，然后下入累加器 A 中。

指令语法：MOVX A,@Ri

影响标志：无。

应用举例：假设在外扩 RAM 空间中有一个单元，其符号地址为 SUM，实际地址为 12H，这里记作 SUM=12H。利用间接寻址寄存器 R0 来实现读出操作。

```
0123 …
0124 (Labela) MOVX A,@R0
0125 …
```

执行之前：A=xxH；(SUM)=58H；R0=12H

执行之后：A=58H；(SUM)=58H；R0=12H

**73. MOVX @Ri,A ;传送 A 内容到外扩 RAM 单元**

功能描述：把累加器 A 的内容，写入到一个以 8 位间接寻址寄存器 Ri(即 R0 或 R1)内容为地址，在单片机外部扩展 RAM 空间中所指定的单元内。

指令语法：MOVX @Ri,A

影响标志：无。

应用举例：假设在外扩 RAM 空间中有一个单元，其符号地址为 SUM，实际地址为 34H，这里记作 SUM=34H。利用间接寻址寄存器 R1 来实现写入操作。

```
0123 …
0124 (Label) MOVX @R1,A
0125 …
```

执行之前：(SUM)=xxH；A=68H；R1=34H

执行之后：(SUM)=68H；A=68H；R1=34H

补充说明：在上述两条指令中，因为 Ri 为 8 位宽，所以能够间接寻址的外扩 RAM 范围只有 256 字节；指令 MOVX @Ri,A 实现数据传送的方向恰好与指令 MOVX A,@Ri 相反。

**74. MOVX A,@DPTR ;传送外扩 RAM 单元内容到 A**

功能描述：以 16 位宽的数据指针寄存器 DPTR 内容为地址，从单片机外部扩展的 RAM 空间中，读取一个指定单元的内容，然后下入累加器 A 中。

指令语法：MOVX A,@DPTR

影响标志：无。

应用举例：假设在外扩 RAM 空间中有一个单元，其符号地址为 SUM，实际地址为 1234H，这里记作 SUM=1234H。利用 DPTR 作为间接寻址寄存器来实现读出操作。

```
0123 …
0124 (Label) MOVX A,@DPTR
0125 …
```

执行之前：A=xxH；(SUM)=58H；DPTR=1234H

执行之后：A=58H；(SUM)=58H；DPTR=1234H

**75. MOVX @DPTR,A ;传送 A 内容到外扩 RAM 单元**

功能描述：把累加器 A 的内容，写入到一个以 16 位数据指针寄存器 DPTR 内容为地址，在单片机外部扩展 RAM 空间中所指定的单元内。

指令语法：MOVX @DPTR，A

影响标志：无。

应用举例：

```
0123  …
0124  (Labela)  MOVX  @DPTR,A
0125  …
```

背景条件：外扩 RAM 单元地址 SUM＝1234H

执行之前：A＝58H；DPTR＝1234H

执行之后：(SUM)＝58H

补充说明：(1)在上述两条指令中，因为 DPTR 为 16 位宽，所以能够间接寻址的外扩 RAM 范围可达 64KB；(2)指令 MOVX @DPTR，A 实现数据传送的方向恰好与指令 MOVX A，@DPTR 相反；(3)8051 单片机读/写外扩 RAM，只能采用 MOVX 指令，并且只能通过累加器 A 进行中转。

**76. MUL AB ；乘法指令**

功能描述：把累加器 A 的内容与寄存器 B 的内容进行乘法运算，结果的低 8 位保存到 A 中；如果结果超出 8 位，则高 8 位保存到 B，同时将溢出标志位 OV 置 1；如果结果未超出 8 位，则 OV 清 0。进位标志位 C 固定为 0。

指令语法：MUL AB

影响标志：C＝0、OV。

应用举例：

```
0123  …
0124  (Label)  MUL  AB
0125  …
```

执行之前：A＝80 (50H)；B＝160 (A0H)

执行之后：A＝00H；B＝32H；A×B＝80×160＝12800 (3200H)

**77. NOP ；无操作**

功能描述：不实现任何操作，一般仅用于延时。

指令语法：NOP

影响标志：无。

应用举例：在以下程序片段中，利用 NOP 指令延时，将实现从并口引脚 P2.3 上输出一个负脉冲，其精确宽度为 5 个机器周期。当单片机时钟振荡器选用 12MHz 的石英晶体时，该脉冲宽度就是 5μs。

```
0123
0124  (Label)     CLR   P2.3
0125              NOP
0126              NOP
0127              NOP
```

```
0128            NOP
0129            SETB  P2.3
```

**78. ORL A,Rn ;寄存器同 A 逻辑或**

功能描述:把一个通用寄存器 Rn(即 R0～R7)的内容同累加器 A 的内容进行逻辑或运算,结果保存到 A 中。

指令语法:ORL A,Rn

影响标志:无。

应用举例:将 R5 和 A 的内容进行或运算,结果存入 A。

```
0123  …
0124  (Label)  ORL   A,R5
0125  …
```

执行之前:A=C3H (11000011 B);R5=55H (01010101 B)

执行之后:A=D7H (11010111 B);R5=55H (01010101 B)

**79. ORL A,@Ri ;间接寻址单元同 A 逻辑或**

功能描述:把一个以间接寻址寄存器 Ri(即 R0 或 R1)内容为地址,所指定的一个 RAM 单元的内容,同累加器 A 的内容进行逻辑或运算,其结果保存到 A 中。

指令语法:ORL A,@Ri

影响标志:无。

应用举例:假设有一个 RAM 单元,其符号地址为 TEMP,其实际地址为 FAH,这里记作 TEMP=FAH。

```
0123  …
0124  (Label)  ORL   A,@R1
0125  …
```

执行之前:A=54H (01010100 B);(TEMP)=C2H (11000010 B);R1=FAH

执行之后:A=D6H (11010110 B);(TEMP)=C2H (11000010 B);R1=FAH

**80. ORL A,direct ;直接寻址单元同 A 逻辑或**

功能描述:把一个直接寻址的 RAM 单元(地址范围是 00H～7FH)的内容,或者是一个特殊功能寄存器 SFR 单元(地址范围是 80H～FFH)的内容,同累加器 A 进行逻辑或运算,其结果保存到累加器 A 中。

指令语法:ORL A,SFR 名称 或 8 位直接地址

影响标志:无。

应用举例:假设有一个 RAM 单元,其符号地址为 LOG,其实际地址为 54H,这里记作 LOG=54H。

```
0123  …
0124  (Label)  ORL   A,LOG
0125  …
```

执行之前：A＝C2H（11000010 B）；（LOG）＝54H（01010100 B）

执行之后：A＝D6H（11010110 B）；（LOG）＝54H（01010100 B）

**81. ORL A,＃data ；立即数同A逻辑或**

功能描述：把指令中直接给出的一个立即数，同累加器A的内容进行逻辑或运算，其结果保存到累加器A中。

指令语法：ORL A，＃data

影响标志：无。

应用举例：

```
0123  …
0124  (Label)  ORL   A,＃11H
0125  …
```

执行之前：A＝ 82H（10000010 B）；立即数＝11H（00010001 B）

执行之后：A＝ 93H（10010011 B）

**82. ORL direct,A ；A同直接寻址单元逻辑或**

功能描述：把直接寻址的一个RAM单元（地址范围是00H～7FH）的内容，或者是一个特殊功能寄存器SFR单元（地址范围是80H～FFH）的内容，同累加器A进行逻辑或运算，其结果保存到直接寻址单元中。

指令语法：ORL SFR名称 或 8位直接地址，A

影响标志：无。

应用举例：假设有一个RAM单元，其符号地址为TEMP，其内容为C2H。

```
0123  …
0124  (Label)  ORL   TEMP,A
0125  …
```

执行之前：（TEMP）＝C2H（11000010 B）；A＝54H（01010100 B）

执行之后：（TEMP）＝D6H（11010110 B）；A＝54H（01010100 B）

**83. ORL direct,＃data ；立即数同直接寻址单元逻辑或**

功能描述：把一个直接寻址的RAM单元（地址范围是00H～7FH）的内容，或者是一个特殊功能寄存器SFR单元（地址范围是80H～FFH）的内容，同一个立即数进行逻辑或运算，其结果保存到直接寻址单元中。

指令语法：ORL SFR名称 或 8位直接地址，＃data

影响标志：无。

应用举例：把一个立即数12H同一个符号地址为TEMP的RAM单元的内容C2H进行逻辑或。

```
0123  …
0124  (Label)  ORL   TEMP,＃12H
0125  …
```

执行之前：(TEMP)＝C2H (11000010 B)；立即数＝12H(00010010B)

执行之后：(TEMP)＝D2H (11010010 B)

**84. ORL C,bit ;指定位单元同 C 逻辑或**

功能描述：把一个以直接寻址指定的“位单元”的内容同进位标志位 C 的内容进行逻辑或运算，其结果保存到 C 中。

指令语法：ORL C,bit

影响标志：C。

应用举例：把累加器中的 bit3 同 C 逻辑或。

```
0123  …
0124  (Label)  ORL  C,ACC.3
0125  …
```

执行之前：C＝0；A＝C6H (11001010 B)

执行之后：C＝1；A＝C6H (11001010 B)

**85. ORL C,/bit ;指定位的反码同 C 逻辑或**

功能描述：把一个“位单元”的内容的反值，同进位标志位 C 的内容进行逻辑或运算，其结果保存到 C 中。

指令语法：ORL C,/bit

影响标志：C。

应用举例：把累加器中的 bit3 取反后同 C 逻辑或。

```
0123  …
0124  (Label)  ORL  C,/ACC.3
0125  …
```

执行之前：C＝1；A＝C6H (11001010 B)

执行之后：C＝0；A＝C6H (11001010 B)

**86. POP direct ;出栈指令**

功能描述：以堆栈指针 SP 内容为地址，在堆栈区间指定一个单元，把其内容提出并写入到一个直接寻址的 RAM 单元(地址范围是 00H～7FH)，或者一个特殊功能寄存器 SFR 单元(地址范围是 80H～FFH)中去。然后 SP 自动减 1。

指令语法：POP SFR 名称 或 8 位直接地址

影响标志：无。

应用举例：从堆栈中依次弹出内容给数据指针 DPTR 的高字节 DPH 和低字节 DPL。

```
0123  …
0124  (Label)  POP  DPH
0125  …        POP  DPL
```

背景条件：

位于 RAM 空间的堆栈区间及其部分内容：

| 地址 | 内容 | 地址 | 内容 | 地址 | 内容 | 地址 | 内容 | 地址 | 内容 |
|---|---|---|---|---|---|---|---|---|---|
| …… | …… | 32H | 01H | 31H | 23H | 30H | xxH | …… | …… |

执行之前:DPTR=xxxxH (DPH=xxH,DPL=xxH);SP=32H

执行之后:DPTR=0123H (DPH=01H,DPL=23H);SP=30H

**87. PUSH direct ;压栈指令**

功能描述:首先堆栈指针 SP 自动减加,然后把一个直接寻址的 RAM 单元(地址范围是 00H~7FH),或者一个特殊功能寄存器 SFR 单元(地址范围是 80H~FFH)的内容写入到以 SP 内容为地址所指定的一个堆栈单元中去。

指令语法:PUSH direct

影响标志:无。

应用举例:把数据指针 DPTR 的低字节 DPL 和高字节 DPH 的内容依次压入堆栈。

```
0123
0124  (Label)   PUSH   DPL
0125            PUSH   DPH
```

执行之前:DPTR=0123H (DPH=01H,DPL=23H) ;SP=30H

执行之后:DPTR=0123H (DPH=01H,DPL=23H) ;SP=32H

位于 RAM 空间的堆栈区间及其部分内容:

| 地址 | 内容 | 地址 | 内容 | 地址 | 内容 | 地址 | 内容 | 地址 | 内容 |
|---|---|---|---|---|---|---|---|---|---|
| …… | …… | 32H | 01H | 31H | 23H | 30H | xxH | …… | …… |

**88. RET;从子程序返回**

功能描述:该指令一般放置在子程序末尾。一旦它被执行将从子程序返回到调用程序中,去执行调用指令 CALL(指 ACALL 或 LCALL)之后的那条指令。

指令语法:RET

影响标志:无。

应用举例:在主程序(或称调用程序)遇到 ACALL 指令时就调用子程序 PULS;在子程序末尾遇到 RET 指令时,就返回到调用程序继续执行后续程序。

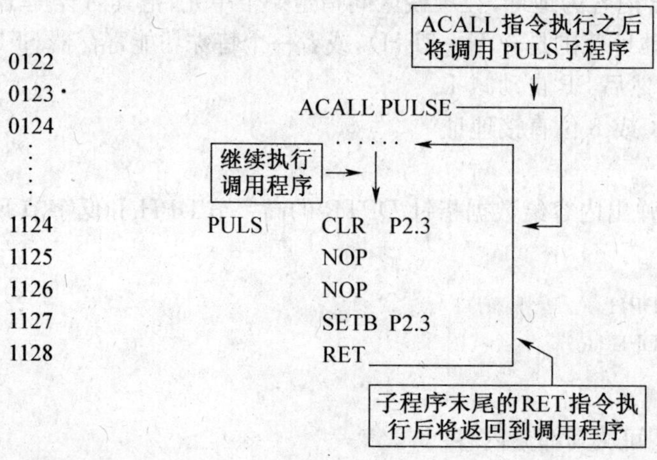

**89. RETI ;从中断服务子程序返回**

功能描述:该指令一般放置在中断服务子程序末尾。一旦它被执行将从该子程序返回到被中断的程序中,去继续执行。

指令语法:RETI

影响标志:无。

补充说明:功能类似于 RET 指令,差别只是:(1)进入中断服务子程序的方式是硬件中断引起的,而不是靠执行调用指令;(2)需要放置在中断服务子程序末尾的指令是 RETI。

**90. RL A ;循环左移**

功能描述:把累加器 A 中的 8 位数据依次左移一位,其中最高位 bit7 被循环移到最低位 bit0。

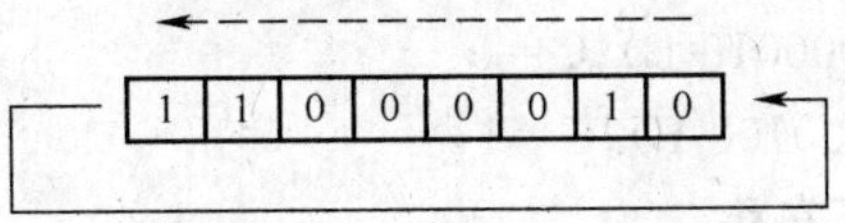


指令语法:RL A

影响标志:无。

应用举例:

```
0123  …
0124  (Label)  RL  A
0125  …
```

执行之前:A=C2H (11000010 B)

执行之后:A=85H (10000101 B)

**91. RR A ;循环右移**

功能描述:把累加器 A 中的 8 位数据依次右移一位,其中最低位 bit0 被循环移到最高位 bit7。

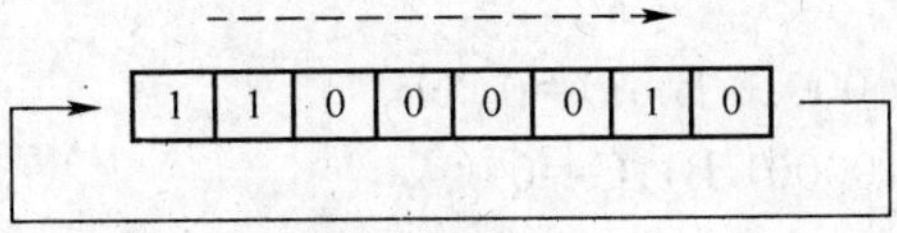


指令语法:RR A

影响标志:无。

应用举例:

```
0123  …
0124  (Label)  RR  A
0125  …
```

执行之前:A=C2H (11000010 B)

执行之后:A=61H (01100001 B)

**92. RLC A ;连同 C 循环左移**

功能描述:把累加器 A 中的 8 位数据连同进位标志位 C 一起依次左移一位,其中 C 的内容被循环移到最低位 bit0，而最高位 bit7 移到 C。

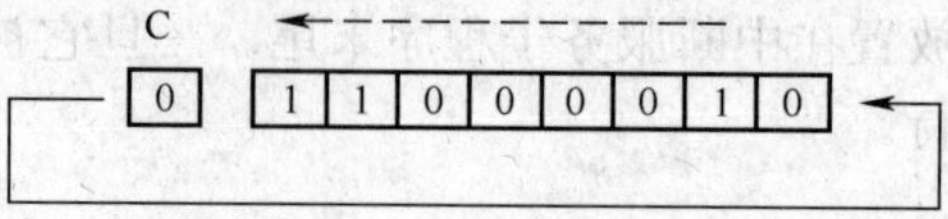


指令语法：RLC A

影响标志：C。

应用举例：

```
0123  …
0124  (Label)  RLC   A
0125  …
```

执行之前：A＝C2H (11000010 B)；C＝0

执行之后：A＝84H (10000100 B)；C＝1

**93. RRC A ；连同 C 循环右移**

功能描述：把累加器 A 中的 8 位数据连同进位标志位 C 一起依次右移一位，C 的内容移到最高位 bit7，而最低位 bit0 被循环移到 C。

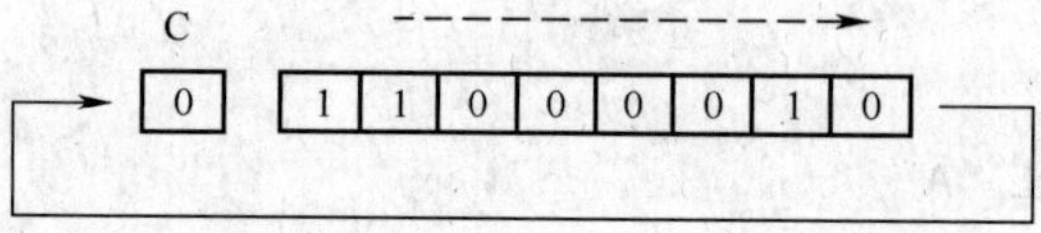


指令语法：RRC A

影响标志：C。

应用举例：

```
0123  …
0124  (Label)  RRC   A
0125  …
```

执行之前：A＝C2H (11000010 B)；C＝0

执行之后：A＝61H (01100001 B)；C＝0

**94. SETB C ；C 置 1**

功能描述：唯独把进位标志位 C 设置为逻辑 1。

指令语法：SETB C

影响标志：C。

应用举例：

```
0123  …
0124  (Label)  SETB  C
0125  …
```

执行之前：C＝x

执行之后：C＝1

**95. SETB bit ;指定位置 1**

功能描述：唯独把以 bit 为地址而直接寻址的一位置为逻辑 1。需要说明的是，该位必须被包含在一个可以位寻址的字节寄存器之中。

指令语法：SETB [bit address]

影响标志：无。

应用举例：把端口数据寄存器 P1 的 bit0 置 1，以便从端口引脚 P1.0 送出高电平信号。

```
0123  …
0124  (Label)   SETB   P1.0
0125  …
```

执行之前：P1.0＝34H (xxxx xxxxB)

执行之后：P1.0＝35H (xxxx xxx1B)

**96. SJMP rel ;相对短跳转**

功能描述：无条件跳转到以相对地址 rel 所指定的落脚点去执行。相对于起跳点的范围是－128～＋127。

指令语法：SJMP [jump address]

影响标志：无。

应用举例：

```
0322                         …
0323    (Label)              SJMP    PUSH_BUT
0324                         …
 ⋮                           ⋮
0345    PUSH_BUT :           ……
```

发生跳转

执行之前：PC＝0323H

执行之后：PC＝0345H

**97. SUBB A,＃data ;A 减去立即数和 C**

功能描述：把累加器 A 的内容作为被减数，把一个立即数(范围 00H～FFH，即 0～255)连同借位标志位 C(其实就是进位标志位)一起作为减数，进行减法运算，结果保存到累加器 A 中。

指令语法：SUBB A,＃data

影响标志：C、OV 和 AC。

应用举例：

```
0322             …
0323  (Label)   SUBB   A,＃22H
0324             …
```

执行之前：A＝C9H；C＝0

执行之后:A=A7H;C=0

**98. SUBB A,direct ;A 减去直接寻址单元内容和 C**

功能描述:把累加器 A 的内容作为被减数,把一个直接寻址的 RAM 单元(地址范围是 00H~7FH)的内容,或者是一个特殊功能寄存器 SFR 单元(地址范围是 80H~FFH)的内容,连同进位标志位 C 一起作为减数,进行减法运算,结果保存到累加器 A 中。

指令语法:SUBB A,SFR 名称 或 8 位直接地址

影响标志:C、OV 和 AC。

应用举例:假设在 RAM 内有一个字节单元,其符号地址预先定义为 DIF,其内容为 53H。

```
0322  …
0323  (Label)  SUBB  A,DIF
0324  …
```

执行之前:A=C9H;(DIF)=53H;C=0

执行之后:A=76H;(DIF)=53H;C=0

**99. SUBB A,Rn ;A 减去寄存器内容和 C**

功能描述:把一个通用寄存器(R0~R7)的内容连同进位标志位 C 一起作减数,把累加器 A 的内容作被减数,进行减法运算,结果保存到累加器 A 中。

指令语法:SUBB A,Rn

影响标志:C、OV 和 AC。

应用举例:

```
0322  …
0323  (Label)  SUBB  A,R4
0324  …
```

执行之前:A=C9H;R4=54H;C=1

执行之后:A=74H;R4=54H;C=0

补充说明:减法结果不是 75H(=C9H-54H),而是 74H(=C9H-54H-1),因C=1。

**100. SUBB A,@Ri ;A 减去间接寻址单元内容和 C**

功能描述:把以 Ri 内容为地址(地址范围 00H~FFH)、以间接寻址方式确定的一个 RAM 单元的内容,连同进位标志位 C 一起作减数,把累加器 A 的内容作被减数,进行减法运算,结果保存到累加器 A 中。

指令语法:SUBB A,@Ri

影响标志:C、OV 和 AC。

应用举例:假设有一个 RAM 单元,其符号地址为 MIN,其实际地址为 F4H,其内容为(MIN)=04H;间接寻址寄存器 R1 的内容为 R1=F4H。

```
0322  …
0323  (Label)  SUBB  A,@R1
0324  …
```

执行之前:A=C9H;(MIN)=04H;R1=F4H;C=0
执行之后:A=C5H;(MIN)=04H;R1=F4H;C=0

**101. SWAP A ;A 半字节交换**

功能描述:把累加器 A 中的高、低半字节进行交换。也就是把 A 内容的高 4 位和低 4 位进行对调。

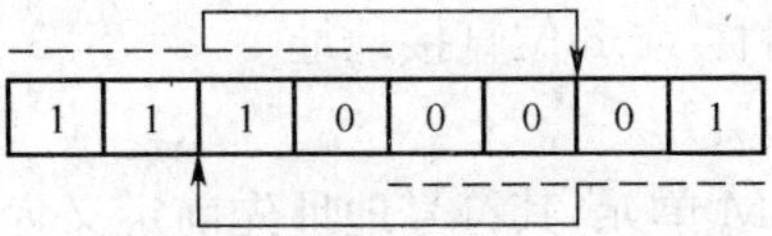


指令语法:SWAP A

影响标志:无。

应用举例:

```
0322  …
0323  (Label)  SWAP   A
0324  …
```

执行之前:A=E1h (11100001B)
执行之后:A=1Eh (00011110B)

**102. XCH A,Rn ;A 与寄存器 Rn 内容交换**

功能描述:把累加器 A 的内容同一个通用寄存器 Rn 的内容进行交换。

指令语法:XCH A,Rn

影响标志:无。

应用举例:

```
0322  …
0323  (Label)  XCH   A,R3
0324  …
```

执行之前:A=C6H;R3=29H
执行之后:A=29H;R3=C6H

**103. XCH A,@Ri ;A 与间接寻址单元内容交换**

功能描述:把累加器 A 的内容同以 Ri (R0 或 R1)内容为地址(地址范围 00H~FFH)、以间接寻址方式确定的一个 RAM 单元的内容进行交换。

指令语法:XCH A,@Ri ;

影响标志:无。

应用举例:假设有一个 RAM 单元,其符号地址为 SUM,实际地址为 E3H,记作 SUM=E3H;其内容为 29H,记作(SUM)=29H。

```
0322  …
0323  (Label)  XCH   A,@R0
0324  …
```

执行之前：A=98H；(SUM)=29H；R0=E3H

执行之后：A=29H；(SUM)=98H；R0=E3H

**104. XCH A,direct ;A 与直接寻址单元内容交换**

功能描述：把一个直接寻址的 RAM 单元(地址范围是 00H～7FH)的内容，或者是一个特殊功能寄存器 SFR 单元(地址范围是 80H～FFH)的内容，同累加器 A 的内容进行交换。

指令语法：XCH A,SFR 名称 或 8 位直接地址

影响标志：无。

应用举例：假设有一个 RAM 单元，其符号地址先前定义为 SUM。

```
0322  …
0323  (Label)   XCH   A,SUM
0324  …
```

执行之前：A=FFH；(SUM)=29H

执行之后：A=29H；(SUM)=FFH

**105. XCHD A,@Ri ;A 与间接寻址单元内容的低半字节交换**

功能描述：把累加器 A 的内容的低半字节，与一个以 Ri (R0 或 R1)内容为地址(地址范围 00H～FFH)、以间接寻址方式确定的 RAM 单元的内容的低半字节，进行交换。该指令主要用于处理 BCD 码。

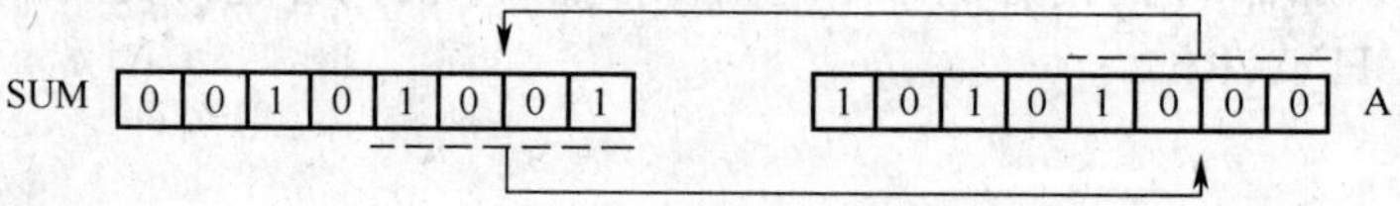


指令语法：XCHD A,@Ri

影响标志：无。

应用举例：假设有一个 RAM 单元，其符号地址为 SUM，实际地址为 E3H，这里记作 SUM=E3H；其内容为 29H，这里记作(SUM)=29H

```
0322  …
0323  (Label)   XCHD   A,@R0
0324  …
```

执行之前：A=A8H；(SUM)=29H；R0=E3H

执行之后：A=A9H；(SUM)=28H；R0=E3H；如上图所示

**106. XRL A,Rn ;寄存器与 A 逻辑异或**

功能描述：把一个通用寄存器 Rn(即 R0～R7)的内容同累加器 A 的内容进行逻辑异或运算，结果保存到 A 中。

指令语法：XRL A,Rn

影响标志：无。

应用举例：将 R3 和 A 的内容进行异或运算，结果存入 A。

```
0123  …
0124  (Label)  XRL   A,R3
0125  …
```

执行之前:A=C3H (11000011 B);R3=55H (01010101 B)

执行之后:A=96H (10010110 B);R3=55H (01010101 B)

**107. XRL A,@Ri ;间接寻址单元 A 逻辑异或**

功能描述:把一个以间接寻址寄存器 Ri(即 R0 或 R1)内容为地址,所指定的一个 RAM 单元的内容,同累加器 A 的内容进行逻辑异或运算,其结果保存到 A 中。

指令语法:XRL A,@Ri

影响标志:无。

应用举例:假设有一个 RAM 单元,其符号地址为 TEMP,其实际地址为 FAH,这里记作 TEMP=FAH;间接寻址寄存器 R1 的内容为 R1=FAH。

```
0123  …
0124  (Label)  XRL   A,@R1
0125  …
```

执行之前:A=54H (01010100 B); (TEMP)=C2H (11000010 B)

执行之后:A=96H (10010110 B); (TEMP)=C2H (11000010 B)

**108. XRL A,direct ;直接寻址单元同 A 逻辑异或**

功能描述:把一个直接寻址的 RAM 单元(地址范围是 00H~7FH)的内容,或者是一个特殊功能寄存器 SFR 单元(地址范围是 80H~FFH)的内容,同累加器 A 进行逻辑异或运算,其结果保存到累加器 A 中。

指令语法:XRL A,direct

影响标志:无。

应用举例:假设有一个 RAM 单元,其符号地址为 LOG,其实际地址为 54H,这里记作 LOG=54H。

```
0123  …
0124  (Label)  XRL   A,LOG
0125  …
```

执行之前:A=C2H (11000010 B);(LOG)=54H (01010100 B)

执行之后:A=96H (10010110 B);(LOG)=54H (01010100 B)

**109. XRL A,#data ;A 与立即数逻辑异或**

功能描述:把指令中直接给出的一个立即数,同累加器 A 的内容进行逻辑异或运算,其结果保存到累加器 A 中。

指令语法:XRL A,#data

影响标志:无。

应用举例：

```
0123  …
0124  (Label)  XRL  A,#11H
0125  …
```

执行之前：A＝C2H (11000010 B)；立即数＝11H (00010001 B)

执行之后：A＝D3H (11010011 B)

**110. XRL direct,A ;直接寻址单元与 A 逻辑异或**

功能描述：把直接寻址的一个 RAM 单元（地址范围是 00H～7FH）的内容，或者是一个特殊功能寄存器 SFR 单元（地址范围是 80H～FFH）的内容，同累加器 A 进行逻辑异或运算，其结果保存到直接寻址单元中。

指令语法：XRL SFR 名称 或 8 位直接地址，A

影响标志：无。

应用举例：假设有一个 RAM 单元，其符号地址为 TEMP，其内容为 C2H。

```
0123  …
0124  (Label)  XRL  TEMP,A
0125  …
```

执行之前：(TEMP)＝C2H (11000010 B)；A＝54H (01010100 B)

执行之后：(TEMP)＝96H (10010110 B)；A＝54H (01010100 B)

**111. XRL direct,#data ;直接寻址单元与立即数逻辑异或**

功能描述：把直接寻址的一个 RAM 单元（地址范围是 00H～7FH）的内容，或者是一个特殊功能寄存器 SFR 单元（地址范围是 80H～FFH）的内容，同一个立即数进行逻辑异或运算，其结果保存到直接寻址单元中。

指令语法：XRL SFR 名称 或 8 位直接地址，#data

影响标志：无。

应用举例：把一个立即数 12H 同一个符号地址为 TEMP 的 RAM 单元的内容 C2H 进行逻辑异或。

```
0123  …
0124  (Label)  XRL  TEMP,#12H
0125  …
```

执行之前：(TEMP)＝C2H (11000010 B)；立即数＝12H (00010010 B)

执行之后：(TEMP)＝D0H (11010000 B)

# 第4章 汇编语言程序设计基础

## 4.0 引　言

要想学好单片机，仅仅了解单片机芯片的内部结构和外部封装等硬件知识是不够的，因为单片机不像其他电路那样，将各元件和电源连起来就能使用，还需要为单片机编写好程序，这就用到了汇编语言。

通过名叫"汇编器"的工具软件可以把汇编语言程序转换为机器码程序，并把机器码程序固化到单片机芯片内部的程序存储器中。

汇编器工具可以使PC机接受和识别由缩写形式（称为助记符）的指令语句组成的汇编语言源程序文件，并能准确无误地把它转换成可被单片机执行的机器语言目标文件。这一转换过程叫做"汇编"。所得到的这种最终机器码文件又叫做HEX文件（因为该文件的扩展名为.hex），其内部只包含仅能被单片机理解的一系列二进制码。实际上汇编语言程序并不能被单片机直接执行，而是只有HEX程序被加载到单片机的程序存储器中才能执行。这时就用到了编程器设备，编程器上有个用来与PC机相连接的端口和放置单片机芯片的插座。利用编程器可以将HEX文件烧写到单片机内部的程序存储器中。这样，单片机就可以运行程序、完成指定的任务了。

## 4.1 汇编语言语句及语法

### 4.1.1 汇编语言的语句成分

典型的汇编语言语句格式由以下4个字段组成：

(1)标号(Labels)：出现在助记符之前的标号，是由用户随意选定的一个字符串，也就是该指令的符号地址，代表16位长的ROM的地址编码。利用标号，可以很轻松地调用子程序或执行跳转指令。

(2)指令(Instructions)：一般由助记符和操作数组成，可以被汇编器汇编成可执行的机器代码，实现具体的某项操作功能。占用助记符和操作数2个字段。

(3)伪指令(Directives)：用于控制汇编器的指令，不是可执行指令，不能编译成机器代码。一般也占用助记符和操作数2个字段。

(4)注释(Comments)：对程序或指令进行注释的文字，不参与汇编程序的汇编处理。

如图4-1所示是一个完整程序的总体布局。

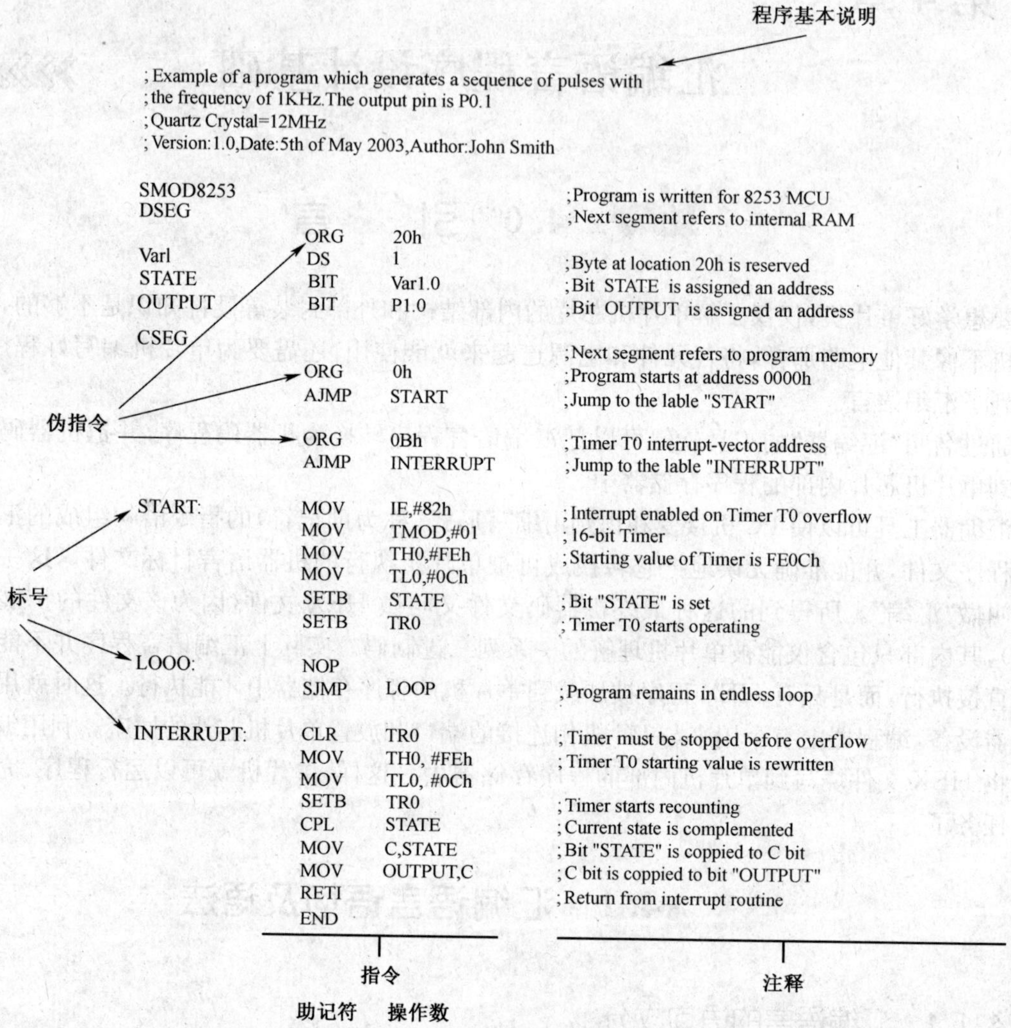


**图 4-1 一个完整的程序的布局图**

### 4.1.2 汇编语言语法

为了确保汇编生成可执行的 HEX 代码时少出错，在利用汇编语言编写源程序时，必须遵守特定的语法规则，汇编语言的语法包括如下几条：

(1)每个程序行最多包括 255 个字符。

(2)每个程序行必须以标号或指令开始。

(3)在“;”之后的文字注释在汇编源程序时，不产生机器码。

(4)每个程序行的所有字段之间至少以一个空格隔开。为了程序便于阅读理解并整齐美观，可用 TAB 键代替空格，这样 4 个不同字段对应的各列能很容易地做到上下对齐。

# 4.2 操 作 数

该字段代表的是指令的操作对象或操作范围，也就是数据或者地址，可以是数值、表达式或符号三种表示形式。如果有 2 个或 3 个操作数，那么中间要用半角逗号作为分隔符。

## 4.2.1 数制

如果不考虑八进制数，汇编语言允许使用的数制有四种：

(1)十进制数。一般缺省情况下，汇编语言默认的数制是十进制。十进制由数字 0～9 组成。汇编语言中最大的十进制数是 65535。可以采用后缀“d”或“D”表示十进制数字，例如 1234D。

(2)十六进制数。在源程序编写中常用十六进制数，十六进制数由(0～9，A～F)16 个合法数字组成。汇编语言中最大的十进制数 65535 所对应的十六进制数是 FFFFH。为了与十进制数字区分，采用后缀“h”或“H”来表示十六进制数字，例如 54H、0013H 等。需要注意，当一个十六进制数的最高位为非阿拉伯数字，而为 A～F 时，需要加一个“0”前缀。

(3)二进制数。在汇编语言中，最大的二进制数字是 1111 1111 1111 1111。为了区别于其他进制的数字，采用后缀“b”或“B”(不区分大小写)来表示二进制数字，例如 01100101B 等。

(4)字符数据。在汇编语言中，可以把 ASCII 码表中的字符当作数据来使用，并且可以出现在指令的操作数字段。既可以是单个字符也可以是字符串。表示方法是，用半角单引号括起来。字符数据的值就是取该字符的 ASCII 码值。例如‘9’、‘A’的数值就是 39H 和 41H。

## 4.2.2 表达式

操作数也可以是表达式，表达式由运算符和运算数组合而成。例如：

```
IF  (version>1)        ;用到关系运算表达式
    LCALL Table_2      ;用到加法运算表达式
    USING version+1
ENDIF
```

汇编语言能够进行数值运算处理并包含在程序代码中。汇编语言中允许使用的所有运算符分为 3 类：算术运算符、逻辑运算符和关系运算符。常用的运算符见表 4-1。

**表 4-1　常用的运算符**

| 类别 | 运算符 | 功能 | 举例 | 运算结果 |
|---|---|---|---|---|
| 算术运算符 | + | 加法运算 | 10 + 5 | 15 |
| | − | 减法运算 | 25 − 17 | 8 |
| | * | 乘法运算 | 7 * 4 | 28 |
| | / | 除法运算(整除) | 7 / 4 | 1 |
| | MOD | 模除运算(取余) | 7 MOD 4 | 3 |

续表 4-1

| 类别 | 运算符 | 功能 | 举例 | 运算结果 |
|---|---|---|---|---|
| 算术运算符 | SHR | 右移位运算 | 1000B SHR 2 | 0010B |
| | SHL | 左移位运算 | 1010B SHL 2 | 101000B |
| 逻辑运算符 | NOT | 取反运算 | NOT 1 | 1111111111111110B |
| | AND | 逻辑“与”运算 | 1101B AND 0101B | 0101B |
| | OR | 逻辑“或”运算 | 1101B OR 0101B | 1101B |
| | XOR | 逻辑“异或”运算 | 1101B XOR 0101B | 1000B |
| | LOW | 截取低字节 | LOW(0AADDH) | 0DDH |
| | HIGH | 截取高字节 | HIGH(0AADDH) | 0AAH |
| 关系运算符 | EQ，＝ | 等于 | 7 EQ 4 或 7＝4 | 0（假） |
| | NE，＜＞ | 不等于 | 7 NE 4 或 7 ＜＞ 4 | 0FFFFH（真） |
| | GT，＞ | 大于 | 7 GT 4 或 7 ＞ 4 | 0FFFFH（真） |
| | GE，＞＝ | 大于等于 | 7 GE 4 或 7 ＞＝ 4 | 0FFFFH（真） |
| | LT，＜ | 小于 | 7 LT 4 或 7 ＜ 4 | 0（假） |
| | LE，＜＝ | 小于等于 | 7 LE 4 或 7 ＜＝ 4 | 0（假） |

注：关系运算实际是对2个操作数进行比较，关系运算的2个操作数必须是数字或地址；运算结果为逻辑“真”或“假”。

### 4.2.3 符号

在汇编语言中，每一个寄存器、常数、地址或子程序都能分配一个特定的符号来表示。例如，如果在输入引脚P0.3上连接了一个按钮开关用于停止某些进程，那么在编写源程序时，如果用符号“pushbutton_STOP”来表示P0.3输入引脚，源程序就会更容易理解，更便于记忆。与其他编程语言一样，对于符号的使用必须遵守以下规则：

(1)对于汇编语言源程序中的符号，所有字母(包括A～Z，a～z)，十进制数(0～9)，两个特殊符号(? 和_)都可以使用。汇编语言是不区分大小写的。例如，下面的符号将被认为是相同的：

Serial_Port_Buffer 与 SERIAL_PORT_BUFFER

(2)为了区分标号与常数，每个标号第一个字符必须是非阿拉伯数字。

(3)一个符号的最大有效长度为31位，超过31位的部分计算机不能识别。例如：在下面的例子中，前两个符号是相同的，而后两个符号是不同的：

START_ADDRESS_OF_TABLE_AND_CONSTANTS_1

START_ADDRESS_OF_TABLE_AND_CONSTANTS_2

TABLE_OF_CONSTANTS_1_START_ADDRESS

TABLE_OF_CONSTANTC_2_START_ADDRESS

(4)汇编语言中已经定义或保留的一些关键字，譬如指令或伪指令的助记符，是不允许用户再重复定义的。例如不能使用“A”(累加器)或“DPTR”(16位数据指针，即间址寄存器)来定义一个寄存器或子程序的符号地址。表4-2中包括了一些汇编器中约定的所有指令助记符、伪指令助记符、运算符和一些寄存器名称。

表 4-2　系统保留字列表

| | | | | | | | |
|---|---|---|---|---|---|---|---|
| A | AB | ACALL | ADD | GT | HIGH | IDATA | INC |
| ADDC | AJMP | AND | ANL | ISEG | JB | JBC | JC |
| AR0 | AR1 | AR2 | AR3 | JMP | JNB | JNC | JNZ |
| AR4 | AR5 | AR6 | AR7 | JZ | LCALL | LE | LJMP |
| BIT | BSEG | C | CALL | LOW | LT | MOD | MOV |
| CJNE | CLR | CODE | CPL | MOVC | MOVX | MUL | NE |
| CSEG | DA | DATA | DB | NOP | NOT | OR | ORG |
| DBIT | DEC | DIV | DJNZ | ORL | PC | POP | PUSH |
| DPTR | DS | DSEG | DW | R0 | R1 | R2 | R3 |
| END | EQ | EQU | GE | R4 | R5 | R6 | R7 |

### 4.2.4　标号

标号是用户任意定义的一个用来表示本程序中的 ROM 存储器地址的字符串。标号总是出现在程序行的最前面，后面加一“:”半角冒号。如果没有标号的话，调用子程序或执行一些跳转或分支程序指令将会是很复杂的。标号的用处在于：

(1)在子程序或跳转指令入口处，在第一个指令行前面应该添加一个容易识别其功能的名字作标号。

(2)在调用子程序或执行跳转指令时，在指令中可以使用标号来代替 16 位地址。

在汇编器做汇编时，会自动使用其相应的实际地址来代替指令中的标号。

## 4.3　伪　指　令

伪指令不应与指令混淆，伪指令除了 DB、DW 和 DD 以外，其他伪指令不产生占用 ROM 空间的代码。也就是当源程序被汇编成目标程序时，目标程序中并不出现这些伪指令的代码，它们仅在汇编过程中发挥作用，不会对单片机的运行产生影响。其中有些伪指令是必需的，尽管有些伪指令仅仅为了促进或加速源程序的汇编过程。一条伪指令要占一个程序行。

### 4.3.1　EQU 伪指令

格式：符号名 EQU 数值

功能：给指定的符号名赋值，在程序中用符号来代替一个特定的数值。

**例**　MAXIMUM　EQU　99；定义一个代替 99 的符号名 MAXIMUM

该伪指令定义了之后(MAXIMUM＝99)，对于源程序中每个出现符号名“MAXIMUM”的位置，汇编器都用由 EQU 定义的数值 99 来取代。在一个程序中利用 EQU 伪指令对一个符号只能定义一次。EQU 伪指令常处于源程序的开头部位。

### 4.3.2 SET伪指令

格式:符号名 SET 数值

功能:也是给指定的符号名赋值。功能与EQU指令相似,不同的是,被SET指令定义过的符号名还可以被多次地重新定义新的值。如果说EQU适合给常量赋值,那么SET更适合给变量赋值。

例 SPEED␣SET 45 ;给"SPEED"定义一个数值45

SPEED␣SET 46 ;给"SPEED"重新定义一个数值46

SPEED␣SET 47 ;给"SPEED"重新定义一个数值47

### 4.3.3 BIT伪指令

格式:符号名 BIT 位地址

功能:用来给指定的符号赋值,与EQU指令不同的是赋予该符号的是一个内部RAM的"位地址"。位地址可以是位寄存器名称或数值,如果是数值,则必须介于0~255之间。

例 TRANSMIT BITPSW.7 ;将状态寄存器中的第7位定义为"TRANSMIT"

OUTPUT BIT6 ;将位地址为6的位,定义为"OUTPUT"

RELAY BIT81 ;将位地址为81(输出端口)的位,定义为"RELAY"

### 4.3.4 CODE伪指令

格式:符号名 CODE 程序存储器ROM地址

功能:给程序存储器ROM空间内指定的一个单元分配一个符号名。因为程序存储器的容量为64KB,所以指定的地址范围必须在0~65535(即为0000H~FFFFH)之间。

例 RESET CODE 0 ;将指定的程序存储器地址"0000H"定义为"RESET"

TABLE CODE 1024 ;将指定的程序存储器地址"1024"定义为"TABLE"

### 4.3.5 DATA伪指令

格式:符号名 DATA 直接寻址的内部RAM地址

功能:给可直接寻址的内部RAM存储器(包含SFR)指定的一个单元定义一个符号名,其地址必须介于0~255(即为00H~FFH)之间。可以给某个SFR寄存器定义一个用户喜欢的新符号名。

例 TEMP12 DATA 32 ;将地址为"32"的内部RAM单元定义为"TEMP12"

STATUS_R DATA D0H;将PSW寄存器"D0H"定义为新名"STATUS_R"

### 4.3.6 IDATA伪指令

格式:符号名 IDATA 间接寻址的内部RAM地址

功能:给间接寻址的内部RAM存储器指定的一个单元地址分配一个符号名。

**例** TEMP22 IDATA 32H ；将地址为“32H”的间接寻址 RAM 定义为“TEMP22”

TEMP33 IDATA T_ADR ；将地址为 T_ADR 的间接寻址 RAM 定义为“TEMP33”

### 4.3.7 XDATA 伪指令

格式：符号名 XDATA 表达式

功能：给外扩数据存储器 RAM 指定的一个单元地址分配一个符号名，这些存储器的地址不能超过 65535(即 FFFFH)。

**例** TABLE_1 XDATA 2048 ；将地址为“2048”的片外数据存储器 RAM 单元

；定义为“TABLE_1”

### 4.3.8 ORG 伪指令

格式：ORG 地址码

功能：ORG 伪指令为程序存储器的空间指定一个新的起始地址，用于指定该伪指令之后的内容(机器码、常数数据)将从该地址码开始的存储区间进行安置。

```
例 BEGINNING:  ORG  0100H；之后的程序代码将从 ROM 的 0100H 单元存放
                …
                …
   TABLE:      ORG  1000H；之后的常数表格将从 ROM 的 1000H 单元存放
                …
                …
```

；程序的起始地址为 0100H，存放常数表格的“TABLE”起始地址为 1024(1000H)。

### 4.3.9 USING 伪指令

格式：USING 表达式

功能：USING 伪指令设置预定义的通用寄存器组(R0～R7)。

```
例 USING 0  ；通知汇编器使用第 0 个工作寄存器组为当前组
   USING 1  ；通知汇编器使用第 1 个工作寄存器组为当前组
   USING 2  ；通知汇编器使用第 2 个工作寄存器组为当前组
   USING 3  ；通知汇编器使用第 3 个工作寄存器组为当前组
```

### 4.3.10 END 伪指令

格式：END

功能：表示源程序汇编结束。该指令通知汇编器结束对源程序的汇编，即使其后还有指令语句，也不再继续执行。

```
例 …
   END      ；程序结束
```

## 4.4 用于存储器段选的伪指令

段是汇编器从汇编源文件的代码或数据创建的一块代码或数据存储区。它分为通用段、堆栈段、绝对段和默认段 4 种类型。绝对段驻留在固定的存储器位置，当需要访问一个固定的存储器位置，或者将程序代码或常数放置到一个固定的存储器地址时，要使用绝对段。段选伪指令允许在一个固定的位置定位代码和数据，或者保留存储空间。在 8051 单片机汇编语言中有 5 条伪指令用于定义或者选择绝对段，这些伪指令的格式如下：

```
CSEG  [绝对地址表达式]  ；定义程序绝对段
BSEG  [绝对地址表达式]  ；定义位寻址数据绝对段
DSEG  [绝对地址表达式]  ；定义内部数据绝对段
ISEG  [绝对地址表达式]  ；定义内部间接寻址数据绝对段
XSEG  [绝对地址表达式]  ；定义外部数据绝对段
```

CSEG 段在汇编器启动后就默认是激活的，并一直到一个新的段选伪指令执行为止。每个段存储器区间都有一个内部地址计数器，每次汇编器启动时内部地址计数器被清零。内部地址计数器可以通过 AT 指定为特定的值。它可以是一个数值、一个算术表达式或一个符号。

**例**

```
DSEG             ；下一段为定义内部数据绝对段
BSEG  AT  32     ；选择可位寻址存储器区
                 ；内部地址计数器从该存储器段的起始位置向后数 32 位计起
```

美元符号“$”不是一条伪指令，而是一个特殊汇编符号。它可以出现在操作数或参数字段，每个出现的地方，在源程序汇编过程中都会自动用汇编地址计数器的当前值取代，而在目标程序执行过程中都会自动用程序计数器 PC 的当前值取代。如果用“$”作为指令或伪指令的操作数，则它表示该指令第一个字节的地址。下面两个例子说明其用法。

**例**

```
JNB  FLAG,$     ；执行该指令时，若 FLAG=0，会跳转到自身，
                ；从而形成原地踏步的动态停机状态，
                ；直到 FLAG 状态变化，即 FLAG=1。
```

**例**

```
MESSAGE  DB   'ALARM turn off engine'  ；定义一个字符串
LENGTH   EQU  $-MESSAGE-1              ；计算 MESSAGE 的长度
```

这两行程序，第一行定义了一个字符串符号，MESSAGE='ALARM turn off engine'。第二行用于计算该字符串的字符数(即字符串长度)。

### 4.4.1 DS 伪指令

格式：[标号：] DS 表达式

功能：以字节为单位在内部或外部 RAM 空间内保留指定数量的字节单元。其中“[方括号的内容]”代表是可选的。

**例**

```
DSEG            ；选择数据段为当前的逻辑段
```

```
          DS32       ；当前程序计数器的地址增加32个字节(保留32字节)
SP_BUFF   DS16       ；保留16字节的缓冲区用于串行通信
IO_BUFF   DS8        ；保留8字节的缓冲区用于I/O
```

例
```
ORG  0100H   ；程序的起始地址为"100H"
     DS8     ；保留8字节
LAB: 108H    ；程序代码从"108H"地址继续存放
```

### 4.4.2 DBIT伪指令

格式:[标号:] DBIT nn

功能:以比特为单位在内部RAM位寻址空间内保留指定数量的位单元,存放程序运行过程中产生的位变量。"nn"可以是数值常量或表达式。该指令只有在BSEG段激活的情况下才能使用。

例
```
BSEG                 ；激活BESG段为当前段
IO_MAP  DBIT  32     ；保留BESG段的前32比特用作I/O缓冲区
```

### 4.4.3 DB伪指令

格式:[标号:] DB nn,nn,…

功能:在ROM空间内定义一个字节型数据列表(常数表格),即给以标号为起始地址的某一ROM区间以字节为单位预先填充一系列字节数据。如果DB之前没有标号,则以汇编地址计数器的当前值为起始地址,也就是紧接着前面的被占ROM空间继续存放。通常用于在ROM内定义一个字节型的常数表格。

其中,"nn"可以是各种字节型的数据项。例如,可以是常数、字符串或表达式,还可以是此前定义过的符号名。各数据项之间用半角逗号隔开,字符串应该用半角单引号括起来。该指令只有在CSEG激活后才能使用。

例
```
CSEG                       ；选择程序段为当前段
DB  22,33,'Alarm',44       ；预定义数据列表
```

如果该伪指令以标号开始,那么标号将指向数据列表的第一个元素,在这个例子中就是数值22。

### 4.4.4 DW伪指令

格式:[标号:] DW $nnnn_1$,$nnnn_2$,$nnnn_3$,……,$nnnn_x$

功能:在ROM空间定义一个字型数据列表(例如地址表格),与DB伪指令极其相似,只不过DW定义的是一个双字节的字型数据序列。每个数据项占用2个字节,并且16位二进制数的"高8位"存放在"低地址"字节单元,而"低8位"存放在"高地址"字节单元。通常用于在ROM内定义一个双字节型的跳转地址表格。

其中,"nnnn"一般是双字节型的数据项,也不排除单字节数据项。如果是单字节项,则高

8 位自动补 0。

### 4.4.5 IF,ENDIF 和 ELSE 伪指令

这些伪指令用于在程序中产生条件程序块,每一个程序块都以 IF 伪指令开始,以 ENDIF 或 ELSE 结束。IF 伪指令后面的圆括号中的关系语句或符号,代表哪一块程序将会被编译的条件:

(1)如果 IF 后的条件成立(即关系语句为真或符号值为 1),则汇编在 IF 之后、ENDIF 或 ELSE 之前汇编语言语句组,在汇编完这组语句后,跳转 ENDIF 之后的第一条指令去继续汇编。

(2)如果 IF 后的条件不成立(即关系语句为假或符号值为 0),如果有 ELSE 的话,则汇编跟在 ELSE 后的汇编语言语句组,在汇编完这组语句后,跳转 ENDIF 之后的第一条指令去继续汇编;如果没有 ELSE,则直接跳转 ENDIF 之后的第一条指令去继续汇编。

**例**
```
IF  (version>3)
    LCALL   Table_2
ENDIF
    LCALL   Addition
    ...
```

如果 version>3 成立,汇编子程序调用指令"LCALL Table_2";如果 version>3 不成立,就跳过指令"LCALL Table_2",而跳转到 ENDIF 下面去汇编子程序调用指令"LCALL Addition"等等。结果调用子程序的指令"LCALL Table_2"不会被汇编。

**例**
```
IF  (Model)
    MOV     R0,#BUFFER
    MOV     A,@R0
ELSE
    MOV     R0,#EXT_BUFFER
    MOVX    A,@R0
ENDIF
...
```

如果符号"Model"的值等于 1,汇编 IF 下面的两条指令,然后跳到 ENDIF 下面的指令(ELSE 和 ENDIF 之间的所有指令都被忽略)。否则,汇编 ELSE 下面的指令,IF 和 ELSE 之间的指令将被忽略。

## 4.5 汇编器控制伪指令

汇编器控制伪指令的显著特征是,应用时前面需要添加"$"前缀。这些指令被用来指示在汇编过程中需要用到的文件、可执行文件存储的位置已及编译后的程序清单等。汇编器控制类伪指令有很多,我们只介绍几种常用的。

### 4.5.1　$ INCLUDE 伪指令

格式：$ INCLUDE（包含文件名）或 $ IC（包含文件名）

功能：将另一个文件的内容包含到本源文件中来。伪指令控制连接源文件，通常用于将用户事先编写的宏定义文件或自己制作的子程序文件包含到当前源文件中来，以减少重复劳动，提高编程效率。

**例**　$ INCLUDE（TABLE. ASM）　；将程序模块 TABLE. ASM 插入到主程序中来

### 4.5.2　$ MOD8253 伪指令

格式：$　MOD8253

$ MOD8253 伪指令实际上是引入一个定义文件，一个包含了 AT89S8253 型号单片机的所有 SFR 名称及其地址编码的定义文件。该文件内部包含了一些定义 SFR 名称的伪指令，汇编器根据这些 SFR 寄存器名称和地址的对应关系，就可以对含有 SFR 寄存器名称的源程序进行汇编了。如果不使用该指令，必须在程序的开头部分为源程序用到的每一个 SFR 寄存器分别定义名称和地址。

需要特别说明的是，并不是所有的汇编器版本都能够识别这条伪指令。

# 第 5 章

# 新型 80C51 单片机 AT89S8253

## 5.0 引　言

AT89S8253 是美国 ATMEL 公司生产的低电压、高性能 CMOS 工艺 8 位新型单片机，片内含 12KB 的在系统可编程 FLASH 存储器和 2KB 的 EEPROM 存储器。器件采用 ATMEL 公司的高密度、非易失性存储技术生产，兼容标准 MCS-51 系列单片机的指令系统及引脚。通过 SPI 串行接口，可以对片上配备的 FLASH 程序存储器进行重复编程。ATMEL 的 AT89S8253 是一款功能强大的单片机，高度灵活，性价比高，可应用于各种嵌入式控制系统之中。

AT89S8253 单片机的主要性能特点和部分技术参数简介如下：

- 与 MCS-51 单片机产品兼容；
- 12KB 的在系统可编程 FLASH 程序存储器；
  - ▽ 可以利用 SPI 串行接口下载程序；
  - ▽ 10000 次的写入/擦除周期；
- 2KB 的 EEPROM 存储器；100000 次写入/擦除周期；
- 2.7V 到 5.5V 的工作电压范围；
- 全静态工作：0 Hz 到 24 MHz；
- 三级程序存储器锁定保护；
- 256 字节的内部 RAM；
- 4 个通用并行端口、32 个 I/O 引脚；
- 3 个 16 位的定时器/计数器 T0、T1 和 T2；
- 9 个中断源；
- 增强型 UART 串行接口（帧错误检测和自动地址识别）；
- 增强型 SPI 串行接口（增加一级写缓冲器）；
- 两种节能模式，待机模式和停机模式；
- 可中断唤醒停机模式；
- 双模式可编程看门狗定时器；
- 双数据指针 DPTR；
- 灵活的在系统可编程 ISP 技术（字节和页模式）；
- 增强型四级中断优先级控制器；
- 可编程的系统时钟选项；
- 内部上电复位管理。

## 5.1　硬件架构、封装形式和引脚功能

在标准 8051 单片机的基础之上，AT89S8253 单片机增加和扩展了一些新的电路功能和新的电路模块。例如，12KB 程序存储器(Flash，闪存)、256 字节 RAM、双数据指针 DPTR、四级中断优先级控制器、定时器 T2、增强型 UART 串口、SPI 接口、EEPROM 存储器、双模式看门狗 WDT、在系统内编程 ISP 能力等。

AT89S8253 单片机的片内结构方框图如图 5-1 所示。

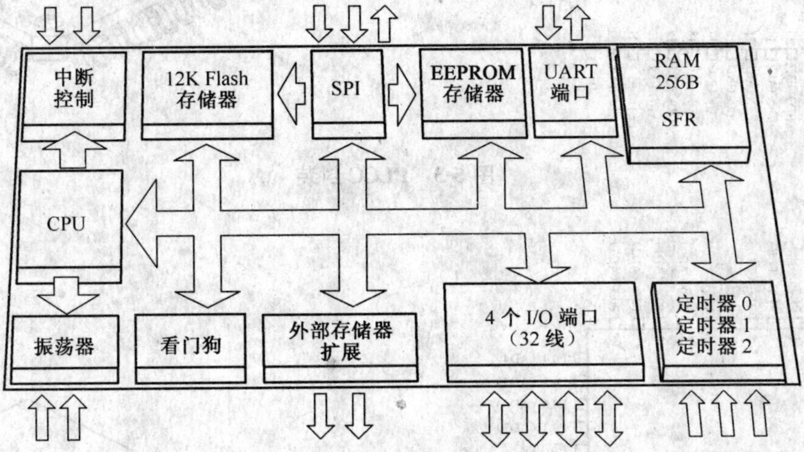


**图 5-1　AT89S8253 的内部结构**

AT89S8253 单片机有 PDIP、PQFP 和 PLCC 等几种不同的封装形式，分别如图 5-2、图 5-3 和图 5-4 所示。

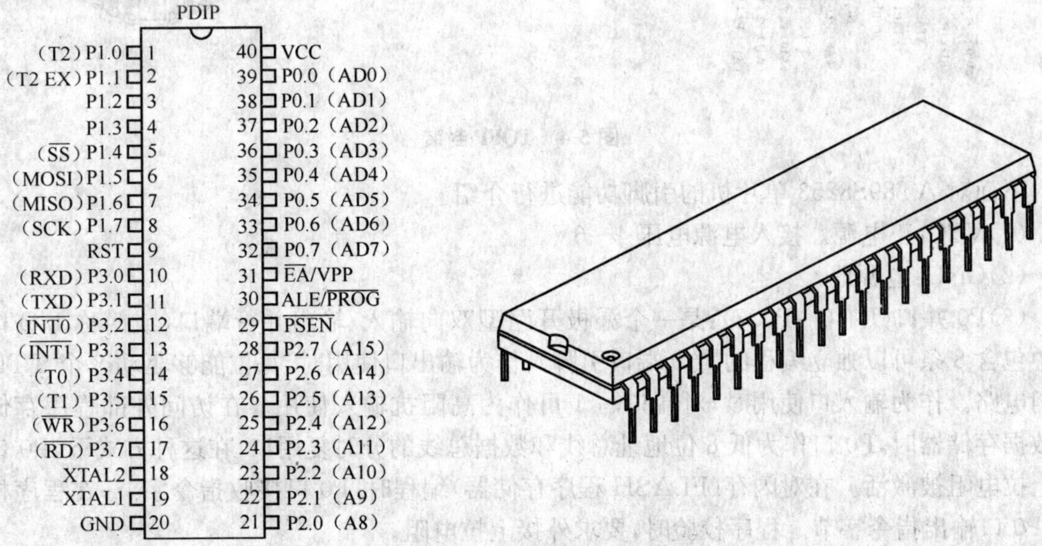


**图 5-2　PDIP 封装**

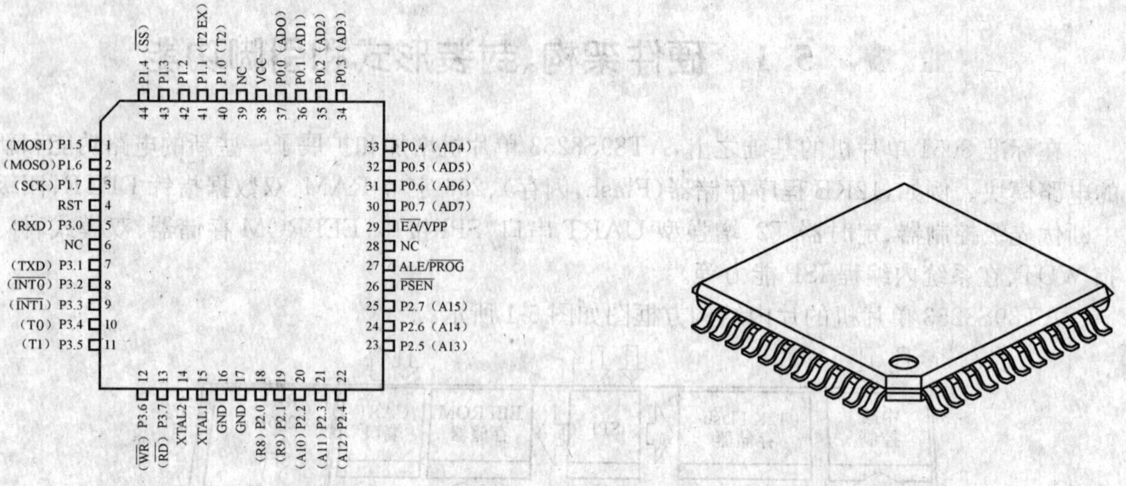


**图 5-3 PLCC 封装**

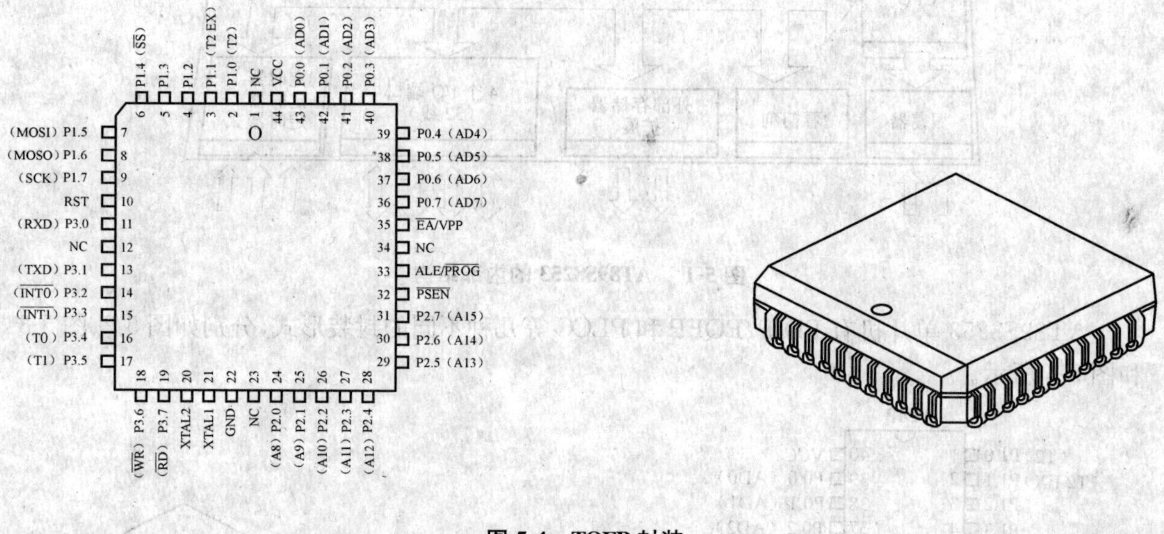


**图 5-4 TQFP 封装**

下面对 AT89S8253 单片机的引脚功能进行介绍。

(1)VCC:正电源。接入电源电压 4～6V。

(2)GND:电源地。

(3)P0 并口(P0.0～P0.7):是一个漏极开路型双向输入/输出并行端口(或简称 I/O 口),其中包含 8 条可以独立编程的 I/O 端口引脚。作为输出口使用时,每位能够驱动 8 个 TTL 逻辑门电路。作为输入口使用时,对端口写 1 可作为高阻抗输入使用。在访问外部程序存储器或数据存储器时,P0 口作为低 8 位地址总线和数据总线的分时复用口,在这种方式下,P0 口内部上拉电阻被激活。在对闪存(FLASH 程序存储器)编程时,P0 口接收指令字节;在程序校验时,P0 口输出指令字节。程序校验时,要求外接上拉电阻。

(4)P1 并口(P1.0～P1.7):是一个带有内部上拉电阻的 8 位双向 I/O 口。作为输出口使用时,每位能够驱动 4 个 TTL 逻辑门电路。对端口写 1,内部上拉电阻把端口拉到高电平,可作为输入口使用。作输入口时,因为内部存在上拉电阻,每个引脚被外部信号拉低时会输出一个电流($I_{IL}$,典型值 150μA)。P1 口的某些引脚具有第二功能,见表 5-1。

(5)P2 并口(P2.0～P2.7):作为通用 I/O 口,功能与 P1 口相同。访问外部存储器时,P2 口送出高 8 位地址。

(6)P3 并口(P3.0～P3.7):作为通用 I/O 口,功能与 P1 口相同。P3 口每个引脚还具有第二功能,见表 5-2。

**表 5-1　P1 口某些引脚具有的第二功能**

| 引脚 | 第二功能 |
|---|---|
| P1.0 | T2(定时器/计数器 T2 的外部计数输入) |
| P1.1 | T2EX (定时器/计数器 T2 的控制输入) |
| P1.4 | SS (SPI 系统的控制输入) |
| P1.5 | MOSI (SPI 系统 I/O) |
| P1.6 | MISO (SPI 系统 I/O) |
| P1.7 | SCK (SPI 系统时钟 l) |

**表 5-2　P3 口的第二功能**

| 引脚 | 第二功能 |
|---|---|
| P3.0 | RXD (串行输入) |
| P3.1 | TXD (串行输出) |
| P3.2 | INT0 (外部中断 0 输入) |
| P3.3 | INT1 (外部中断 1 输入) |
| P3.4 | T0 (定时器/计数器 T0 的外部计数输入) |
| P3.5 | T1 (定时器/计数器 T1 的外部计数输入) |
| P3.6 | WR (外部数据存储器写信号) |
| P3.7 | RD (外部数据存储器读信号) |

(7)RST:复位信号接入引脚。

(8)ALE/PROG:当单片机使用外部存储器时,ALE(地址锁存允许)输出脉冲可作为低八位地址的锁存信号。即使不访问外部存储器,此引脚仍以一个不变的频率(时钟频率的 1/6 )周期性输出正脉冲,因此可用于对外输出时钟或用于定时。在 FLASH 存储器编程期间,此引脚用于输入编程脉冲(PROG)。

(9)$\overline{PSEN}$:外部程序存储器的选通信号(低电平有效)。单片机使用外部程序存储器时,此引脚在一个机器周期内产生两次负脉冲。

(10)$\overline{EA}$/VPP:内外程序存储器选择控制端。$\overline{EA}$= 0,单片机只访问外部程序存储器。$\overline{EA}$= 1,单片机访问内部程序存储器。FLASH 存储器编程时,此引脚接入编程电压 VPP。

(11)XTAL1:振荡器反相放大器及内部时钟发生器的输入端。

(12)XTAL2:振荡器反相放大器的输出端。

## 5.2　存储器组织

### 5.2.1　程序存储器(ROM)

AT89S8253 单片机内部集成了 12KB 的 FLASH 存储器,可以进行多次的写入/擦除操作,使用嵌入式 SPI 接口模块进行程序下载。内部 ROM 如果不能满足需要,也可以进行外部程序存储器的扩展。

## 5.2.2 数据存储器(RAM)

RAM 由 3 部分组成，每部分包括 128 个字节单元，其结构符合 8051 标准。如图 5-5 所示，是 AT89S8253 内部数据存储器 RAM 的结构图。

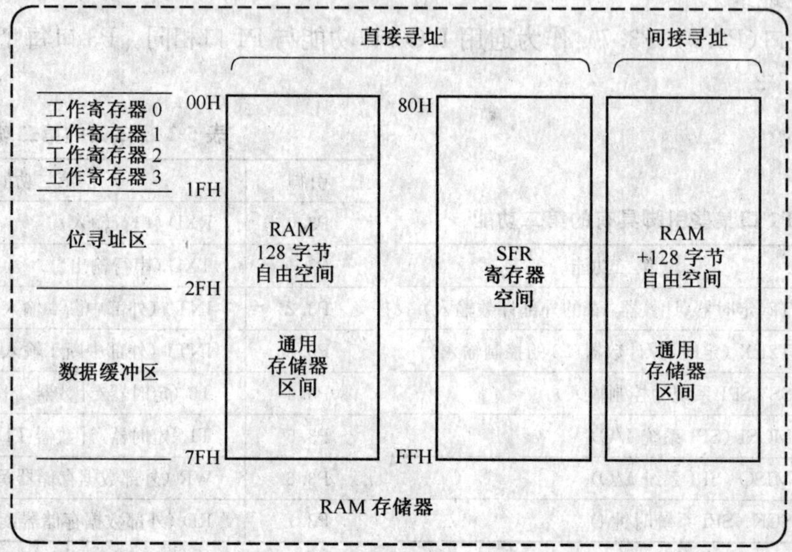


图 5-5 内部数据存储器结构图

低 128 字节(00H～7FH)，为通用数据存储器。高 128 字节(80H～FFH)，采用间接寻址方式，与特殊功能寄存器(SFR)区地址重叠。特殊功能寄存器(SFR)区，采用直接寻址方式，与 RAM 的高 128 字节地址相同。

## 5.2.3 电可擦除可编程存储器 EEPROM

AT89S8253 内部集成了 2KB 的 EEPROM 数据存储器。EEPROM 是一种兼具 ROM 和 RAM 双重特性的特殊类型存储器，存储单元内容可以通过指令修改，断电后数据也不会丢失。

## 5.2.4 存储器扩展

ROM 和 RAM 存储器的扩展方法与标准 8051 单片机的扩展方法相同，二者最大扩展空间均为 64KB。

## 5.2.5 寻址方式

与标准 8051 单片机相同，访问内部 RAM 存储器经常采用的有两种寻址方式：

(1)直接寻址：在指令中直接给出被访问 RAM 单元的地址(如 MOV A,30H)。

(2)间接寻址：在指令中间接给出被访问 RAM 单元的地址，即给出的是存放着 RAM 单元地址的寄存器(如 MOV A,@R0)。

## 5.3　特殊功能寄存器 SFR

AT89S8253 内部共有 40 个特殊功能寄存器,只占用了整个空间(128 字节)的一小部分地址,没有占用的地址是不能使用的。考虑到和标准 8051 单片机的兼容性,核心寄存器(21 个)与 8051 是完全相同的。

每个特殊功能寄存器都有名称和地址,这些寄存器大部分是实现对单片机内部某一特定电路模块的控制,例如定时器、SPI 等。见表 5-3,为 AT89S8253 的特殊功能寄存器(其中都包含复位值)。表 5-3 最左一列寄存器有 2 个共同特点:一是可以按位寻址;二是单元地址可以被 8 整除。

**表 5-3　AT89S8253 的特殊功能寄存器(40 个)**

| | | | | | | | | | |
|---|---|---|---|---|---|---|---|---|---|
| F8H | | | | | | | | | FFH |
| F0H | B 00000000 | | | | | | | | F7H |
| E8H | | | | | | | | | EFH |
| E0H | ACC 00000000 | | | | | | | | E7H |
| D8H | | | | | | | | | DFH |
| D0H | PSW 00000000 | | | | | SPCR 00000100 | | | D7H |
| C8H | T2CON 00000000 | T2MOD XXXXXX00 | RCAP2L 00000000 | RCAP2H 00000000 | TL2 00000000 | TH2 00000000 | | | CFH |
| C0H | | | | | | | | | C7H |
| B8H | IP XX000000 | SADEN 00000000 | | | | | | | BFH |
| B0H | P3 11111111 | | | | | | | IPH XX000000 | B7H |
| A8H | IE 0X000000 | SADDR 00000000 | SPSR 000XXX00 | | | | | | AFH |
| A0H | P2 11111111 | | | | | | WDTRST (Write Only) | WDTCON 0000 0000 | A7H |
| 98H | SCON 00000000 | SBUF XXXXXXXX | | | | | | | 9FH |
| 90H | P1 11111111 | | | | | | EECON XX000011 | | 97H |
| 88H | TCON 00000000 | TMOD 00000000 | TL0 00000000 | TL1 00000000 | TH0 00000000 | TH1 00000000 | AUXR XXXXXXX0 | CLKREG XXXXXXX0 | 8FH |
| 80H | P0 11111111 | SP 00000111 | DP0L 00000000 | DP0H 00000000 | DP1L 00000000 | DP1H 00000000 | SPDR ######## | PCON 00XX0000 | 87H |

可位寻址寄存器

### 5.3.1　累加器 A

累加器 ACC,也可以简写为 A,属于 8051 系列单片机的核心寄存器,用来向 CPU 提供操作数,许多运算的结果也存放在累加器中。

### 5.3.2　寄存器 B

B 寄存器属于 8051 系列单片机的核心寄存器,在执行乘法和除法指令(MUL 和 DIV 指令)时用来存储相应的操作数和运算结果,也可作为普通寄存器使用。

### 5.3.3　程序状态字 PSW

PSW 寄存器属于 8051 系列单片机的核心寄存器,用于记录指令执行过程中产生的状态信息。

### 5.3.4　堆栈指针 SP

SP 寄存器属于 8051 系列单片机的核心寄存器,用来指示堆栈顶部单元的位置地址。

### 5.3.5　端口寄存器 P0、P1、P2 和 P3

并行端口寄存器 P0～P3 属于 8051 系列单片机的核心寄存器,每一位都对应单片机一个同名引脚。因此,并行端口寄存器用于与外部电路进行信息交换,从寄存器发送数据到相应的引脚,或从相应的引脚接收数据到寄存器。

### 5.3.6　工作寄存器 R0～R7

工作寄存器 R0～R7 属于 8051 系列单片机的核心寄存器,如图 5-6 所示。在使用这些工作寄存器之前,可以通过设置程序状态字 PSW 的 RS1、RS0 位来确定选用哪组工作寄存器,否则默认使用 0 组作为当前工作寄存器组。

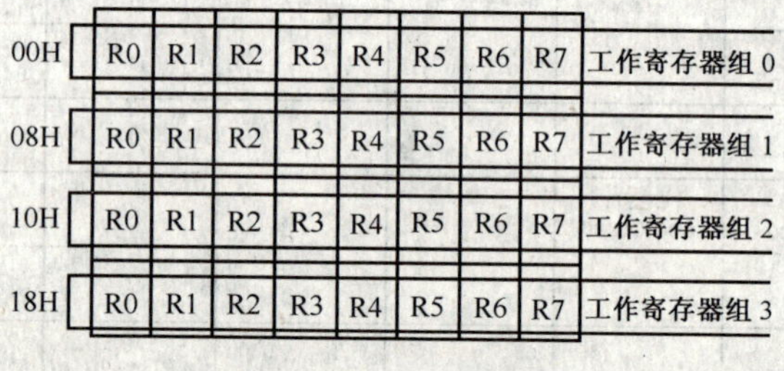


**图 5-6　工作寄存器**

### 5.3.7　辅助寄存器 AUXR

辅助寄存器 AUXR 仅仅包含两个有效位,其含义如下。

| | | | | | | | | | |
|---|---|---|---|---|---|---|---|---|---|
| | X | X | X | X | X | X | X | 0 | 复位值 |
| AUXR | — | — | — | — | — | — | Intel_Pwd_Exit | DISALE | |
| | D7 | D6 | D5 | D4 | D3 | D2 | D1 | D0 | 位名称 |

(1)DISALE:ALE 地址锁存允许信号输出引脚禁止位。

0—ALE 信号正常输出正脉冲，频率为时钟频率的 1/6(仅在执行 MOVX 指令期间会少送一个 ALE 脉冲)；

1—ALE 信号脉冲仅在执行 MOVX 或 MOVC 指令时才送出，平时保持静止(以便减少电磁辐射和提高电磁兼容性)。

(2) Intel_Pwd_Exit：停机模式(又叫掉电模式)唤醒触发方式选择位。

0—设置单片机从中断信号的下降沿退出停机模式；

1—设置单片机从中断信号的上升沿退出停机模式。

### 5.3.8　时钟寄存器 CLKREG

时钟寄存器 CLKREG 仅仅包含 1 个有效位，其含义如下。

| | bit7 | bit6 | bit5 | bit4 | bit3 | bit2 | bit1 | bit0 | |
|---|---|---|---|---|---|---|---|---|---|
| | X | X | X | X | X | X | X | 0 | 复位值 |
| CLKREG | — | — | — | — | — | — | — | X2 | 位名称 |

X2：时钟频率设置位。

0—振荡器频率(XTAL1 引脚)二分频后再用做 CPU 时钟频率(每个机器周期包含 6 个时钟周期)。

1—CPU 时钟频率与外部 XTAL1 频率相等(每个机器周期包含 12 个时钟周期，这与标准 8051 相同)。

使用 X2 位，用户能够选择一个 6MHz 晶振(即为石英晶体振荡器)代替 12MHz 的晶振，可以大幅度减少电磁干扰(EMI)，有效改善电磁兼容性(EMC)。

### 5.3.9　数据指针寄存器 DPTR

数据指针是一个 16 位的寄存器，它由两个单独的 8 位寄存器构成：DPH(数据指针的高 8 位)和 DPL(数据指针的低 8 位)，用来寻址片内 EEPROM 存储器和片外数据存储器。AT89S8253 设有两个数据指针：DPTR0 和 DPTR1。但是二者不能同时使用，而是用 EECON 寄存器中的 DPS 位来选择使用哪一个数据指针。

当令 DPS = 0，数据指针寄存器选用 DPTR0(包含 DP0L 和 DP0H)。与标准 8051 的核心寄存器 DPTR 兼容。

| | DP0H | | | | | | | | DP0L | | | | | | | |
|---|---|---|---|---|---|---|---|---|---|---|---|---|---|---|---|---|
| DPTR0 | D15 | D14 | D13 | D12 | D11 | D10 | D9 | D8 | D7 | D6 | D5 | D4 | D3 | D2 | D1 | D0 |

| | D7 | D6 | D5 | D4 | D3 | D2 | D1 | D0 | |
|---|---|---|---|---|---|---|---|---|---|
| | 0 | 0 | 0 | 0 | 0 | 0 | 0 | 0 | 复位值 |
| DP0L | | | | | | | | | |

| | D7 | D6 | D5 | D4 | D3 | D2 | D1 | D0 | |
|---|---|---|---|---|---|---|---|---|---|
| | 0 | 0 | 0 | 0 | 0 | 0 | 0 | 0 | 复位值 |
| DP0H | | | | | | | | | |

当令 DPS = 1，数据指针寄存器选用 DPTR1(包含 DP1L 和 DP1H)。在标准 8051 基础上新增的。

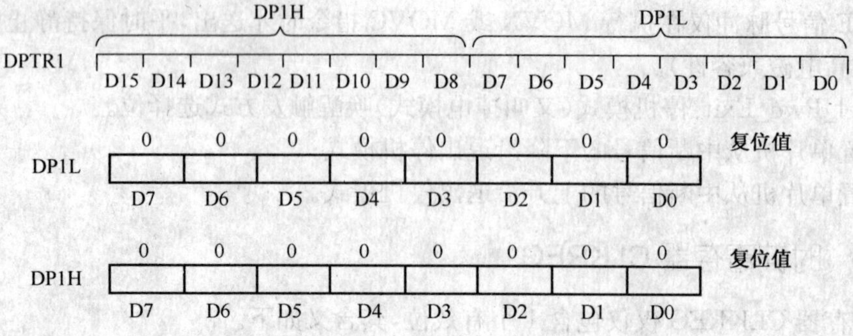


## 5.3.10 EEPROM 存储器的读写

AT89S8253 单片机片内设有 2KB EEPROM 存储器能够永久性的保存数据。EEPROM 存储器有至少 100000 次擦写周期的使用寿命，并且使用简单。

访问外部数据存储器的指令(MOVX)也被用于 EEPROM 的读和写。片内 EEPROM 存储器的选择是通过设置特殊功能寄存器 EECON(字节地址为 96H)的 EEMEN 位。该位设置为“1”时，MOVX 指令用来访问 EEPROM，EEPROM 存储器的地址范围从 0000H 到 07FFH。如果用 MOVX 指令去访问片外的数据存储器，EEMEN 位应该被设置为“0”，如图 5-7 所示。

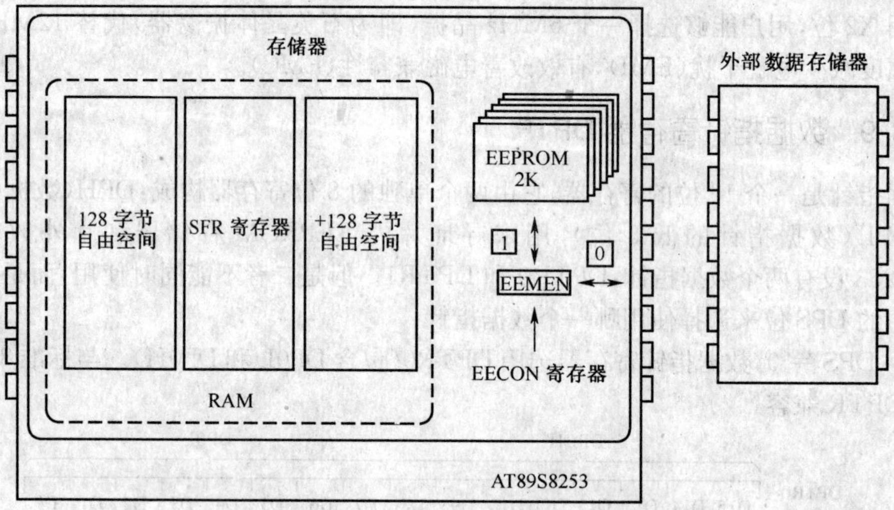


**图 5-7 AT89S8253 内部的 EEPROM 存储器**

在程序运行期间(使用 MOVX 指令)，EEPROM 存储器具有字节级的自动擦除能力。这就意味着用户能够实时的单独更新或修改一个 EEPROM 字节，而不影响其他字节。

EECON 寄存器的 EEMWE 位为写使能位，在对 EEPROM 的任意字节进行写操作前，需要设置该位为“1”。如果不再需要进行写操作，用户应该在软件中设置该位为“0”。

在串行编程模式下，EEPROM 存储器的写周期为 4ms。EEPROM 存储器的写操作进程由 EECON 寄存器的 RDY/BSY 位(为只读位)来指示。RDY/BSY = 0,意味着编程仍在进行中;RDY/BSY = 1,表示写周期已完成,下一个写周期可以开始了。EECON 寄存器的 EELD 位用来控制下一条 MOVX 指令是仅仅装载到 EEPROM 的写缓冲器还是开始写操作周期。当 EELD = 1,数据装载到一个只有 32 字节的写缓冲器(临时存储器)中。在最后一条 MOVX 指令执行前,EELD 位应清零,以便在最后一条 MOVX 指令执行后,整个缓冲器中的数据在 4ms 内被同时写入。这样 32 字节将仅需要 4ms 烧写时间,而不是逐个进行单字节烧写时的耗时 128ms。

## 5.3.11 EEPROM 读写控制寄存器

EECON 是一个 EEPROM 存储器读写控制寄存器,仅应用了低 6 位,其中各位的含义如下。

| | D7 | D6 | D5 | D4 | D3 | D2 | D1 | D0 | |
|---|---|---|---|---|---|---|---|---|---|
| | X | X | 0 | 0 | 0 | 0 | 1 | 1 | 复位值 |
| EECON | | | EELD | EEMWE | EEMEN | DPS | RDY/$\overline{\text{BSY}}$ | $\overline{\text{WRTINH}}$ | 位名称 |

(1)$\overline{\text{WRTINH}}$:写操作禁止位,为只读位。当电源电压低于 EEPROM 的烧写电压时,该位被硬件自动清零,放弃正在进行的写入周期,新的写入周期也不会被启动。

(2)RDY/$\overline{\text{BSY}}$:EEPROM 存储器的标志位,为只读位。在片内 EEPROM 存储器的写入周期内,该位被硬件自动清零。写入完成后,该位被硬件自动置"1"。

0—正处于写入周期;

1—写操作完成(数据被写入 EEPROM)。

(3)DPS:数据指针寄存器的选择位。

0—选择 DPTR0(由 DP0H 和 DP0L 构成)为 EEPROM 的数据指针;

1—选择 DPTR1(由 DP1H 和 DP1L 构成)为 EEPROM 的数据指针。

(4)EEMEN:片内 EEPROM 存储器选择位。

0—MOVX 指令用于访问外部数据存储器芯片;

1—MOVX 指令用于对片内 EEPROM 存储器进行操作。当地址超过 2KB 时,单片机将自动访问外部的数据存储器芯片。

(5)EEMWE:EEPROM 存储器的写使能位。当 EEMWE = 1 时,允许使用 MOVX 指令对 EEPROM 存储器进行写操作。完成 EEPROM 的写操作后,该位必须用软件清零。

(6)EELD:用于设定页模式写入。EELD = 1 时,MOVX 指令将不会启动写入周期,而是仅仅将数据装载到 EEPROM 的临时缓冲器中(32 字节)。在最后一条 MOVX 指令执行前,将该位清零;执行最后一条 MOVX 指令后,整个缓冲器中的数据在 4ms 内被同时写入到 EEPROM 存储器中。

## 5.3.12 可位寻址寄存器归纳列表

可位寻址寄存器归纳见表 5-4。

**表 5-4　可位寻址寄存器归纳表**

| | | | | | | | | | |
|---|---|---|---|---|---|---|---|---|---|
| ACC（地址：E0H） | 复位后 | 0 | 0 | 0 | 0 | 0 | 0 | 0 | 0 |
| | 位名称 | — | — | — | — | — | — | — | — |
| | 位地址 | E7 | E6 | E5 | E4 | E3 | E2 | E1 | E0 |
| B（地址：F0H） | 复位后 | 0 | 0 | 0 | 0 | 0 | 0 | 0 | 0 |
| | 位名称 | — | — | — | — | — | — | — | — |
| | 位地址 | F7 | F6 | F5 | F4 | F3 | F2 | F1 | F0 |
| IP（地址：B8H） | 复位后 | X | X | 0 | 0 | 0 | 0 | 0 | 0 |
| | 位名称 | — | — | PT2 | PS | PT1 | PX1 | PT0 | PX0 |
| | 位地址 | BF | BE | BD | BC | BB | BA | B9 | B8 |
| IE（地址：A8H） | 复位后 | 0 | X | 0 | 0 | 0 | 0 | 0 | 0 |
| | 位名称 | EA | — | ET2 | ES | ET1 | EX1 | ET0 | EX0 |
| | 位地址 | AF | AE | AD | AC | AB | AA | A9 | A8 |
| P0（地址：80H） | 复位后 | 1 | 1 | 1 | 1 | 1 | 1 | 1 | 1 |
| | 位名称 | — | — | — | — | — | — | — | — |
| | 位地址 | 87 | 86 | 85 | 84 | 83 | 82 | 81 | 80 |
| P1（地址：90H） | 复位后 | 1 | 1 | 1 | 1 | 1 | 1 | 1 | 1 |
| | 位名称 | — | — | — | — | — | — | — | — |
| | 位地址 | 97 | 96 | 95 | 94 | 93 | 92 | 91 | 90 |
| P2（地址：A0H） | 复位后 | 1 | 1 | 1 | 1 | 1 | 1 | 1 | 1 |
| | 位名称 | — | — | — | — | — | — | — | — |
| | 位地址 | A7 | A6 | A5 | A4 | A3 | A2 | A1 | A0 |
| P3（地址：B0H） | 复位后 | 1 | 1 | 1 | 1 | 1 | 1 | 1 | 1 |
| | 位名称 | — | — | — | — | — | — | — | — |
| | 位地址 | B7 | B6 | B5 | B4 | B3 | B2 | B1 | B0 |
| PSW（地址：D0H） | 复位后 | 0 | 0 | 0 | 0 | 0 | 0 | 0 | 0 |
| | 位名称 | CY | AC | F0 | RS1 | RS0 | OV | — | P |
| | 位地址 | D7 | D6 | D5 | D4 | D3 | D2 | D1 | D0 |
| SCON（地址 98H） | 复位后 | 0 | 0 | 0 | 0 | 0 | 0 | 0 | 0 |
| | 位名称 | SM0/FE | SM1 | SM2 | REN | TB8 | RB8 | TI | RI |
| | 位地址 | 9F | 9E | 9D | 9C | 9B | 9A | 99 | 98 |
| TCON（地址：88H） | 复位后 | 0 | 0 | 0 | 0 | 0 | 0 | 0 | 0 |
| | 位名称 | TF1 | TR1 | TF0 | TR0 | IF1 | IT1 | IF0 | IT0 |
| | 位地址 | 8F | 8E | 8D | 8C | 8B | 8A | 89 | 88 |
| T2CON（地址：C8H） | 复位后 | 0 | 0 | 0 | 0 | 0 | 0 | 0 | 0 |
| | 位名称 | TF2 | EXF2 | RCLK | TCLK | EXEN2 | TR2 | C/T2 | CP/RL2 |
| | 位地址 | CF | CE | CD | CC | CB | CA | C9 | C8 |

## 5.3.13　非可位寻址寄存器归纳列表

非可位寻址寄存器归纳见表 5-5。

**表 5-5　非可位寻址寄存器归纳表**

| | | | | | | | | | |
|---|---|---|---|---|---|---|---|---|---|
| AUXR | 复位值 | X | X | X | X | X | X | X | 0 |
| （地址：8EH） | 位名称 | — | — | — | — | — | — | Intel_Pwd_Exit | DISALE |
| CLKREG | 复位值 | X | X | X | X | X | X | X | 0 |
| （地址：8FH） | 位名称 | — | — | — | — | — | — | — | X2 |
| DP0H | 复位值 | 0 | 0 | 0 | 0 | 0 | 0 | 0 | 0 |
| （地址：83H） | 位名称 | — | — | — | — | — | — | — | — |
| DP0L | 复位值 | 0 | 0 | 0 | 0 | 0 | 0 | 0 | 0 |
| （地址：82H） | 位名称 | — | — | — | — | — | — | — | — |
| DP1H | 复位值 | 0 | 0 | 0 | 0 | 0 | 0 | 0 | 0 |
| （地址：85H） | 位名称 | — | — | — | — | — | — | — | — |
| DP1L | 复位值 | 0 | 0 | 0 | 0 | 0 | 0 | 0 | 0 |
| （地址：84H） | 位名称 | — | — | — | — | — | — | — | — |
| EECON | 复位值 | X | X | 0 | 0 | 0 | 0 | 1 | 1 |
| （地址：96H） | 位名称 | — | — | EELD | EEMWE | EEMEN | DPS | RDY/BSY | WRTINH |
| IPH | 复位值 | X | X | 0 | 0 | 0 | 0 | 1 | 1 |
| （地址：B7H） | 位名称 | — | — | PT2H | PSH | PT1H | PX1H | PT0H | PX0H |
| PCON | 复位值 | 0 | 0 | X | X | 0 | 0 | 0 | 0 |
| （地址：87H） | 位名称 | SMOD1 | SMOD0 | — | POF | GF1 | GF0 | PD | IDL |
| SADDR | 复位值 | 0 | 0 | 0 | 0 | 0 | 0 | 0 | 0 |
| （地址：A9H） | 位名称 | — | — | — | — | — | — | — | — |
| SADEN | 复位值 | 0 | 0 | 0 | 0 | 0 | 0 | 0 | 0 |
| （地址：B9H） | 位名称 | — | — | — | — | — | — | — | — |
| SBUF | 复位值 | X | X | X | X | X | X | X | X |
| （地址：99H） | 位名称 | — | — | — | — | — | — | — | — |
| SP | 复位值 | 0 | 0 | 0 | 0 | 0 | 1 | 1 | 1 |
| （地址：81H） | 位名称 | — | — | — | — | — | — | — | — |
| SPCR | 复位值 | 0 | 0 | 0 | 0 | 0 | 1 | 0 | 0 |
| （地址：D5H） | 位名称 | SPIE | SPE | DORD | MSTR | CPOL | CPHA | SPR1 | SPR0 |
| SPDR | 复位值 | — | — | — | — | — | — | — | — |
| （地址：86H） | 位名称 | — | — | — | — | — | — | — | — |
| SPSR | 复位值 | 0 | 0 | 0 | X | X | X | 0 | 0 |
| （地址：AAH） | 位名称 | SPIF | WCOL | LDEN | — | — | — | DISSO | ENH |

续表 5-5

| | | | | | | | | | |
|---|---|---|---|---|---|---|---|---|---|
| RCAP2H<br>(地址:CBH) | 复位值 | 0 | 0 | 0 | 0 | 0 | 0 | 0 | 0 |
| | 位名称 | — | — | — | — | — | — | — | — |
| RCAP2L<br>(地址:CAH) | 复位值 | 0 | 0 | 0 | 0 | 0 | 0 | 0 | 0 |
| | 位名称 | — | — | — | — | — | — | — | — |
| TL0<br>(地址:8AH) | 复位值 | 0 | 0 | 0 | 0 | 0 | 0 | 0 | 0 |
| | 位名称 | — | — | — | — | — | — | — | — |
| TL1<br>(地址:8BH) | 复位值 | 0 | 0 | 0 | 0 | 0 | 0 | 0 | 0 |
| | 位名称 | — | — | — | — | — | — | — | — |
| TL2<br>(地址:CCH) | 复位值 | 0 | 0 | 0 | 0 | 0 | 0 | 0 | 0 |
| | 位名称 | — | — | — | — | — | — | — | — |
| TH0<br>(地址:8CH) | 复位值 | 0 | 0 | 0 | 0 | 0 | 0 | 0 | 0 |
| | 位名称 | — | — | — | — | — | — | — | — |
| TH1<br>(地址:8DH) | 复位值 | 0 | 0 | 0 | 0 | 0 | 0 | 0 | 0 |
| | 位名称 | — | — | — | — | — | — | — | — |
| TH2<br>(地址:CDH) | 复位值 | 0 | 0 | 0 | 0 | 0 | 0 | 0 | 0 |
| | 位名称 | — | — | — | — | — | — | — | — |
| TMOD<br>(地址:89H) | 复位值 | 0 | 0 | 0 | 0 | 0 | 0 | 0 | 0 |
| | 位名称 | GATE | C/T | M1 | M0 | GATE | C/T | M1 | M0 |
| T2MOD<br>(地址:C9H) | 复位值 | X | X | X | X | X | X | 0 | 0 |
| | 位名称 | — | — | — | — | — | — | T2OE | DCEN |
| WDTCON<br>(地址:A7H) | 复位值 | 0 | 0 | 0 | 0 | 0 | 0 | 0 | 0 |
| | 位名称 | PS2 | PS1 | PS0 | WDIDLE | DISRTO | HWDT | WSWRST | WDTEN |
| WDTRST<br>(地址:A6H) | 复位值 | — | — | — | — | — | — | — | — |
| | 位名称 | — | — | — | — | — | — | — | — |

## 5.4 看门狗定时器 WDT

AT89S8253 单片机内部集成的看门狗定时器是一种具有双模式可编程看门狗定时器。双模式就是指硬件控制模式和软件控制模式。

**1. 硬件控制模式**

硬件控制模式有以下特点：单片机初始加电时 WDT 处于关闭状态；设有一个专用寄存器 WDTRST，依次写入 1EH 和 E1H 可以随时开启或喂狗操作，但是一旦开启不能关闭；没有分频器，溢出周期不能改变；WDT 溢出复位时可以从 RST 引脚输出 98 个时钟周期的高电平复位信号；与 INTEL 公司的 8XC51FX、8XC51GB 单片机内部集成的 WDT 相同；采用这种 WDT 的单片机有 AT89S51、AT89S52、AT89C51RC 等。

**2. 软件控制模式**

软件控制模式有以下特点：单片机初始加电时 WDT 处于关闭状态；利用一个专用位 WDTEN 可以随时开启或关闭；WDT 可以被关闭；通过置位另一位 WDWRST 来实现喂狗操作；具有 8 级分频器，溢出周期可以改变；WDT 溢出复位时不能从 RST 引脚输出复位信号；这是一种 ATMEL 公司自行开发的 WDT；采用这种 WDT 的单片机有 AT89S8252、AT89S53 等。

AT89S8253 的看门狗，综合了上述两种 WDT 的优点于一身，同时具有这两种 WDT 的能力。

### 5.4.1　AT89S8253 看门狗的应用

可编程看门狗定时器(WDT)的核心由一个 14 位计数器组成。默认状态下，WDT 对单片机的机器周期进行计数(一旦计数到最大值后溢出时便强行复位单片机)。WDTCON 寄存器中的分频位 PS2、PS1 和 PS0 的值，用来设置看门狗定时器的溢出周期为 16～2048K 个机器周期。有 8 种不同的 WDT 溢出周期可供选择，见表 5-6。WDT 溢出周期还与外接石英晶体振荡器所确定的时钟频率有关。

**表 5-6　看门狗定时器定时时间的选择**

| 分频位 | | | 定时时间 |
|---|---|---|---|
| PS2 | PS1 | PS0 | ($F_{OSC}$ = 12MHz) |
| 0 | 0 | 0 | 16ms |
| 0 | 0 | 0 | 32ms |
| 0 | 1 | 0 | 64ms |
| 0 | 1 | 0 | 128ms |
| 1 | 0 | 1 | 256ms |
| 1 | 0 | 1 | 512ms |
| 1 | 1 | 1 | 1024ms |
| 1 | 1 | 1 | 2048ms |

在停机模式及复位状态下 WDT 将停止工作。一般在每次 WDT 计数溢出之前，应该及时清零看门狗(俗称喂狗)，才能保证用户程序正常执行。假如 WDT 溢出之前没有被清零，单片机内部将产生一个 RST 脉冲来复位 CPU 及其片内各个单元电路。

WDT 具备硬件和软件两种控制模式。在硬件控制模式下，是向专用寄存器 WDTRST 中依次写入数据序列 1EH 和 E1H(即为 0001 1110 和 1110 0001，作为专用口令)，可以开启(或使能)WDT；一旦 WDT 被启用，WDTCON 寄存器中的 WDTEN 位将被自动置 1；为了避免 WDT 发生溢出而产生复位，必须以一定的时间间隔、周期性地写入该数据序列 1EH 和 E1H 到寄存器 WDTRST 以实现喂狗操作。也就是说，喂狗操作是利用连续执行两条专用的数据传送指令实现的。实现喂狗操作和开启看门狗的指令序列如下：

```
MOV WDTRST, ＃1EH                ;发送口令前半编码
MOV WDTRST, ＃0E1H               ;发送口令后半编码
```

一旦WDT溢出复位单片机，或者经过RST引脚的手动复位单片机，都将迫使WDT还原到关闭状态，直到重新开启。一旦WDT被启动，除了硬件复位和WDT溢出之外，没有任何方法可以停止WDT计数，只能周期性地作喂狗操作。每次喂狗之后WDT都会重新从0开始计数。

## 5.4.2 看门狗控制寄存器 WDTCON

除了用于硬件控制模式下启用和清零看门狗的专用寄存器WDTRST之外，还设置了一个更重要的寄存器WDTCON，这是一个看门狗控制寄存器，其中各位的含义如下。

| | | | | | | | | | |
|---|---|---|---|---|---|---|---|---|---|
| | 0 | 0 | 0 | 0 | 0 | 0 | 0 | 0 | 复位值 |
| WDTCON | PS2 | PS1 | PS0 | WDIDLE | DISRTO | HWDT | WSWRST | WDTEN | |
| | D7 | D6 | D5 | D4 | D3 | D2 | D1 | D0 | 位名称 |

(1)PS2，PS1，PS0：看门狗定时器计数时钟的分频位。当三位都被清零时，看门狗定时器的溢出间隔最小，只有16K个机器周期；当这三位都被置1时，则溢出间隔为2048K个机器周期。

(2)WDIDLE：待机模式下WDT控制位。即在空闲模式下禁止/使能看门狗定时器的控制位。当WDIDLE ＝ 0时，WDT在空闲模式下持续工作；当WDIDLE ＝ 1时，WDT在空闲模式下冻结。

0—在空闲模式下，使能WDT；

1—在空闲模式下，禁止WDT。

(3)DISRTO：WDT复位信号输出使能位。

0—WDT溢出复位信号可以控制RST引脚的状态，并且经过该脚输出一定时间长度的高电平脉冲(宽度为98个时钟周期)，同时控制片内电路和所有连接该脚的外围电路一起复位；

1—由WDT溢出复位不影响RST引脚状态，仅仅复位单片机内部电路，该脚一直保持输入状态。

(4)HWDT：WDT硬件模式选择位。设定WDT工作于硬件控制模式或软件控制模式。

0—WDT工作于软件控制模式，可以利用本寄存器中的WDTEN位来开启或关闭WDT；

1—WDT工作于硬件控制模式。为了开启WDT，必须向WDTRST寄存器依次写入1EH和E1H。一旦WDT被开启，除了复位或停机，将不可关闭，必须定期向WDTRST寄存器写入1EH和E1H来喂狗，以避免WDT溢出复位。

(5)WSWRST：WDT软件复位位。在软件模式下(HWDT ＝ 0)，设置该位WSWRST ＝ 1会复位WDT(即清零或喂狗)。WSWRST在被置位后的下一个机器周期会被硬件自动复位。在硬件模式下，设置该位对于WDT没有影响。

(6)WDTEN：在软件模式下用于开启WDT。当WDT处于硬件模式下，该位为只读，用作WDT的状态位(显示开启与否)。

0—关闭WDT；

1—开启WDT。

注意：WDTEN位不能清零WDT，而仅能开启或关闭WDT。这意味着，当令WDTEN ＝ 0时，WDT计数器的当前状态保持不变。

# 5.5　中断逻辑 INT

AT89S8253 共有 6 个中断源，能够识别 6 种不同的突发事件来中断正常程序的执行。每个中断源都可以通过设置 IE 寄存器被单独的使能或关闭，整个中断系统也可以通过清零 IE 寄存器的 EA 位全部关闭。

由于 AT89S8253 内部集成了定时器 T2 和 SPI（标准 8051 内部没有），它们都能够产生中断，因此控制中断系统的寄存器中做出了某些改变，这些改变都被标记在相应寄存器的保留位上，如图 5-8 所示。这就使得以前根据 8051 所编写的程序可以直接应用在 AT89S8253 上。除此之外，增加了一个新的中断矢量（地址为 2BH）作为定时器 T2 的中断服务程序的入口地址。

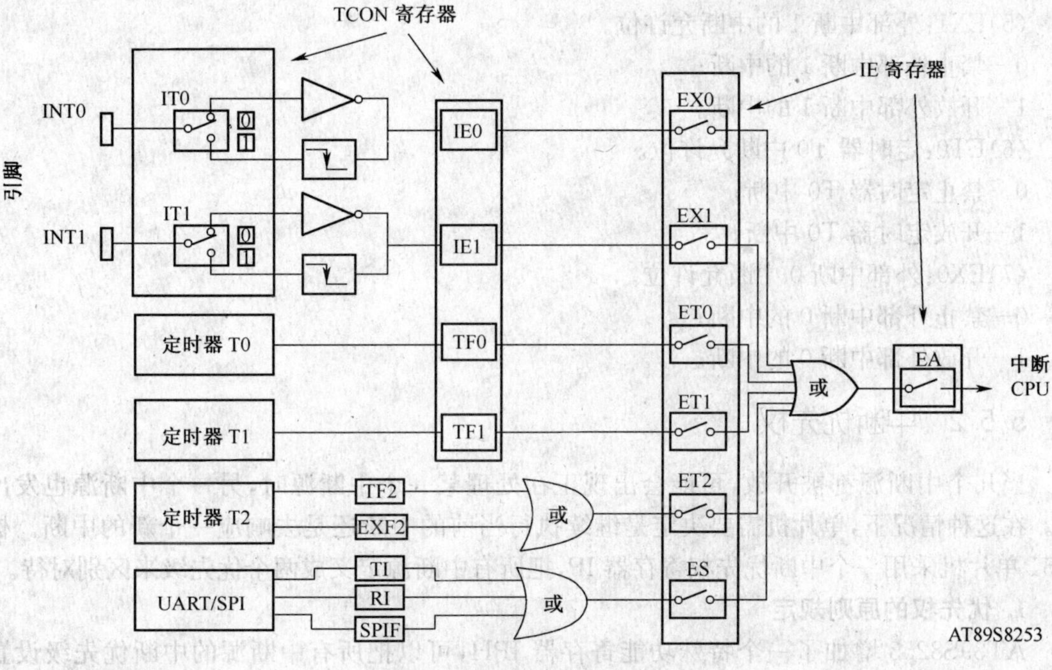


图 5-8　AT89S8253 的中断逻辑

## 5.5.1　中断允许寄存器 IE

中断允许寄存器 IE 属于一个中断控制类寄存器，它设定各个中断源是否被允许向 CPU 发出中断请求。其各位含义如下。

| | | | | | | | | | |
|---|---|---|---|---|---|---|---|---|---|
| | 0 | X | 0 | 0 | 0 | 0 | 0 | 0 | 复位值 |
| IE | EA | — | ET2 | ES | ET1 | EX1 | ET0 | EX0 | |
| | D7 | D6 | D5 | D4 | D3 | D2 | D1 | D0 | 位名称 |

(1)EA：中断总允许位。

0—禁止所以中断(即使是已经激活的);

1—开放总允许位。

(2)ET2:定时器 T2 中断允许位。

0—禁止定时器 T2 中断;

1—开放定时器 T2 中断。

(3)ES:串行通信(UART 和 SPI)中断允许位。

0—禁止 UART 和 SPI 中断;

1—开放 UART 和 SPI 中断。

(4)ET1:定时器 T1 中断允许位。

0—禁止定时器 T1 中断;

1—开放定时器 T1 中断。

(5)EX1:外部中断 1 的中断允许位。

0—禁止外部中断 1 的中断;

1—开放外部中断 1 的中断。

(6)ET0:定时器 T0 中断允许位。

0—禁止定时器 T0 中断;

1—开放定时器 T0 中断。

(7)EX0:外部中断 0 中断允许位。

0—禁止外部中断 0 的中断;

1—开放外部中断 0 的中断。

### 5.5.2 中断优先权

当几个中断源都被开放,可能会出现正在处理某一个中断源时,另一个中断源也发出请求。在这种情况下,单片机需要决定是继续执行当前的中断还是去响应一个新的中断。标准 8051 单片机采用一个中断优先权寄存器 IP,把所有中断源定义成两个优先级来区别对待。

**1. 优先权的原则规定**

AT89S8253 增加了一个特殊功能寄存器 IPH,可以把所有中断源的中断优先级设置为 0~3的 4 个级别(不包括复位源)。以下为优先权的原则规定:

(1)复位源。如果出现复位信号,所有程序停止,单片机复位。

(2)最高优先权的中断源(即为第 3 级)只能被复位信号打断。

(3)低优先权的中断源(第 2、1 或 0 级)可以被任一更高优先权的中断源(包括复位源)所中断。

**2. 已定义好优先级的中断源优先原则**

通常,在程序的开始就定义好每一个中断源的优先级。对于已经定义好优先权的中断源,将适用于以下原则:

(1)如果两个不同优先权中断源同时请求中断,更高优先权的中断源被优先响应。

(2)如果两个相同优先权的中断源先后请求中断,后申请中断的中断源只能等待,直到先申请中断的中断源服务结束。

(3)如果两个相同优先权的中断源同时申请中断,中断服务的选择将按照下面的自然顺序:

①外部中断 INT0;

②定时器 T0 中断;

③外部中断 INT1;

④定时器 T1 中断;

⑤串行接口(包含 UART 和 SPI)中断;

⑥定时器 T2 中断。

### 5.5.3 中断优先权寄存器 IP

中断优先权寄存器 IP 也属于一个中断控制类寄存器,它定义各个中断源的中断优先级别。其各位含义如下。

| | | | | | | | | | |
|---|---|---|---|---|---|---|---|---|---|
| | X | X | 0 | 0 | 0 | 0 | 0 | 0 | 复位值 |
| IP | | | PT2 | PS | PT1 | PX1 | PT0 | PX0 | |
| | D7 | D6 | D5 | D4 | D3 | D2 | D1 | D0 | 位名称 |

(1)PT2:定时器 T2 的中断优先级设置位。

0—优先级为低;

1—优先级为高。

(2)PS:串行接口中断优先级设置位。

0—优先级为低;

1—优先级为高。

(3)PT1:定时器 T1 的中断优先级设置位。

0—优先级为低;

1—优先级为高。

(4)PX1:外部中断 INT1 的中断优先级设置位。

0—优先级为低;

1—优先级为高。

(5)PT0:定时器 T0 的中断优先级设置位。

0—优先级为低;

1—优先级为高。

(6)PX0:外部中断 INT0 的中断优先级设置位。

0—优先级为低;

1—优先级为高。

### 5.5.4 中断优先权高位寄存器 IPH

中断优先权高位寄存器 IPH 是在标准 80C51 基础上新增的寄存器,也属于一个中断控制类寄存器,它也是用于定义各个中断源的中断优先级别。其各位含义如下:

| | X | X | 0 | 0 | 0 | 0 | 0 | 0 | 复位值 |
|---|---|---|---|---|---|---|---|---|---|
| IP | | | PT2 | PS | PT1 | PX1 | PT0 | PX0 | |
| | D7 | D6 | D5 | D4 | D3 | D2 | D1 | D0 | 位名称 |

(1)PT2H:定时器 T2 的中断优先权。

(2)PSH :串行接口 UART 和 SPI 的中断优先权。

(3)PT1H:定时器 T1 的中断优先权。

(4)PX1H:外部中断 INT1 的中断优先权。

(5)PT0H:定时器 T0 的中断优先权。

(6)PX0H:外部中断 INT0 的中断优先权。

IPH 寄存器的每一位与 IP 寄存器的对应位相结合,这样就得到了一个新的具有 4 个优先权(若包括复位则是 5 个)的优先级,见表 5-7。

**表 5-7 中断优先级列表**

| IP 对应位 | IPH 对应位 | 中断优先权 |
|---|---|---|
| 0 | 0 | 优先级 0(最低) |
| 0 | 1 | 优先级 1(低) |
| 1 | 0 | 优先级 2(高) |
| 1 | 1 | 优先级 3(最高) |

## 5.5.5 中断处理

当一个中断源的中断请求到来时,单片机自动检测中断源,同时完成以下操作:

(1)在完成主程序的当前指令后停止继续执行。

(2)将下一条指令的地址压入堆栈。

(3)将与该中断源对应的中断矢量(或称向量)装载到程序计数器 PC。各个中断源的中断矢量见表 5-8。

**表 5-8 中断矢量列表**

| 中断源 | 中断标志位 | 中断矢量 |
|---|---|---|
| 外部中断 INT0 | IE0 | 03H |
| 定时器 T0 | TF0 | 0BH |
| 外部中断 INT1 | IE1 | 13H |
| 定时器 T1 | TF1 | 1BH |
| 串口 UART 和 SPI | RI,TI,SPIF | 23H |
| 定时器 T2 | TF2,EXF2 | 2BH |

(4)中断服务子程序在对应的中断入口地址开始存放。通常情况下,并不是直接将中断服务子程序存放在这些地址,而是在这些地址处存放一条跳转指令,将中断服务子程序从跳转指令的落脚之处开始放置。

(5)当一个中断服务子程序执行完毕，主程序中下一条指令的地址将从堆栈中弹回到程序计数器，程序继续从被中断的地方开始执行。

## 5.6 定时器/计数器

### 5.6.1 定时器/计数器 T0 和 T1

AT89S8253 有 3 个定时器/计数器，分别标记为 T0、T1 和 T2。T0 和 T1 与标准 8051 完全兼容，对它们的操作没有变化，这里不再赘述。

### 5.6.2 定时器/计数器 T2

T2 是一个 16 位的定时器/计数器，与 T0 和 T1 不同，T2 的核心电路由 4 个寄存器构成。如图 5-9 所示，其中两个寄存器 TH2 和 TL2 是连接在一起的，构成一个 16 位计数寄存器。这个 16 位寄存器可以做定时器，也可以做事件计数器。另外两个寄存器 RCAP2H 和 RCAP2L 也是连接在一起的，作为捕捉寄存器使用(也用作装载寄存器)，用于临时储存计数寄存器的内容。与 T0 和 T1 相似，T2 也有 4 种工作模式：输入捕捉模式、自动重载模式、波特率发生器模式和可编程时钟输出模式。

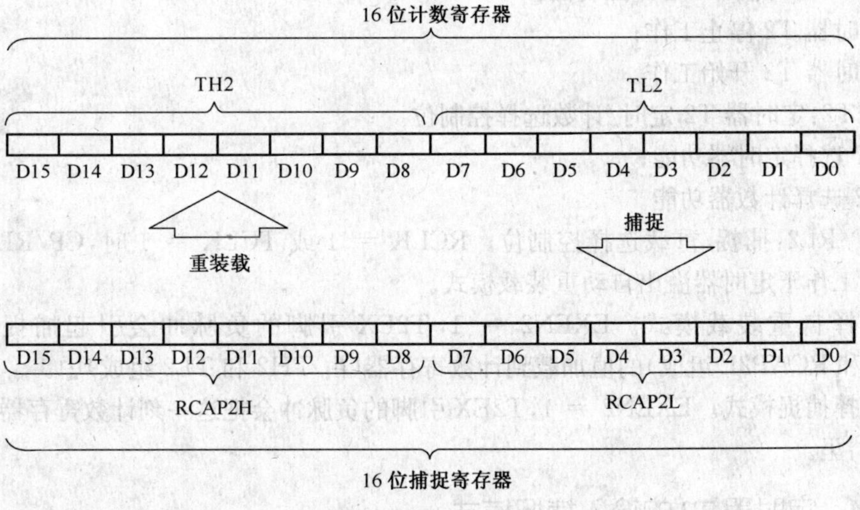


图 5-9　定时器 T2 寄存器结构示意图

### 5.6.3 定时器 T2 控制寄存器 T2CON

T2CON 寄存器用于控制定时器 T2 的操作。其各位含义如下。

| | | | | | | | | | |
|---|---|---|---|---|---|---|---|---|---|
| | 0 | 0 | 0 | 0 | 0 | 0 | 0 | 0 | 复位值 |
| T2CON | TF2 | EXF2 | RCLK | TCLK | EXEN2 | TR2 | C/T2 | CP/RL2 | |
| | D7 | D6 | D5 | D4 | D3 | D2 | D1 | D0 | 位名称 |

(1)TF2:定时器 T2 溢出标志位。定时器 T2 溢出后,TF2 位会自动置 1。为了检测下一次溢出,必须软件清 0。当比特位 RCLK = 1 或 TCLK = 1 时,溢出对 TF2 位不产生影响。

(2)EXF2:定时器 T2 的外部触发标志位。当比特位 EXEN2 = 1,T2EX(P1.1)引脚上的负跳变引起捕捉或重载时,EXF2 会被硬件置 1,产生一个中断(如果允许的话),执行定时器 T2 中断程序。EXF2 位只能软件清 0。在比特位 DCEN = 1 时,EXF2 不会引起中断。

(3)RCLK:串口接收时钟控制位。

RCLK = 1,串口将使用定时器 T2 的溢出脉冲作为串口工作模式 1 和 3 的串口接收时钟;

RCLK = 0,将使用定时器 T1 的溢出作为串口接收时钟。

(4)TCLK:串口发送时钟控制位。

TCLK = 1,串口将使用定时器 T2 的溢出脉冲作为串口工作模式 1 和 3 的串口发送时钟;

TCLK = 0,将使用定时器 T1 的溢出作为串口发送时钟。

(5)EXEN2:定时器 T2 外部允许控制位。

EXEN2 = 1 时,如果定时器 T2 没有用作串扣时钟,T2EX(P1.1)引脚的负跳变将会引起定时器 T2 的捕捉或重载。

EXEN2 = 0 时,定时器 T2 将视 T2EX 引脚的信号为无效。

(6)TR2:定时器 T2 运行控制位。

0—定时器 T2 停止工作;

1—定时器 T2 开始工作。

(7)C/T2:定时器 T2 定时/计数选择控制位。

0—T2 选择定时器功能;

1—T2 选择计数器功能。

(8)CP/RL2:捕捉/重载选择控制位。RCLK = 1 或 TCLK = 1 时,CP/RL2 位不起作用,被强制工作于定时器溢出自动重装载模式。

0—选择自重装载模式。EXEN2 = 1,T2EX 引脚的负脉冲会引起捕捉寄存器(由 RCAP2H 和 RCAP2L 组成)的值加载到计数寄存器(由 TH2 和 TL2 组成)中。

1—选择捕捉模式。EXEN2 = 1,T2EX 引脚的负脉冲会把这一刻计数寄存器的值保存到捕捉寄存器里。

### 5.6.4 定时器 T2 的输入捕捉模式

在输入捕捉模式下,通过寄存器 T2CON 中的 EXEN2 位来选择两种方式。

当 EXEN2 = 0,定时器 T2 是一个 16 位定时器/计数器,溢出时对 T2CON 的 TF2 标志置“1”,引起中断。当 EXEN2 = 1,定时器 T2 做相同的操作,但这时外部输入引脚 T2EX(P1.1)出现的负跳变将会使得 TH2 和 TL2 中的值分别被捕捉到 RCAP2H 和 RCAP2L 中。同时,T2EX 引脚的负跳变还会导致 EXF2 标志置 1,也会引起中断,像 TF2 一样。T2 的捕捉模式示意图如图 5-10 所示。

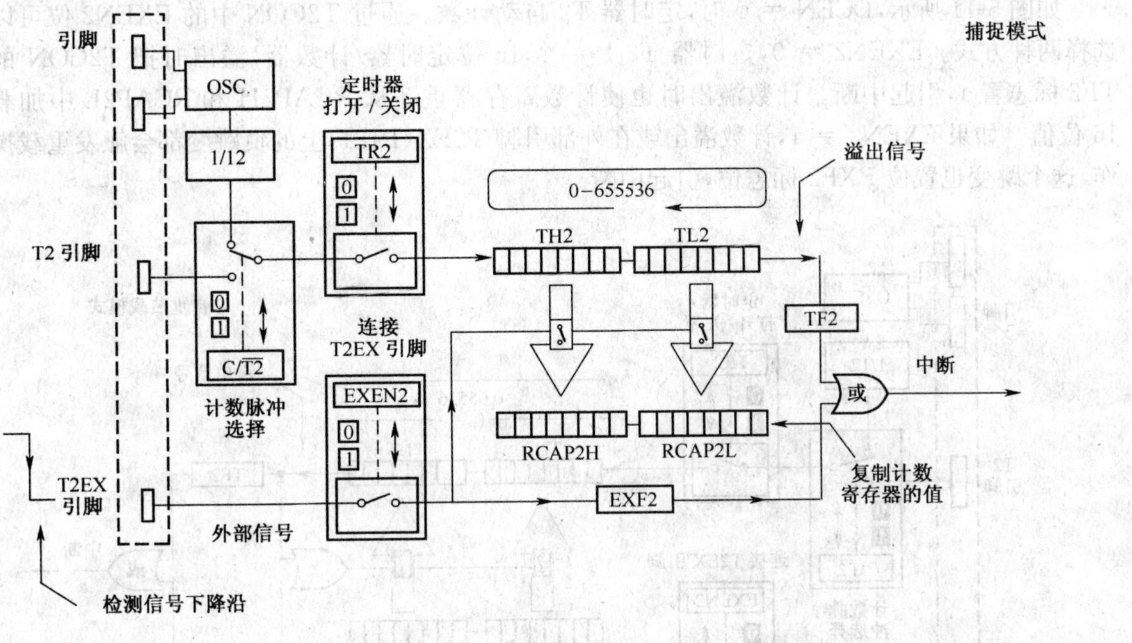


**图 5-10　定时器 T2 的捕捉模式**

表 5-9 给出了捕捉模式的设置方法。

**表 5-9　捕捉模式的设置**

| 寄存器 | 比特 | 值 | 工作模式 |
|---|---|---|---|
| T2CON | CP/RL2 | 1 | 设置 T2 为 16 位输入捕捉模式 |
| | EXEN2 | 0 | 溢出后，TF2 = 1，T2 发出中断请求 |
| | | 1 | 同上，除上述功能外，T2EX 引脚的负跳变会使得 TH2 和 TL2 计数值被分别捕捉到 RCAP2H 和 RCAP2L 中，EXF2 置 1，也会引起中断 |
| | C/T2 | 0 | 对机器周期进行计数 |
| | | 1 | 对 T2 引脚的脉冲进行计数 |

## 5.6.5　定时器 T2 的自动重载模式

当定时器 T2 工作于 16 位自动重载模式时，可对其编程实现向上计数（递增）或向下计数（递减）。这一功能可以通过特殊寄存器 T2MOD 中的 DCEN 位来实现。单片机复位后，DCEN = 0，因此，定时器 T2 默认为向上计数。

| | D7 | D6 | D5 | D4 | D3 | D2 | D1 | D0 | |
|---|---|---|---|---|---|---|---|---|---|
| | X | X | X | X | X | X | 0 | 0 | 复位值 |
| T2MOD | | | | | | | T2OE | DCEN | |
| | D7 | D6 | D5 | D4 | D3 | D2 | D1 | D0 | 位名称 |

(1) T2OE：定时器 T2 输出允许控制位。

(2) DCEN：定时器 T2 计数方向控制位。

如图 5-11 所示，DCEN = 0 时，定时器 T2 自动计数。通过 T2CON 中的 EXEN2 位可以选择两种方式。EXEN2 = 0，定时器 T2 是一个 16 位定时器/计数器，溢出时把 T2CON 的 TF2 标志置 1，引起中断。计数溢出时也使计数寄存器重新从 RCAP2H 和 RCAP2L 中加载 16 位值。如果 EXEN2 = 1，计数溢出或在外部引脚 T2EX(P1.1)上的负跳变都会触发重载操作，这个跳变也置位 EXF2 标志位，引起中断。

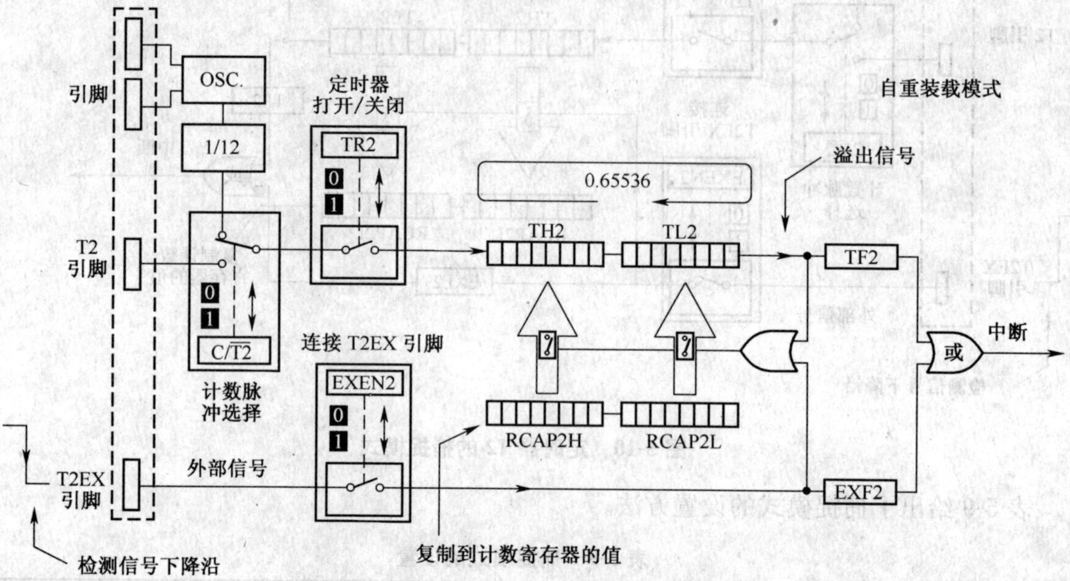


**图 5-11 定时器 T2 的自动重装载模式(DCEN = 0)**

表 5-10 给出了自动重装载模式的设置方法。

**表 5-10 自动重装载模式的设置**

| 寄存器 | 比特 | 值 | 工作模式 |
|---|---|---|---|
| T2CON | CP/RL2 | 0 | 设置 T2 为 16 位自动重载模式 |
| | EXEN2 | 0 | 溢出后，TF2 = 1，引起中断。同时，寄存器 RCAP2H 和 RCAP2L 中的值加载到计数寄存器 TH2 和 TL2 中，T2 从新值开始计数 |
| | | 1 | 同上，除上述功能外，T2EX 引脚的负跳变会使得 RCAP2H 和 RCAP2L 中的值分别加载到 TH2 和 TL2 中，EXF2 置 1，也会引起中断 |
| | C/T2 | 0 | 对机器周期进行计数 |
| | | 1 | 对 T2 引脚的脉冲进行计数 |

以上介绍的定时器 T2 的内容，其前提条件是 DCEN = 0 的情况。如果 DCEN = 1，允许定时器 T2 向上或向下计数。在这种情况下，T2EX 引脚控制着计数的方向，如图 5-12 所示。

当引脚 T2EX = 1 控制 T2 向上计数，累计到 FFFFH 后发生上溢出时，会使 TF2 = 1，申请中断。T2 的溢出也使得 RCAP2H 和 RCAP2L 中的值，分别加载到计数存储器 TH2 和

TL2 中。随后计数寄存器开始新一轮的向上计数。

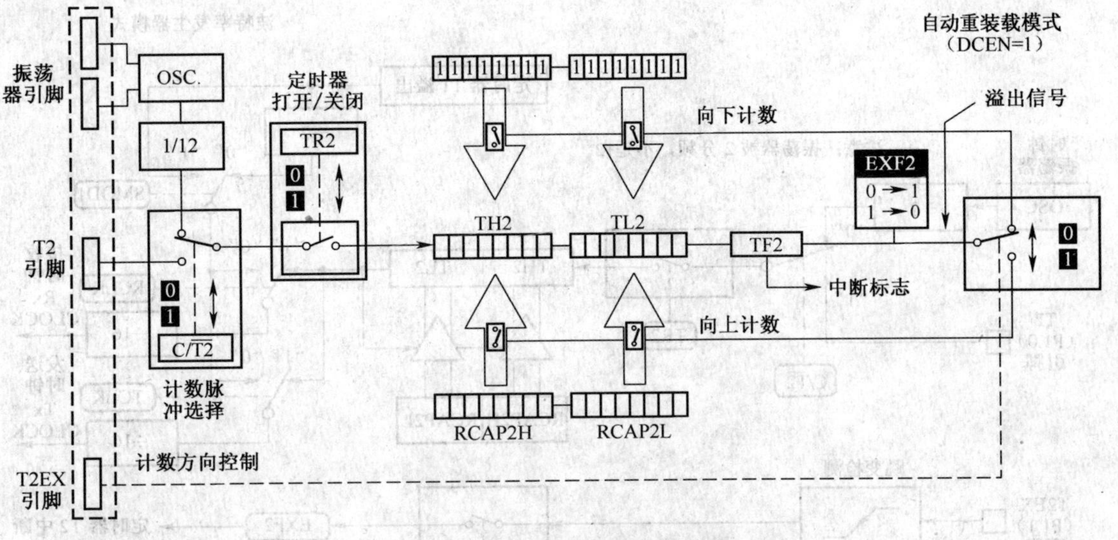


图 5-12　定时器 T2 的自动重装载模式(DCEN = 1)

当引脚 T2EX = 0 控制 T2 向下计数，当 TH2 和 TL2 累计到分别等于 RCAP2H 和 RCAP2L 中的值时，发生下溢出，会使 TF2 = 1，申请中断。T2 的溢出将用 FFFFH 加载到计数寄存器 TH2 和 TL2 中。随后计数寄存器开始新一轮的向下计数。

无论是上溢出还是下溢出，外部中断标志位 EXF2 发生切换，但是不能再触发中断。同时，EXF2 位可以看成是 16 位计数寄存器的补充位(第 17 位)。

### 5.6.6　定时器 T2 的波特率发生器模式

通过设置 T2CON 中的 TCLK 或 RCLK 同时都为 1 或其中一个为 1，可选择定时器 T2 作为 UART 串口通信的波特率发生器。如果定时器 T2 作为发送或接收波特率发生器，可腾出定时器 T1 安排他用。波特率发生器工作模式与自动重载模式相似。当 T2 发生溢出，将使计数寄存器 TL2 和 TH2 重载 RCAP2L 和 RCAP2H 中的值。而 RCAP2L 和 RCAP2H 中的 16 位值是由用户软件预先写入的，如图 5-13 所示。

UART 串口的方式 1 和方式 3 的波特率取决于 T2 的溢出率，通过下面的公式计算：

$$波特率=\frac{\text{T2 溢出率}}{16}$$

T2 可以设置成定时器方式，也可以设置成计数器方式，大多数情况下是设置成定时器方式，即为 $C/\overline{T_2}=0$。T2 用于波特率发生器模式时，不同于普通定时操作，诸如前面讲过的捕捉和重载模式。普通定时操作的 T2 是每 12 个时钟周期(一个机器周期)加 1，而这里是每 2 个时钟周期加 1。这时波特率计算公式如下：

$$波特率=\frac{晶体振荡频率}{32\times[65536-(\text{RCAP2H,RCAP2L})]}$$

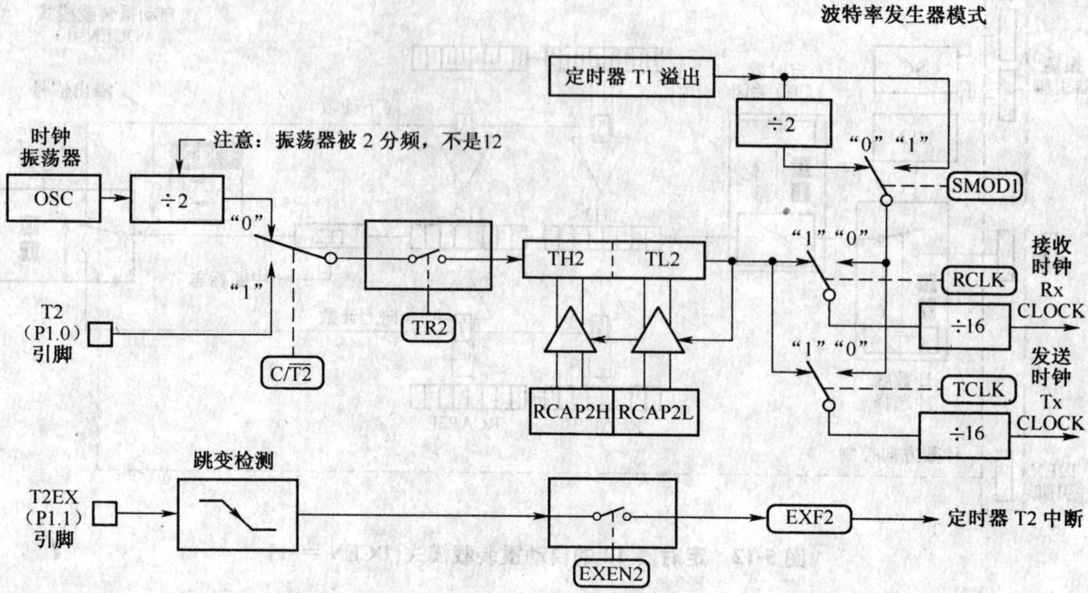


图 5-13　定时器 T2 的波特率发生器模式

T2 的溢出并不置位 TF2，也不产生中断；EXEN2 置位后，T2EX 引脚上的下跳变不会使[RCAP2H，RCAP2L]重载到[TH2，TL2]中，因此 T2 作为波特率发生器时，T2EX 还可以作为一个附加的外部中断源。

## 5.6.7　定时器 T2 的可编程时钟输出模式

P1.0 引脚除了作为通用的端口引脚之外，还有两种可选择的功能：可以通过编程作为定时器/计数器 T2 的外部计数脉冲输入端，也可以编程为占空比为 50%的时钟输出端，如图 5-14 所示。

为把定时器 T2 配置成时钟发生器，必须设置 $C/\overline{T2}=0$，T2OE ＝ 1。使用 TR2 位启动和停止定时器。时钟输出频率取决于晶体振荡频率和定时器 T2 捕捉寄存器（RCAP2H，RCAP2L）的重载值。例如，当晶体振荡频率为 16MHz 时，可编程时钟输出频率范围为 61Hz 到 4MHz。计算公式如下：

$$\text{输出频率}=\frac{\text{晶体振荡频率}}{4\times[65536-(\text{RCAP2H},\text{RCAP2L})]}$$

同于波特率发生器模式，T2 溢出不置位 TF2，不产生中断。T2EX 可以作为一个附加的外部中断源。

另外，T2 可以同时工作在波特率发生器和可编程时钟输出模式下，但是二者的频率不能单独设定，因为二者共用一个重载（捕捉）寄存器 RCAP2。

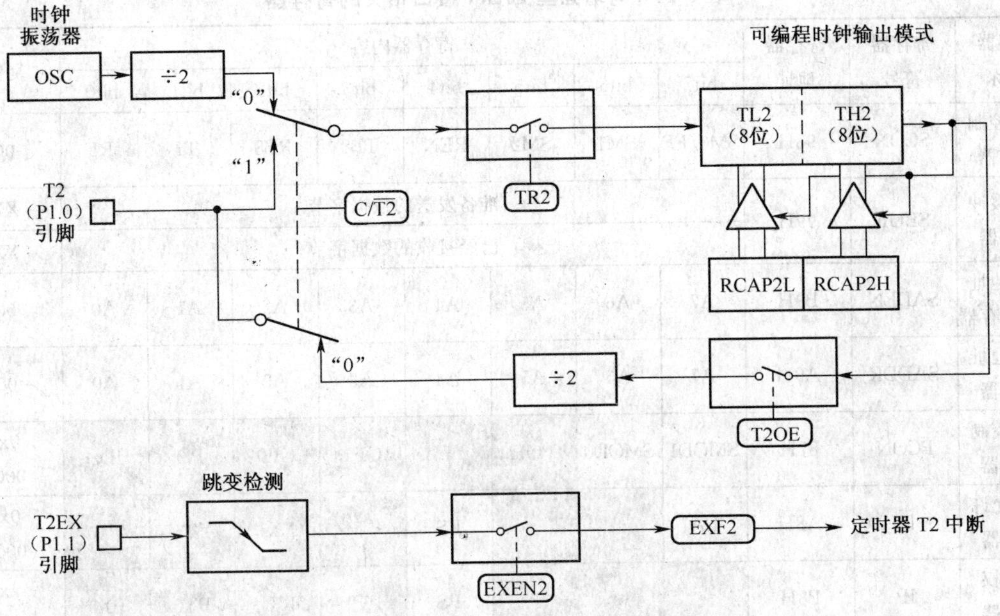


**图 5.14　定时器 T2 的可编程时钟输出模式**

## 5.7　增强型 UART

通用异步收发器(UART,Universal Asynchronous Receiver Transmitter)俗称串口。它具有 4 种工作方式,通过设置串口控制寄存器 SCON 的 SM0 和 SM1 两位可以选择 4 种工作方式之一。AT89S8253 的 UART 串口,除了具备和兼容标准 8051 单片机配置的串口相同特性之外,还增加了两项功能,即帧错误检测功能和自动地址识别功能。

### 5.7.1　增强型 UART 相关的寄存器

与增强型 UART 接口有牵连的寄存器共有 11 个,都在 SFR 阵列中具有统一的地址编码,见表 5-11。其中只有 2 个寄存器 SADDR 和 SADEN 是在此新引出的,用于实现自动地址识别功能,另有 2 个寄存器 SCON 和 PCON 内容有微小改变,用于实现帧错误自动检测功能。

### 5.7.2　帧错误检测

在 UART 工作于方式 1、2 和 3 中,每一帧数据的最后都应该是一个高电平的停止位。某些情况下的停止位可能丢失了,例如,在串行通信线路上有强噪声。丢失了停止位说明传输的数据帧很可能出了差错。

在增强型 UART 中,有一个帧错误位 FE,当停止位丢失时,FE 被置 1。在每次接收完一帧数据后,可以在程序中检查 FE 以确定传输是否有错。一旦 FE 被置 1 后,必须用软件清除它。在后续的传输中,接收到有效的停止位并不能把 FE 清零。

**表 5-11 与增强型 UART 接口相关的寄存器**

| 寄存器名称 | 寄存器符号 | 寄存器地址 | 寄存器内容 | | | | | | | | 复位值 |
|---|---|---|---|---|---|---|---|---|---|---|---|
| | | | bit7 | bit6 | bit5 | bit4 | bit3 | bit2 | bit1 | bit0 | |
| 串口控制寄存器 | SCON | 98H | SM0/FE | SM1 | SM2 | REN | TB8 | RB8 | TI | RI | 00H |
| 收发缓冲寄存器 | SBUF | 99H | 准备发送的数据字节 | | | | | | | | XXH |
| | | | 已经接收的数据字节 | | | | | | | | XXH |
| 从机地址屏蔽寄存器 | SADEN | B9H | A7 | A6 | A5 | A4 | A3 | A2 | A1 | A0 | 00H |
| 从机地址寄存器 | SADDR | A9H | A7 | A6 | A5 | A4 | A3 | A2 | A1 | A0 | 00H |
| 电源控制寄存器 | PCON | 87H | SMOD1 | SMOD0 | POF | — | GF1 | GF0 | PD | IDL | 0xxx 0000B |
| 中断允许寄存器 | IE | A8H | EA | — | — | ES | ET1 | EX1 | ET0 | EX0 | 0xx0 0000B |
| 优先权寄存器 | IP | B8H | — | — | — | PS | PT1 | PX1 | PT0 | PX0 | xxx0 0000B |
| 定时控制寄存器 | TCON | 88H | TF1 | TR1 | TF0 | TR0 | IE1 | IT1 | IE0 | IT0 | 00H |
| 定时方式寄存器 | TMOD | 89H | GATE | C/$\overline{T}$ | M1 | M0 | GATE | C/$\overline{T}$ | M1 | M0 | 00H |
| T1 低字节 | TL1 | 8BH | 定时器/计数器 1 低 8 位累加计数寄存器 | | | | | | | | 00H |
| T1 高字节 | TH1 | 8DH | 定时器/计数器 1 高 8 位累加计数寄存器 | | | | | | | | 00H |

FE 位于 SCON 寄存器中，与 SM0 共用一位地址（SCON.7）。PCON 寄存器中的 SMOD0（PCON.6）位决定着究竟是访问 FE 还是 SM0。如果 SMOD0＝0，访问 SCON.7 就是访问 SM0；如果 SMOD0＝1，则是访问 FE。增强型 UART 帧错误检测功能示意图，如图 5-15 所示。

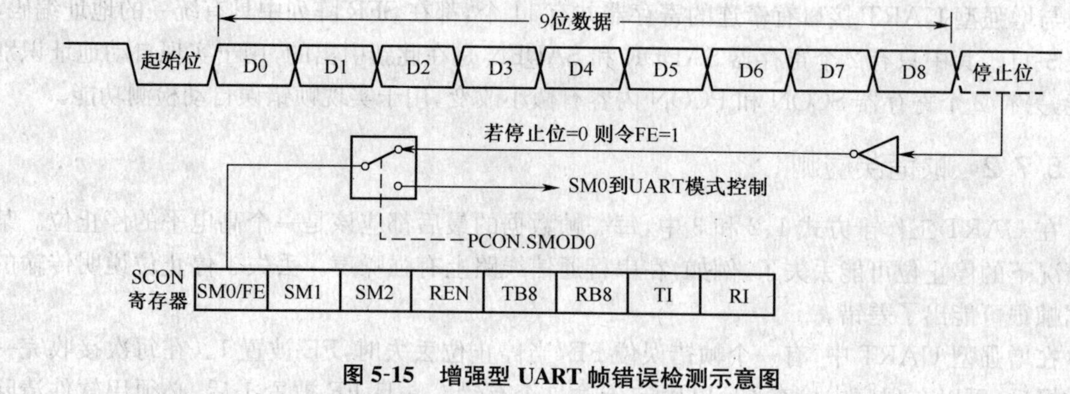


**图 5-15 增强型 UART 帧错误检测示意图**

## 5.7.3　多机通信中的自动地址识别

将寄存器 SCON 内的 SM2 位置 1，可以开启串口的自动地址识别功能，该功能是增强型 UART 利用硬件逻辑实现自动地址搜索，从大量来自串口输入端 RXD(P3.0)的串行信息流中识别出属于自己的特定地址字节。这样就不必花费大量软件资源去检查每一个从串口输入端输入的串行信息字节了。使用自动地址识别功能时，主机通过呼叫一个指定的从机地址，来选择与之通信的一个(或多个)从机，然后进入通信过程。

有两个特殊功能寄存器用来定义从机地址：从机地址寄存器 SADDR 和从机地址屏蔽寄存器 SADEN。SADDR 用于指定每个从机的地址，SADEN 用于定义 SADDR 内哪几位需要使用而哪几位是无关位。SADEN 与 SADDR 逻辑"与"得出给定的地址，主机使用该地址对每一从机进行寻址。使用给定地址可以识别多个从机而排除另外的从机。

| | D7 | D6 | D5 | D4 | D3 | D2 | D1 | D0 | |
|---|---|---|---|---|---|---|---|---|---|
| SADDR | 0 | 0 | 0 | 0 | 0 | 0 | 0 | 0 | 复位值 |

| | D7 | D6 | D5 | D4 | D3 | D2 | D1 | D0 | |
|---|---|---|---|---|---|---|---|---|---|
| SADEN | 0 | 0 | 0 | 0 | 0 | 0 | 0 | 0 | 复位值 |

当主机需要发送数据给某一台从机时，首先发送一个地址字节以识别目标从机。地址字节与数据字节的区别在于第 9 位数据，地址字节的第 9 位为 1，而数据字节的第 9 位为 0。每个从机可以检查接收到的字节并判断是否被选中(就是与本身分配的地址码是否匹配)，被选中的从机将清零 SM2 位以准备接收随后的数据字节，其余的从机保持它们的 SM2 位仍为 1，以忽略后续到来的数据字节。

最简单的例子是一个仅仅包含 3 个串行通信单片机的网络系统：A 为主机，B 和 C 为从机。两个从机的地址寄存器 SADDR 和地址屏蔽寄存器 SADEN 分别填写的地址码和屏蔽码如下：

| | | | |
|---|---|---|---|
| 从机 B： | SADDR | = | 1100 0000 |
| | SADEN | = | 1111 1101 |
| | 给定地址 | = | 1100 00X0 |

| | | | |
|---|---|---|---|
| 从机 C： | SADDR | = | 1100 0000 |
| | SADEN | = | 1111 1110 |
| | 给定地址 | = | 1100 000X |

本例中，两个从机被指定了相同的地址(11000000)，而 SADEN 中的数据用来区分两个从机。从机 B 要求 bit0 为 0 而忽略 bit1；从机 C 则要求 bit1 为 0 而忽略 bit0。由于从机 C 要求 bit1 必须为 0，能够唯一寻址从机 B 的地址应当是 1100 0010。由于要排除从机 B，bit0 必须为

1,因此能够唯一寻址从机 C 的地址应当为 1100 0001。而当主机发送地址 11000000 时,两个从机都可被选中,如图 5-16 所示。这使得主机能够与从机中的每一个进行单独通信或者同时通信。

如果主机发送地址是 11000010,后续数据将被发送到从机 B。

如果主机发送地址是 11000001,后续数据将被发送到从机 C。

如果主机发送地址是 11000000,后续数据将被同时发送到从机 B 和 C。

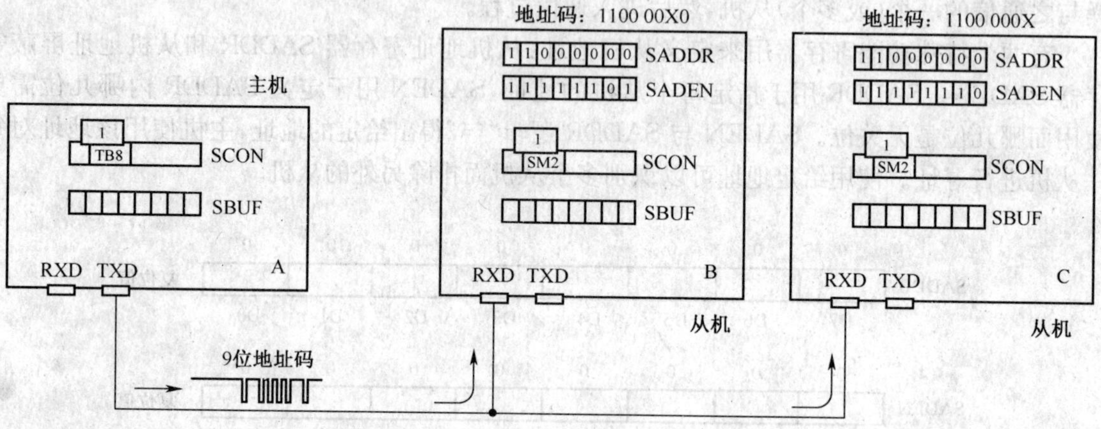


图 5-16 多机通信地址识别举例

在标准 80C51 中所配置的 UART(可以简称为标准型 UART)结构相对简单,硬件只有区分地址帧和数据帧的能力,只要收到地址帧都要申请中断,而不管该地址是否与己匹配。地址识别示意图如图 5-17 所示。

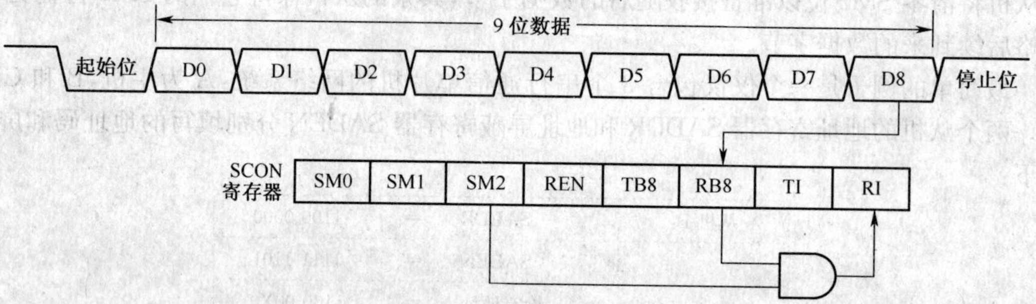


图 5-17 标准型 UART 地址识别示意图

在增强型 UART 中,保留了标准型 UART 原有的、在多机通信中靠软件识别从机地址的功能,另外增加了自动地址识别功能,靠硬件实现了多机通信中的从机地址识别功能,只有被呼叫的从机才会中断 CPU 的操作,因而省去了从机为比较地址而支付的软件开销。增强型 UART 自动地址识别示意图如图 5-18 所示。

在增强型 UART 中每个从机有 3 个地址,当主机只呼叫一个指定的从机时,所用的是从机的专用地址;当主机呼叫一组从机时,采用的是给定地址;当主机呼叫全体从机时,用的是广

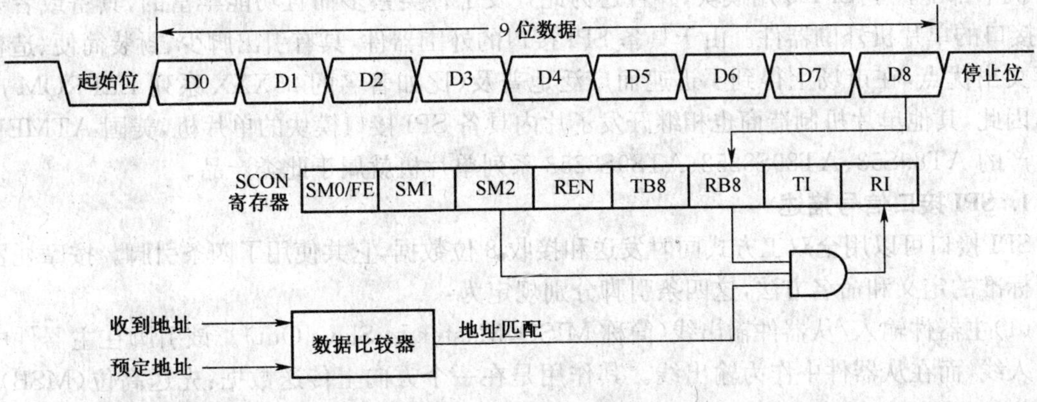


图 5-18　增强型 UART 自动地址识别示意图

播地址。

从机专用地址由 SADDR 寄存器指定。从机的给定地址由 SADDR 和 SADEN 两个寄存器内容"逻辑与"之后获得。SADEN 内容是一个屏蔽字,用对应位置上的 0 来定义无关位,以便形成给定地址。广播地址由 SADDR 和 SADEN 内容"逻辑或"后获得。现举例说明,假设一个多机通信系统中有 4 个从机,地址分配如下。

| | 从机 1: | 从机 2: | 从机 3: | 从机 4: |
|---|---|---|---|---|
| SADDR= | 1111 0001 | 1111 0010 | 1111 0011 | 1111 0100 |
| SADEN= | 1111 1010 | 1111 1010 | 1111 1001 | 1111 1001 |
| 给定地址= | 1111 0x0x | 1111 0x1x | 1111 0xx1 | 1111 0xx0 |
| 广播地址= | 1111 1x11 | 1111 1x1x | 1111 1xx1 | 1111 11x1 |

如果主机发送地址为 1111 0000 时,则呼叫的是从机 1 和 4;如果主机发送地址为 1111 0011时,则呼叫的是从机 2 和 3。显然,还有其他成组呼叫的地址,来呼叫不同组合的从机群。如果主机发送的地址是 1111 1111,则呼叫的是所有从机。一般应用系统中都采用 FFH 作为广播地址。

复位时 SADDR 和 SADEN 两个寄存器内容都为 00H,此时产生了一个所有位都是无关位的给定地址,这也是广播地址。这样有效地禁止了"自动地址识别功能",这时的增强型 UART 完全同于标准型 UART 的功能,从而形成了很好的向前兼容性。

## 5.8　串行外设接口 SPI

### 5.8.1　背景知识和基本概念

SPI 是由美国摩托罗拉公司最先推出的一种同步串行传输规范,也是一种单片机外设芯片串行扩展接口。该公司在其生产的 MC68HC05 系列、MC68HC908 系列和 MC68HC11 系列单片机中都配置了SPI专用模块，并且还为此开发了种类繁多而且功能丰富的，具备或者兼容SPI接口的单片机外围器件。由于具备SPI接口的外围器件，具有引出脚少、封装简便、造价低廉等突出优点，在市场上得到了迅速而广泛地普及（比如著名的25XXX系列EEPROM产品等），因此，其他单片机制造商也相继开发了片内具备SPI接口模块的单片机，美国ATMEL公司生产的AT89S53、AT89S8252、AT89S8253系列单片机就属于此类产品。

**1. SPI接口信号描述**

SPI接口可以用全双工方式同时发送和接收8位数据，它共使用了四条引脚。按摩托罗拉公司标准的定义和命名方法，这四条引脚分别规定为：

(1)主器件输入/从器件输出线（简称MISO，Master In Slave Out）。该引脚在主器件中作为输入线，而在从器件中作为输出线。其作用是在一个方向上传送数据：先送高位（MSB）、后送低位（LSB）。如果从器件没有被选中，则主器件的MISO线处于高阻状态。

(2)主器件输出/从器件输入线（简称MOSI，Master Out Slave In）。该引脚在主器件中作为输出线，而在从器件中作为输入线。其作用也是在一个方向上传送数据：先送高位（MSB）、后送低位（LSB）。

(3)同步串行时钟线（简称SCK，Serial Clock）。该引脚在主器件中作为输出线，而在从器件中作为输入线。SCK时钟信号，用于主、从器件之间在MISO和MOSI线上传送数据时进行同步。在8个时钟周期之内，主、从器件之间完成一个字节信息的交换。SCK定时信号由主器件负责产生和输出。

时钟脉冲的速率（即频率）、相位和空闲状态电平，都可以由用户软件选择确定。图5-19中

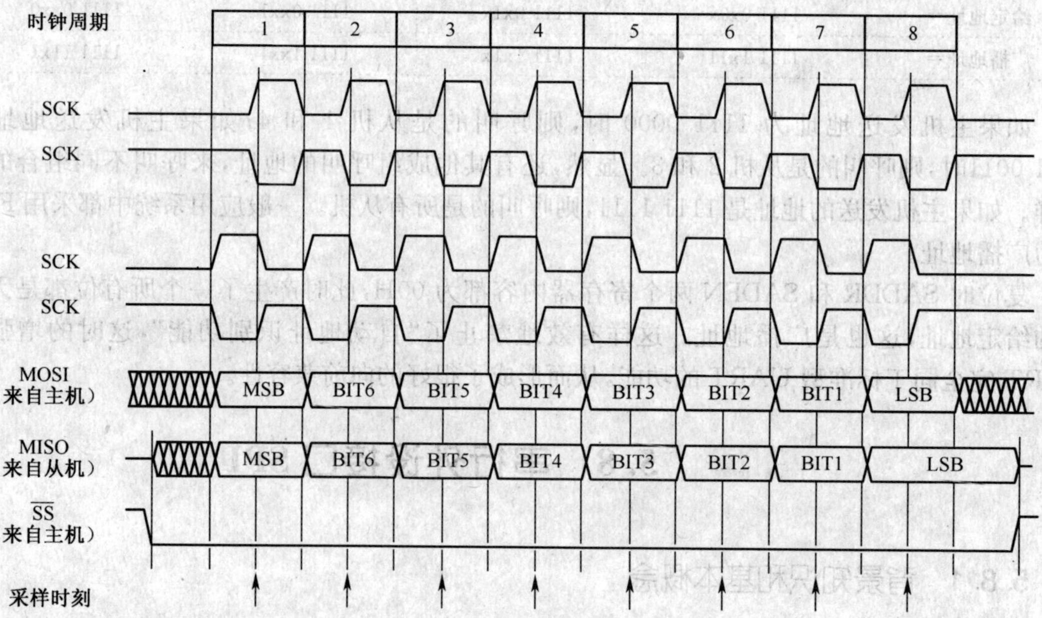


**图5-19 数据时钟时序图**

描述了所有的 4 种定时关系。从该图可以看出：主器件和从器件必须在相同的时序中工作；SCK 信号在空闲期间，既可以停留在低电平上，也可以停留在高电平上；发送数据的一方总是在每个 SCK 时钟的前半个周期送出数据；接收数据的一方总是在每个 SCK 时钟周期的中心跳变沿上，采样数据输入端和锁存数据。

(4)“从机方式”选择线(简称$\overline{SS}$，Slave Select)。对于工作于从器件模式的单片机，$\overline{SS}$输入线用作选通信号输入端，该脚必须在传送数据之前被设置为低电平，并且在整个数据传送过程中维持为稳定的低电平；对于工作于主器件模式的单片机，$\overline{SS}$输入线必须接高电平。一个主机对接一个从机进行全双工通信的连接方法，可以参考图 5-20。

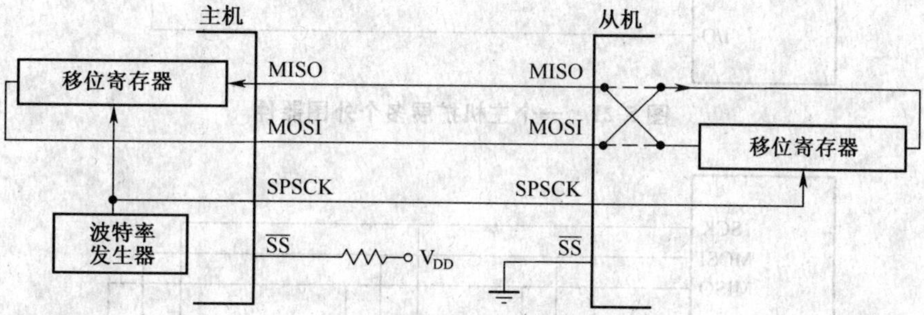


**图 5-20　全双工主机—从机连接方法**

### 2. 基于 SPI 的系统构成方式

图 5-20 中所示的是一个主机对接一个从机进行全双工通信的系统构成方式。在该系统中，由于主机和从机的角色是固定不变的，并且只有一个从机，因此，可以将主机的$\overline{SS}$端接高电平，将从机的$\overline{SS}$端固定接地。具备 SPI 接口的 AT89S8253 系列单片机，可以将“同名端”直接相连，原因是该系列单片机的 MISO 和 MOSI 两脚之间，在片内设置了一个随主、从机模式切换的倒换开关电路，受$\overline{SS}$端的控制。

由若干个具备 SPI 接口的单片机和若干片兼容 SPI 接口的外围芯片，还可以在软件的控制下，可以构成多种简单的或者复杂的应用系统，例如：

(1) 一个主机和多个从器件的通信系统。如图 5-21 所示，各个从器件是单片机的外围扩展芯片，它们的片选端$\overline{CS}$分别独占单片机的一条通用 I/O 脚，由单片机分时选通它们建立通信。这样省去了单片机在通信线路上发送地址码的麻烦，但是占用了单片机的引脚资源。当外设器件只有一个时，可以不必选通，而直接将$\overline{CS}$端接地即可。

(2) 一个主机和多个从机的通信系统。如图 5-22 所示，各个从机的$\overline{SS}$端分别与一条单片机的 I/O 脚相连，主机可以分时与从机建立全双工同步通信。

(3) 几个单片机互相连接构成多主机通信系统。如图 5-23 所示，描绘的是 3 个既可以当作主机也可以当作从机的单片机组成的系统。

(4) 主机、从机和从器件共同组成的应用系统。如图 5-24 所示，描绘的是一个主机、一个从机和多片外设芯片，这些外设芯片有的是只接受来自单片机信息的类型(可以省去 MISO

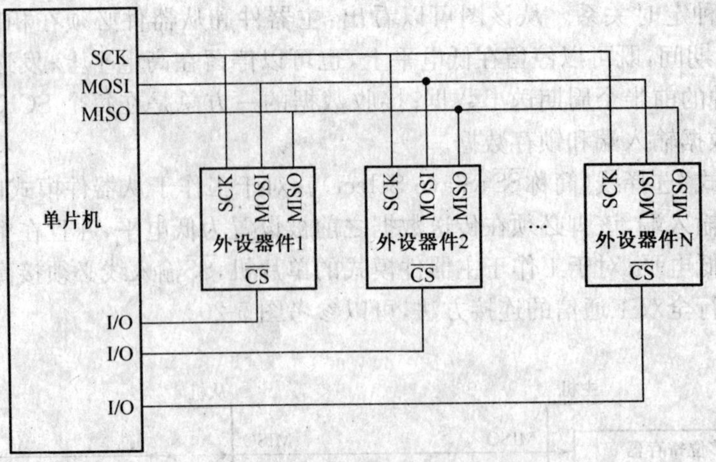


图 5-21　一个主机扩展多个外围器件

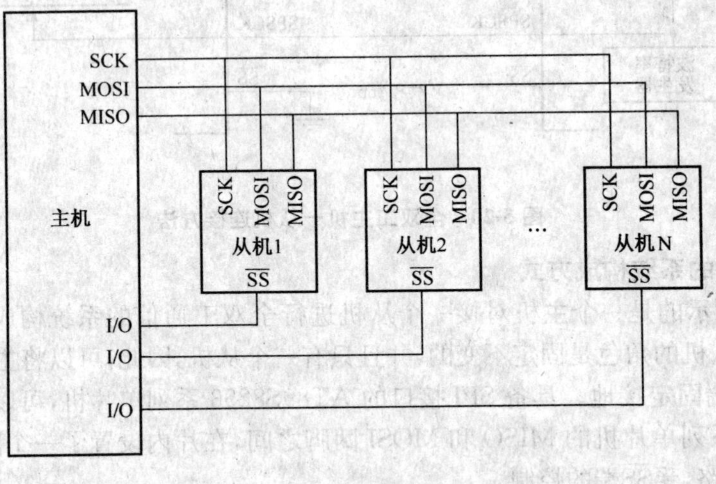


图 5-22　一个主机连接多个从机

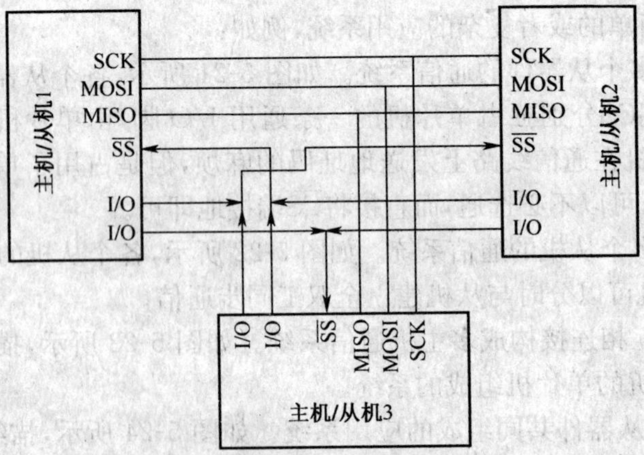


图 5-23　多主机系统连接方法

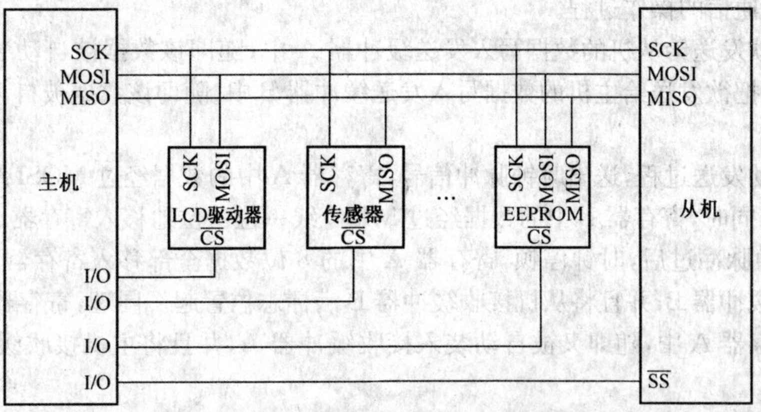


图 5-24　主机、从机和从器件互连

线)，有的是只向单片机提供信息的类型(可以省去 MOSI 线)，还有的是既接受也发送信息的类型。

**3. SPI 接口工作原理**

SPI 工作原理示意图如图 5-25 所示。电路包含 3 个主要组成部分：移位寄存器、发送缓冲器和接收缓冲器。其中，发送缓冲器与数据总线相连，可以由用户程序写入欲发送的数据，然后自动向移位寄存器装载数据；接收缓冲器也与数据总线相连，可以由用户程序读取接收到的数据；移位寄存器负责收发数据，它有移入和移出两个端口，分别与收和发两条通信线路连接，与通信对端单片机的移位寄存器，恰好构成一个“环形”结构。

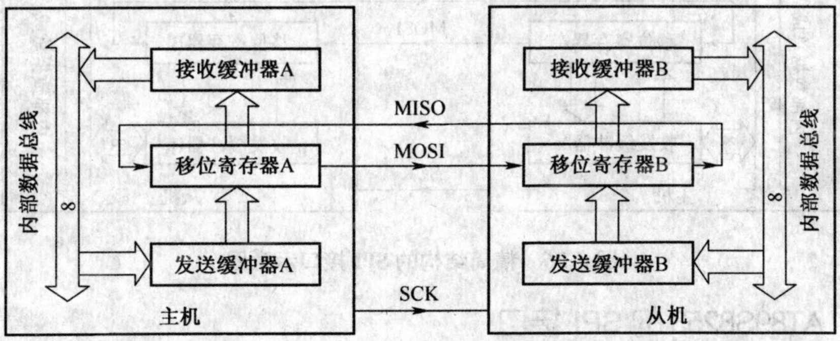


图 5-25　SPI 工作原理示意图

(1)半双工通信的操作过程(以主机给从机发送数据为例)。

①主机 CPU 经过数据总线把欲发送数据写入发送缓冲器 A，该数据随即被自动装入移位寄存器 A 中；

②主机启动发送过程，送出时钟脉冲信号，(有效)数据从寄存器 A 中一位一位地移入寄存器 B 内(同时寄存器 A 中也被移入了一个无效数据，可以不必理睬)；

③8 个时钟脉冲过后，时钟停顿，8 位数据全部移入寄存器 B 中，随即又被自动装入接收缓冲器 B，并且将接收缓冲器 B 满标志位置起；

④从机 CPU 检测到该标志位后，就可以读取接收缓冲器 B。完成一个字节的单向通信过程。

(2)全双工通信的操作过程。

①主机把欲发送给从机的数据写入发送缓冲器 A 中，随即该数据被自动装入移位寄存器 A 中，同时从机把欲发送给主机的数据写入发送缓冲器 B 中，随即该数据被自动装入移位寄存器 B 中；

②主机启动发送过程，送出时钟脉冲信号，寄存器 A 中的数据经过 MOSI 线一位一位地移入寄存器 B 内，同时，寄存器 B 中的数据经过 MISO 线一位一位地移入寄存器 A 内；

③8 个时钟脉冲过后，时钟停顿，寄存器 A 中的 8 位数据全部移入寄存器 B 中，随即又被自动装入接收缓冲器 B，并且将从机接收缓冲器 B 满标志位置起。同理，寄存器 B 中的 8 位数据全部移入寄存器 A 中，随即又被自动装入接收缓冲器 A，并且将主机接收缓冲器 A 满标志位置起；

④主机 CPU 检测到接收缓冲器 A 满标志位后，就可以读取接收缓冲器 A，同样从机 CPU 检测到接收缓冲器 B 满标志位后，就可以读取接收缓冲器 B。完成一个字节的互换通信过程。

从以上操作过程的分析可以看出，即使是在进行全双工通信时，接收缓冲器和发送缓冲器也没有同时被占用。也就是说，在发送缓冲器被使用时，接收缓冲器处于空闲状态，而接收缓冲器忙的时候，发送缓冲器又空闲下来。因此，就可以将两个缓冲器的功能合二为一，构成一个收发缓冲器，以简化电路而又不会冲突。这样图 5-25 所示的电路，就可以简化成图 5-26 所描绘的精简结构。

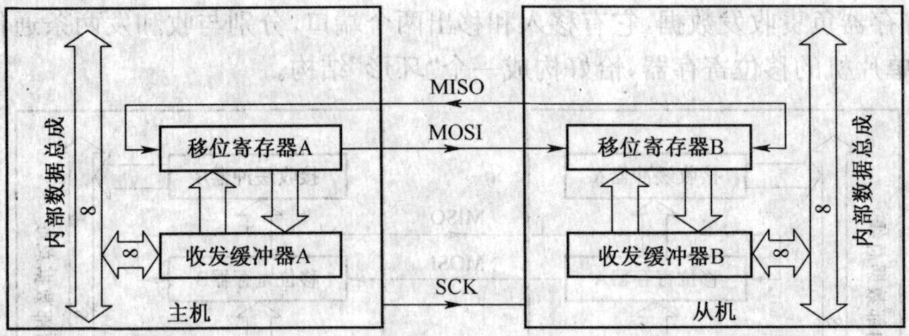


**图 5-26 精简结构的 SPI 接口示意图**

## 5.8.2 AT89S8253 的 SPI 接口

除了 UART 串行通信接口之外，AT89S8253 单片机又提供了另一种串行通信接口(SPI，Serial Peripheral Interface)，它完全超出了标准 80C51。AT89S8253 单片机 SPI 接口方框图如图 5-27 所示。图中的写数据缓冲器是在 AT89S8252 和 AT89S53 原有基础上新增的。

**1. 串行外设接口特性**

串行外设接口可使串行数据在 AT89S8253 和一个或多个外设元件之间，或者多个 AT89S8253 之间高速同步传输。串行外设接口特性如下：

(1)全双工 3 线同步数据传输。

(2)主机或者从机操作方式均可。

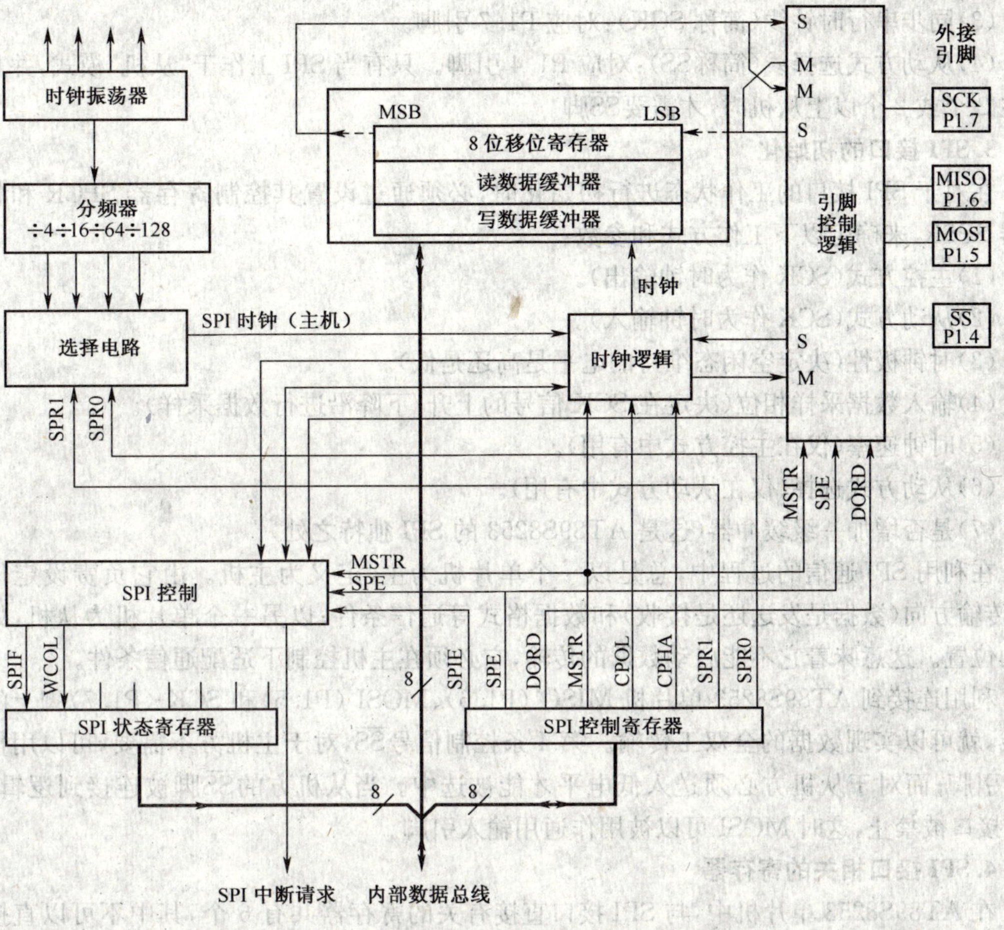


**图 5-27　AT89S8253 单片机 SPI 接口方框图**

(3)最大比特传送频率 ＝ fosc/4(fosc/2 若工作于 X2 时钟模式)。

(4)LSB 在先或 MSB 在先的数据传输。

(5)在主机模式下有 4 级可编程的比特传输速率。

(6)设有传输结束中断标志位。

(7)设有写冲突保护标志位。

(8)具有待机唤醒能力(仅当工作于从机模式)。

(9)具有双缓冲接收能力。

(10)具有双缓冲发送能力(仅当工作于 SPI 增强模式)。

**2. SPI 接口模块引脚定义**

AT89S8253 单片机的 SPI 接口模块，可同步发送或接收 8 位数据，由 3 条或者 4 条引脚来实现通信功能。4 条引脚分别定义为：

(1)主器件输入/从器件输出线(简称 MISO)：对应 P1. 6 引脚。

(2)主器件输出/从器件输入线(简称 MOSI)：对应 P1. 5 引脚。

(3)同步串行时钟线(简称 SCK):对应 P1.7 引脚。

(4)从动方式选择线(简称$\overline{SS}$):对应 P1.4 引脚。只有当 SPI 工作于“从机”模式,并且同时存在 2 个或 2 个以上从机时,才需要$\overline{SS}$脚。

**3. SPI 接口的初始化**

在对于 SPI 接口的工作状态进行初始化时,必须通过设置其控制寄存器 SPCR 和状态寄存器 SPSR,来确定以下工作方式和参数:

(1)主控方式(SCK 作为时钟输出)。

(2)从动方式(SCK 作为时钟输入)。

(3)时钟极性(决定空闲态维持的电平是高还是低)。

(4)输入数据采样相位(决定在 SCK 信号的上升/下降沿进行数据采样)。

(5)时钟速率(仅在主控方式中有用)。

(6)从动方式选择(仅在从动方式中有用)。

(7)是否增加一级缓冲器(这是 AT89S8253 的 SPI 独特之处)。

在利用 SPI 通信的过程中,总是以一个单片机为主,定义为主机。由它负责设定传输速率、传输方向(数据是发送还是接收)和数据格式等通信条件;以另一个单片机为从机,处于次要的位置。这意味着它不能启动数据的传输,它必须在主机控制下适配通信条件。

利用连接到 AT89S8253 单片机 MISO (P1.6)、MOSI (P1.5)和 SCK (P1.7)脚上的 3 条连线,就可以实现数据的全双工传输。第 4 条控制信号$\overline{SS}$,对于主机方不需要,可以用作通用 I/O 引脚;而对于从机方必须送入低电平才能被选中。当从机方的$\overline{SS}$脚被连接到逻辑 1 时,SPI 接口被禁止,这时 MOSI 可以被用作通用输入引脚。

**4. SPI 接口相关的寄存器**

在 AT89S8253 单片机中,与 SPI 接口直接有关的寄存器共有 6 个,其中不可以直接访问的只有 1 个移位寄存器 Shift-R,见表 5-12。这 6 个寄存器中的前 2 个是与其他模块共用的,在此不再详解。这里新引出的与 SPI 接口相关的寄存器有 4 个,在此仅仅介绍与 SPI 模式的有关位及其功能。

**表 5-12 与 SPI 接口相关的寄存器**

| 寄存器名称 | 寄存器符号 | 寄存器地址 | 寄存器内容 | | | | | | | |
|---|---|---|---|---|---|---|---|---|---|---|
| | | | bit7 | bit6 | bit5 | bit4 | bit3 | bit2 | bit1 | bit0 |
| 中断允许寄存器 | IE | A8H | EA | — | ET2 | ES | ET1 | EX1 | ET0 | EX0 |
| 中断优先级寄存器 | IP | B8H | — | — | PT2 | PS | PT1 | PX1 | PT0 | PX0 |
| SPI 数据寄存器 | SPDR | 86H | SPI 接收/发送数据缓冲器 | | | | | | | |
| SPI 状态寄存器 | SPSR | AAH | SPIF | WCOL | LDEN | — | — | — | DISSO | ENH |
| SPI 控制寄存器 | SPCR | D5H | SPIE | SPE | DORD | MSTR | CPOL | CPHA | SPR1 | SPR0 |
| 移位寄存器 | Shift-R | 无地址 | SPI 接收/发送数据移位寄存器 | | | | | | | |

(1)SPI 数据寄存器 SPDR。SPDR 寄存器是 CPU 与 SPI 接口交换数据的窗口，发送时CPU 把待发数据写入该寄存器中，接收时 CPU 从该寄存器中读取已收数据。单片机复位时内容维持不变。

| | D7 | D6 | D5 | D4 | D3 | D2 | D1 | D0 |
|---|---|---|---|---|---|---|---|---|
| 复位值 | × | × | × | × | × | × | × | × |
| SPDR | | | | | | | | |

(2)SPI 状态寄存器 SPSR。SPI 状态寄存器 SPSR 反映 SPI 接口操作过程中的一些状态信息，它仅仅利用了 5 位，各位的含义如下(而在 AT89S8252 和 AT89S53 单片机中仅仅配置了 2 位 SPIF 和 WCOL)。

| | D7 | D6 | D5 | D4 | D3 | D2 | D1 | D0 |
|---|---|---|---|---|---|---|---|---|
| 复位值 | 0 | 0 | 0 | × | × | × | 0 | 0 |
| SPSR（位名称） | SPIF | WCOL | LDEN | — | — | — | DISSO | ENH |

①SPIF：SPI 中断标志。当 SPI 串行传输完成时 SPIF 会被置 1，如果此时 SPIE=1、ES=1 且 EA=1，就会产生中断。通过读取 SPI 状态寄存器，然后再读或写 SPI 数据寄存器可以将 SPIF 清零。

②WCOL：ENH = 0 时，WCOL 是写冲突指示位。如果在传输数据的期间向 SPDR 中写数据，WCOL 位将被置"1"；同样如果在传输数据的期间读取 SPDR 将得到错误的数值，向 SP-DR 写数据也是无效的。通过读取 SPI 状态寄存器，然后再读/写 SPDR 可以将 WCOL 位和 SPIF 位清零；ENH = 1 时，WCOL 作为发送缓冲满标志。在增强模式下，当 WCOL = 1 时写入数据，将会覆盖已在发送缓冲器内等待发送的数据。此时，WCOL 不再由 SPIF 的复位来清零，而是写入缓冲区的数据被装入移位寄存器时被清零。

③LEDN：增强 SPI 模式下发送缓冲器装载使能状态位。当 ENH = 1，并且 LDEN = 1，WCOL = 0，此时向发送缓冲器装载数据是安全的。在一帧串行字节传输的前 0～3 位时 LDEN 为高，4～7 位时 LDEN 为低。

④DISSO：禁止从机输出位。DISSO=1 时，使得 MISO 管脚处于三态，能让多个从机共用一个接口。通常传输的第一个字节是从机的地址字节，只有被选定的从机才把它的 DISSO 位清零。

⑤ENH：增强 SPI 模式选择位。当 ENH = 0 时，SPI 工作在普通模式下，没有增加数据缓冲；当 ENH = 1 时，SPI 工作在增强模式下，增加一级写入数据缓冲器。发送缓冲器和数据寄存器 SPDR 共用一个地址。

(3)SPI 控制寄存器 SPCR。SPI 控制寄存器 SPCR 用于控制 SPI 接口的操作过程，各位的含义如下。

| | D7 | D6 | D5 | D4 | D3 | D2 | D1 | D0 |
|---|---|---|---|---|---|---|---|---|
| 复位值 | 0 | 0 | 0 | 0 | 0 | 1 | × | × |
| SPCR（位名称） | SPIE | SPE | DORD | MSTR | CPOL | CPHA | SPR1 | SPR0 |

①SPIE:SPI 中断使能位。它与寄存器 IE 中的 ES 位同时置位才使能 SPI 接口的中断。SPIE＝0 时禁用 SPI 中断。

②SPE:SPI 接口使能位。SPE＝1 时,启用 SPI 串行通道,分别连接$\overline{SS}$、MOSI、MISO 和 SCK 信号至管脚 P1.4、P1.5、P1.6 和 P1.7;SPE＝0 时禁用 SPI 串行通道。

③DORD:数据顺序位。DORD＝1 选择数据的最低位 LSB 先传送;DORD＝0 选择数据的最高位 MSB 先传送。

④MSTR:主/从模式选择位。当 MSTR＝1 时为 SPI 的主机模式;MSTR＝0 时为 SPI 的从机模式。

⑤CPOL:时钟极性控制位。CPOL＝1 时,SCK 在空闲时保持为高电平;CPOL＝0 在不传输数据时,主机的 SCK 保持为低电平。

⑥CPHA:时钟相位选择位。CPHA 和 CPOL 位一起控制主机和从机之间的数据脉冲和时钟脉冲之间的对应关系。

如果 CPHA＝0,时钟脉冲的"前沿"有效,串行数据格式如图 5-28 所示(图中"*"没有定义,通常指前一个接收字节的 MSB)。

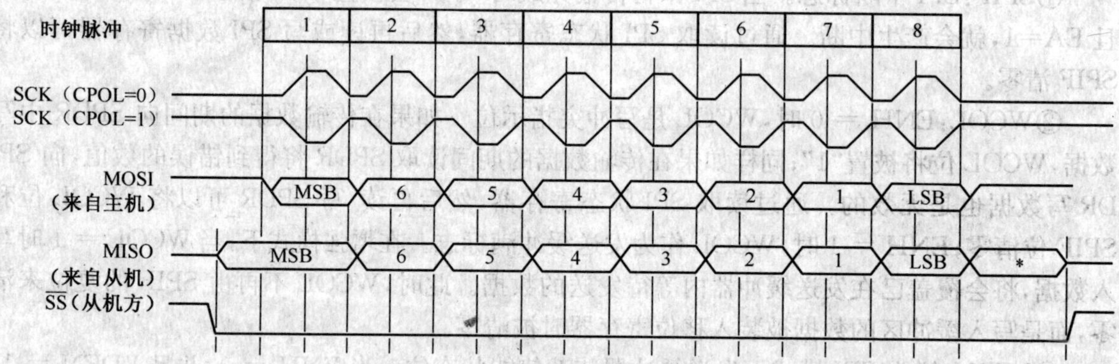


图 5-28　串行数据格式(CPHA＝0)

如果 CPHA＝1,时钟脉冲的"后沿"有效,串行数据格式如图 5-29 所示(图中"*"没有定义,通常指前一个接收字节的 LSB)。

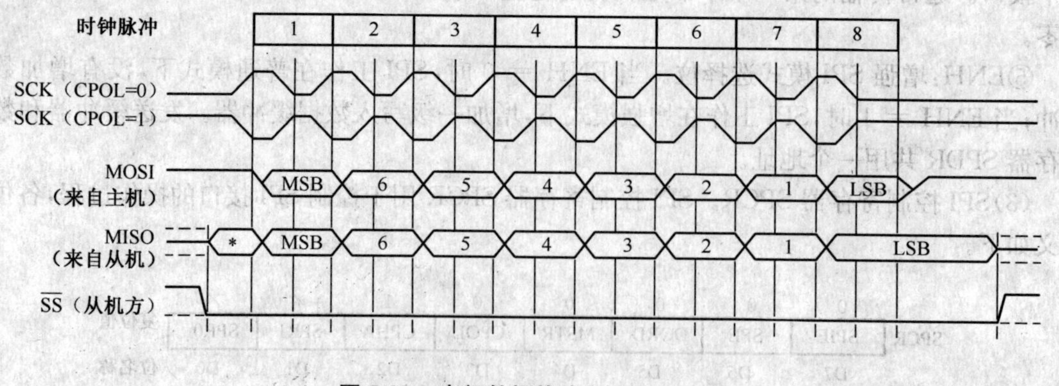


图 5-29　串行数据格式(CPHA＝1)

SPR1,SPR0:SPI 时钟频率选择。在主模式下,这两个位用于控制主机发送的 SCK 时钟频率;在从模式下,这两位无效。SCK 频率和晶体振荡器频率 Fosc 的关系见表 5-13。

**表 5-13　SPI 时钟频率选择**

| SPR1 | SPR0 | SCK 时钟频率 |
|---|---|---|
| 0 | 0 | Fosc/4(Fosc/2 当时钟选择 X2 模式) |
| 0 | 1 | Fosc/16(Fosc/8 当时钟选择 X2 模式) |
| 1 | 0 | Fosc/64(Fosc/32 当时钟选择 X2 模式) |
| 1 | 1 | Fosc/128(Fosc/64 当时钟选择 X2 模式) |

(4)移位寄存器 Shift-R。8 位移位寄存器 Shift-R,在时钟的同步控制下移入或者移出数据字节。在接收一侧,直接自端口引脚一位一位地移入串行数据,并将已经成功接收到的数据卸载到 SPI 数据寄存器 SPDR 中;在发送一侧,直接向端口引脚一位一位地移出串行数据,并在移位寄存器腾空后自动从 SPI 数据寄存器 SPDR 装载有待发送的新数据。

**5. SPI 接口的操作模式**

主机和从机通过 SPI 接口连接的方式,如图 5-30 所示。接口的引脚分别是主进从出(MISO/P1.6)、主出从进(MOSI/P1.5)、移位时钟(SCK/P1.7)和从机选择(SS/P1.4)。SCK 引脚在主模式中是时钟输出,而在从模式中是时钟输入。引脚 MISO 和 MOSI 在主模式和从模式中(输入或输出)方向不同,这由 SPCR 寄存器的 MSTR 位决定。

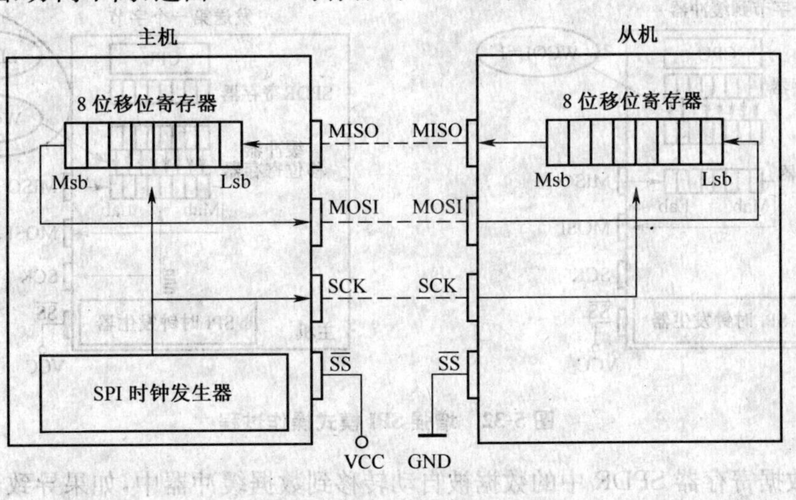


**图 5-30　SPI 主、从接线图**

AT89S8253 单片机中配置的 SPI 接口,具有两种操作模式:普通模式和增强模式。

(1)普通 SPI 模式。在普通模式中,主机的 SPI 数据寄存器 SPDR 中的数据自动加载到一个 8 位的移位寄存器 Shift-R 中,同时触发 SPI 时钟发生器。一位一位的数据从主机 MOSI 引脚输出,输入到从机的 MOSI 引脚。移位完成一个字节后,SPI 时钟发生器停止,SPIF 位被置"1",从机方把接收到的字节卸载到 SPDR 寄存器中。如果中断处于开放状态,会产生一次中断。普通模式的操作过程如图 5-31 所示。

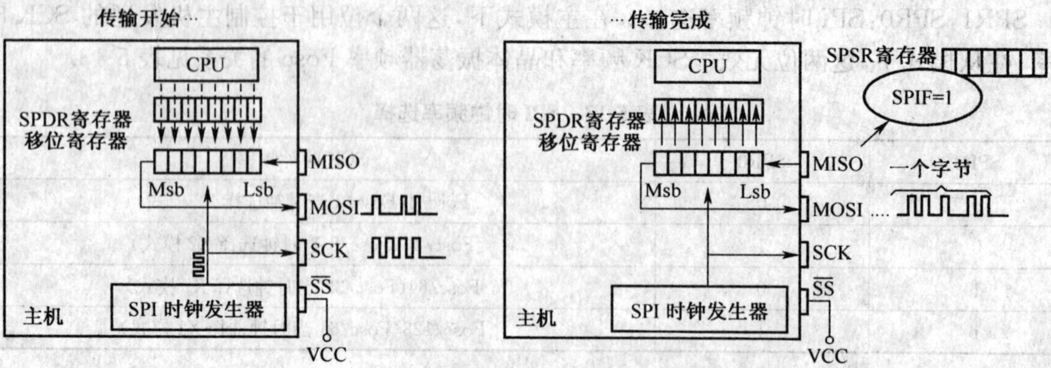


图 5-31 普通 SPI 模式操作过程

在进行传输期间，试图把新数据字节给 SPDR 寄存器的写操作，都将导致写冲突指示位 WCOL 被置"1"，表示发生了一个错误。但传输仍将正常完成，不过新字节的写入是无效的，所以必须重新写到 SPDR 寄存器。

(2)增强 SPI 模式。与普通模式类似，只是多增加了一级发送缓冲器，乍一看好像没有什么意义，但是通信速度确实加快了。增强模式的操作过程如图 5-32 所示。

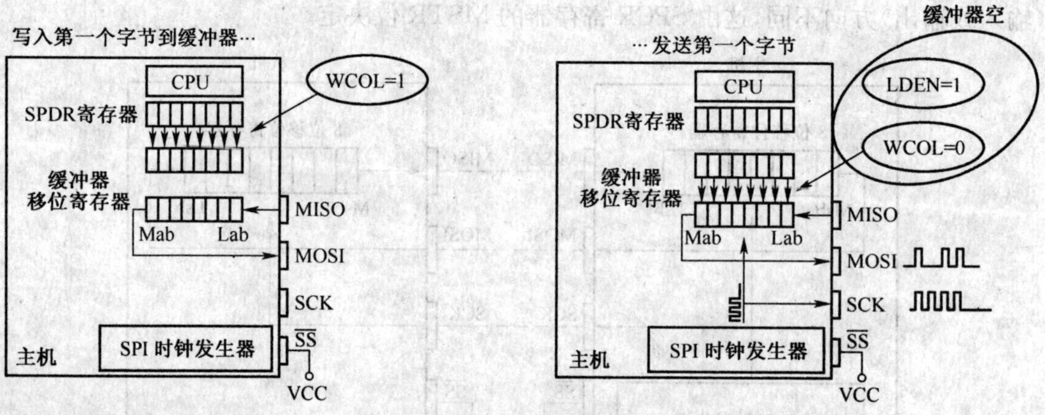


图 5-32 增强 SPI 模式操作过程

写入到数据寄存器 SPDR 中的数据被自动转移到数据缓冲器中，如果导致 WCOL 指示位被置 1，这意味着缓冲器已满，这时再继续写入将导致溢出。在发送数据从缓冲器加载到移位寄存器中并且开始串行发送时，控制电路会清 0 指示位 WCOL。如果发送的数据是第一个字节，该数据被立刻加载到移位寄存器中，于是 WCOL 被清 0 表示缓冲器已经腾空。

当一个数据字节正在移位发送的过程之中，待发的下一个字节可以写入数据寄存器 SPDR，该字节将被立刻转移到数据缓冲器中。为了检查是否数据发送还在进程之中，检查状态寄存器 SPSR 的装载使能状态位 LDEN 的逻辑状态就足够了。如果检查到 LDEN＝1 并且 WCOL＝0，表明数据发送还在进程当中，并且缓冲器已腾空，于是下一个数据字节可以写入

SPDR 寄存器了。

如果偶尔有单个字节需要发送，最好的解决方法就是选用普通模式。如果需要发送大量的数据最好选用增强模式，在该模式下只有缓冲器被装载并且 WCOL 位被置 1，时钟发生器才会启动，使得数据的传送既简便又高效。除此以外，不需要时钟同步。

## 5.9 电源节能控制和时钟配置方法

### 5.9.1 节电控制技术

AT89S8253 单片机能够以下面 3 种模式工作：正常模式耗电 25mA、待机模式耗电 6.5mA，停机模式耗电仅 40μA。工作模式的设定可以通过电源控制寄存器 PCON 来实现。

| | | | | | | | | | |
|---|---|---|---|---|---|---|---|---|---|
| | 0 | × | × | × | 0 | 0 | 0 | 0 | 复位值 |
| PCON | SMOD1 | SMOD0 | | POF | GF1 | GF0 | PD | IDL | |
| | bit7 | bit6 | bit5 | bit4 | bit3 | bit2 | bit1 | bit0 | 位名称 |

(1)SMOD1：USRT 串口波特率倍增位。SMOD1 = 1 时，USRT 串口在方式 1、2 和 3 之下的波特率将加倍。

(2)SMOD0：SCON.7 功能选择位。标准 8051 没有该位。

0—SCON.7 用作 SM0 位，即 UART 的工作模式选择位之一。

1—SCON.7 用作 FE，即帧错误指示位。该功能很少使用。增强型 UART 帧错误检测示意图如图 5-15 所示。

(3)POF：电源上电标志位。在上电过程中当电源电压上升到正常范围内（应高于 3V），POF 被自动置“1”。在从头执行程序时，该位被用于检测复位的原因，是从停机模式下被复位唤醒的，是看门狗复位的，还是上电复位的。标准 8051 没有该位。

(4)GF1，GF0：通用标志位，用户可以自由使用。

(5)PD：停机（掉电）模式设定位。令 PD = 1 单片机进入停机模式。

(6)IDL：待机（空闲）模式设定位。令 IDL = 1 单片机进入待机模式。

### 5.9.2 时钟配置方法

AT89S8253 单片机的系统时钟有两种选择，一是每个机器周期中包含 12 个时钟周期（这与标准 8051 相同），二是每个机器周期中包含 6 个时钟周期（提速一倍）。这项功能的实现将借助于时钟寄存器 CLKREG 的特殊功能寄存器。可以参考本书 5.3.8。

## 5.10 编程时容易出错的情况

单片机在运行时出现的差错，是由程序中的错误产生的。因此，在编写程序时，以下几个关键问题需要特别关注。首先是数据存储器。数据存储器由工作寄存器区、位寻址区、数据缓冲区及SFR组成，都有各自不同的功能。

(1)如果仅仅使用了第0组的工作寄存器R0～R7，数据存储器08H～1FH单元都是可用作数据缓冲的。如果使用了几组不同的工作寄存器，应尽量不要使用00H～1FH单元作为数据缓冲单元，以免引起工作寄存器的内容被覆盖。

(2)如果在程序中没有使用“位变量”，数据存储器20H～2FH单元也是可用作数据缓冲的。如果程序中包含了位变量，应尽量不要使用20H～2FH地址作为数据缓冲单元，以免覆盖位变量的值。

(3)单片机复位后，堆栈指针SP自动指向07H，为了确保数据存储的正确，用户应设置堆栈指针大于或等于30H。

(4)SFR用于控制单片机的各种操作，具有特殊的功能。因此，一般SFR不能作为通用寄存器使用(即使没有被占用)。

(5)位操作类指令能够操作RAM中20H～2FH单元的每一位。除此之外，某些SFR(字节地址能够被8整除)也可以位寻址。

(6)如果扩展了外部的RAM或ROM芯片，P0口和P2口都是不能再被用户使用的，不管在扩展时实际用到了几个引脚。

(7)数据指针DPTR0(DPTR1)是一个16位的寄存器，由DP0H(DP1H)和DP0L(DP1L)两个8位的寄存器构成。在使用时应考虑到这一点。例如，在压入堆栈时，DP0L(DP1L)应首先被压入，然后才是DP0H(DP1H)。

在用到串行接口通信时，除了SCON寄存器之外，TCON和TMOD寄存器也应该被设置，因为经常使用定时器T1作为串行接口的波特率发生器。当一个中断请求到来时，单片机首先将断点地址压入堆栈，然后程序转移到相应的中断服务程序入口执行(如果该中断预先被开发的话)。当中断服务程序执行完毕，单片机将从堆栈中弹出断点地址，返回主程序继续执行。然而，单片机仅仅保存断点地址，很多寄存器的内容在执行中断服务程序时被改变了，这将导致程序执行出现问题。显然，唯一的解决方法是在中断服务程序的开始部分，保存所有重要寄存器的内容；待中断程序执行完毕，在返回主程序之前，再恢复这些寄存器的值。这些重要的寄存器通常包括：PSW、ACC、B和工作寄存器R0～R7等。

**注意：**寄存器的内容通常是以压入堆栈的形式保存起来的。但是像“PUSH R0”这样的指令是不能使用的，因为单片机不知道要将四组工作寄存器中的哪一个压入堆栈。因此，应使用“PUSH 00H”指令去保护这类寄存器，用这类寄存器的地址来代替名称。在使用间接寻址的指令时，不要用来寻址特殊功能寄存器SFR。在使用UART接口时，SCON寄存器的TI位和RI位都会触发中断。因此，如果产生了串口中断，首先要检测中断源(是字节发送、是字节接收还是两者都有)。另外，TI位和RI位必须利用软件清零。

## 5.11 AT89S8253单片机的电压特性

AT89S8253单片机的一些主要参数，见表5-14。

**表 5-14　AT89S8253 单片机的电压特性**

| 符号 | 参数 | 测试条件 | 最小值 | 最大值 |
|---|---|---|---|---|
| $V_{IL}$ | 输入低电压 | 除 EA、XTAL1、RST、P0 | −0.5V | $0.2V_{cc}-0.1V$ |
| $V_{IL1}$ | 输入低电压 | EA、XTAL1、RST、P0 | −0.5V | $0.3V_{cc}$ |
| $V_{IH}$ | 输入高电压 | 除 EA、XTAL1、RST、P0 | $0.5V_{cc}$ | $V_{cc}+0.5V$ |
| $V_{IH1}$ | 输入高电压 | EA、XTAL1、RST、P0 | $0.7V_{cc}$ | $V_{cc}+0.5V$ |
| $V_{OL}$ | 输出低电压 | $I_{ol}=10mA$，$V_{cc}=4.0V$，Ta = 85℃ | | 0.5V |
| $V_{OH}$ | 弱上拉电阻使能状态下输出高电压(端口 P1,2,3、引脚 ALE 和 PSEN) | $I_{oh}=-60mA$，Ta = 85℃<br>$I_{oh}=-25mA$，Ta = 85℃<br>$I_{oh}=-10mA$，Ta = 85℃ | 2.4V<br>$0.75V_{cc}$<br>$0.9V_{cc}$ | |
| $V_{OH1}$ | 强上拉电阻使能状态下输出高电压(处于外部总线模式的 P0 口、端口 P1,2,3、引脚 ALE 和 PSEN) | $I_{oh}=-40mA$，Ta = 85℃<br>$I_{oh}=-25mA$，Ta = 85℃<br>$I_{oh}=-10mA$，Ta = 85℃ | 2.4V<br>$0.75V_{cc}$<br>$0.9V_{cc}$ | |
| $I_{IL}$ | 逻辑 0 输入电流(端口 P1,2,3) | $V_{in}=0.45V$，$V_{cc}=5.5V$，Ta = −40℃ | | −50μA |
| $I_{IL1}$ | 输入漏电流(端口 P0，EA) | $0.45V<V_{in}<V_{cc}$ | | ±10μA |
| $R_{RST}$ | 复位引脚内部下拉电阻 | | 50kΩ | 150kΩ |
| $C_{IO}$ | I/O 脚电容 | $f=1MHz$，Ta = 25℃ | | 10pF |
| $I_{CC}$ | 工作电流 | 工作模式：<br>$f=12MHz$，$V_{cc}=5.5V$，Ta = −40℃<br>空闲模式：<br>$f=12MHz$，$V_{cc}=5.5V$，Ta = −40℃ | | 10mA<br>3.5mA |
| | 停机(掉电)模式 | $V_{cc}=5.5V$，Ta = −40℃<br>$V_{cc}=4V$，Ta = −40℃ | | 100μA<br>20μA |

# 第 6 章 上手制作实验范例

## 6.1 最小单片机应用系统的外接电路

最基本的单片机应用系统的外接电路，如图 6-1 所示。为了使单片机的应用电路正常地运行起来，必须至少提供电源供应电路、复位信号电路和时钟信号电路。

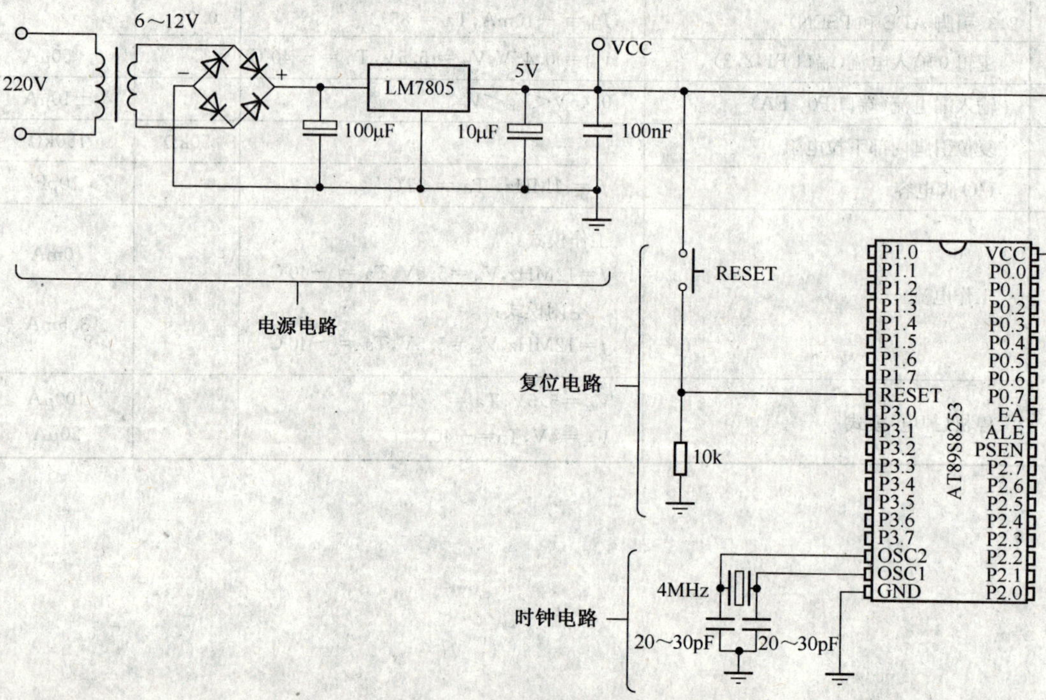


**图 6-1 最小单片机应用系统的外接电路**

这是一个非常简单的电路，如果基于单片机（即以单片机为核心）的目标装置，用于控制很昂贵的机器或者实现很重要的功能，其复杂程度就会大大增加。

### 6.1.1 电源供应电路

尽管一些单片机可以工作在不同的电源电压之下，但是一般最常用的还是 5V 直流电源。在图 6-1 所示的电路中，其电源电路采用的是＋5V 三端稳压器 LM7805，用于提供一个电压很稳定的、电流足够大的电源，来保障单片机及其外围电路的正常运转。

### 6.1.2 复位信号电路

用于产生复位信号的电路简称复位电路，图 6-1 中，是由一个按钮开关和一个 10kΩ 电阻构成的。正常情况下给复位端子 RESET 提供一个接地信号（即低电平信号，也就是逻辑 0，由 10kΩ 的接地电阻来实现）。然而，当单片机运行过程出现异常，这时需要提供一个复位信号，以便令单片机安全地返回到正常工作状态中来。一旦从 RESET 端子给单片机输入一个复位信号（就是 5V 高电平，即为逻辑 1，由按下按钮开关来实现），单片机内部将进行一次复位操作，并且重新从头开始执行程序。

### 6.1.3 时钟信号电路

虽然单片机有一个内置的时钟振荡器，但是如果外部没有连接 2 只电容和一只石英晶体，它是不能够工作的。石英晶体一是确保振荡器的稳定运行，二是决定振荡器的振荡频率值（进而决定单片机的操作速度）。

当然，并不是始终采用上述这一种解决方案，有时也采用另外的时钟信号提供方案。例如，如图 6-2 所示电路，就是一种不同的时钟源解决途径。这时的时钟源引自其他时钟发生器，再经过一只反相器接入单片机的 XTAL2 引脚。同时应该把 XTAL1 引脚接地。

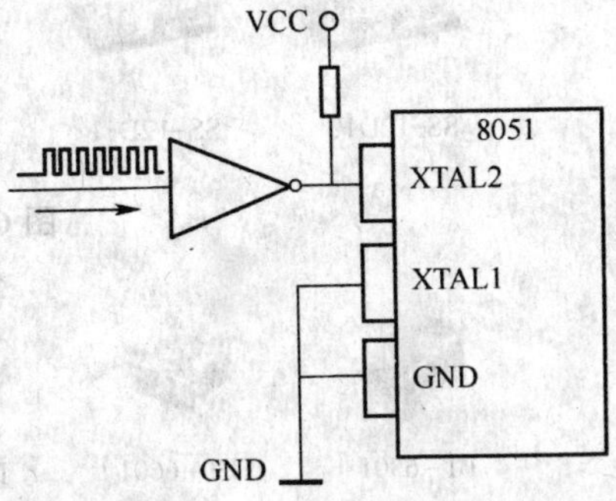


图 6-2 外引时钟源

## 6.2 常用外扩器件及其接口技术

只有连接了相应的外接器件，单片机引脚上出现的电压才会实现特定的操作，例如接通或断开一个开关、移位操作、驱动显示器等。本节主要介绍单片机常用外扩器件及其接口技术。

### 6.2.1 拨动开关和按钮开关

拨动开关和按钮开关实物图分别如图 6-3 和图 6-4 所示。利用这类机械开关元件给单片机输入引脚提供逻辑电平信号供单片机检测，是一种最简单的输入方式。电路如图 6-5 所示。

在实践中开关信号的输入并不是那么简单，还需要考虑开关的接触抖动这样一个常见问题。当开关被按下的瞬间，由于存在机械反弹或者振动或者触点污垢而引起接触抖动，会产生一系列毛刺脉冲，而不是产生一个理想的从低电平到高电平的跳变，示意图如图 6-6 所示。

解决开关抖动这个问题最简易的方法，是接入一个简单的 RC 滤波电路，滤除电压的快速变化，电路如图 6-7 所示。由于开关的抖动时间是不太确定的，因此 RC 电路的电阻值和电容值也就不能精准地确定。一般情况下，建议采用电阻值为 100kΩ 的电阻和电容值为 100nF 的电容。

如果对于稳定性要求更高，还可以采用一种更完善的解决措施。电路如图 6-8 所示，核心

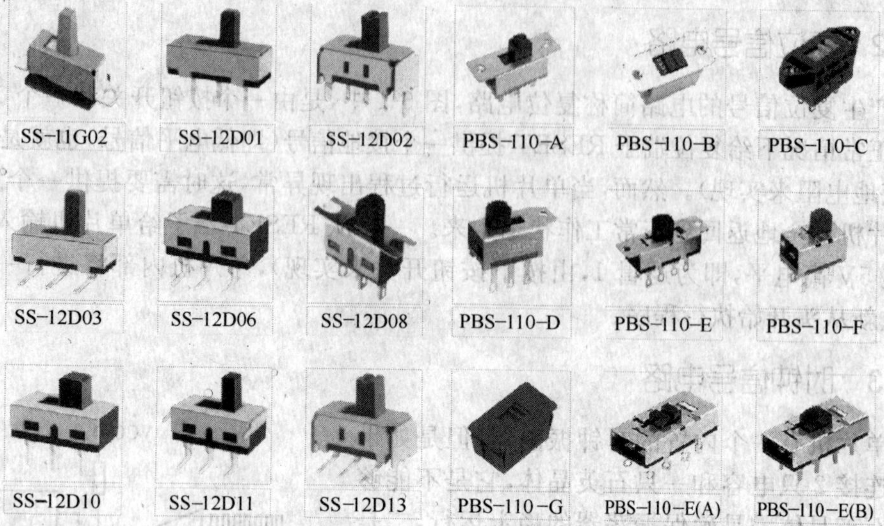


**图 6-3　拨动开关系列产品实物**

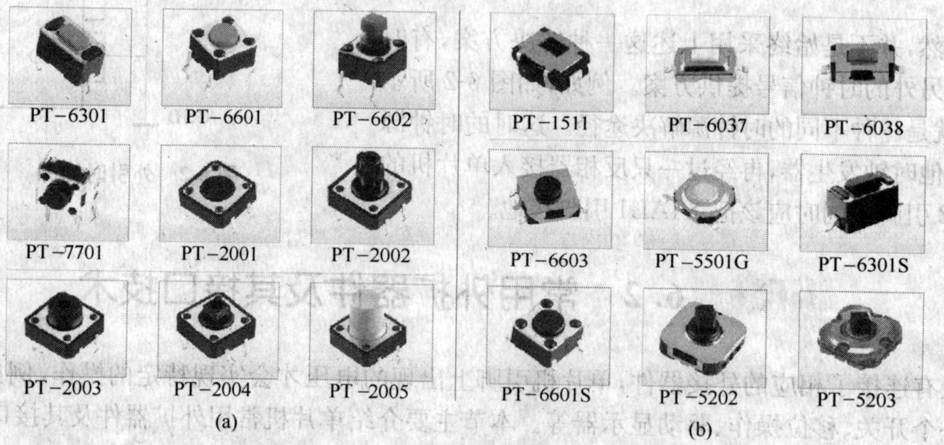


**图 6-4　按钮开关系列产品实物**

(a)直插式按钮开关　(b)贴片式按钮开关

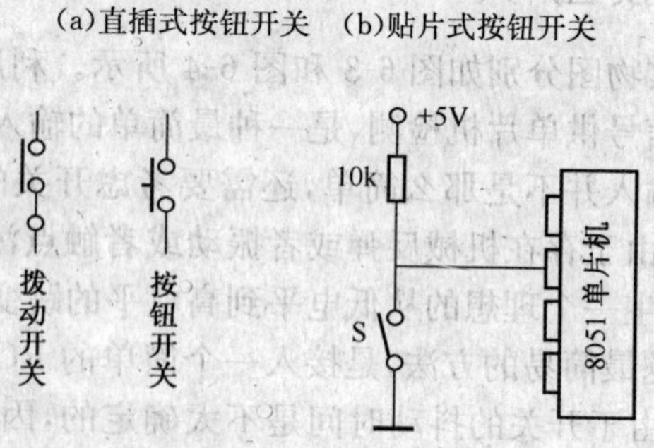


**图 6-5　开关输入**

是由一片标准数字集成电路 74HC00 构成的一个 RS 触发器。触发器的两个输入端连接一只

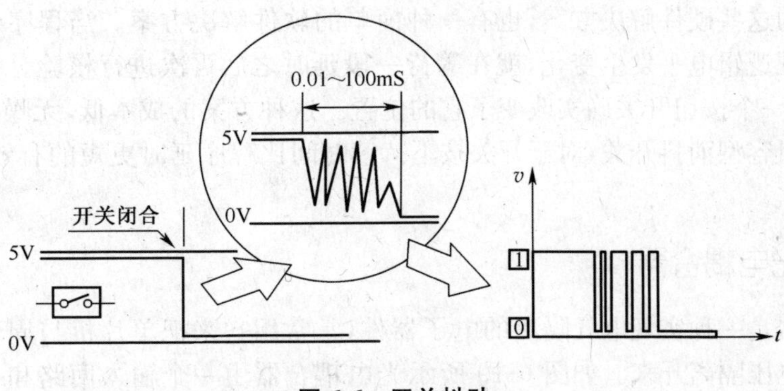


图 6-6　开关抖动

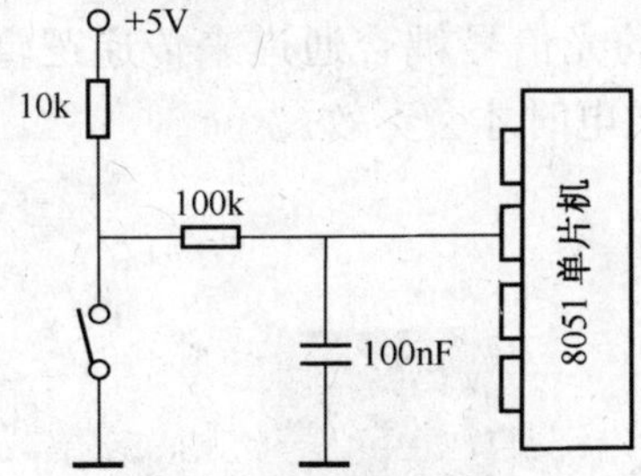


图 6-7　阻容型消抖开关

单刀双掷开关，可以选择如图 6-9 所示的微动开关。触发器一旦检测到开关触点产生的第一个脉冲，将立刻改变其输出端的逻辑状态，并且会维持不变。这种解决方案成本较高，但是可以使抖动问题能够有效彻底地根除。由于该电路中没有采用电容元件，因此即使很短的有效脉冲也能够保障可靠接收。

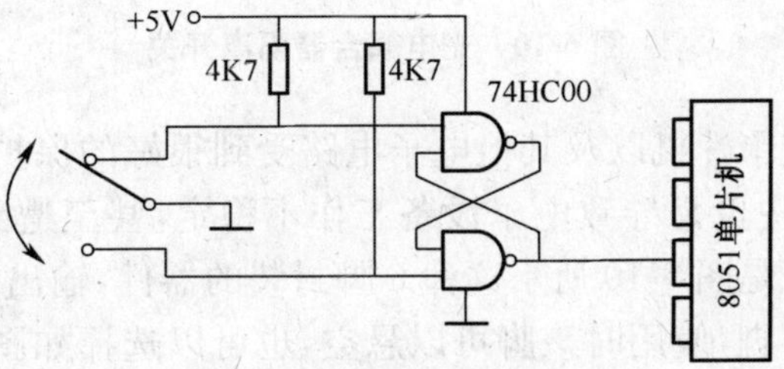


图 6-8　触发器型消抖开关

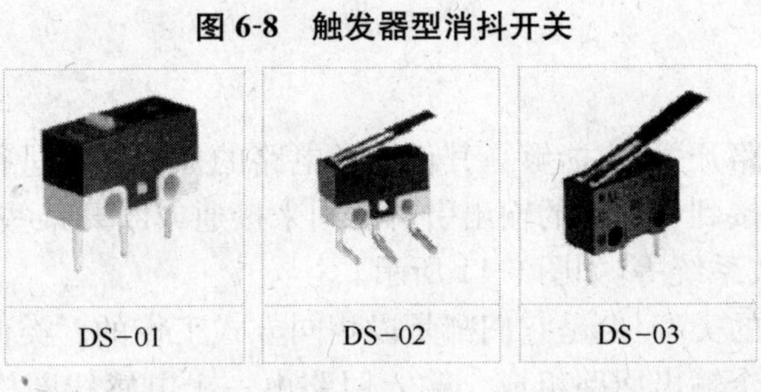


图 6-9　微动开关实物

除了上述的这些硬件解决方案，也有一种简单的软件解决方案。当程序在检查输入引脚状态时首次发现逻辑电平发生变化，就在等待一段延时之后再次进行核验。如果电平变化被确认，这意味着一个按钮开关确实改变了它的位置。这种方案的成本低，无噪声，容错能力强。其缺点类似于阻容型消抖开关，对于开关按下持续时间比程序延时更短的有效输入脉冲，不能保证准确接收。

## 6.2.2 光电耦合器

光电耦合器是一种实现电气隔离的电子器件，常常用它来把单片机与周边环境中潜藏着的危险电流和电压隔离开来。如图 6-10 所示光电耦合器由一个输入回路和一个输出回路组成。输入回路由一只发光二极管 LED 构成，输出回路由一只光电晶体管或者光电晶闸管构成。两个回路之间靠一个很短的光信号耦合通道来传递逻辑信号，起到了电气隔离的作用。这种隔离只有当两个回路分别供电时才会奏效。

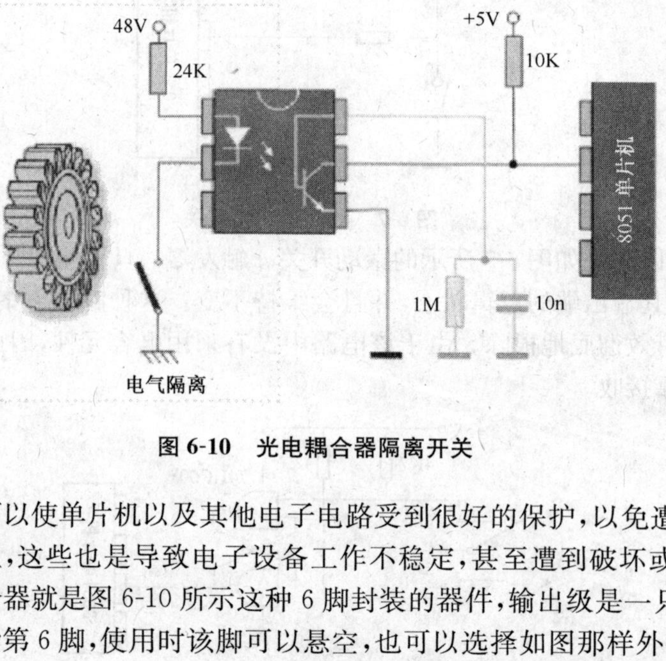


**图 6-10 光电耦合器隔离开关**

这种接线方式可以使单片机以及其他电子电路受到很好的保护，以免遭受高低压和电子噪声的侵扰。实际上，这些也是导致电子设备工作不稳定，甚至遭到破坏或损坏最常见的原因。常用的光电耦合器就是图 6-10 所示这种 6 脚封装的器件，输出级是一只光电三极管。三极管的基极引出作为第 6 脚，使用时该脚可以悬空，也可以选择如图那样外接阻容元件，以降低噪声或脉冲干扰。

## 6.2.3 继电器

继电器就是一种电路开关，它能够在其他电子电路的控制之下进行闭合或断开。因此，可以作为输出控制器件连接到单片机的输出引脚上用来接通或断开某些大功率设备，如电机、变压器、加热器、灯泡、天线系统等，如图 6-11 所示。

继电器有许多不同的类型，但是它们都是以相同方式工作的。类似于光电耦合器，继电器也有一个输入回路和一个输出回路组成。输入回路由一个电感线圈构成，输出回路由一组转换开关触点构成。当有驱动电流流过线圈时，其中心的铁心被磁化，吸动衔铁去带动一组触点完成开关动作。类似于光电耦合器的另一点是，两个回路也是电气隔离的，这里是靠磁力耦合的。

通常，继电器输入回路所需的驱动电流和电压较小，而输出回路能够控制的电流和电压却是很高的。甚至有些微型继电器可以直接利用单片机引脚输出的电流和电压驱动就可以正常工作。

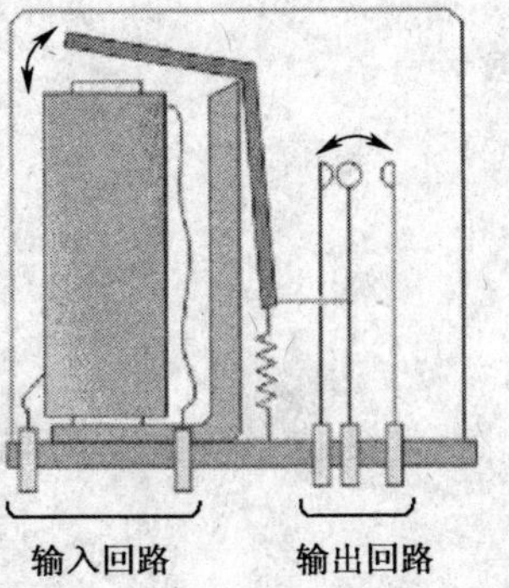


图 6-11　继电器

如图 6-12 所示，提供了一种为 8051 单片机设计的继电器应用电路。这里选用了一只达林顿三极管 T1 来驱动继电器，这种晶体管具有很高的电流放大倍数，所需单片机引脚提供的基极电流可以很小。此类电路的设计并没有固定的规则可循，但是这个电路必须利用逻辑高电平来驱动达林顿管。而当 8051 单片机端口引脚输出高电平时，能够输出的电流是很小的。这个电路的突出优点是，继电器的工作电压可以远高于单片机的电源电压。

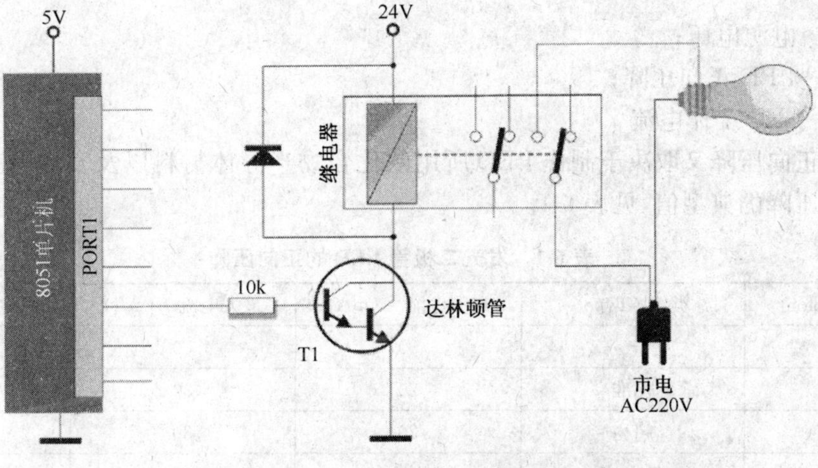


图 6-12　继电器应用举例

继电器电感线圈中的电流突然停止时，会产生一个很高的自感电压。为了防止这个高电压冲击而导致驱动晶体管损坏，可利用一只反向连接的二极管与线圈并联，对电压峰值带来的冲击起到抑制作用。

### 6.2.4　发光二极管

发光二极管是一种廉价实用的发光元件，通常叫做 LED，应用在电子电路中以发光的形式来显示逻辑信号。常见的 LED 具有不同的形状、颜色和尺寸，如图 6-13 所示。由于 LED 价格低、耗电少、使用简单，使其几乎可以取代其他光源或指示灯。LED 的伏安特性与普通二极管相似，所不同的是当电流通过时能够发光。

LED 在应用时工作电流必须加以限制，否则将会造成永久性损坏。所以必须给 LED 串联一只限流电阻。为了确定电阻的阻值，必须清楚 LED 的正向压降是多少。限流电阻 R 阻值的

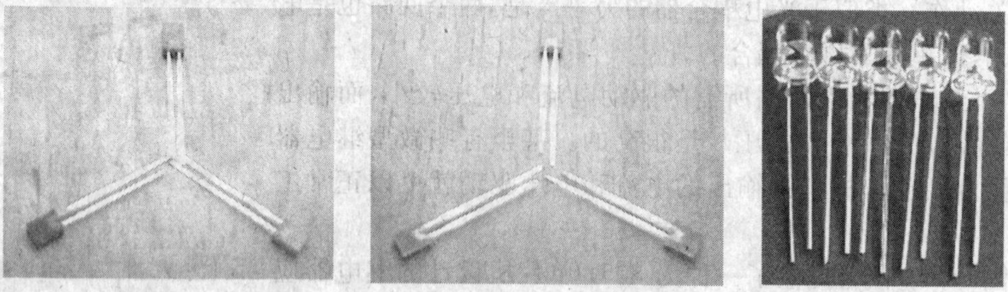

(a) (b) (c)

**图 6-13 发光二极管 LED**

(a)2×5 方形红色 (b) 2×5 方形绿色 (c) ϕ5 蓝色高亮度

计算公式如下：

$$R=\frac{U_c-U_d}{I_d}$$

式中 $U_c$——电源电压；

$U_d$——LED 正向压降；

$I_d$——LED 工作电流

LED 的正向压降又取决于制作 LED 所用的化合物半导体材料以及发光的颜色。常用的 LED 的正向压降的典型值，见表 6-1。

**表 6-1 发光二极管 LED 的正向压降**

| 发光颜色(Color) | 类 型(Type) | 典型电流 $I_d$(mA) | 最大电流 $I_f$(mA) | 电压降 $U_d$(V) |
|---|---|---|---|---|
| 红外 | — | 30 | 50 | 1.4 |
| 红色 | 标准 | 20 | 30 | 1.7 |
| 红色 | 超亮 | 20 | 30 | 1.85 |
| 红色 | 低电流 | 2 | 30 | 1.7 |
| 橙色 | — | 10 | 30 | 2 |
| 绿色 | 低电流 | 2 | 20 | 2.1 |
| 黄色 | — | 20 | 30 | 2.1 |
| 蓝色 | — | 20 | 30 | 4.5 |
| 白色 | — | 25 | 35 | 4.4 |

标准型 LED 在满亮度发光时得需要 20mA 的电流，低电流型 LED 在满亮度发光时所需电流可以降低十倍，超亮型 LED 比标准型发光亮度要高得多。

因为 8051 单片机的端口引脚所能够提供的输出电流不仅较小而且还不对称(带灌电流的负载能力远大于带拉电流的负载能力)，所以采用如图 6-14 所示的接线方案。图中采用的是一只低电流型红色 LED，其阴极直接与 8051 单片机的输出引脚对接，其阳极串联了一个 2.4kΩ 的限流电阻。只有当单片机引脚上输出逻辑低电平时，LED 才被点亮。

## 6.2.5　LED 数码管显示器

LED 数码管显示器是一种塑料成型的模块，是将多只 LED 封装在一起构成的模块。具体讲，就是利用 8 只 LED 管芯按照一定规则排列起来封装在一起，再按照一定规则引出和布局 10 条外接引脚，这就构成了一个 LED 数码管模块。其内部结构、引脚布局、笔段定义，如图 6-15所示。LED 数码管可以用于显示各种不同的字符。

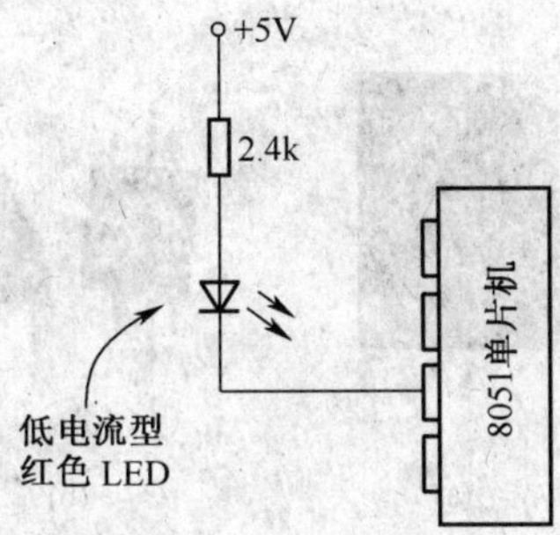


图 6-14　发光二极管 LED 连接 8051

最常用的 LED 数码管内部包含有 8 只发光二极管，其中 7 只发光二极管构成字形笔段(a～g)，1 只发光二极管构成小数点(dp 或 h)。因此又常常被称为七段 LED 数码管。对于任何一只发光二极管，只要阳极为高电平、阴极为低电平，并且电压差高于其阈值(约为 1.7V～2.5V)才会被点亮。根据各二极管公共端连接方式的不同，又有共阴极和共阳极 LED 数码管之分，如图 6-15 所示。驱动 LED 点亮的笔段码和 LED 所显字符之间的关系见表 6-2。

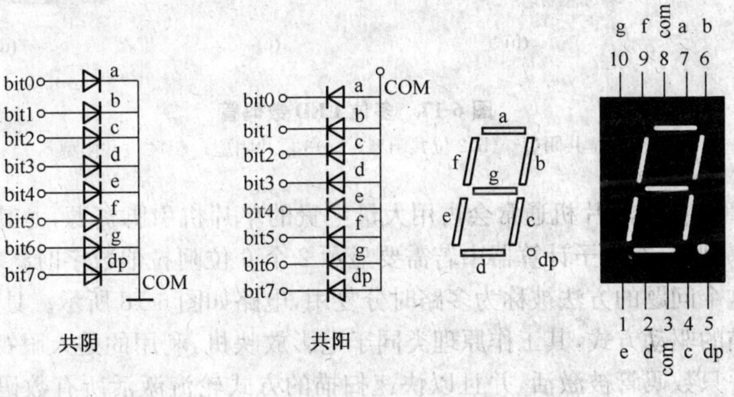


图 6-15　数码管结构示意图

表 6-2　笔段码列表

| 显示字符 | 共阴极笔段码 | 共阳极笔段码 | 显示字符 | 共阴极笔段码 | 共阳极笔段码 |
|---|---|---|---|---|---|
| 0 | 3FH | C0H | A | 77H | 88H |
| 1 | 06H | F9H | b | 7CH | 83H |
| 2 | 5BH | A4H | C | 39H | C6H |
| 3 | 4FH | B0H | d | 5EH | A1H |
| 4 | 66H | 99H | E | 79H | 86H |
| 5 | 6DH | 92H | F | 71H | 8EH |
| 6 | 7DH | 82H | P | 73H | 8CH |
| 7 | 07H | F8H | U | 3EH | C1H |
| 8 | 7FH | 80H | 全熄 | 00H | FFH |
| 9 | 6FH | 90H | 全亮 | FFH | 00H |

市场可见的 LED 数码管产品有许多不同的类型。如图 6-16 所示的是几种不同结构类型和封装形式的单位 LED 数码管；如图 6-17 所示的是位数不同的几种多位 LED 数码管。

(a) (b) (c) (d) (e)

**图 6-16 单位 LED 数码管**

(a)普通型 (b)薄片型 (c)米字型 (d)符号型 (e)实物图片

(a) (b) (c) (d)

**图 6-17 多位 LED 数码管**

(a)2 位共阴型 (b)2 位共阳型 (c)3 位共阴型 (d)4 位共阳型

LED 数码管连接到单片机通常会占用大量宝贵的单片机引脚资源，尤其是在需要显示多位数字的时候。例如，在电子计算器中若需要显示 2 个 6 位阿拉伯数字时将需要占用 96 条输出引脚。解决这个问题的方法被称为多路时分复用，电路如图 6-18 所示。具体地说，就是采用了一种动态扫描的驱动方式，其工作原理类同于电影放映机，利用的是人眼视觉幻象。其实在某一时刻只有一只数码管被激活，并且以快速扫描的方式轮流激活所有数码管，循环反复，周而复始。结果给人眼留下的印象则是，多位数码管都同时在工作。

针对 8051 单片机并行端口的结构特点，在图 6-18 所示电路中选用了 4 只低电流共阳极 LED 数码管。其段码信号端子直接与端口 PORT1 对接，a～dp 各段信号依次连接端口的 bit0～bit7；每个数码管只引出一条位信号 com，分别利用 4 只 PNP 型小功率三极管来驱动。该电路的工作过程是：首先把代表个位数字的一个字节的段码信号送到端口 PORT1 上，同时通过端口 PORT2 单独驱动三极管 T1 导通，点亮右起第一只数码管；经过一定的延时之后，再把代表十位数字的一个字节的段码信号送到端口 PORT1 上，同时通过端口 PORT2 单独驱动三极管 T2 导通，点亮右起第二只数码管；以此类推……，并且循环。

## 6.2.6 液晶显示器 LCD(3 种类型)

LCD 显示器造价低廉、体积轻薄、耗电微小，应用十分广泛，如图 6-19 所示，是 LCD 模块的内部结构和电路原理。其中，LCD 驱动集成电路与单片机之间的连接，既可采用并行总线方

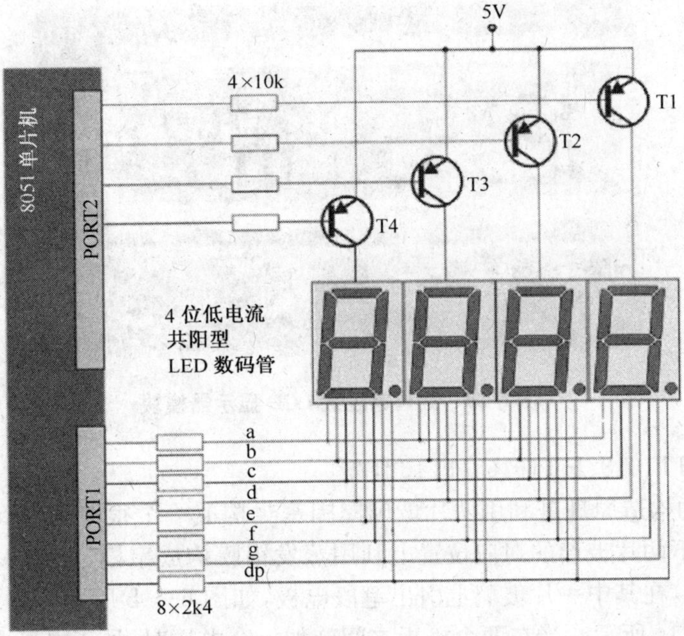


**图 6-18　动态扫描 4 位 LED 数码管**

式也可采用串行总线方式。LCD 显示屏与驱动芯片之间的连接，利用的是导电橡胶压接或者镀膜胶片粘接方式。原因是 LCD 显示屏的引出端是利用蒸发到玻璃片上的铝膜构成的。

利用如图 6-19 所示的 LCD 模块与单片机对接，是目前比较流行的一种做法，也是比较经济的一种解决方案。这种方案不需要占用单片机的太多引脚，但是额外需要一片专用的驱动芯片。不过，这类驱动芯片一般比较廉价，尤其是裸片形式。有的单片机把驱动芯片的功能集成到内部，从而免用外部的驱动芯片，但是这类单片机的引脚比较多，价格比较高，开发难度也比较大。

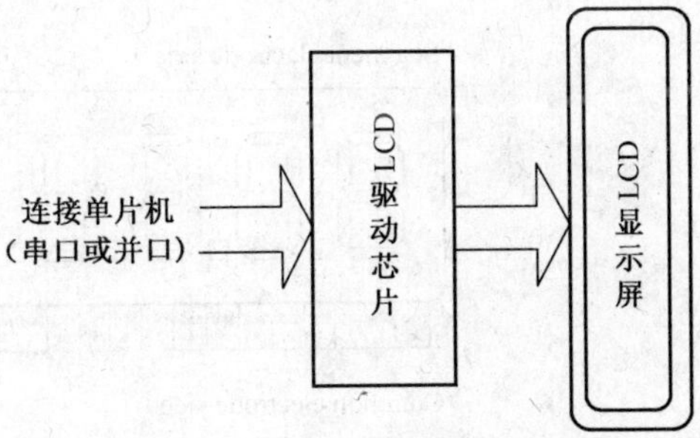


**图 6-19　LCD 模块的电路原理**

如果按显示字符格式进行细分的话，LCD 显示器通常又分为 3 种类型：数码笔段式、字符点阵式和图形点阵式。

**1. 数码笔段式 LCD 显示器**

如图 6-20 所示就是一种数码笔段式 LCD 显示器模块。这种模块适合应用于电话机、计数器、计算器、电子表、里程表等产品或装置中。目前国内研制和生产这类 LCD 显示器模块的公司或工厂有多家。

适合应用于笔段式 LCD 显示器模块内部，作为驱动集成电路的芯片型号有很多种。例如，MICROCHIP 公司的 AY0438；ELAN 公司的 EM32100、EM32116、EM95110；HOLTEK

**图 6-20 数码笔段式 LCD 显示器模块**

公司的 HT1611、HT1613、HT1616、HT1621 等。

LCD 显示屏的构造原理是利用两片玻璃周围密封构成一个很薄的空间，内部填充一种特殊的液体。在上、下两片玻璃的对应位置上利用蒸发铝膜构成字模，如图 6-21a 所示。然后按照一定的组合规律，在其中一片玻璃上引出笔段电极，如图 6-21b 所示。在另一片玻璃上引出公共电极，如图 6-21c 所示。当在两个极板之间施加一个电压时，处于电场内的液体被极化，其分子会按晶格排列，使得吸收环境光线的能力有显著不同，因此极板之间的字模就被显示了出来。LCD 显示屏都是利用交变动态扫描方式进行驱动的。

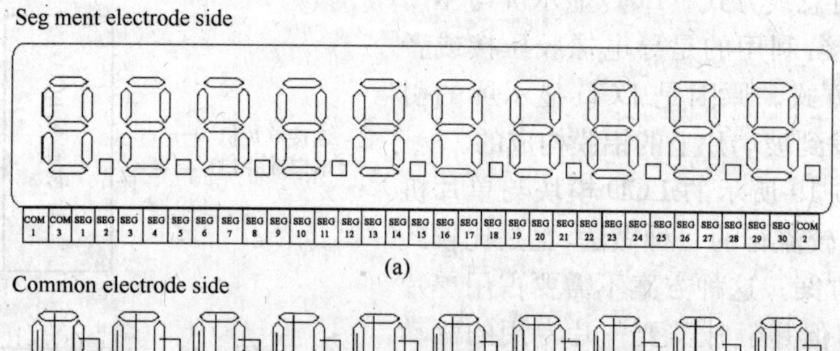


**图 6-21 10 位笔段式 LCD 显示板结构图**

(a)10 位数字和电极布局 (b)笔段电极布局 (c)公共电极布局

**2. 字符点阵式 LCD 显示器**

如图 6-22 所示是一种字符点阵式 LCD 显示器模块。它不仅能够显示阿拉伯数字，而且还能够显示特殊符号，以及英文字母，因此其用途比笔段式要灵活和广泛，价格也高。这种模块适合应用于复印机、医疗设备、仪器仪表等产品或装置中。目前国内研制和生产这类 LCD 显示器模块的公司或工厂也有很多。

从图 6-22b 反面图中可以看到，LCD 模块生产商把从芯片制造商手里买来的裸片形式的驱动集成电路，给直接绑定和封装在了印刷电路板上，以利于降低成本。从图 6-22c 点阵图中可以看到，在显示屏上布局着 16 个 5×8 点阵，并且这些点阵之间是分离的。利用拼点方式可以显示一行 16 个数字、字母、符号等。

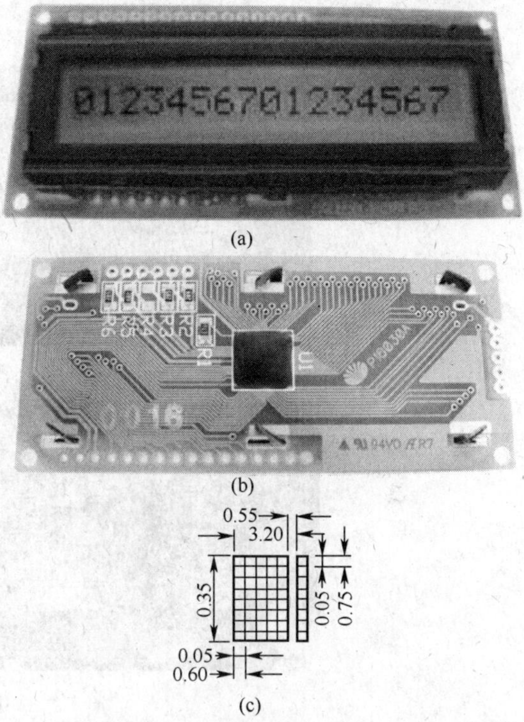


**图 6-22　16×1 字符点阵式 LCD 显示器模块**

(a)正面图　(b)反面图　(c)5×8 点阵图

如图 6-23 所示，是一种应用广泛、价格低廉的 16×2 字符点阵式 LCD 显示器模块的正面图和反面图。屏幕尺寸：14×66×4mm；外形尺寸：80×36×14.4mm。其内部结构和工作原理与图 6-22 所示产品类似，只是这种 LCD 模块能够显示的字符数为 2 行、每行 16 字符。

**3. 图像点阵式 LCD 显示器**

图像点阵式 LCD 显示器模块适合应用于要求显示信息更丰富多样的产品或装置中，例如移动电话手机、小灵通、MP3、PDA、电子宠物、掌上游戏机、便携电脑、计算机监视器等。目前国内研制和生产这类 LCD 显示器模块的公司或工厂也有很多。

如图 6-24 所示，是一种屏幕尺寸较小的 128×16 像素的图像点阵式 LCD 显示器模块。它不仅能够显示阿拉伯数字、特殊符号、英文字母，此外还可以显示笔画较多的汉字，甚至简单图形。因此其用途比字符点阵式更灵活、更广，价格也更高。

从图 6-24b 反面图中可以看到，LCD 模块生产商两片贴片封装形式的驱动集成电路焊接在印刷电路板上。

图 6-25 所示的是由深圳市拓普微科技开发有限公司生产的型号为 LM19264B 的图像点阵式单色 LCD 显示器模块。其外形尺寸 108.0×55.0×12.5mm；液晶屏显示面积为 84×31mm；分辨率为 192×64 像素。驱动芯片为韩国三星公司 S6B0107 和 S6B0108。

## 6.2.7 基于 HD44780 的字符点阵式 LCD 模块

前面介绍了 3 种类型的 LCD 显示器模块及其实物图片，从中我们可以看出它们都是由 3

(a)

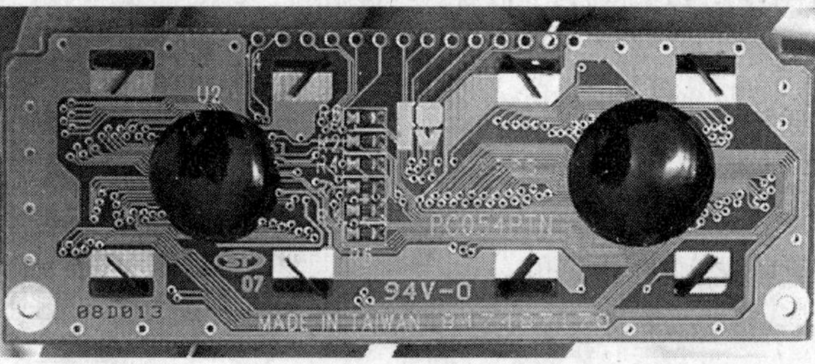


(b)

**图 6-23 16×2 字符点阵式 LCD 显示器模块**

(a)正面图 (b)反面图

(a)

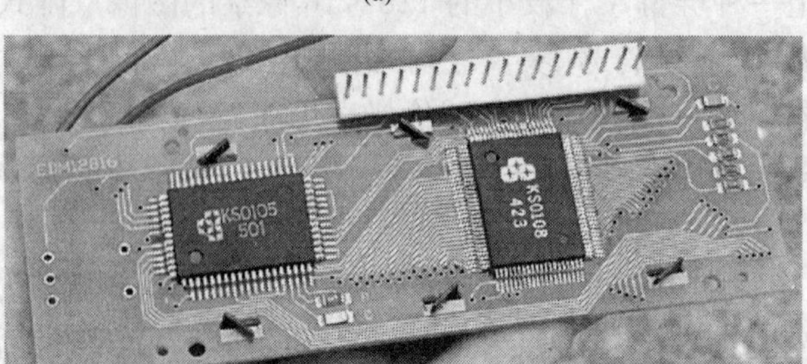


(b)

**图 6-24 128×16 图像点阵式液晶显示模块**

(a)正面图 (b)反面图

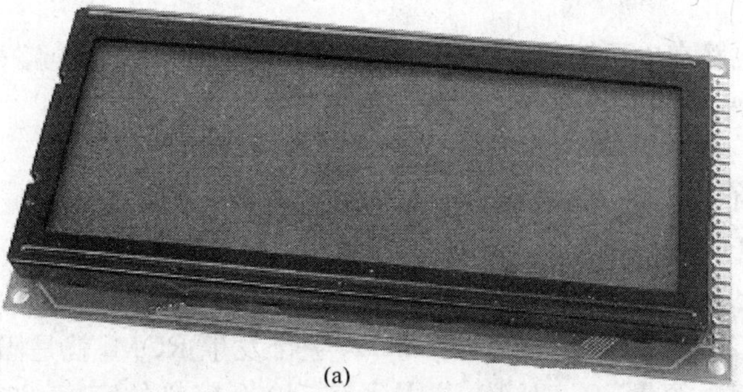

(a)

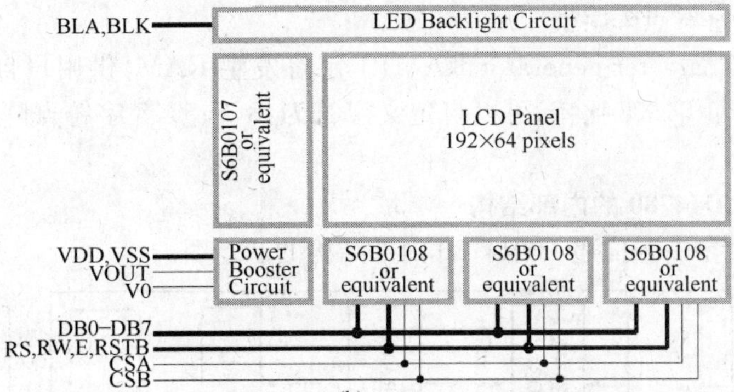


(b)

**图 6-25　320×200 图像点阵式 LCD 显示器模块**

(a)正面图　(b)内部图

个主要部分构成:液晶显示屏、印刷电路板和驱动芯片。三种类型 LCD 的主要差别一是液晶屏的显示格式不同,二是所采用的驱动芯片不同。其中驱动芯片不同才是最重要的差异。驱动芯片是构成 LCD 模块的核心部分,也是技术含量最高的部分。

目前,市场上最常见的字符点阵式 LCD 模块产品,其驱动集成电路基本都采用的是由日立公司生产的 HD44780,或者是它的兼容品。HD44780 型号几乎成了事实上的工业标准,其兼容品很多,分别由多家不同的微电子公司研制生产。例如,兼容型号 KS0066 由韩国三星公司生产;兼容型号 SPLC780,由台湾凌阳公司生产;兼容型号 ST7066U,由台湾矽创公司生产等。

**1. 驱动芯片 HD44780 的特性和存储器配置**

驱动芯片 HD44780 的性能特点:

- 能够显示 5×8 点阵字符和 5×10 点阵字符;
- 较低的工作电源电压:2.7～5.5V;
- 较宽的 LCD 驱动电压范围:3.0～11V;
- 较高的微处理器总线接口响应速度:2MHz(当 $V_{CC}$=5V);
- 两种与微处理器的接口方式:4-bit 或 8-bit 模式;
- LCD 驱动方式:16 公共信号×40 段信号;
- 较强的指令功能:清屏、光标归位、显示开/关、光标开/关、字符闪烁、光标移动、字符移动；

● 内建复位电路在电源接通之后自动初始化控制器和驱动器电路；
● 内建时钟振荡器利用外接电阻设定频率；
● 较低的电源功率消耗。

驱动芯片 HD44780 的内部具有 3 种存储器空间：

(1)DDRAM(Display Data RAM)。显示数据 RAM，用于存放显示字符的代码，可读可写，80×8 比特，最多可以显示 80 个字符。

(2)CGROM(Character generator ROM)。字符发生 ROM，就是固化有字符点阵的模型库，简称字模库，只读，容量 9920 比特，共固化有 240 个字符的字模：208 个 5×8 字符点阵字模，和 32 个 5×10 字符点阵字模。

(3)CGRAM(Character generator RAM)。字符发生 RAM，供用户自行定义特殊字符的字模，可读可写，容量 64×8 比特，可以自定义字符为：8 个 5×8 字符点阵字模，或 4 个 5×10 字符点阵字模。

**2. 驱动芯片 HD44780 的内部结构**

如图 6-26 所示是一张描述 HD44780 内部结构的示意图。

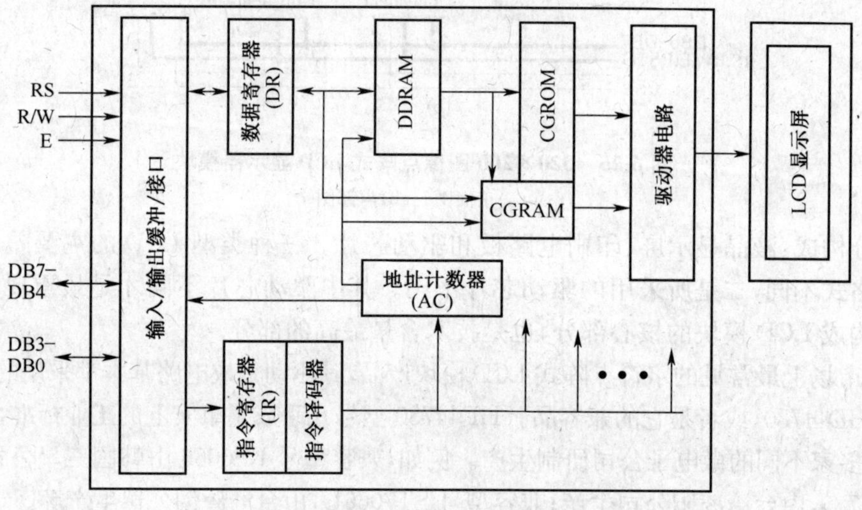


**图 6-26　HD44780 的内部结构示意图**

**3. 字符式 LCD 的字符码与字符**

CGROM 字符布局，以及 CGROM 和 CGRAM 字符码与字符的对应关系如图 6-27 所示。该图是一张 16 行×16 列的表格，左上角的“b7～b4”代表字符码的高 4 位，“b3～b0”代表字符码的低 4 位。当用户提供 8 位字符码，电路就能自动检索到对应的字符，并且送出该字符的字模点阵信息。例如，字符码“F4H”对应的字符为“Ω”。

字符码为 00H～0FH 的区间是用户可自定义的 CGRAM 空间，对于 5×8 点阵的字符，可以存放 8 组，而对于 5×10 点阵的字符，只能存放 4 组；字符码为 20H～7FH 的区间是标准的 ASCII 字符，与 ASCII 码表严格对应，例如字符码“61H”对应的字符为“a”，该区段的字符码就是 ASCII 码；字符码为 A0H～FFH 的区间是日文字符和希腊字符；其余字符码 10H～1FH 及 80H～9FH 没有定义。

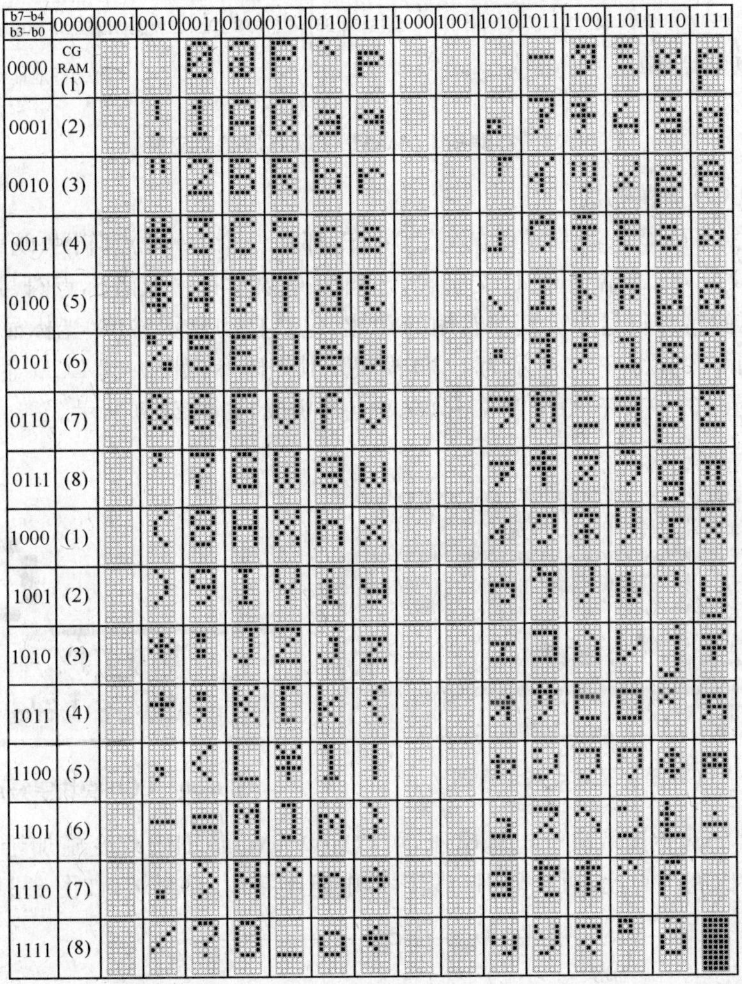


**图 6-27 CGROM(和 CGRAM)与字符的对应关系**

### 4. 存储器 DDRAM 与 LCD 显示屏的对应关系

除了 CGROM 和 CGRAM 外，LCD 内部还有一个 DDRAM 存储器。DDRAM 用于存放待显字符的字符码，其容量足够存储 80 个字符的信息，它可以被用户程序进行访问 。LCD 控制器的指令系统规定，在输送待显字符的字符码之前，先要送 DDRAM 的地址，自动对应待显字符将在屏幕上的显示位置。

如图 6-28 所示是常见的 16×2 字符型 LCD 的 DDRAM 地址与显示位置的对应关系。从该图可以看出，对于显示屏小于 80 字符的 LCD 模块，仅仅利用了 80 个字节 DDRAM 空间当中的 16×2 个字节单元。这剩余的 48 字节，其实是可以被用户程序当作 80C51 外扩 RAM，即为 XRAM 来进行挖潜和加以利用的。

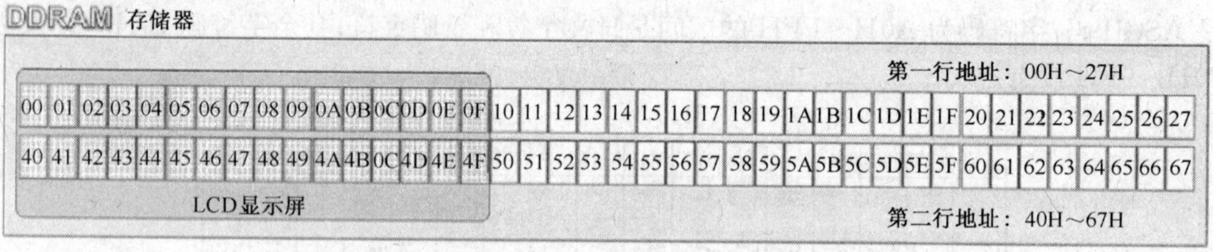


**图 6-28　存储器 DDRAM 与 LCD 屏幕对应关系**

### 5. 字符式 LCD 屏幕布局

字符点阵式 LCD 显示器所显示的每个字符，都是一个 5×8 点阵图，既可以是阿拉伯数字，也可以是英文字母、希腊字母、日文字符，还可以是数学符号或者标点符号，此外还可以是由用户自己定义的特殊符号等。其他有用的功能，包括自动显示移位、光标显示、LED 背光及其背光亮度可调等。如图 6-29 所示为 LCD 模块及其点阵示意图。其 LCD 显示屏可以显示 2 行，每行可以显示 16 个字符，每个字符由 5×8 点阵拼成，如图 6-30 所示。

**图 6-29　LCD 模块及其点阵示意图**

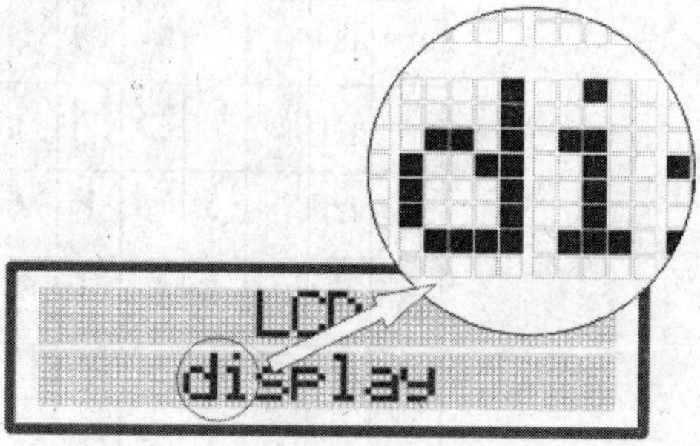


**图 6-30　LCD 模块字符点阵放大图**

LCD 显示屏的对比度取决于电源电压，可以在 0～$V_{dd}$范围内改变施加于 $V_{ee}$引脚上的外接电压来调节对比度。因此，通常采用一只微调电阻连接 $V_{ee}$信号端，如图 6-31 所示。

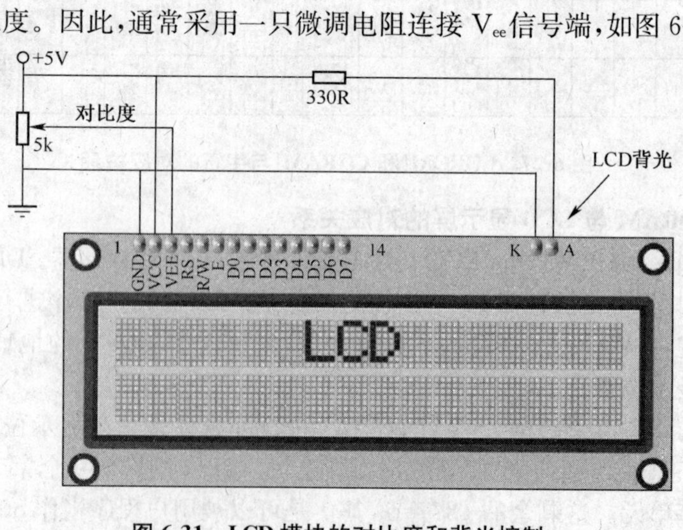


**图 6-31　LCD 模块的对比度和背光控制**

因为 LCD 显示器的液晶本身不发光，为此一些 LCD 显示屏在后面配有内置的背光板，如图 6-32 所示。如果要使用背光功能，则需要串联一只限流电阻，这里选用的是一只 330Ω 的电阻。改变该阻值可以改变背光亮度。

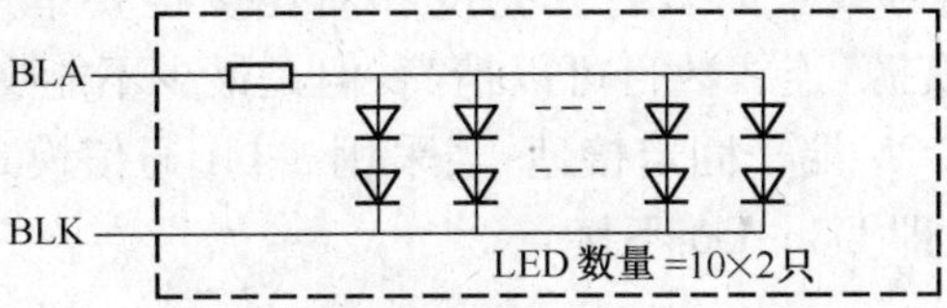


**图 6-32　LCD 模块的对比度和背光控制**

如果 LCD 显示屏不显字符，或者如果所有的字符都显示暗淡模糊，应查看用于改变对比度的电位器是否调节适当。

### 6. 字符式 LCD 模块的引脚信号

如图 6-23 所示的是一款最常用的 16×2 字符点阵式 LCD 显示器模块，其引出信号端子共有 14 个或 16 个。这些信号端子的布局和排列及其功能分配，基本上是作为标准固定下来，不同厂家生产的 LCD 模块一般都遵循该标准。14 个端子功能描述见表 6-3 所列，其中 4～14 号

**表 6-3　常用的字符点阵式 LCD 模块的引脚功能**

| 功能 | 脚号 | 脚名 | 逻辑状态 | 功能描述 |
|---|---|---|---|---|
| 接地 | 1 | Vss | — | 0V |
| 正电源 | 2 | Vdd | — | +5V |
| 对比度 | 3 | Vee | — | 0～Vdd |
| 输入控制信号 | 4 | RS | 0 | D0 ～ D7 被当作命令 |
| | | | 1 | D0 ～ D7 被当作数据 |
| | 5 | R/W | 0 | 写数据（从单片机到 LCD 模块） |
| | | | 1 | 读数据（从 LCD 模块到单片机） |
| | 6 | E | 0 | LCD 模块禁止访问 |
| | | | 1 | LCD 模块正常操作 |
| | | | 下降沿 | 数据或命令被写入 LCD 模块 |
| 并行总线写入命令或数据；读取状态或数据 | 7 | D0 | 0/1 | bit 0（LSB，最低位） |
| | 8 | D1 | 0/1 | bit 1 |
| | 9 | D2 | 0/1 | bit 2 |
| | 10 | D3 | 0/1 | bit 3 |
| | 11 | D4 | 0/1 | bit 4 |
| | 12 | D5 | 0/1 | bit 5 |
| | 13 | D6 | 0/1 | bit 6 |
| | 14 | D7 | 0/1 | bit 7（MSB，最高位） |
| | 说明：当工作于 4-bit 通信模式下，仅需要连接高 4 位 | | | |

端子用于连接单片机。

**7. 字符式 LCD 模块的接口方法**

如图 6-33 所示是字符式 LCD 模块与单片机的接口方法。从图中可以看出，LCD 模块与单片机之间连接了 11 条信号线。如果背光亮度和对比度也要单片机控制的话再多占 2 条。有时为了节省单片机引脚资源，连线数目可以精简，但是最少不能少于 6 条。例如当只向 LCD 模块发送信息时，可以把 R/W 端子固定接地；当采用 4-bit 通信模式时，LCD 模块与单片机之间的连线又可以节省 4 条，即 D3～D0 不接。

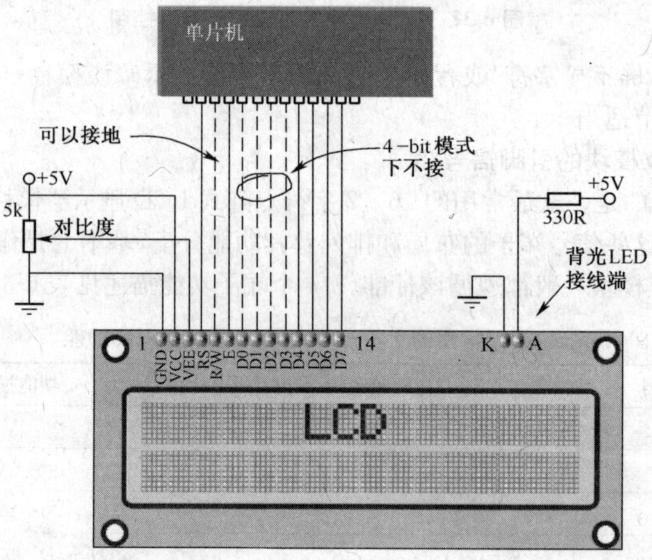


图 6-33　LCD 模块接口方法(8-bit 或 4-bit 模式选择)

**8. 字符式 LCD 模块的信号时序**

如图 6-34 所示，提供了 LCD 模块的读操作和写操作的时序波形图。在用户编写源程序时，往往需要利用软件指令来模拟这类信号时序，因此，仔细查看和认真分析这些信号时序和各个信号之间的关系十分必要。

**9. 字符式 LCD 模块的控制命令**

字符式 LCD 模块的驱动集成电路 HD44780 的操作命令共有 11 条，见表 6-4。

(1)清屏指令：01H。该指令完成下列功能：将 20H 写入 DDRAM 所有单元，使显示消失；并复位地址计数器 AC=0；光标返回显示屏第一字符位置。地址计数器 AC，是模块内的一个重要的计数器，也是一个地址指针。当向 DDRAM 单元写入数据后，AC 可以自动加 1(或自动减 1)，指向下一个相邻单元。

(2)归位指令：02H。令地址计数器 AC=0，光标返回显示屏第一字符位置，但 DDRAM 中的内容不变。

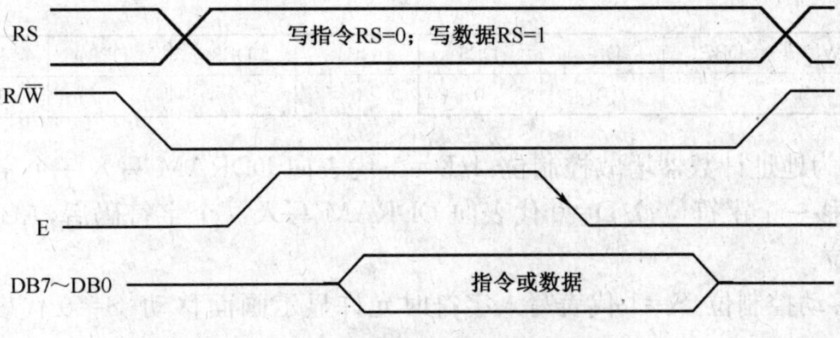


字符液晶显示模块的写时序

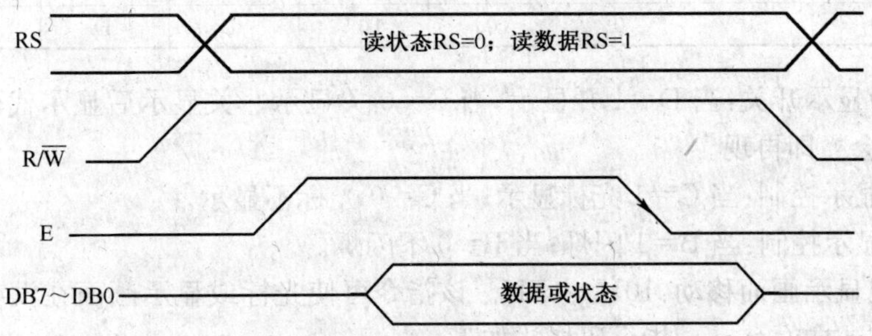


字符液晶显示模块的读时序

图 6-34 LCD 模块的读/写时序图

表 6-4 字符式 LCD 驱动芯片 HD44780 的命令列表

| 命令 | S | RW | D7 | D6 | D5 | D4 | D3 | D2 | D1 | D0 | 执行时间 |
|---|---|---|---|---|---|---|---|---|---|---|---|
| 显示清屏 | 0 | 0 | 0 | 0 | 0 | 0 | 0 | 0 | 0 | 1 | 1.64ms |
| 光标归位 | 0 | 0 | 0 | 0 | 0 | 0 | 0 | 0 | 1 | x | 1.64ms |
| 写入方式设置 | 0 | 0 | 0 | 0 | 0 | 0 | 0 | 1 | I/D | S | 40μs |
| 显示方式控制 | 0 | 0 | 0 | 0 | 0 | 0 | 1 | D | U | B | 40μs |
| 光标/画面移动 | 0 | 0 | 0 | 0 | 0 | 1 | D/C | R/L | x | x | 40μs |
| 工作方式设置 | 0 | 0 | 0 | 0 | 1 | DL | N | F | x | x | 40μs |
| CGRAM 地址设置 | 0 | 0 | 0 | 1 | CGRAM 地址 | | | | | | 40μs |
| DDRAM 地址设置 | 0 | 0 | 1 | DDRAM 地址 | | | | | | | 40μs |
| 忙闲标志读取 | 0 | 1 | BF | DDRAM 地址 | | | | | | | — |
| 写入数据 | 1 | 0 | D7 | D6 | D5 | D4 | D3 | D2 | D1 | D0 | 40μs |
| 读取数据 | 1 | 1 | D7 | D6 | D5 | D4 | D3 | D2 | D1 | D0 | 40μs |

(3)输入方式设置指令：04H～07H 。该指令用于设置显示字符的输入方式。指令码格式

如下：

| RS | R/W | DB7 | DB6 | DB5 | DB4 | DB3 | DB2 | DB1 | DB0 |
|---|---|---|---|---|---|---|---|---|---|
| 0 | 0 | 0 | 0 | 0 | 0 | 0 | 1 | I/D | S |

其中，I/D 为地址计数器增减控制位：I/D=1 代表向 DDRAM 写入一个字符码后，AC 自动加 1，光标右移一个字符位；I/D=0 代表向 DDRAM 写入一个字符码后，AC 自动减 1，光标左移一个字符位。

S 为画面移动控制位：S=1 代表写入字符时允许显示画面移动；S=0 代表写入字符时显示画面不移动。

(4)显示开关控制：08H～0FH。指令码格式如下：

| RS | R/W | DB7 | DB6 | DB5 | DB4 | DB3 | DB2 | DB1 | DB0 |
|---|---|---|---|---|---|---|---|---|---|
| 0 | 0 | 0 | 0 | 0 | 0 | 1 | D | C | B |

其中，D 为显示开关：当 D=1 开显示；当 D=0 关显示。关显示后显示代码仍在 DDRAM 中；开显示后，会立即再现。

C 为光标显示控制：当 C=1 光标显示；当 C=0 光标不显示。

B 为闪烁显示控制：当 B=1 闪烁；当 B=0 不闪烁。

(5)光标或显示画面移动：10H～1FH。该指令可使光标或显示画面在没有读写显示数据的情况下，向左或向右移动。指令码格式如下：

| RS | R/W | DB7 | DB6 | DB5 | DB4 | DB3 | DB2 | DB1 | DB0 |
|---|---|---|---|---|---|---|---|---|---|
| 0 | 0 | 0 | 0 | 0 | 1 | S/C | R/L | X | X |

其中，S/C 移位控制位：S/C=1 代表显示移位；S/C=0 代表光标移位。

R/L 移位方向控制位：R/L=1 代表右移；R/L=0 代表左移。

(6)工作方式设置：20H～3FH。

该指令是字符式 LCD 模块的初始化指令。指令码格式如下：

| RS | R/W | DB7 | DB6 | DB5 | DB4 | DB3 | DB2 | DB1 | DB0 |
|---|---|---|---|---|---|---|---|---|---|
| 0 | 0 | 0 | 0 | 1 | DL | N | F | X | X |

其中，DL 为接口模式设置位：当 DL=1 数据总线为 8-bit，使用全部 DB7～DB0；当 DL=0 数据总线为 8-bit ，仅仅使用 DB7～DB4，8 位数据要分 2 次传送。

N 为显示字符行数设置位：当 N=0 为 1 行；当 N=1 为 2 行；

F 为显示字符字体设置位：当 F=0 为 5×8 点阵；当 F=1 为 5×10 点阵。

**注意**：该指令还是软件复位指令。软件复位的方法是向 LCD 模块写入 3 条 30H 指令，每条 30H 指令之间需加入延时，时间大于 4.1μs。HD44780 在操作前必须先复位。

(7)CGRAM 地址设置：40H～7FH。指令码格式如下：

| RS | R/W | DB7 | DB6 | DB5 | DB4 | DB3 | DB2 | DB1 | DB0 |
|---|---|---|---|---|---|---|---|---|---|
| 0 | 0 | 0 | 1 | ACG5 | ACG4 | ACG3 | ACG2 | ACG1 | ACG0 |

CGRAM 是 LCD 模块中用于存放用户自定义字符点阵字模库的存储器，地址为 00H～3FH，共 64 个字节。用户可以利用它自定义 8 个 5×8 点阵的字模信息，或 4 个 5×10 的点阵字模信息。前者每个字符的点阵占用 CGRAM 的 8 个字节；后者每个字符的点阵占用 CGRAM 的 16 个字节。当用户需要向 CGRAM 写入点阵字模时，需要先设置 CGRAM 地址。本指令中的 ACG5～ACG0 就是欲设置的 6 位 CGRAM 地址，该地址被送入地址计数器 AC 中。随后对 CGRAM 进行的读/写操作，就是从此新址开始的。

(8)DDRAM 地址设置：80H～FFH。指令码格式如下：

| RS | R/W | DB7 | DB6 | DB5 | DB4 | DB3 | DB2 | DB1 | DB0 |
|---|---|---|---|---|---|---|---|---|---|
| 0 | 0 | 1 | ADD6 | ADD5 | ADD4 | ADD3 | ADD2 | ADD1 | ADD0 |

本指令用于设置 DDRAM 的地址，该地址被送入地址计数器 AC 中。随后对 DDRAM 进行的写读操作，就是从此新地址开始的。

(9)读取忙闲标志 BF 和地址计数器 AC。指令码格式如下：

| RS | R/W | DB7 | DB6 | DB5 | DB4 | DB3 | DB2 | DB1 | DB0 |
|---|---|---|---|---|---|---|---|---|---|
| 0 | 1 | BF | AC6 | AC5 | AC4 | AC3 | AC2 | AC1 | AC0 |

当 RS=0、R/W=1、E=1 时，LCD 模块经 DB7 输出忙闲标志 BF，经 DB6～DB0 输出地址计数器 AC 的值。

当 BF=1 表示模块的显示驱动控制电路忙，不能接收新的指令或数据；当 BF=0 表示模块的显示驱动控制电路闲，可以接收指令或数据。单片机在向模块写指令或数据前，应该先查询 BF 的状态。

读出的 AC6～AC0 是 AC 的当前值。该值所指的存储器与前一条指令操作的存储器相同，原因是 AC 为存储器 CGRAM 和 DDRAM 所公用的。

(10)向 LCD 模块写数据。指令码格式如下：

| RS | R/W | DB7 | DB6 | DB5 | DB4 | DB3 | DB2 | DB1 | DB0 |
|---|---|---|---|---|---|---|---|---|---|
| 1 | 0 | D7 | D6 | D5 | D4 | D3 | D2 | D1 | D0 |

当 RS=1、R/W=0、E 出下降沿时，将把单片机送至总线接口 DB7～DB0 上的数据写入 LCD 模块。

若 AC 为 DDRAM 的地址指针，数据被写入 DDRAM 中；若 AC 为 CGRAM 的地址指针，数据被写入 CGRAM 中。写入的数据先进入模块中的数据寄存器 DR 中，再由模块的内部操作自动送入 AC 所指单元中。

(11)从 LCD 模块读数据。指令码格式如下：

| RS | R/W | DB7 | DB6 | DB5 | DB4 | DB3 | DB2 | DB1 | DB0 |
|---|---|---|---|---|---|---|---|---|---|
| 1 | 1 | D7 | D6 | D5 | D4 | D3 | D2 | D1 | D0 |

当 RS=1、R/W=1、E=1 时，AC 所指的 DDRAM 或 CGRAM 单元的内容被读出。读出的数据先进入模块中的数据寄存器 DR 中，再由模块的内部操作自动送至总线接口 DB7～DB0 上。

**10. 字符式 LCD 模块的编程方法**

字符 LCD 模块的程序编写主要有两方面的内容：一是向模块写入有关指令，设定其初始状态、工作方式、显示格式、数据长度、内部 RAM 地址等；二是向模块写入数据，亦将所显示字符的代码写入模块的显示存储器 DDRAM 中。DDRAM 的一个存储单元与屏幕上一个字符位置对应。其对应关系如图 6-28 所示。

例如，若在 LCD 显示屏上第一个字符位置上显示“A”，只需向 DDRAM 的 00H 单元写入代码“41H”即可。字符 LCD 模块可显示的符号及其代码如图 6-27 所示，英文字母和数字的代码与 ASCII 码相同。

总之在 LCD 的某一特定位置显示某一特定字符时，一般要遵循“先指定地址，后写入内容”的原则。但如果希望在 LCD 上显示一串连续的字符，并不需要每次写字符码之前都指定一次地址，因为 AC 具备自增或自减功能。

对初学者来说，只要记住在将 E 信号端置高电平之前，先设置好 RS 和 R/W 信号，在 E 输出下降沿之前，准备好要写的命令字或数据。只需在适当的地方加上适当的延时，就可以满足要求。

如图 6-35 是一种初始化程序流程图，供读者参考。

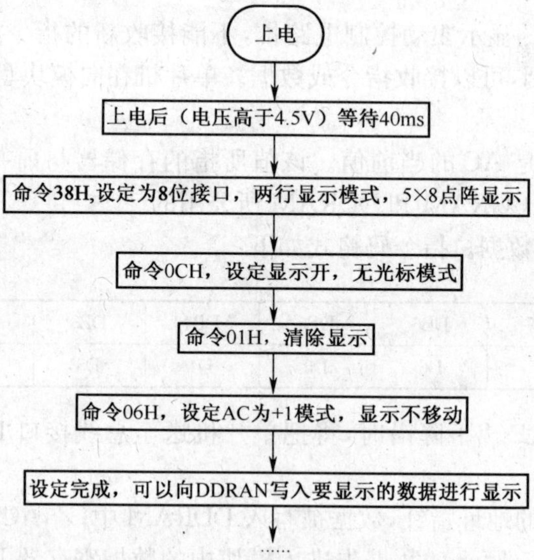


**图 6-35　初始化流程图**

在初始化程序段之后，即可开始送显了。在写入要显示的字符时，可以直接采用“80H+XXH”的命令字合成方式。其中 80H 即设定 DDRAM 地址的指令码，XXH 则为所设定的地址码。例如，想在第 2 行的第 3 列写入一个字符，就先把 C2H 写入 LCD 模块来设定地址。

**11. 存储器 CGRAM 的编程方法**

除了标准字符之外，LCD 模块还可以显示用户自定义的任意符号，只要在尺寸上不超过 5×8像素。借助于 CGRAM(64 字节存储器)就可以实现。

存储器单元为 8 比特宽，而这里仅仅利用其低 5 位。一个单元当中的每个逻辑 1 对应屏幕上一个可见黑点，而每 8 个单元组合在一起对应一个屏幕字符。如图 6-36 所示是定义 5×8 字符和图形的情况。

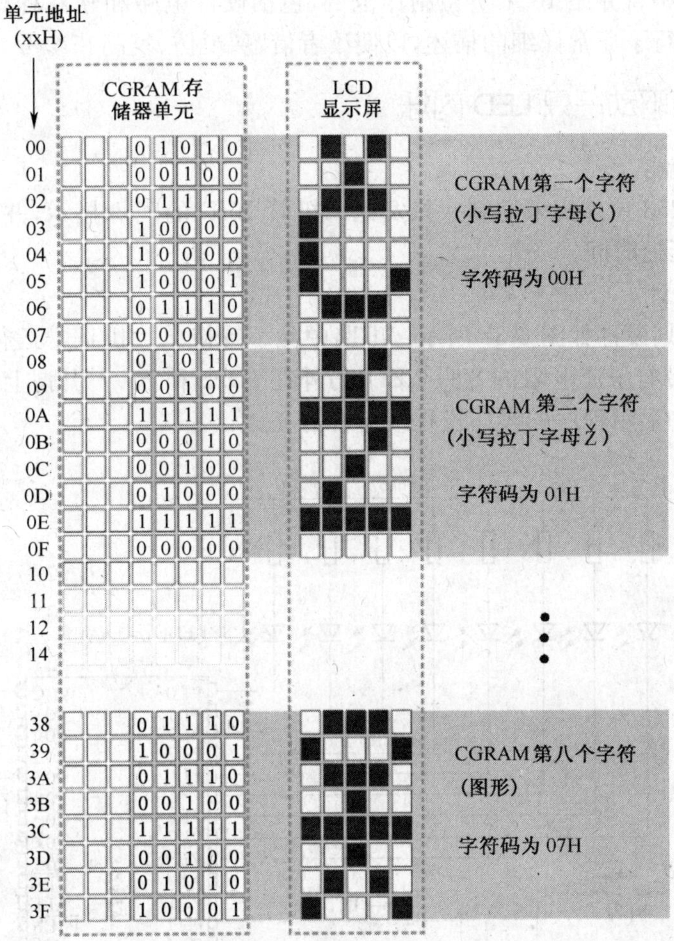


**图 6-36　自定义字符举例**

通常，自定义字符在程序开头部分完成，就是简单地往 CGRAM 存储器的单元中写入一串“0”和“1”以便在 LCD 屏幕上得到预期的字符或符号或图形。为了使这些字符得到显示，只需指定它们的字符码就够了。如图 6-27 所示的 CGROM 字符布局图，其中的第一列与这里介绍的自定义符号相对应。在这个例子中，利用字符码 00H 可以索引和显示“**č**”，利用字符码 01H 可以索引和显示“**ž**”……利用字符码 07H 可以索引和显示“”。

一般的开发项目中，很少需要自定义符号，因此 CGRAM 存储器很少被使用。这时 64 字节的 CGRAM 存储空间似乎就成了多余，其实是可以被用户程序当作 80C51 的一种非常规外扩 RAM 来进行挖潜和加以利用的。

## 6.3 实验开发范例

在这部分内容中将介绍 18 个实验制作范例，包括硬件电路和软件程序，尤其是对于下面第一个实验范例进行了非常详细的描述，以便读者借鉴、模仿、复制和参考。

### 6.3.1 如何驱动一只 LED 闪烁

**1. 实验项目功能**

利用 AT89S8253 单片机来控制一只发光二极管 LED 的闪烁显示，并且亮态和灭态各自维持大约 0.5s 的延迟时间。

**2. 硬件电路设计**

硬件电路的规划设计如图 6-37 所示。电路中除了维持单片机正常运行的必要元件，还在端口 P1 上连接了带有限流电阻的 8 只 LED，另外在 P3.2 和 P3.3 引脚上连接了 2 只按钮开关，以便用来控制和显示程序的操作过程或运行情况。

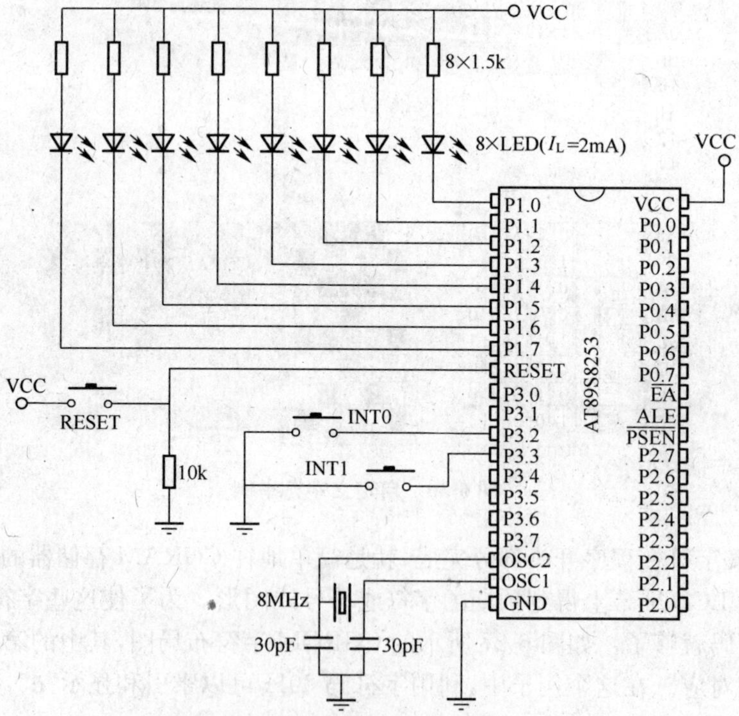


图 6-37 硬件电路原理图

所有 LED 的极性按图中这样连接，将由单片机端口引脚输出低电平时被点亮。其实，本实验中仅仅用到 P1.0 引脚的一只 LED，其他 LED 和按钮开关将在几个后续实验中会被用到。

**3. 软件算法设计**

为了使一只 LED 闪烁发光，必须提供一个足够的延时去控制 LED 在亮态和灭态之间以适当的节奏切换。这里的延时是通过执行一个称为“Delay0”的延时子程序实现的。它是一个三重循环结构的子程序，产生大约 0.5s 的延迟时间，这取决于三个循环次数计数寄存器 R0、R1 和 R2 的初始值。每次从子程序返回后，端口引脚 P1.0 的状态都被翻转一次，这一过程被不断重复下去。

**4. 汇编程序清单**

```
;*************************************************
;* 程序名称：Delay.ASM
;* 功能简介：把连接于引脚 P1.0 的 LED 循环点亮与熄灭。
;*          编程方法应用了软件延时(Delay)。
;*************************************************
;基本伪指令
$MOD53                              ;设定汇编器目标机型为 AT89S8253
$TITLE(DELAY.ASM)                   ;列表输出程序清单时标题为 DELAY.ASM
$PAGEWIDTH(132)                     ;列表输出程序清单时幅宽定义为 132 列
$DEBUG                              ;将供仿真器用的调试信息加入目标文件中
$OBJECT                             ;允许产生目标文件(即.obj 文件)
$NOPAGING                           ;列表文件不分页
;堆栈区间设定
        DSEG   AT   3FH             ;定义从 RAM 的 3FH 单元为开始
STACK_START:
        DS     040H                 ;为堆栈区间预留 40H 个 RAM 单元
;复位矢量设定
        CSEG   AT   0               ;复位矢量为 0000H
        JMP    XRESET               ;跳转到主程序，绕开中断矢量密布区域
        ORG    0100H                ;主程序在 ROM 中开始存放之处
XRESET: MOV    SP,#STACK_START      ;给堆栈指针 SP 赋初值(3FH)
        MOV    P1,#0FFH             ;定义端口 P1 所有引脚为输入状态
LOOP:
        CPL    P1.0                 ;端口引脚 P1.0 状态给取反
        LCALL  Delay0               ;调用延时子程序 Delay0
        SJMP   LOOP                 ;无条件跳转到 LOOP，构成主循环
;=====================================
Delay0:                             ;500 ms 延时子程序
```

```
        MOV     R2,#20          ;外循环变量 R2 赋初值
F02:    MOV     R1,#50          ;中循环变量 R1 赋初值(25ms)
F01:    MOV     R0,#230         ;内循环变量 R0 赋初值
        DJNZ    R0,$            ;R0 减 1 如果不为 0,循环
        DJNZ    R1,F01          ;R1 减 1 如果不为 0,循环
        DJNZ    R2,F02          ;R2 减 1 如果不为 0,循环
        RET                     ;循环结束,子程序返回
;***********************************************************
        END                     ;源程序结束
```

**5. 补充说明**

(1)程序出现的一些伪指令,比如 $TITLE(DELAY.ASM) 等,这些伪指令即使不用也无妨,对于初学者来说,可以忽略。

(2)在初学者编写的程序中,如果还没有用到 AT89S8253 的特殊功能,也就是超出标准 8051 的特殊部分,伪指令 $MOD53 也是可以省略的。另外需要注意有的伪指令对于不同版本的汇编器还存在兼容问题。

(3)因为本例程序没有用到单片机的中断功能,所以与中断矢量、堆栈区域、堆栈指针有关的语句也可以省略。

(4)由于 8051 单片机初次上电或者复位之后,都会自动把各个并行端口设定为输入状态,也就是高阻状态,以避免端口引脚上意外出现过电流现象。因此"MOV P1,#0FFH" 语句可省。

(5)在进行了以上省略和简化之后,汇编程序清单可以为以下的样子:

```
;****************************************************************
;* 程序名称:Delay.ASM
;* 功能简介:把连接于引脚 P1.0 的 LED 循环点亮与熄灭。
;*          编程方法应用了软件延时(Delay)。
;* 调试通过:2010-11-20
;****************************************************************
        ORG         0000H           ;复位矢量为 0000H
LOOP:
        CPL         P1.0            ;端口引脚 P1.0 状态给取反
        LCALL       Delay0          ;调用延时子程序 Delay0
        SJMP        LOOP            ;无条件跳转到 LOOP,构成主循环
;==================================================
Delay0:                             ;500ms 延时子程序
        MOV         R2,#20          ;外循环变量 R2 赋初值
F02:    MOV         R1,#50          ;中循环变量 R1 赋初值(25 ms)
F01:    MOV         R0,#230         ;内循环变量 R0 赋初值
        DJNZ        R0,$            ;如果不为 0 R0 减 1,循环
```

```
    DJNZ        R1,F01          ; 如果不为 0 R1 减 1,循环
    DJNZ        R2,F02          ;如果不为 0 R2 减 1,循环
    RET                         ; 循环结束,子程序返回
;************************************************
    END                         ; 源程序结束
```

**6. 程序调试方法**

这里介绍在 μVision2 集成开发环境下创建源文件、编辑源程序、创建项目、生成目标文件、调试目标程序的具体过程和技巧,并且是先用软件模拟器预调,后用硬件仿真器统调。关于 μVision2 集成开发环境的详细使用方法参见第 8 章。

第一步:启动 μVision2 并且进入集成开发环境,在进入后如果系统自动打开了此前已经创建的其他项目,则需要利用菜单命令Project>Close Project关闭该项目。

第二步:利用菜单命令File>New…来创建和录入汇编语言源文件,然后再利用菜单命令File>Save as…来命名(假设命名为 Delay. ASM,必须指明扩展名为 ASM 或 A51),保存源文件到专门为该项目建立的一个文件夹中。

第三步:利用命令Project>New Project…创建一个项目(假设命名为 001. UV2),并选定基本型号 Generic/8051 为目标单片机,然后把预先创建的源程序文件添加到该项目中。方法是利用鼠标右键点击项目窗口的 Files 卡页内的"Source Group 1"子目录,在弹出的浮动菜单中选择命令 Add Files to Group 'Source Group 1' 。

第四步:为了在 μVision2 开发环境下提高调试效率,对于源程序可以进行一些临时性改动。例如,把 3 条给循环变量 R0~R2 赋初值的语句中,3 个带"#"号的数值都临时改为"#1",可以使延时子程序的延时大大缩短。

第五步:利用菜单命令Project>Build Target或图标按钮来制作与源文件同名的 LST 列表文件、OBJ 目标文件,以及与项目同名的 OMF 调试目标文件(无扩展名)、M51 列表文件、HEX 最终目标文件等。

第六步:利用菜单命令Debug>Start/Stop Debug Session或图标按钮来开启调试界面,并且下载用户程序到虚拟调试器的缓冲区。

第七步:利用菜单命令Peripherals>I/O-Ports>Port 1来打开一个小小的虚拟并行端口 P1 对话框,如图 6-38 所示,并且建议布局在调试界面的右上角,如图 6-39 所示。其中打钩的位代表逻辑 1 或高电平,对应本例就是接在引脚上的 LED 为灭态。

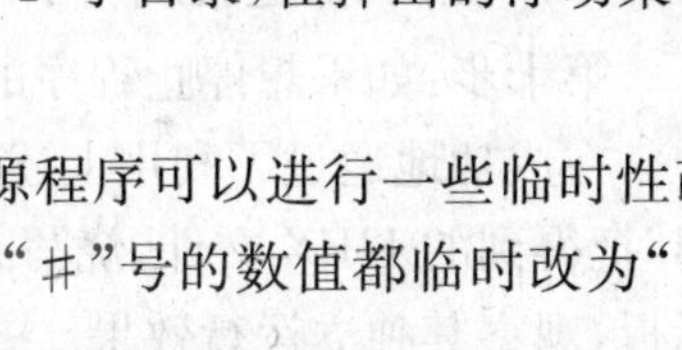


图 6-38 虚拟并行端口 P1 对话框

第八步:点击主窗口标题栏以确定其为当前窗口。按动或者按住{F10}键,以单步或连续单步方式运行用户程序。同时注意观察虚拟端口 P1 对话框内容的变化,是否符合预先设想的结果,如图 6-40 所示。

第九步:点击工具栏中的图标按钮,或者按一下【F5】键,以连续方式运行用户程序。这时可以看到端口 P1 对话框

图 6-39 LED 闪烁显示程序的调试界面

中的 bit0 在闪烁，这就成功了。

第十步：如果想停止程序的运行，就点击一下工具栏中的图标按钮⊗即可。

在成功地通过了利用上述 μVision2 集成开发环境的调试之后，就可以利用各种"烧写编程器"把得到的 HEX 文件，烧写到目标单片机 AT89S8253 内部，然后加电给插接着单片机的目标板，观察其独立运行效果。

## 6.3.2 看门狗 WDT 的应用方法

### 1. 实验项目功能

本例介绍和验证了看门狗使用不当的一个具体示例。这里把看门狗定时器的定时周期设定为 1024ms，假设时钟频率为 12MHz，但是由于在程序的主循环中有意没有安置喂狗指令，即看门狗清零指令，结果使得看门狗总是能够毫无阻拦地溢出，并且每溢出一次就导致单片机复位一次。单片机每次复位，程序计数器 PC 都被清零，使得程序重新从头开始执行，但是包括通用寄存器 R0～R7 在内的 RAM 空间的内容却能够维持不变。单片机每次从头执行程序，都把 R3 的内容加 1，并且送到端口 P1 及其外接的 LED 上去显示，是以二进制形式显示。

硬件电路原理图仍然参考图 6-37 所示电路。

### 2. 汇编程序清单

```
;************************************
;* 程序名称：WatchDog. ASM
;* 功能简介：每次看门狗复位之后，都将 R3 的内容加 1，并且送到并口 P1 上
;*         以二进制形式显示出来
```

```
;* 调试通过：2010-12-01
;********************************************
WDTCON   DATA   96H              ；定义看门狗控制寄存器的地址
WDTEN    EQU    00000001B        ；定义看门狗定时器的使能控制字
WSWRST   EQU    00000010B        ；定义看门狗定时器的清零控制字
PERIOD   EQU    11000000B        ；通常看门狗定时周期定为 1024ms
         ORG    0000H            ；复位矢量为 0000H
         JMP    RESET            ；跳转到主程序
         ORG    0100H            ；主程序在 ROM 中开始存放之处
RESET:   ORL    WDTCON,#PERIOD   ；设置看门狗定时周期
         ORL    WDTCON,#WDTEN    ；看门狗定时器被使能
         MOV    A,R3             ；读取寄存器 R3 的内容
         MOV    P1,A             ；转送到 P1 并口
         INC    R3               ；R3 内容加 1
LAB:     NOP                     ；不作任何事情
         ORL    WMCON,# WSWRST   ；看门狗定时器被清零
         SJMP   LAB              ；原地踏步，等待看门狗溢出复位单片机
;********************************************
         END                     ；汇编程序结束
```

**3. 程序调试方法**

这里仍然在 μVision2 集成开发环境下进行虚拟仿真调试程序，具体操作过程与上例相同的部分不再重复。程序调试界面如图 6-40 所示。

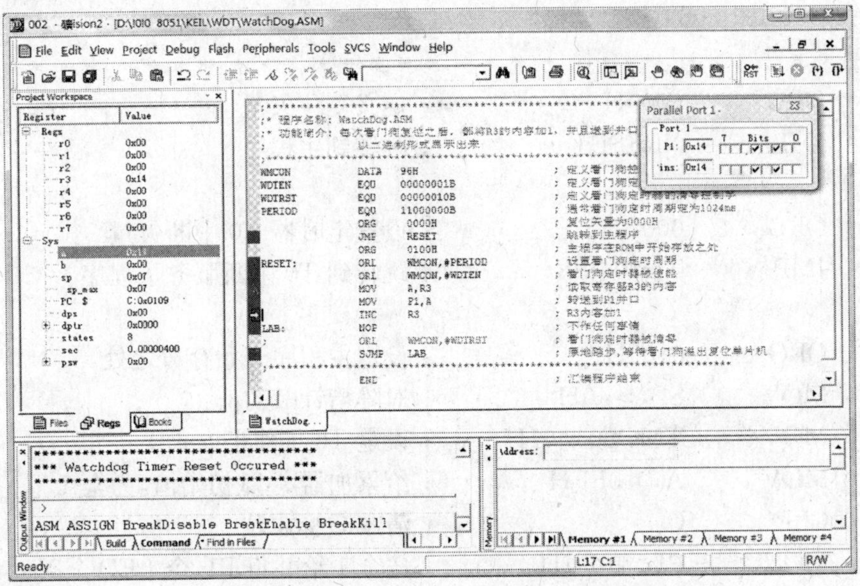


**图 6-40　看门狗 WDT 的应用程序调试界面**

可以在“INC R3”语句上放置一个断点后，不停地启用连续运行命令，这时就会看到端口 P1 对话框中的二进制显示数值在不停地累计。

如果在程序的主循环之中放置一条喂狗指令，就是在“NOP”指令之后放置一条指令“ORL WMCON，# WDTRST”，然后重新按上述同样的方式运行程序，看到的结果却完全不同了。因为这时看门狗被不停地清零，使其没有溢出的机会，也就不会再导致单片机的复位。

### 6.3.3 定时器 T0 方式 1 的用法

**1. 实验项目功能**

验证工作于方式 1 的定时器 T0 的定时功能，及其溢出中断功能。本例程序实现 8 只 LED 流水灯的显示效果。

在本例中，主程序是一个无限循环程序，绝大部分时间都在原地踏步，等待定时器 T0 溢出中断。定时器每次完成一个定时周期，都会向 CPU 请求中断服务，执行中断服务子程序 TIM0-ISR。在该程序中完成把端口 P1 上的逻辑 0 右移一位的操作。可以看到连接于 P1 端口的 8 只 LED 当中只有一只被点亮，并且是 T0 每溢出一次，亮灯位置右移一位。

这是另一种演示单片机工作速度的方式，因为每次移位意味着定时器 T0 累计了 $2^{16}=65536$ 个脉冲，也就是机器周期，即为 65536×12 个时钟振荡周期的时间。

硬件电路原理图仍然参考图 6-37 所示电路。

**2. 汇编程序清单**

```
;***********************************************************
;* 程序名称：Tim0Mod1.ASM
;* 功能简介：循环移动一个“0”并且输出到并口 P1 和显示在 LED 上。
;*           这里用到了定时器 T0，并且工作于方式 0。
;* 调试通过：2010-12-08
;***********************************************************
          ORG     0000H          ；定义复位矢量
          JMP     XRESET         ；跳转到主程序
;
          ORG     000BH          ；设置定时器 T0 中断矢量
          JMP     TIM0_ISR       ；跳转到 T0 中断服务子程序
;
          ORG     0100H          ；设定主程序开始存放之处
XRESET：  MOV     SP，#40H       ；对阵指针赋初值
          MOV     TMOD，#01H     ；设定 T0 工作于方式 1
          MOV     A，#0FFH       ；给累加器 A 赋初始值，为全 1
          CLR     C              ；清零 C 标志位
          MOV     P1，#0FFH      ；送全 1 给并口 P1，令 LED 全灭
          SETB    TR0            ；启动定时器 T0 开始计时
```

```
        MOV     IE,#82H             ;允许 T0 溢出时请求 CPU 中断
LOOP1:  SJMP    LOOP1               ;原地踏步,动态停机,等待中断
;==================================================================
;定时器 T0 每次溢出时的中断服务程序
TIM0_ISR: RRC   A                   ;把 A 内容连同 C 标志位循环右移
        MOV     P1,A                ;将 A 内容送并口 P1 显示
        RETI                        ;中断返回
;******************************************************************
        END                         ;汇编程序结束
```

**3. 程序调试方法**

本例在南京万利的 MedWin(V2.39 中文版)集成开发环境下进行虚拟仿真调试程序,程序调试界面如图 6-41 所示。这里打开了两个虚拟外设对话框,即定时器 T0 和端口对话框。

先在 RETI 指令上设置一个运行断点,然后点击连续运行命令 ▸ 来执行程序,可以在端口对话框中看到一只处于灭态的小灯,并且每点击 ▸ 一次都会右移一位。需要注意的是图 6-41 中的灭灯对应图 6-37 硬件电路中的亮灯。

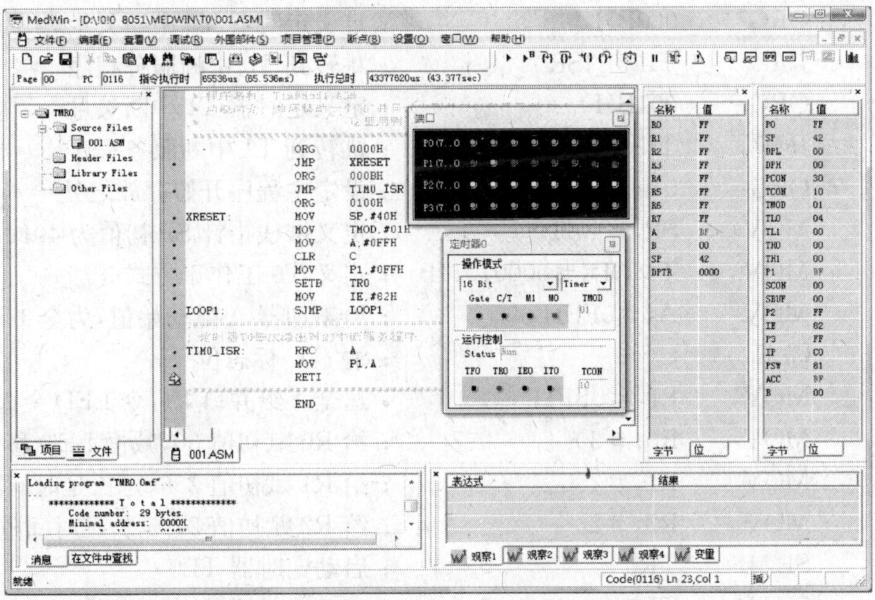

图 6-41 定时器 T0 的应用程序调试界面

## 6.3.4 定时器 T0 方式 3 的用法

**1. 实验项目功能**

验证工作于方式 3 的定时器 T0 的定时功能,及其溢出中断功能。本例程序实现 8 只 LED 流水灯的显示效果,并且流动的方向还会定时改变。

与上一个范例类似，本例程序也是把绝大部分时间都花在了原地踏步和等待中断上，即无限循环 LOOP1 中原地转圈。由于把一个原本是 16 位宽的定时器 T0 给拆分成了 2 个 8 位宽的定时器 TL0 和 TH0，因此也就有了 2 个中断源。

定时器 TL0 用于控制并口 P1 上的 8 只 LED 的移动速度；定时器 TL0 用于控制 LED 的移动方向。对于本例来说，因为 8 位定时器的定时周期不够大，所以就为 TL0 增设了一个溢出次数计数器 R0，为 TH0 增加了 2 个溢出次数计数器 R1 和 R2。

**2. 汇编程序清单**

```
;*******************************************
;* 程序名称：Split.ASM
;* 功能简介：设定定时器 T0 工作于方式 3，即把 16 位定时器 T0 分解为 2 个 8 位定时器
;*          TL0 和 TH0。TL0 用来移位端口 P1 的 LED，TH0 用来决定移动方向。
;* 调试通过：2010-12-08
;*******************************************
DIRECTION   BIT     F0                  ；用户自定义一个移位方向标志位
            ORG     0000H               ；定义复位矢量
            JMP     XRESET              ；跳转到主程序
            ORG     000BH               ；定义定时器 T0 中断矢量
            JMP     TIM0_ISR            ；跳转到 T0 中断服务程序
            ORG     001BH               ；定义定时器 T1 中断矢量
            JMP     TIM1_ISR            ；跳转到 T1 中断服务程序
            ORG     0100H               ；设定主程序开始存放之处
XRESET：    MOV     SP,#40H             ；定义堆栈指针 SP 初值为 40H
            MOV     TMOD,#00001011B     ；定义 T0 工作于方式 3
            MOV     A,#0FFH             ；给累加器 A 赋初始值，为全 1
            CLR     C                   ；清零 C 标志位
            MOV     P1,#0FFH            ；送全 1 给并口 P1，令 LED 全灭
            MOV     R0,#30              ；给 R0 赋初值 30，减慢 LED 移位速度
            MOV     R1,#256             ；给 R1 赋初值 256，延长延时间隔
            MOV     R2,#2               ；给 R2 赋初值 2，延长延时间隔
            SETB    TR0                 ；启动定时器 TL0
            SETB    TR1                 ；启动定时器 TL1
            MOV     IE,#8AH             ；允许 T0 和 T1 中断请求
            CLR     DIRECTION           ；清 0 方向控制位，这时为右移
LOOP1：     SJMP    LOOP1               ；原地踏步，动态停机，等待中断
;===========================================
TIM0_ISR：                              ；T0 中断服务程序
            DJNZ    R0,LAB3             ；减慢移动速度 30 倍
```

```
          JB      DIRECTION,LAB1     ；检测方向标志位，为 1 则跳
          RRC     A                  ；否则右移 A 连同 C
          SJMP    LAB2               ；跳转，去执行送显
LAB1：    RLC     A                  ；左移 A 连同 C
LAB2：    MOV     P1,A               ；把 A 内容送到端口 P1 上显示
          MOV     R0,＃30            ；重新给 R0 赋初值
LAB3：    RETI                       ；中断返回
;=========================================================
TIM1_ISR：                           ；T1 中断服务程序
          DJNZ    R1,LAB4            ；增加延时 256 倍
          DJNZ    R2,LAB4            ；再增加延时 2 倍
          CPL     DIRECTION          ；方向标志位取反
          MOV     R2,＃2             ；为寄存器 R2 重新赋值
LAB4：    RETI                       ；中断返回
;*************************************************
          END                        ；汇编程序结束
```

**3. 程序调试方法**

本例在 μVision2 集成开发环境下进行虚拟仿真调试程序，程序调试界面如图 6-42 所示。打开了 2 个虚拟外设对话框，即定时器 T0 和端口 P1 对话框。

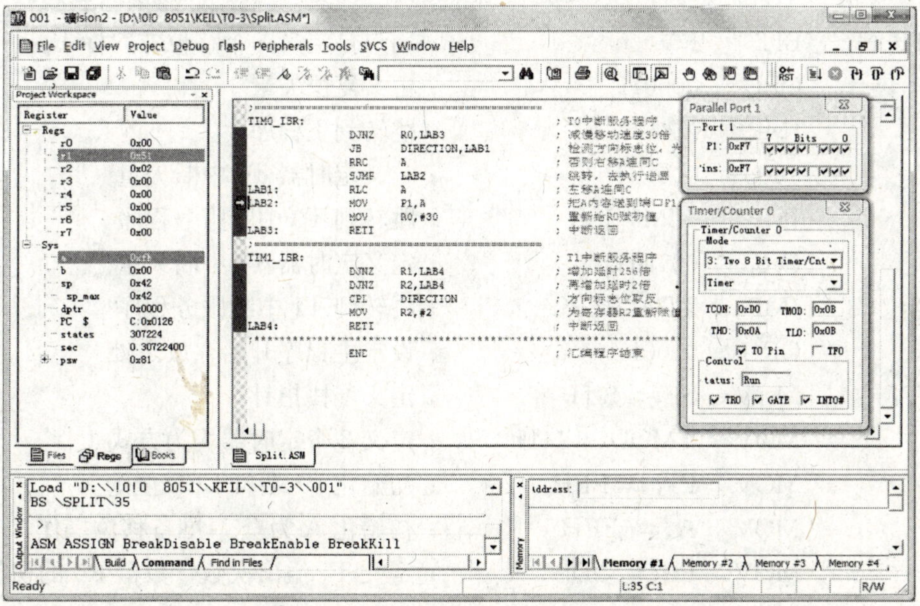


图 6-42 定时器 T0 一分为二的应用程序调试界面

先在"LAB2：MOV P1，A"指令上设置一个运行断点，然后点击连续运行命令 来执行程

序，可以在端口 P1 对话框中看到出现一个空白窗格，代表一只处于亮态的 LED，并且每点击一次它都会移动一位。先是右移，在移动 2 圈之后，改变移动方向为左移，再移动 2 圈之后，再次改变移动方向……周而复始。

### 6.3.5 同时利用定时器 T0 和 T1 的方法

**1. 实验项目功能**

这个实验项目可以认为是上一个实验的延续，它们具有相同的设计思路，不同的只是本例应用了两个独立的 16 位宽的定时器 T0 和 T1。为了在同一个端口 P1 上同时展现出两个定时器共同发挥作用，就用 T0 的每次溢出复位来控制 P1 上逻辑 0(对应的一只 LED 被点亮)的循环移位；而用 T1 的每次溢出复位来控制 P1 上循环移位的方向。

与前例类似，本例程序也是把绝大部分时间都花在了原地踏步，即在 LOOP1 的无限循环中原地转圈，以便等待由定时器每次溢出复位而引起的中断请求。

**2. 汇编程序清单**

```
;*************************************************************
;* 程序名称：Tim0Tim1.ASM
;* 功能简介：利用定时器 T0 来定时控制端口 P1 外接 LED 的循环移动的速度；利用定时器
;*          T1 来定时改变 LED 移动的方向。两个定时器均定义为工作方式 1。
;* 调试通过：2010-12-08
;*************************************************************
DIRECTION   BIT    F0              ；用户自定义一个移位方向标志位
            ORG    0000H           ；定义复位矢量
            JMP    XRESET          ；跳转到主程序
            ORG    000BH           ；定义定时器 T0 中断矢量
            JMP    TIM0_ISR        ；跳转到 T0 中断服务程序
            ORG    001BH           ；定义定时器 T1 中断矢量
            JMP    TIM1_ISR        ；跳转到 T1 中断服务程序
            ORG    0100H           ；设定主程序开始存放之处
XRESET:     MOV    SP,#40H         ；定义堆栈指针
            MOV    TMOD,#11H       ；定义 2 个定时器均为方式 1
            MOV    P1,#0FFH        ；初始化 P1 端口 LED 全熄
            MOV    A,#0FFH         ；初始化 A 为全 1，准备移位操作
            MOV    R0,#30D         ；定义 T1 溢出次数计数器 R0 的初值 30
            SETB   TR0             ；开启定时器 T0
            SETB   TR1             ；开启定时器 T1
            MOV    IE,#08AH        ；放开定时器 T0 和 T1 的中断
```

```
            CLR     C                       ；清零进位位
            CLR     DIRECTION               ；清零方向位，代表右移
LOOP1：     SJMP    LOOP1                   ；原地踏步，等待中断请求
；*********************************************************
TIM0_ISR：                                  ；定时器 T0 中断服务子程序
            JB      DIRECTION,LAB1          ；检测方向位？为 1 则跳转到左移
            RRC     A                       ；为 0 则循环右移 A 内容连同 C
            SJMP    LAB2                    ；跳转到子程序出口
LAB1：      RLC     A                       ；循环左移 A 内容连同 C
LAB2：      MOV     P1,A                    ；把 A 内容送 P1 端口显示于 LED 上
            RETI                            ；中断服务子程序返回
；*********************************************************
TIM1_ISR：                                  ；定时器 T1 中断服务子程序
            DJNZ    R0,LAB3                 ；R0 减 1 不为 0 则跳到子程序出口
            CPL     DIRECTION               ；方向位取反
            MOV     R0,#30D                 ；重新定义 R0 的初值 30
LAB3：      RETI                            ；中断服务子程序返回
；*********************************************************
            END                             ；汇编程序结束
```

### 6.3.6 定时器 T2 的应用方法

**1. 实验项目功能**

本例的设计思想是为了演示定时器 T2 的应用方法，并且是工作于自动重装载的用法。在本例中 8 只 LED 连接到了端口 P3 上，一只按钮开关 T2EX 连接到 P1.1 引脚上，按下开关可以用来强迫 T2 进行重装载。

程序的执行类似于先前的例子。当定时器 T2 的一个计数周期结束，就会引发一次中断，中断服务子程序 TIM2_ISR 将被调用和执行一遍，于是右移一位累加器 A 中那个逻辑 0 的位置，接着送到端口 P3 并且显示于外接的 8 只 LED 上。然后清除中断标志位 TF2 和外部触发标志位 EXF2，并且返回到主程序的循环 LOOP1 中，等待下一次中断请求。

**2. 硬件电路设计**

为了演示定时器 T2 的功能，这里提供了一个如图 6-43 所示的硬件接线电路图。其中，8 只发光二极管 LED 由先前连接的 P1 端口，改换到了端口 P3 上，这是因为与定时器 T2 相关的一些外接引脚都是与 P1 合用的。

图中的按钮开关 T2EX 用于产生负跳变边沿，来触发 T2 的重装载活动，即重新装载计数初始值。另外，在 T2 每次累计到溢出时也会自动进行这样的重装载。

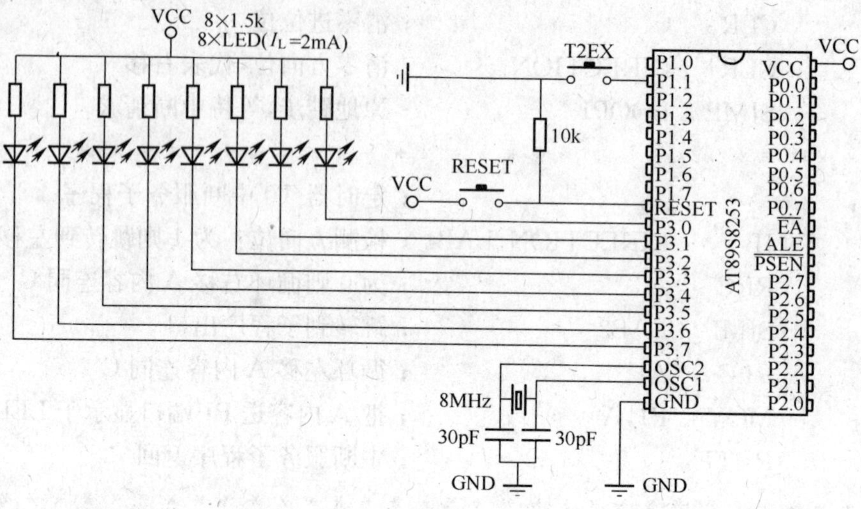


**图 6-43　演示定时器 T2 的应用电路**

### 3. 汇编程序清单

```
;****************************************
;* 程序名称：Timer2. ASM
;* 功能简介：利用定时器 T2 来定时控制端口 P3 外接 LED 的循环移动的速度。
;*          定时器 T2 被定义为自动装载的工作模式。
;* 调试通过：2010-12-10
;****************************************
T2MOD      DATA    0C9H          ；定义定时器 T2 的模式寄存器地址
RCAP2L     DATA    0CAH          ；定义重装寄存器低字节地址
RCAP2H     DATA    0CBH          ；定义重装寄存器高字节地址
CAP2       BIT     0C8H          ；定义捕捉/重装选择位的位地址
EXEN2      BIT     0CBH          ；定义 T2EX 引脚功能允许位的位地址
TR2        BIT     0CAH          ；定义定时器 T2 启动位的位地址
EXF2       BIT     0CEH          ；定义引脚 T2EX 触发标志位的位地址
TF2        BIT     0CFH          ；定义 T2 中断标志位的位地址
           ORG     0000H         ；定义复位矢量
           JMP     XRESET        ；跳转到主程序
           ORG     002BH         ；定义定时器 T2 中断矢量
           JMP     TIM2_ISR      ；跳转到 T2 中断服务程序
           ORG     0100H         ；设定主程序开始存放之处
XRESET：   MOV     SP,#3FH       ；定义堆栈指针
           MOV     P3,#0FFH      ；初始化 P3 端口 LED 全熄
           MOV     A,#0FFH       ；初始化 A 为全 1,准备移位操作
           MOV     RCAP2L,#0FH   ；定义重装寄存器低字节初值
```

```
        MOV     RCAP2H,＃01H      ；定义重装寄存器高字节初值
        CLR     CAP2              ；设定 T2 为自动重装模式
        SETB    EXEN2             ；启用引脚 T2EX(P1.1)的负沿触发功能
        SETB    TR2               ；启动定时器 T2
        MOV     IE,＃0A0H         ；放开 T2 的中断
        CLR     C                 ；清零进位位 C
LOOP1:  SJMP    LOOP1             ；原地踏步,等待中断
;************************************************
TIM2_ISR:                         ；定时器 T2 的中断服务子程序
        RRC     A                 ；循环右移 A 内容连同 C
        MOV     P3,A              ；把 A 内容送端口 P3 显示于 LED 上
        CLR     TF2               ；清除 T2 溢出中断标志 TF2
        CLR     EXF2              ；清除引脚 T2EX 负跳触发标志 EXF2
        RETI                      ；中断服务子程序返回
;************************************************
        END                       ；汇编程序结束
```

**4. 程序调试方法**

本例在 MEDWIN 集成开发环境下进行了虚拟仿真调试程序,并且获得了预期的效果。具体方法可以先打开了两个虚拟外设对话框,即定时器 T3 和包含端口 P3 对话框。然后在指令语句“MOV P3,A”之前设置一个执行断点。最后不停地点击连续运行图标按钮(或者键盘上的{F9}按键),可以观察到 P3 端口上的亮灯位置依次循环右移。

## 6.3.7 外部中断的应用方法

**1. 实验项目功能**

这是一个演示中断功能的示例,利用的是外部中断引脚信号来触发中断。当经过外部引脚 P3.2 或 P3.3 送入一个低电平,便会引起一次外部引脚中断。根据被触发的引脚是 P3.2 还是 P3.3,将分别执行各自的中断服务子程序:

当按钮开关 INT0 被按下,一个逻辑 0 送入 P3.2 引脚,Isr_Int0 中断处理程序得到执行,于是中断次数计数器 R0 的内容加一,并且送到 P0 并口显示于 8 只 LED 上。同理,当按钮开关 INT1 被按下,一个逻辑 0 送入 P3.3 引脚,Isr_Int1 中断处理程序得到执行,因此中断次数计数器 R1 的内容加一,并且送到 P1 并口显示于 8 只 LED 上。

简而言之,每次按下按钮 INT0 和 INT1 时,都将被计数器计数并且立即以二进制格式显示在端口外接的 LED 上。这里利用一只 LED 的发光状态来代表一位逻辑 0。

**2. 硬件电路设计**

为了演示外部中断 INT0 和 INT1 的功能,本例提供了一个如图 6-44 所示的硬件接线电路图。其中,按钮开关 INT0 和 INT1 用于产生负跳变信号来触发中断;在 P0 和 P1 端口上分别连接了两组由 8 只 LED 构成的显示器,用来显示 8 位二进制计数器的值。

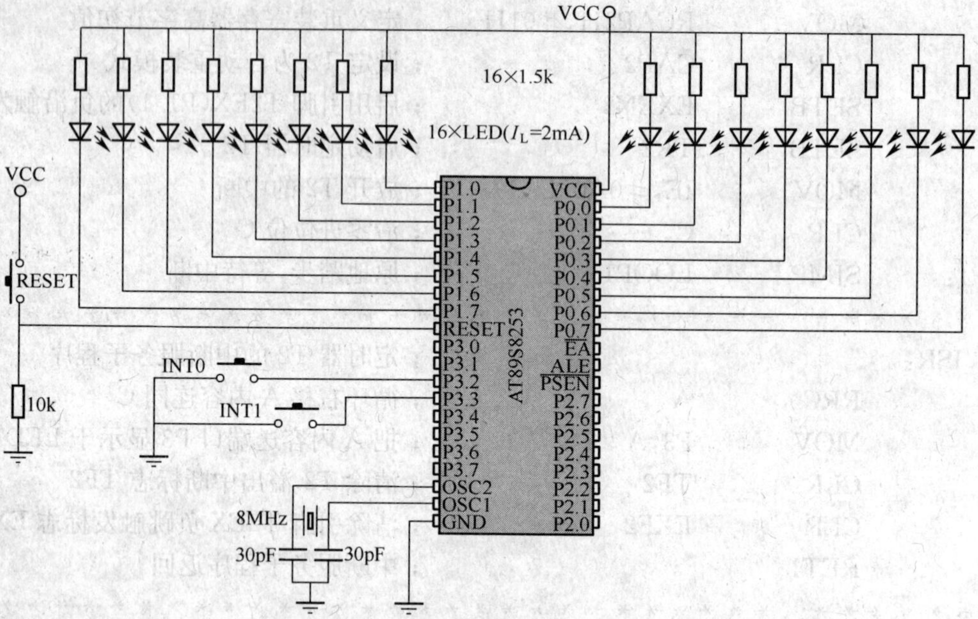


**图 6-44 演示外部中断的应用电路**

**3. 汇编程序清单**

```
;*********************************************
;* 程序名称：Int. ASM
;* 功能简介：程序对于中断按钮 INT0 信号，即引脚 P3. 2 上出现的下降沿信号
;*           进行计数，结果显示到 P0 端口外接的 LED 上；同时还对于中断
;*           按钮 INT1 信号，即引脚 P3. 3 上出现的下降沿信号进行计数，
;*           结果显示到 P1 端口外接的 LED 上。
;* 调试通过：2010-12-10
;*********************************************
        ORG     0000H           ；定义复位矢量
        JMP     XRESET          ；跳转到主程序
        ORG     0003H           ；定义外部中断 INT0 的中断矢量
        JMP     Isr_Int0        ；跳转到 INT0 中断服务程序
        ORG     0013H           ；定义外部中断 INT1 的中断矢量
        JMP     Isr_Int1        ；跳转到 INT1 中断服务程序
        ORG     0100H           ；设定主程序开始存放之处
XRESET: MOV     TCON，#00000101B ；定义外部中断 INT0 和 INT1 触发方式，
                                ；均为下降沿触发有效
        MOV     IE，#10000101B   ；设定中断允许寄存器，放开 INT0
                                ；和 INT1 以及总中断允许位。
        MOV     R0，#00H         ；用 R0 作 INT0 触发次数计数器，初值为 0
```

```
        MOV    R1,#00H           ;用R1作INT1触发次数计数器,初值为0
        MOV    P0,#00H           ;将端口P0的LED初始化为全亮,代表00H
        MOV    P1,#00H           ;将端口P1的LED初始化为全亮,代表00H
LOOP:   SJMP   LOOP              ;原地踏步,等待中断
;=====================================================
Isr_Int0:                        ;外部中断INT0的中断服务子程序
        INC    R0                ;把INT0触发次数计数值加一
        MOV    P0,R0             ;把INT0触发次数计数值送P0并口显示
        RETI                     ;中断服务子程序返回
;=====================================================
Isr_Int1:                        ;外部中断INT1的中断服务子程序
        INC    R1                ;把INT1触发次数计数值加一
        MOV    P1,R1             ;把INT1触发次数计数值送P1并口显示
        RETI                     ;中断服务子程序返回
;*****************************************************
        END                      ;汇编程序结束
```

### 6.3.8 驱动 LED 数码管显示器的电路设计

以下介绍的几个实验范例将演示 LED 数码管的用法,几个范例都会运用在此描述的这个共同的硬件电路,如图 6-45 所示。这里应用的是共阴极 LED 数码管,就是数码管内部的所有 LED 的阴极连接到一起,作为一个公共驱动端引出。显示某个笔段的 LED 被点亮的条件是,阳极加逻辑 1 阴极加逻辑 0。

为了节省单片机引脚资源,各位 LED 数码管采取了复用模式,即动态扫描接法。具体就是 4 只 LED 数码管的同名段信号被复连在一起,引出一条信号去对接单片机 I/O 引脚。在某一时刻,有一只并且仅有一只数码管的同名笔段被点亮。通常利用高速切换的方式(不低于 25 周/s)来快速轮番驱动各位数码管,以至于给人眼留下各位数码管同时工作的印象。

为了演示动态驱动 4 位 LED 数码管的方法,这里设计了一个如图 6-45 所示的硬件接线电路。其中,4 位 LED 数码管选用的是 4 只独立的、共阴极 LED 数码管模块产品;利用 P0 端口的 8 条口线 P0.0～P0.7,提供显示阿拉伯数字的笔段所需的段信号 a～dp;利用 P1 端口的 4 条口线 P1.0～P1.3,提供显示 4 位数字所需的位信号,分别对应个位、十位、百位和千位;由于位信号电流较大,因此需要加入一级功率驱动电路,由 4 只 NPN 小功率三极管 T1～T4 构成;三极管同时又具有反相作用,会把 P1.0～P1.3 引脚提供的高电平有效信号转换为低电平,然后再驱动各位 LED 数码管的公共阴极。

### 6.3.9 写一个数字到 LED 数码管显示器

**1. 实验项目功能**

本实验的目的是显示一个任意字符到一位 LED 数码管上。复用模式这时还没有利用,相

反这里仅仅静态显示一个数字“3”于最右一位数码管 D4 上。电路如图 6-45 所示。

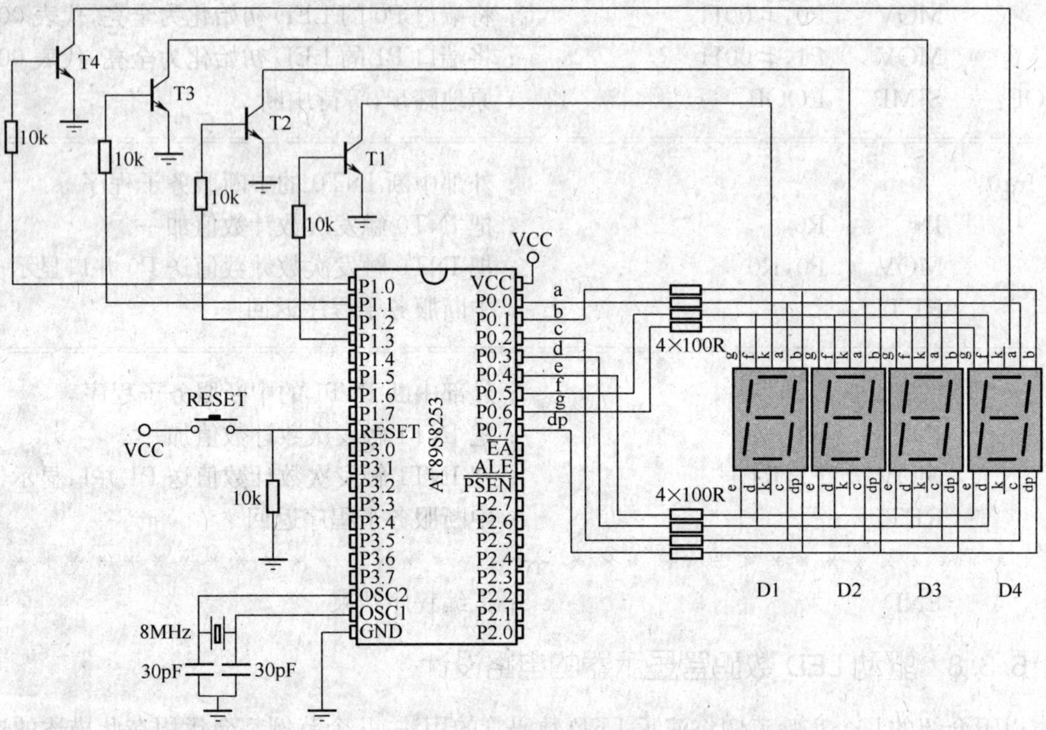


**图 6-45　演示 LED 数码管动态驱动的应用电路**

由于单片机不知道如何把我们要写的“3”直接显示出来，这里需要调用一个叫做 Disp 的子程序。该子程序可以把一位指定的十进制数字翻译成其对应的显示笔段码。在此后的主程序中，就把该笔段码信息送到 P1 端口，结果在 LED 数码管上显示的就是期望的数字。

**2. 汇编程序清单**

```
;* * * * * * * * * * * * * * * * * * * * * * * * * * * * * * * * * * * * * * * *
;* 程序名称：7Seg1. ASM
;* 功能简介：程序将显示一个阿拉伯数字“3”于第四位 7 段 LED 数码管 D4 上。
;* 调试通过：2010-12-12
;* * * * * * * * * * * * * * * * * * * * * * * * * * * * * * * * * * * * * * * *
         ORG     0000H          ；定义复位矢量
         JMP     XRESET         ；跳转到主程序入口
         ORG     0100H          ；设定主程序开始存放之处
XRESET： MOV     SP，#3FH       ；定义堆栈指针 SP 初始值
         MOV     P1，#00H       ；发送全部笔段熄灭的段码
         MOV     P3，#01H       ；仅仅开启第四位数码管 D4，即令 T4 导通
LOOP：   MOV     A，#3          ；打算显示的阿拉伯数字“3”
         LCALL   Disp           ；调用获取“3”段码信息的查表子程序
```

```
        MOV     P1,A            ; 把得到的段信号输出到 P1 口,显示"3"
        SJMP    LOOP            ; 循环跳转
;===========================================================
Disp:                           ; 显示数字笔段查表子程序
        INC     A               ; 把表内偏移量加 1(即剔出 RET 字节影响)
        MOVC    A,@A+PC         ; 实施查表操作的核心指令
        RET                     ; 子程序返回
; 以下为常数表格
        DB      3FH             ; 数字 0 的笔段码
        DB      06H             ; 数字 1 的笔段码
        DB      5BH             ; 数字 2 的笔段码
        DB      4FH             ; 数字 3 的笔段码
        DB      66H             ; 数字 4 的笔段码
        DB      6DH             ; 数字 5 的笔段码
        DB      7DH             ; 数字 6 的笔段码
        DB      07H             ; 数字 7 的笔段码
        DB      7FH             ; 数字 8 的笔段码
        DB      6FH             ; 数字 9 的笔段码
;*************************************
        END                     ; 汇编程序结束
```

### 6.3.10 改写一位数字到 LED 数码管显示器

**1. 实验项目功能**

本例程序只不过是前例程序的扩展版本。仍然属于静态驱动方式,即没有采用复用模式。只有最右边的一位数码管被驱动,并且其显示内容是活动的。不同于前例,这里所有的十进制数字被轮换显示。为了使数字轮换的速度适当,主程序中插入了 500ms 的延时程序段 DELAY。在 LOOP 主循环中,基本上遵循以下几个步骤:

(1)寄存器 R3 中的待显数字被复制到累加器 A 中,随后调用段码翻译主程序 Disp;

(2)子程序返回的段码在 A 中,再被输出到端口 P1 去驱动数码管,进而得到显示;

(3)R3 寄存器的内容被加 1;

(4)检查 R3 内容是否超过 9。如果是,则 R3 复原为 0,以便重新从 0 开始;

(5)带有 DELAY 标号的延时程序段被执行。

**2. 汇编程序清单**

```
;*************************************
;* 程序名称:7Seg2.ASM
;* 功能简介:程序将显示阿拉伯数字 0~9 于第四位 7 段 LED 数码管 D4 上。
;* 调试通过:2010-12-12
```

```
;*************************************
        ORG     0000H           ；定义复位矢量
        JMP     XRESET          ；跳转到主程序入口
        ORG     0100H           ；设定主程序开始存放之处
XRESET: MOV     SP,#3FH         ；定义堆栈指针 SP 初始值
        MOV     R3,#0           ；显示缓冲计数器 R3 设置初始值
        MOV     P1,#00H         ；发送全部笔段熄灭的段码
        MOV     P3,#01H         ；仅仅开启第四位数码管 D4,即令 T4 导通
LOOP:   MOV     A,R3            ；被显示数字送 A,作为查表偏移量
        LCALL   Disp            ；调用获取待显数字段码的查表子程序
        MOV     P1,A            ；把得到的段信号输出到 P1 口,实现显示
        INC     R3              ；显示缓冲计数器 R3 值加 1
        CJNE    R3,#10, DELAY   ；检查 R3 的值是否超出 0～9 的范围?
        MOV     R3,#0           ；如果是！则复原计数器 R3 的值
                                ；如果否！则延时(然后再显下一个数字)
DELAY:                          ；500ms 延时程序段
        MOV     R2,#20          ；R2 用作外循环计数器
D02:    MOV     R1,#50          ；R1 用作中循环计数器(25ms)
D01:    MOV     R0,#230         ；R0 用作内循环计数器
D00:    DJNZ    R0, D00         ；R0 减 1 不为 0,则跳到自身
        DJNZ    R1,D01          ；R1 减 1 不为 0,则跳到 D01
        DJNZ    R2,D02          ；R2 减 1 不为 0,则跳到 D02
        SJMP    LOOP            ；跳转到主循环开始处
;=====================================
Disp:                           ；显示数字笔段查表子程序
        INC     A               ；把表内偏移量加 1(即剔出 RET 字节影响)
        MOVC    A,@A+PC         ；实施查表操作的核心指令
        RET                     ；子程序返回
；以下为常数表格
        DB      3FH             ；数字 0 的笔段码
        DB      06H             ；数字 1 的笔段码
        DB      5BH             ；数字 2 的笔段码
        DB      4FH             ；数字 3 的笔段码
        DB      66H             ；数字 4 的笔段码
        DB      6DH             ；数字 5 的笔段码
        DB      7DH             ；数字 6 的笔段码
        DB      07H             ；数字 7 的笔段码
```

```
        DB      7FH                 ；数字 8 的笔段码
        DB      6FH                 ；数字 9 的笔段码
；* * * * * * * * * * * * * * * * * * * * * * * * * * * * * * * * * * * * * * * *
        END                         ；汇编程序结束
```

## 6.3.11 写 2 位数字到 LED 数码管显示器

**1. 实验项目功能**

这个程序目的是显示两位十进制数“23”于两只数码管上。一只数码管显示个位数“3”，另一只数码管显示十位数“2”。程序中最重要的事是解决时间同步的问题。驱动数码管 D4 的晶体管 T4 被开通，同时个位数“3”的段码相应地被送到端口 P1 上。此后，T4 被关闭，驱动数码管 D3 的晶体管 T3 被开通，同时十位数“2”的段码相应地被送到端口 P1 上。上述这个过程必须不断地重复，才能给人眼留下两位数码管同时工作的印象。

**2. 汇编程序清单**

```
；* * * * * * * * * * * * * * * * * * * * * * * * * * * * * * * * * * * * * * * *
；* 程序名称：7Seg3. ASM
；* 功能简介：程序将显示两位阿拉伯数字“23”于两位 LED 数码管 D3 和 D4 上。
；* 调试通过：2010-12-12
；* * * * * * * * * * * * * * * * * * * * * * * * * * * * * * * * * * * * * * * *
          ORG     0000H            ；定义复位矢量
          JMP     XRESET           ；跳转到主程序入口
          ORG     0100H            ；设定主程序开始存放之处
XRESET：  MOV     SP，#3FH         ；定义堆栈指针 SP 初始值
LOOP：    MOV     P1，#00H         ；发送全部笔段熄灭的段码
          MOV     P3，#01H         ；开启第四位数码管 D4，即令 T4 导通
          MOV     A，#3            ；准备写数字“3”到数码管 D4 上
          LCALL   Disp             ；调用获取待显数字段码的查表子程序
          MOV     P1，A            ；把得到的段信号输出到 P1 口，实现显示
          MOV     P1，#00H         ；发送全部笔段熄灭的段码
          MOV     P3，#02H         ；开启第四位数码管 D3，即令 T3 导通
          MOV     A，#2            ；准备写数字“2”到数码管 D3 上
          LCALL   Disp             ；调用获取待显数字段码的查表子程序
          MOV     P1，A            ；把得到的段信号输出到 P1 口，实现显示
          SJMP    LOOP             ；跳转到主循环开始处
；========================================================================
Disp：                             ；显示数字笔段查表子程序
          INC     A                ；把表内偏移量加 1(即剔出 RET 字节影响)
          MOVC    A，@A+PC         ；实施查表操作的核心指令
```

```
        RET                    ；子程序返回
；以下为常数表格
        DB      3FH            ；数字 0 的笔段码
        DB      06H            ；数字 1 的笔段码
        DB      5BH            ；数字 2 的笔段码
        DB      4FH            ；数字 3 的笔段码
        DB      66H            ；数字 4 的笔段码
        DB      6DH            ；数字 5 的笔段码
        DB      7DH            ；数字 6 的笔段码
        DB      07H            ；数字 7 的笔段码
        DB      7FH            ；数字 8 的笔段码
        DB      6FH            ；数字 9 的笔段码
；****************************************************
        END                    ；汇编程序结束
```

### 6.3.12 驱动 4 位 LED 数码管显示器

**1. 实验项目功能**

本例目的是在显示器上显示四位数字。这里以显示“1234”为例来编写程序。程序在执行初始化之后就进入并且一直保持在主循环中。在主循环内将以时分复用方式，依次轮番动态驱动各位 LED 数码管。周而复始、循环往复。Disp 子程序的功能同前，此处不再赘述。

**2. 汇编程序清单**

```
；****************************************************
；* 程序名称：7Seg4.ASM
；* 功能简介：程序将显示两位阿拉伯数字“1234”于 4 位 LED 数码管 D1～D4 上。
；* 调试通过：2010-12-12
；****************************************************
        ORG     0000H          ；定义复位矢量
        JMP     XRESET         ；跳转到主程序入口
        ORG     0100H          ；设定主程序开始存放之处
XRESET：MOV     SP，#3FH       ；定义堆栈指针 SP 初始值
LOOP：                         ；主循环开始
        MOV     P1，#00H       ；发送全部笔段熄灭的段码
        MOV     P3，#01H       ；开启第四位数码管 D4，即令 T4 导通
        MOV     A，#4          ；准备写数字“4”到数码管 D4 上
        LCALL   Disp           ；调用获取待显数字段码的查表子程序
        MOV     P1，A          ；把得到的段信号输出到 P1 口，实现显示
        MOV     P1，#00H       ；发送全部笔段熄灭的段码
```

```
        MOV     P3,#02H             ;开启第四位数码管 D3,即令 T3 导通
        MOV     A,#3                ;准备写数字"3"到数码管 D3 上
        LCALL   Disp                ;调用获取待显数字段码的查表子程序
        MOV     P1,A                ;把得到的段信号输出到 P1 口,实现显示
        MOV     P1,#00H             ;发送全部笔段熄灭的段码
        MOV     P3,#04H             ;开启第四位数码管 D2,即令 T2 导通
        MOV     A,#2                ;准备写数字"2"到数码管 D2 上
        LCALL   Disp                ;调用获取待显数字段码的查表子程序
        MOV     P1,A                ;把得到的段信号输出到 P1 口,实现显示
        MOV     P1,#00H             ;发送全部笔段熄灭的段码
        MOV     P3,#08H             ;开启第四位数码管 D1,即令 T1 导通
        MOV     A,#1                ;准备写数字"1"到数码管 D1 上
        LCALL   Disp                ;调用获取待显数字段码的查表子程序
        MOV     P1,A                ;把得到的段信号输出到 P1 口,实现显示
        SJMP    LOOP                ;跳转到主循环开始处
;==========================================
Disp:                               ;显示数字笔段查表子程序
        INC     A                   ;把表内偏移量加 1(即剔出 RET 字节影响)
        MOVC    A,@A+PC             ;实施查表操作的核心指令
        RET                         ;子程序返回
;以下为常数表格
        DB      3FH                 ;数字 0 的笔段码
        DB      06H                 ;数字 1 的笔段码
        DB      5BH                 ;数字 2 的笔段码
        DB      4FH                 ;数字 3 的笔段码
        DB      66H                 ;数字 4 的笔段码
        DB      6DH                 ;数字 5 的笔段码
        DB      7DH                 ;数字 6 的笔段码
        DB      07H                 ;数字 7 的笔段码
        DB      7FH                 ;数字 8 的笔段码
        DB      6FH                 ;数字 9 的笔段码
;******************************************
        END                         ;汇编程序结束
```

### 6.3.13 LED 数码管显示器用作 2 位计数器

**1. 实验项目功能**

本例中除了两位数码管动态刷新显示之外,程序中将寄存器 R2 和 R3 的值进行累进,依次

显示 00～99 并循环。

这里晶体管每次开通的时间为 25ms，由一个延时子程序来控制。2 位数码管被刷新一遍的时间为 50ms。每刷新 20 遍，个位计数器 R2 加 1 一次，每当 R2 累计到 10 时就被清零，同时十位计数器 R3 加 1 一次，每当 R3 累计到 10 时也会被清零。

尽管显示数字被刷新的速度有所减慢，但是仍然会给人留下两只数码管同时工作的印象。

**2. 汇编程序清单**

```
;*************************************
;* 程序名称：7Seg5.ASM
;* 功能简介：程序将利用 2 位 LED 数码管 D3 和 D4 实现 2 位十进制计数器。
;* 调试通过：2010-12-12
;*************************************
         ORG    0000H        ；定义复位矢量
         JMP    XRESET       ；跳转到主程序入口
         ORG    0100H        ；设定主程序开始存放之处
XRESET:  MOV    SP,#3FH      ；定义堆栈指针 SP 初始值
         MOV    R2,#0        ；个位数计数器 R2 清零
         MOV    R3,#0        ；十位数计数器 R3 清零
         MOV    R4,#0        ；计数间隔控制寄存器 R4 清零
LOOP:                        ；主循环开始
         INC    R4           ；R4 控制计数间隔时间为 1000ms
                             ；即 1000ms＝20×(25＋25)ms
         CJNE   R4,#20,LAB1  ；R4 到达 20 否？若否！则跳转
         MOV    R4,#0        ；若是！则 R4 复原(清零)
         INC    R2           ；个位数计数器 R2 加 1
         CJNE   R2,#10,LAB1  ；R2 到达 10 否？若否！则跳转
         MOV    R2,#0        ；若是！则 R2 复原(清零)
         INC    R3           ；十位数计数器 R3 加 1
         CJNE   R3,#10,LAB1  ；R3 到达 10 否？若否！则跳转
         MOV    R3,#0        ；若是！则 R3 复原(清零)
LAB1:
         MOV    P1,#00H      ；发送全部笔段熄灭的段码
         MOV    P3,#01H      ；开启第四位数码管 D4，即令 T4 导通
         MOV    A,R2         ；待显个位数字复制到 A
         LCALL  Disp         ；调用获取待显数字段码的查表子程序
         MOV    P1,A         ；把得到的段信号输出到 P1 口，实现显示
         LCALL  Delay        ；调用 25ms 延时子程序
         MOV    P1,#00H      ；发送全部笔段熄灭的段码
```

```
        MOV     P3,#02H              ;开启第四位数码管 D3,即令 T3 导通
        MOV     A,R3                 ;待显十位数字复制到 A
        LCALL   Disp                 ;调用获取待显数字段码的查表子程序
        MOV     P1,A                 ;把得到的段信号输出到 P1 口,实现显示
        LCALL   Delay                ;调用 25ms 延时子程序
        SJMP    LOOP                 ;跳转到主循环开始处
;=================================================================
Delay:                               ;25ms 延时子程序
        MOV     R1,#50               ;外循环次数计数器 R1 赋初值
F01:    MOV     R0,#250              ;内循环次数计数器 R0 赋初值
        DJNZ    R0,$                 ;内循环次数计数器 R0 减 1 不为 0 跳自身
        DJNZ    R1,F01               ;外循环次数计数器 R1 减 1 不为 0 跳转
        RET                          ;子程序返回
;=================================================================
Disp:                                ;显示数字笔段查表子程序
        INC     A                    ;把表内偏移量加 1(即剔出 RET 字节影响)
        MOVC    A,@A+PC              ;实施查表操作的核心指令
        RET                          ;子程序返回
;以下为常数表格
        DB      3FH                  ;数字 0 的笔段码
        DB      06H                  ;数字 1 的笔段码
        DB      5BH                  ;数字 2 的笔段码
        DB      4FH                  ;数字 3 的笔段码
        DB      66H                  ;数字 4 的笔段码
        DB      6DH                  ;数字 5 的笔段码
        DB      7DH                  ;数字 6 的笔段码
        DB      07H                  ;数字 7 的笔段码
        DB      7FH                  ;数字 8 的笔段码
        DB      6FH                  ;数字 9 的笔段码
;*****************************************************************
        END                          ;汇编程序结束
```

### 6.3.14 EEPROM的读写方法

**1. 实验项目功能**

本程序实现写一个数据字节“23H”到单片机片内 EEPROM 存储器中,并且是写入到 0000H 号单元内。为了证实该数据字节被正确地写入,在 10ms 后再从该写入单元读回来与原始数据进行比对。如果二者匹配,就在 LED 数码管上显示一个字母“F”;否则,就显示一个字

母“E”代表错误。

实验电路可以仍然沿用图 6-45 所示的电路接线。

**2. 汇编程序清单**

```
;****************************************
;* 程序名称：EEProm1. ASM
;* 功能简介：程序将“23”写入片内 EEPROM 的 0000H 号单元，然后读出核对。
;*          如果正确，则显示一个字母“F”到数码管 D4 上；
;*          如果错误，则显示一个字母“E”到数码管 D4 上。
;* 调试通过：2010-12-12
;****************************************
EECON     DATA   96H              ；定义片内 EEPROM 读写控制寄存器地址
EEMWE     EQU    00010000B        ；定义 EEPROM 写使能控制位(的字模)
EEMEN     EQU    00001000B        ；定义 EEPROM 访问使能控制位(的字模)
TEMP      DATA   30H              ；定义一个暂存单元用于核对
OK        EQU    71H              ；定义显示字模 "F" 的段码
ERROR     EQU    79H              ；定义显示字模 "E" 的段码
          ORG    0000H            ；定义复位矢量
          JMP    XRESET           ；跳转到主程序入口
          ORG    0100H            ；设定主程序开始存放之处
XRESET：  MOV    SP,#3FH          ；定义堆栈指针 SP 初始值
          MOV    IE,#00           ；禁止所有中断请求
          MOV    DPTR,#0000H      ；准备写 EEPROM 的单元地址
          ORL    EECON,#EEMEN     ；开启 EEPROM 的访问使能
          ORL    EECON,#EEMWE     ；开启 EEPROM 的写入使能
          MOV    A,#23H           ；准备待写字节数据到 A
          MOV    TEMP,A           ；并且保留备份到暂存单元
          MOVX   @DPTR,A          ；实施到 EEPROM 的字节写入
          CALL   DELAY            ；调用 10ms 延时子程序
          MOVX   A,@DPTR          ；把刚刚写入的数据读回来
          CJNE   A,TEMP,ERROR1    ；与 TEMP 中的备份比较?
OK1：     MOV    A,#OK            ；若相同！则显示“F”
          MOV    P1,A             ；到 LED 数码管的
          MOV    P3,#01H          ；第四位上，表示成功！
          XRL    EECON,#EEMWE     ；撤销 EEPROM 的访问使能
          XRL    EECON,#EEMEN     ；撤销 EEPROM 的写入使能
LOOP1：   SJMP   LOOP1            ；原地踏步
ERROR1：  MOV    A,#ERROR         ；若不同！则显示“E”
```

```
         MOV     P1,A                   ；到 LED 数码管的
         MOV     P3,＃01H               ；第四位上，表示失败！
LOOP2：  SJMP    LOOP2                  ；原地踏步
；===========================================================
DELAY：  MOV     R3,＃0AH               ；10ms 延时子程序
LOOP3：  NOP
LOOP4：  DJNZ    B,LOOP4                ；
LOOP5：  DJNZ    B,LOOP5                ；
         DJNZ    R3,LOOP3               ；
         RET                            ；子程序返回
；＊＊＊＊＊＊＊＊＊＊＊＊＊＊＊＊＊＊＊＊＊＊＊＊＊＊＊＊＊＊＊＊＊＊＊＊＊＊
         END                            ；汇编程序结束
```

**3. 程序调试方法**

利用 μVision2 集成开发环境进行虚拟仿真，这个程序被调试成功。程序调试界面如图 6-46所示。这里打开了 2 个虚拟外设对话框，并口(Parallel Port1)和 EEPROM。采取单步运行或者连续运行，都能得到如图所示的结果。在并口对话框中显示了 01110001B 的结果，即 71H，也就是字母“F”的笔段码，这表明 OK1 程序分支得到执行。

**图 6-46 EEPROM 的应用程序调试界面**

## 6.3.15 如何通过 UART 串口接收数据

**1. 实验项目功能**

为了能够成功地进行 UART 串行通信，必须满足符合 RS232 标准的规范，RS232 是一种

国际标准，采用该标准可以使得通信距离大大延长。在该标准中，利用－10V 代表逻辑 1 信号，利用＋10V 代表逻辑 0 信号。而在单片机内部则是 0V 代表逻辑 0，5V 代表逻辑 1，但是其电源电压仅有 5V，于是很难实现：发送通道把 0V 转换为 10V 以及 5V 转换为－10V，以及接收通道把 10V 转换为 0V 以及－10V 转换为 5V。因此，就需要外加一片专用芯片来完成上述功能。这里选用了美国美信（MAXIM）公司的 MAX232。

这个例子展示了如何接收被 PC 发送的数据字节。定时器 T1 担当波特率发生器。单片机把收到的每个字节立即转送到端口 P1 上去显示。

**2. 硬件电路设计**

演示 UART 串口利用 RS232 规范进行串行通信的应用电路如图 6-47 所示。电路中采用一片电平转换集成电路 MAX232，其中集成了 2 个发送通道和 2 个接收通道，这里仅仅利用了一发一收。MAX232 内部设计有电荷泵电路，能够把 5V 电源电压进行提升，可得到＋15V 和－15V 左右的电压。RS232 电平信号利用一只 DP9 标准接口（为孔形而非针形）引出，与 PC 微机连接。

为单片机提供系统时钟的石英晶体振荡器，选用的是 11.0592MHz，目的是便于获得标准的波特率。本例中设定的波特率为 9600。利用并口 P1 外接的 8 只 LED 显示从 PC 机那里接收到的数据字节。

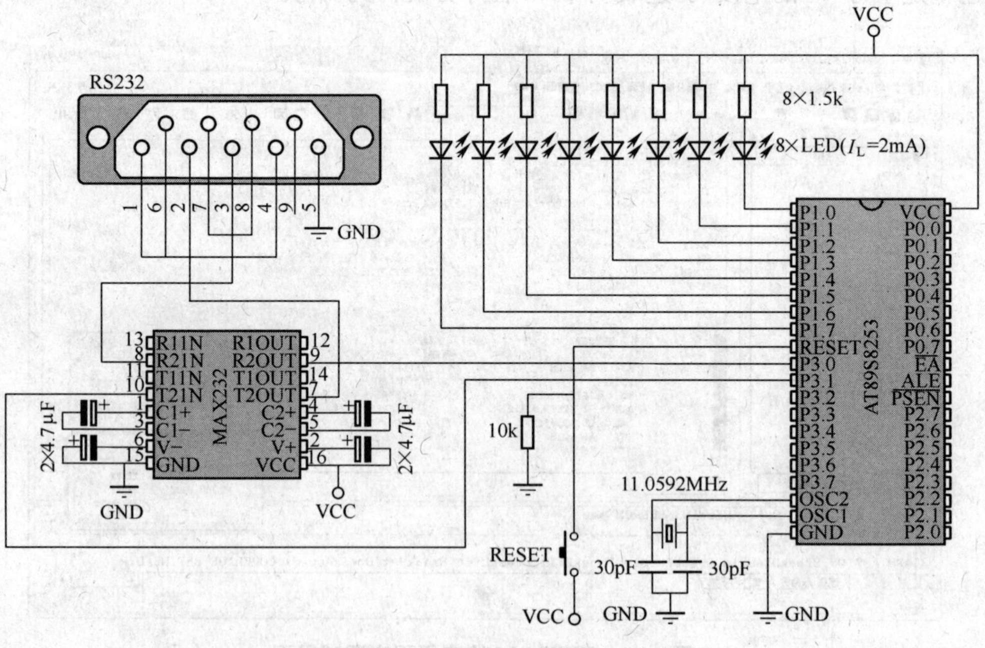


**图 6-47 演示串口通信的应用电路**

**3. 汇编程序清单**

```
;* * * * * * * * * * * * * * * * * * * * * * * * * * * * * * * * * * * * * * * *
;* 程序名称：UartR. ASM
```

```
;* 功能简介：程序将把从 PC 机经 UART 串口接收的每个数据输出到并口 P1 上。
;* 调试通过：2010-12-13
;*************************************************************
        ORG     0000H           ；定义复位矢量
        JMP     XRESET          ；跳转到主程序入口
        ORG     0023H           ；设置 UART 的中断矢量，即入口地址
        JMP     IR_SER          ；跳转到中断服务子程序
        ORG     0100H           ；设定主程序开始存放之处
XRESET: MOV     SP，#3FH        ；定义堆栈指针 SP 初始值
        MOV     IE，#00H        ；禁止所有中断
        MOV     TMOD，#20H      ；设置定时器 T1 工作于方式 2
        MOV     TH1，#0FDH      ；定义波特率 9600，前提是
                                ；晶振频率为 11.0592MHz
        MOV     SCON，#50H      ；设定 UART 为：接收使能，8 比特数据
        MOV     IE，#10010000B  ；设定 UART 中断使能
        CLR     TI              ；清除发送标志位
        CLR     RI              ；清除接收标志位
        SETB    TR1             ；启动定时器 T1
LOOP:   SJMP    LOOP            ；原地踏步，等待中断
;=============================================================
IR_SER: JNB     RI，OUTPUT      ；检测是否收到数据？否！则跳转
        MOV     A，SBUF         ；是！则读取所收数据
        MOV     P1，A           ；再转送到端口 P1
        CLR     RI              ；清除接收标志位
OUTPUT: RETI                    ；中断服务子程序返回
;*************************************************************
        END                     ；汇编程序结束
```

**4. 程序调试方法**

本程序在 μVision2 集成开发环境下进行虚拟仿真并且调试成功。程序调试界面如图6-48所示。这里打开了 3 个虚拟外设对话框，串口状态（Serial Channel）对话框、并口（Parallel Port1）对话框和输入串口（串口＃1）窗口。

点击连续运行命令，让程序连续运行；然后从"串口＃1"窗口中利用键盘输入字母或数字，同时可以在"并口"对话框中看到对应的 ASCII 码。例如，输入"3"时可以看到"33H"（即为 00110011B）；输入"a"时可以看到"61H"（即为 01100001B）。"串口＃1"模拟的是 PC 机一端的发送数据窗口。

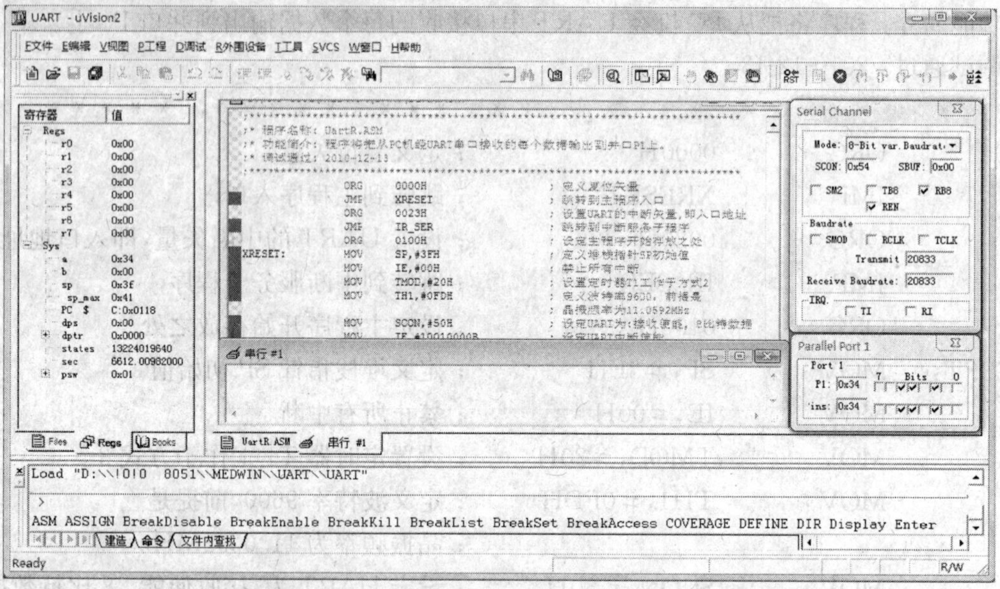

图 6-48 UART 串口接收的应用程序调试界面

### 6.3.16 如何通过 UART 串口发送数据

**1. 实验项目功能**

本例程序演示了如何使用 UART 串口来发送数据字节。程序将把从 00H 到 FFH 递增的 256 个数据字节发送给 PC 机。发送波特率仍然为 9600，仍然利用 MAX232 芯片实现电平转换，硬件电路接线图参考上例。

**2. 汇编程序清单**

```
;*********************************************
;* 程序名称：UartS.ASM
;* 功能简介：程序将经 UART 串口依次把数据 00H～FFH 发送到 PC 机上。
;* 调试通过：2010-12-14
;*********************************************
         ORG     0000H          ；定义复位矢量
         JMP     XRESET         ；跳转到主程序入口
         ORG     0100H          ；设定主程序开始存放之处
XRESET： MOV     SP，#3FH       ；定义堆栈指针 SP 初始值
         MOV     IE，#00        ；禁止所有中断请求
         MOV     TMOD，#20H     ；设置定时器 T1 工作于方式 2
         MOV     TH1，#0FDH     ；定义波特率为 9600，前提条件是
                                ；晶振频率为 11.0592MHz
         MOV     SCON，#40H     ；设置 UART 串口为 8 位帧结构
         CLR     TI             ；清除发送标志位
```

```
        CLR     RI              ；清除接收标志位
        MOV     R3,＃00H        ；用 R3 作计数器,并且清零
        SETB    TR1             ；启动定时器 T1
START:  MOV     SBUF,R3         ；计数器值发送给 PC 微机
LOOP1:  JNB     TI,LOOP1        ；循环检测发送标志位,判 8 位全发完否?
        CLR     TI              ；如果已经发完,则清除发送标志位
        INC     R3              ；计数器 R3 内容加 1
        CJNE    R3,＃00H,START  ；检测是否已经发够 256 个字节?
                                ；如果还不够,则环回,继续发送
LOOP:   SJMP    LOOP            ；如果已经发够,则原地踏步
;＊＊＊＊＊＊＊＊＊＊＊＊＊＊＊＊＊＊＊＊＊＊＊＊＊＊＊＊＊＊＊＊＊＊＊＊＊＊＊＊
        END                     ；汇编程序结束
```

**3. 程序调试方法**

本程序也在 μVision2 环境下进行了虚拟仿真,并且调试成功。程序调试界面如图 6-49 所示。这里打开了 2 个虚拟外设对话框:串口状态(Serial Channel)对话框和串口＃1(输出串口)窗口。点击命令令程序连续运行,随后从"串口＃1"窗口中可以看到被单片机发送、PC 机接收的 256 个字节 00H～FFH。这里"串口＃1"模拟的是 PC 机一端的接收数据窗口。

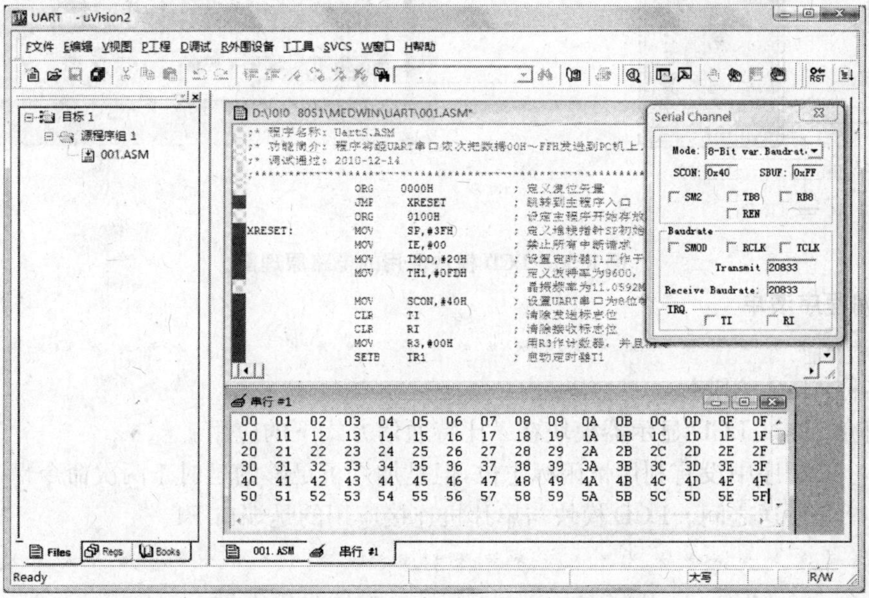


图 6-49　UART 串口发送的应用程序调试界面

## 6.3.17　写信息到 LCD 显示器的方法

**1. 实验项目功能**

在本例中选用了一种最常用的字符型 LCD 模块,它可以显示两行,每行显示 16 字符。为

了节省单片机 I/O 端口引脚，采用了 4 线通信方式。在该方式下，每个字节分两步传送：先传高半字节，后传低半字节。

程序的开头部分需要对 LCD 模块进行初始化。此外，把那些在程序中被重复执行的部分，分别创建为一些专用子程序。所有这一切可能显得格外复杂，但是整个程序主要执行的也就是几种简单操作，来显示"Mikroelektronika Razvojni sistemi"。

**2. 硬件电路设计**

演示 LCD 模块应用的电路原理图如图 6-50 所示。电路中采用的是 4 线通信方式，把不用的 4 线 D0～D3 固定接地；把读/写控制端 R/W 固定接地，因为这里仅对 LCD 模块进行写操作；另外，再把 VEE 信号端连接到一只 5kΩ 电位器的中头，它是用作对比度(Contrast)调节的。

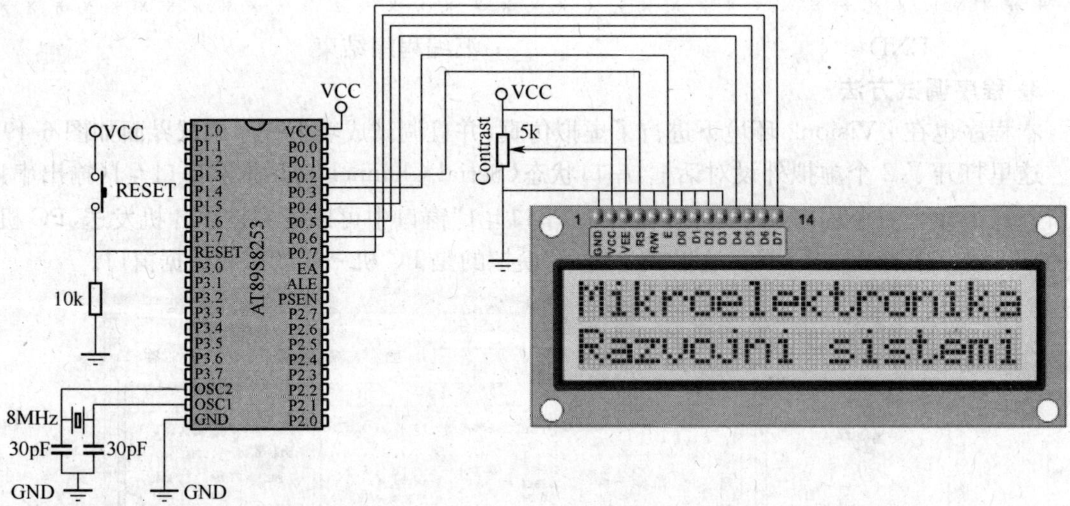


**图 6-50 LCD 模块应用的电路原理图**

**3. 汇编程序清单**

```
;*******************************************
;* 程序名称：Lcd. ASM
;* 功能简介：测试 LCD 显示器模块在 4 比特通信方式下的应用。
;*          程序中没有利用忙闲标志位，但是加入了足够的延时于两次命令
;*          发送之间。LCD 模块与单片机连接应用的是端口 P1。
;*******************************************
            ORG     0000H         ；设置复位矢量
            JMP     MAIN          ；跳转到主程序
            ORG     0100H         ；定义主程序起始存放地址
MAIN:       MOV     IE,#00H       ；禁止所有中断请求
            MOV     SP,#40H       ；设置堆栈指针初值
            CALL    LCD_inic      ；调用 LCD 模块冲刷初始化子程序
```

```
START：   MOV     A,#80H          ；下一个字符将显示于 LCD 显示屏
          CALL    LCD_status      ；的第一行第一列上
          MOV     A,#'M'          ；显示字符'M'
          CALL    LCD_putc        ；调用字符发送子程序
          MOV     A,#'i'          ；显示字符 'i'
          CALL    LCD_putc        ；调用同上
          MOV     A,#'k'          ；显示字符 'k'
          CALL    LCD_putc
          MOV     A,#'r'          ；显示字符 'r'
          CALL    LCD_putc
          MOV     A,#'o'          ；显示字符 'o'
          CALL    LCD_putc
          MOV     A,#'e'          ；显示字符 'e'
          CALL    LCD_putc
          MOV     A,#'l'          ；显示字符 'l'
          CALL    LCD_putc
          MOV     A,#'e'          ；显示字符 'e'
          CALL    LCD_putc
          MOV     A,#'k'          ；显示字符 'k'
          CALL    LCD_putc
          MOV     A,#'t'          ；显示字符 't'
          CALL    LCD_putc
          MOV     A,#'r'          ；显示字符 'r'
          CALL    LCD_putc
          MOV     A,#'o'          ；显示字符 'o'
          CALL    LCD_putc
          MOV     A,#'n'          ；显示字符 'n'
          CALL    LCD_putc
          MOV     A,#'i'          ；显示字符 'i'
          CALL    LCD_putc
          MOV     A,#'k'          ；显示字符 'k'
          CALL    LCD_putc
          MOV     A,#'a'          ；显示字符 'a'
          CALL    LCD_putc
          MOV     A,#0C0H         ；下一个字符将显示于 LCD 显示屏
          CALL    LCD_status      ；的第二行第一列上
          MOV     A,#'R'          ；显示字符 'R'
```

```
        CALL    LCD_putc            ；调用字符发送子程序
        MOV     A,#'a'              ；显示字符'a'
        CALL    LCD_putc
        MOV     A,#'z'              ；显示字符'z'
        CALL    LCD_putc
        MOV     A,#'v'              ；显示字符'v'
        CALL    LCD_putc
        MOV     A,#'o'              ；显示字符'o'
        CALL    LCD_putc
        MOV     A,#'j'              ；显示字符'j'
        CALL    LCD_putc
        MOV     A,#'n'              ；显示字符'n'
        CALL    LCD_putc
        MOV     A,#'i'              ；显示字符'i'
        CALL    LCD_putc
        MOV     A,#' '              ；显示空格' '
        CALL    LCD_putc
        MOV     A,#'s'              ；显示字符's'
        CALL    LCD_putc
        MOV     A,#'i'              ；显示字符'i'
        CALL    LCD_putc
        MOV     A,#'s'              ；显示字符's'
        CALL    LCD_putc
        MOV     A,#'t'              ；显示字符't'
        CALL    LCD_putc
        MOV     A,#'e'              ；显示字符'e'
        CALL    LCD_putc
        MOV     A,#'m'              ；显示字符'm'
        CALL    LCD_putc
        MOV     A,#'i'              ；显示字符'i'
        CALL    LCD_putc
        MOV     A,#20               ；延时(20×10ms)
        CALL    Delay_10ms          ；
        MOV     DPTR,#LCD_DB        ；清除显示屏
        MOV     A,#6                ；
        CALL    LCD_inic_status     ；
        MOV     A,#10               ；延时(10×10ms)
```

```
                CALL    Delay_10ms
                JMP     START                  ；主循环
;================================================================
;* 延时子程序（T=A×10ms）
Delay_10ms:                                    ；1+(1+(1+2×R7+2)×R6+2)×R5 近似值
                MOV     R5, A                  ；把入口参数 A 的内容复制到 R5
                MOV     R6,#100                ；(IF R7 >10)
                MOV     R7,#100                ；2×R5×R6×R7
D01:            DJNZ    R7, D01                ；
                DJNZ    R6, D01                ；
                DJNZ    R5, D01                ；
                RET                            ；子程序返回
;****************************************************************
;* 子程序名：LCD_inic
;* 功能描述：完成 LCD 模块初始化。
;*
;* (采用 4 线接口方式：LCD 的端子 DB4-7 连接
;* 单片机的端口引脚 PX.4-7,即高 4 位被应用)
;*
;* 说明：需要定义那些控制 LCD 操作的端口引脚如下：
;* LCD_enable, LCD_read_write, LCD_reg_select,等.
;* 还需要定义每行首字符的地址.
;****************************************************************
LCD_enable      BIT     P1.3                   ；定义 LCD 输入信号 E 的对应引脚
LCD_read_write  BIT     P1.1                   ；定义 LCD 输入信号 R/W 的对应引脚
  LCD_reg_selectBIT     P1.2                   ；定义 LCD 输入信号 RS 的对应引脚
LCD_port        SET     P1                     ；定义连接 LCD 的端口
Busy            BIT     P1.7                   ；定义 LCD 输出信号[忙闲标志]的对应引脚
LCD_Start_I_red EQU     00H                    ；定义 LCD 显示屏第一行第一列位置的
                                               ；第一个字符的地址
LCD_Start_II_red EQU    40H                    ；定义 LCD 显示屏第二行第一列位置的
                                               ；第一个字符的地址
;以下定义 LCD 模块的控制字：
LCD_DB:         DB      00111100B              ；0-8b, 2/1 行, 5×10/5×7 格式
                DB      00101100B              ；1-4b, 2/1 行, 5×10/5×7 格式
                DB      00011000B              ；2-显示/光标移位, 右/左
                DB      00001100B              ；3-显示开启, 光标关闭, 光标闪烁关闭
```

```
        DB      00000110B           ；4-递增模式，显示移位关闭
        DB      00000010B           ；5-显示/光标归位
        DB      00000001B           ；6-清屏
        DB      00001000B           ；7-显示关闭，光标关闭，光标闪烁关闭
;===========================================================
LCD_inic:
        MOV     DPTR,#LCD_DB
        MOV     A,#0                ；程序开始阶段仍然会初始化
        CALL    LCD_inic_status_8   ；并且是初始化为 8-bit 模式
        MOV     A,#0                ；(假如当接通电源时
        CALL    LCD_inic_status_8   ；电源电压慢慢升高)
        MOV     A,#0
        CALL    LCD_inic_status_8
        MOV     A,#1                ；从 8-bit 模式改变
        CALL    LCD_inic_status_8   ；为 4-bit 模式
        MOV     A,#1
        CALL    LCD_inic_status
        MOV     A,#3                ；从此程序将工作于 4-bit 模式
        CALL    LCD_inic_status
        MOV     A,#6
        CALL    LCD_inic_status
        MOV     A,#4
        CALL    LCD_inic_status
        RET                         ；子程序返回
;===========================================================
LCD_inic_status_8:
        PUSH    B
        MOVC    A,@A+DPTR
        CLR     LCD_reg_select      ；RS=0-写命令
        CLR     LCD_read_write      ；R/W=0-写数据到 LCD
        MOV     B,LCD_port          ；读取 LCD 端口状态到 B 寄存器
        ORL     B,#11110000B        ；保留 LCD 端口状态的低半字节
        ORL     A,#00001111B;
        ANL     A,B
        MOV     LCD_port,A          ；复制数据从 A 到 LCD 端口
        SETB    LCD_enable          ；产生一个从高到低的负跳变信号
        CLR     LCD_enable          ；送给 LCD 的 E 端子
```

```
        MOV     B,#255              ;插入延时
        DJNZ    B,$
        DJNZ    B,$
        DJNZ    B,$
        POP     B
        RET                         ;子程序返回
;=========================================================
LCD_inic_status:
        MOVC    A,@A+DPTR
        CALL    LCD_status
        RET                         ;子程序返回
;=========================================================
;* 子程序名:LCD_status
;* 功能描述:分两次发送,以设置 LCD 模块的状态
;* 入口参数:A 中预存一个字节的命令信息
LCD_status:
        PUSH    B
        MOV     B,#255
        DJNZ    B,$                 ;插入较长延时
        DJNZ    B,$
        DJNZ    B,$
        CLR     LCD_reg_select      ;RS=0 命令送给 LCD
        CALL    LCD_port_out        ;一次发送 A 的高半字节
        SWAP    A                   ;在 A 内完成半字节交换
        DJNZ    B,$                 ;插入较长延时
        DJNZ    B,$
        DJNZ    B,$
        CLR     LCD_reg_select      ;RS=0 命令送给 LCD
        CALL    LCD_port_out        ;再次发送 A 的高半字节
        POP     B
        RET                         ;子程序返回
;=========================================================
;* 子程序名:LCD_putc
;* 功能描述:分两次发送显示于 LCD 的字符
;* 入口参数:A 中预存一个字节的待发送信息
LCD_putc:
        PUSH    B
```

```
        MOV     B,#255
        DJNZ    B,$                 ;插入延时
        SETB    LCD_reg_select      ;RS=1 命令送给 LCD
        CALL    LCD_port_out        ;一次发送 A 的高半字节
        SWAP    A                   ;在 A 内完成半字节交换
        DJNZ    B,$                 ;插入延时
        SETB    LCD_reg_select      ;RS=1 命令送给 LCD
        CALL    LCD_port_out        ;再次发送 A 的高半字节
        POP     B
        RET                         ;子程序返回
;==============================================================
;* 子程序名:LCD_port_out
;* 功能描述:以高半字节发送命令或者显示于 LCD 的字符
;* 入口参数:A 高半字节中预备了待发送信息
LCD_port_out:
        PUSH    ACC                 ;压栈保护内容
        PUSH    B
        MOV     B,LCD_port          ;读取 LCD 端口状态到 B 寄存器
        ORL     B,#11110000b        ;保留 LCD 端口状态的低半字节
        ORL     A,#00001111b        ;保留 A 内容的高半字节
        ANL     A,B                 ;合成字节不影响未用的端口低 4 位
        MOV     LCD_port,A          ;复制数据从 A 到 LCD 端口
        SETB    LCD_enable          ;产生一个从高到低的负跳变信号
        CLR     LCD_enable          ;送给 LCD 的 E 端子
        POP     B                   ;弹栈回复内容
        POP     ACC
        RET                         ;子程序返回
;**************************************************************
        END                         ;汇编程序结束
```

### 6.3.18 二进制到十进制数据转换方法

**1. 实验项目功能**

当利用 LED 和 LCD 显示数字时,常常需要把二进制数转换为十进制数。例如某个寄存器中存放着一个 8 位二进制数,想把它显示到 3 位 LED 数码管上,得先将其转换为十进制格式。换句话说,就是显示在最右一位数码管上的是个位数;显示在之间一位数码管上的是十位数;显示在最左一位数码管上的是百位数。

本例编写的就是实现该功能的一个子程序。调用和执行它时,可以把预先存储于累加器

A 中的一个字节的二进制数，给转换为十进制数，并且依次保存到 R3、R2 和 A 中，分别为个位数、十位数和百位数。

**2. 汇编程序清单**

```
;******************************************
;* 子程序名：BinDec. ASM
;* 功能简介：程序将累加器 A 内容转换为 3 位十进制数。
;* 入口参数：A 中存放着一个大小为 0～255 的待转换的数据字节。
;* 出口参数：A,R2,R3 分别存放转换后的百，十，个位数。
;* 调试通过：2010-12-15
;******************************************
BINDEC:   MOV    B,#10     ；存放一个十进制数 10 到寄存器 B
          DIV    AB        ；用 A 除以 B,余数保留在 B 内
          MOV    R3,B      ；保存个位数到寄存器 R3
          MOV    B,#10     ；再存放一个十进制数 10 到寄存器 B
          DIV    AB        ；再用 A 除以 B,余数保留在 B 内
          MOV    R2,B      ；保存十位数到寄存器 R2
          MOV    B,#10     ；再存放一个十进制数 10 到寄存器 B
          DIV    AB        ；再用 A 除以 B,余数保留在 B 内
          MOV    A,B       ；则百位数就留在了累加器 A 中
          RET              ；从子程序返回到主程序
;******************************************
```

# 第7章

# 学习/实验/开发工具软件和硬件

## 7.1 从0起步学开发

### 7.1.1 如何迈出第一步

开发单片机需要准备一台PC机、汇编器和简易编程器。汇编器是一种运行在PC机上的软件工具，它可以把用户编写的汇编语言源程序给翻译成机器语言的最终的目标程序；编程器是一种硬件工具，它可以把从PC机上生成的目标程序给烧写到单片机芯片之中去。

### 7.1.2 利用汇编语言编写程序

为单片机编写程序需要用到一种运行于Windows环境下的软件，即开发单片机专用的工具软件，称做集成开发环境（IDE—Integrated Development Environment），例如目前国内流行的有德国Keil公司的μVision2、南京万利公司的MedWin、南京伟福公司的WAVE6000等。是说可能用到而不是必须用到。当你使用这类工具软件，它包含了多种可以促进开发进程的工具（例如，首要的是软件模拟器），具有明显的优势。

编写程序必须按照一定的顺序，遵守汇编语言的语法规则，严格依据指令的定义，书写所有的指令语句，这样才能被单片机执行。下面是一个程序开头片段。

```
        ORG    0000H              ；设定复位矢量
        JMP    XRESET             ；跳转到主程序开头

        ORG    0100H              ；设定主程序开始存放地址
XRESET：ORL    WMCON，#PERIOD     ；定义看门狗定时器的溢出周期
        ORL    WMCON，#WDTEN      ；启动看门狗定时器
        ……     ……
```

必须使用“.asm”作为汇编语言源程序文件的扩展名。例如：Program.asm。

当使用的是开发单片机的专用软件，汇编语言源程序的文件扩展名会自动添加。如果使用的是其他的文本处理软件，那么文件在保存之后需要进行更名。

更名过程不是必须的。程序文件可以以原始格式保存，而这样还可以把其中的部分内容或程序段落方便地复制给编程人员以便重复利用。

### 7.1.3 利用汇编器汇编程序

当使用集成开发环境软件开发程序时汇编器会把源程序汇编成可以被单片机理解的机器

语言形式。这种文件通常称 HEX 代码或 HEX 文件，它是由十六进制数字组成的数码序列。如下就是一个 HEX 代码文件的样例。

```
:020000002100DD
:1001000075A80075814031B674805104744D512733
:10011000746951277 46B51277472512774 6F51277A
:1001200074655127746C51277465512774 6B51277E
:10013000747451277472512774 6F5127746E51274C
:100140007469512774 6B5127746151277 4C051042D
:100150007452512774615127747A5127747651274C
:100160007 46F5127746A5127746E5127746951272F
:10017000742051277473512774695127747351276 0
:1001800074745127746551277 46D512774695127 10
:10019000781431A19001AE74065100780A31A12182
:1001A00008AD007E647F64DFFEDEFADDF8223C2CC1
:1001B000180C060201089001AE740031DA740031A7
:1001C000DA740031DA740131DA74015100740351C8
:1001D0000007406510074045 10022C0F093C292C210
:1001E000918590F043F0F0440F55F0F590D293C212
:1001F0009375F0FFD5F0FDD5F0FDD5F0FDD0F022E0
:1002000093510422C0F075F0FFD5F0FDD5F0FDD577
:10021000F0FDC292513EC4D5F0FDD5F0FDD5F0FD04
:10022000C292513ED0F022C0F075F0FFD5F0FDD261
:0D02300092513EC4D5F0FDD292513ED0F067
:10023D0022C0E0C0F08590F043F0F0440F55F0F58A
:0A024D0090D293C293D0F0D0E022CB
:00000001FF
```

如果使用其他软件建立的汇编语言程序文件如记事本等，需要单独安装汇编器软件，并且按以下步骤操作：安装并打开汇编器；打开扩展名为“.asm”的源程序；并进行汇编生成 HEX 文件。

### 7.1.4　往单片机烧写程序

为了把 HEX 文件烧写到单片机内部，必须提供一条用于串行通信的电缆、一个编程器（烧写器）专用装置及其驱动软件。烧写方法有很多种，如图 7-1 所示就是其中一种。

首先打开 HEX 代码文件，设置几个参数，点击烧写图标按钮。通过串行电缆和编程器硬件，一连串的“0”和“1”就被烧写到了单片机中。接下来把已固化程序的单片机从编程器上取下，插接到目标板上预留的单片机插座中。接通目标板电源，观察单片机运行结果。如果有必要对程序进行改动，则以上过程需要重复一遍。

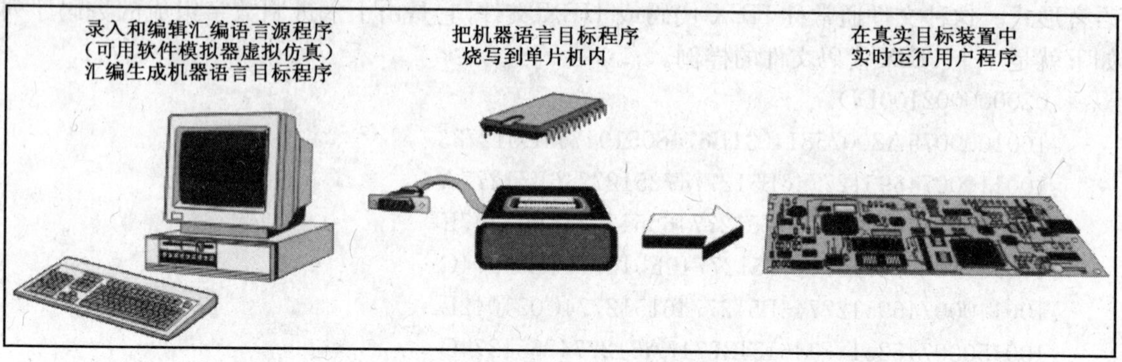


**图 7-1 单片机简易开发流程示意图**

## 7.1.5 开发工具软件

这一部分简要介绍一款国内使用较为广泛的集成开发环境软件 MedWin 的用法，以及一种编程器驱动软件 8051FLASH 的简单用法。

**1. 集成开发环境软件 MedWin**

集成开发环境软件 MedWin 的用法比较简单，如图 7-2 所示，按照以下步骤操作即可：

(1)启动程序 MedWin，随后出现如图 7-2 左上角所示的启动对话框。

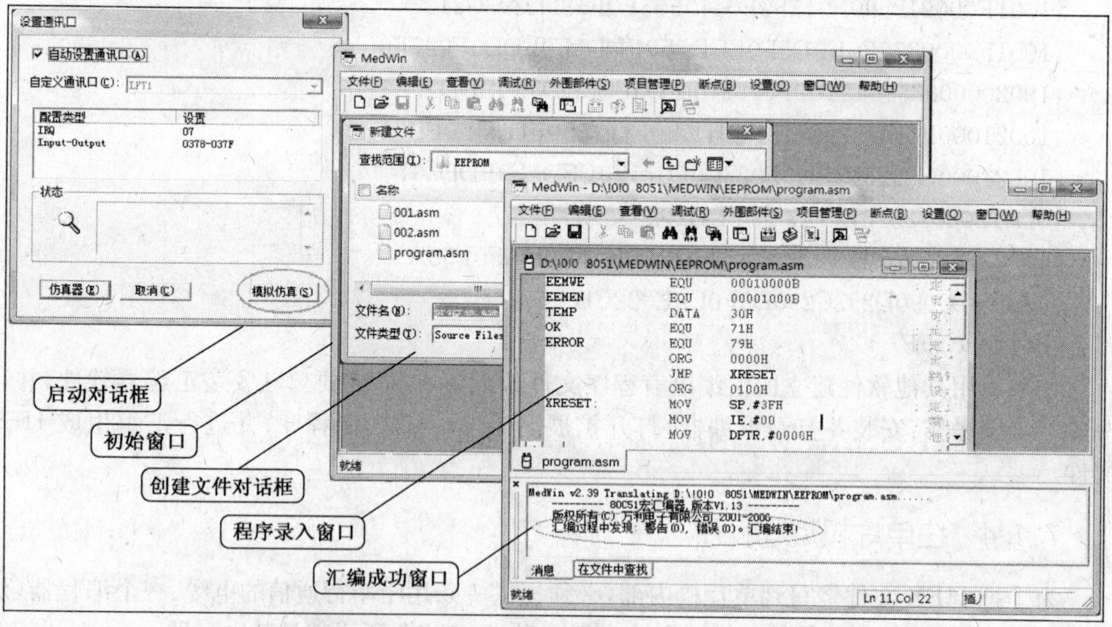


**图 7-2 集成开发环境软件 MedWin 用法**

(2)点击图标“模拟仿真”图标，初始窗口被打开。

(3)利用菜单命令：文件 > 新建。建立一个新文件。创建文件对话框打开。

(4)选择文件存放路径和输入文件名，扩展名应该为“.asm”。

(5)点击图标按钮“打开”,一个程序录入窗口被打开,然后开始源程序录入。

(6)程序录完之后,利用菜单命令:项目管理 > 编译/汇编。出现如图 7-2 所示的显示汇编成功的消息窗口,其中报告:“汇编过程中发现:警告(0),错误(0)。汇编结束!”

只有成功汇编之后,才可以得到一个与源程序文件同名扩展名为 .hex 的目标程序文件,并且自动保存到与源程序文件相同的路径之下。接下来就该考虑如何把该目标程序烧写到单片机中了。

**2. 烧写器软件 8051FLASH**

首先要在 PC 机上安装一款烧写器软件。以下就是一款烧写器软件“8051FLASH”的安装过程。

启动程序 Flash_setup. exe,然后可以看到如图 7-3 所示的一系列画面。

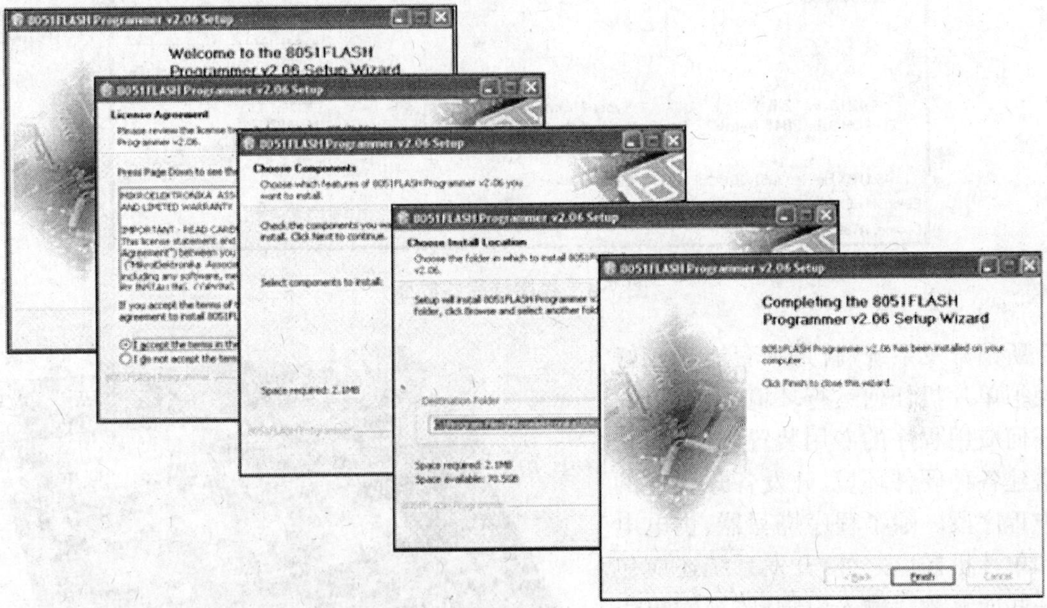


**图 7-3　烧写器软件安装过程**

安装完成后进行简单的设置就可以开始烧写程序了。程序烧写器界面如图 7-4 所示,以下为烧写步骤:

(1)连接 PC 机和编程器电路接口,利用一条 USB 电缆;

(2)加载 HEX 代码,利用命令 File > Load HEX;

(3)点击图标按钮“Write”,然后等待。

单片机的程序烧写完成后便可以独立运行和查看结果了。如需调整用户可对程序进行更改并重复这个过程。

本书 7.5 中还有其他几种烧写器软件供读者参考。

## 7.1.6　开发工具硬件

如图 7-5 和图 7-6 所示,分别给出的是开发板实物图片和开发板单元电路分布图。

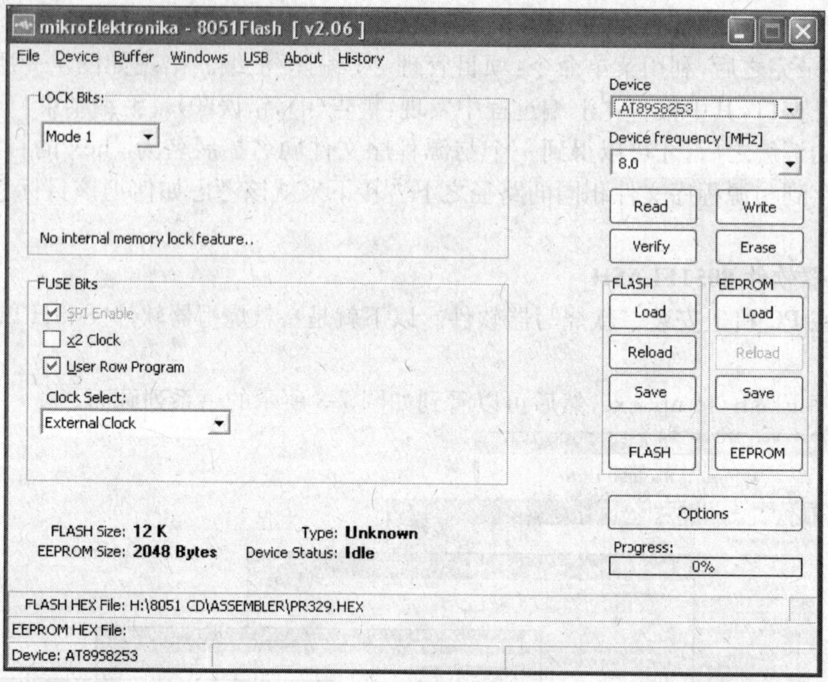


图 7-4　程序烧写器界面

所谓开发系统，就是一套能够较好地模拟单片机任何运行环境、测试单片机任何应用程序的专用装置，可以用它来搭建各种硬件环境、开发各式各样的用户程序段。除了程序烧写器、供电电源和单片机插座之外，开发系统还应包含一些能够激活输入引脚、监视输出引脚的单元电路。最简单易行的版本就是为每条端口引脚都连接一只按钮开关和一只发光二极管(LED)。而高档次的版本则带有多位 LED 数码管显示器、多种 LCD 显示器、温度传感器，以及一些实用的外围电路单元。这些外围电路(根据需要)可以经过微型跳线任意地连接到单片机上。以这种方式，整个程序在开发阶段可以得到真实的测试，理由是单片机并不知道其输入引脚送入的信号究竟是由按钮开关模拟的，还是由真正被开发的目标样机内部的感测开关提供的。

图 7-5　开发板实物图

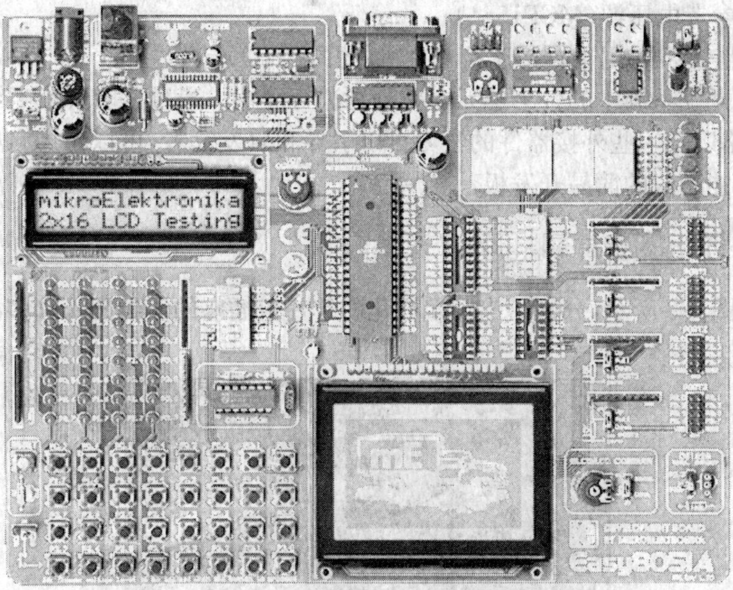


图 7-6 开发板单元电路分布图

## 7.2 Easy8051A 开发系统及其单元电路

Easy8051A 开发系统是一种优质的开发系统，可用于烧写编程和演示运行 Atmel 公司生产的 8051 兼容的单片机。除此以外该系统还可以调试、验证各种用户程序，因为电路板上包含了实际开发项目中通常包含的大多数元器件。

具体上 Easy8051A 开发系统包括如下一些组成部分：

- 多样化的单片机插座(可以插接 DIP14、16、20 和 40 脚封装的单片机)；
- 用于引入外接电源的连接插口(DC12V)；
- 配备了利用 USB 接口的下载编程烧写器；
- 电源选择电路(可选 5V 的 USB 电源或选 12V 的外接直流电源)；
- 8MHz 的石英晶体振荡器；
- 32 只分立 LED，用于监视输出端口的引脚状态；
- 32 只按钮开关，用于为输入端口引脚提供激活信号；
- 四只 7 段 LED 数码管显示器，工作于多路复用模式；
- 图形式液晶显示器(LCD)模块；
- 字符式液晶显示器模块(可以工作于 4-bit 或 8-bit 模式)；
- RS232 串行通信接口，可与 PC 机通信；
- 数字温度传感器(DS1820)；
- 12 位 A/D 转换器(MCP3204)；
- 12 位 D/A 转换器(MCP4921)；

● 4.096V 参考电压源(MCP1541)；

● 多组多针连接器，用于直接连接单片机的并行 I/O 端口。

以下将要对开发系统中的各个单元电路分别进行简述。通过这套开发系统及其单片机样片、各式单元电路以及一些外接器件的学习可以引导和启发读者，可以考虑自行设计和制作一款属于自己的功能类似的简易开发板。

### 7.2.1 多样化的单片机插座

如图 7-7 和图 7-8 所示，分别给出了多样化的单片机插座的实物图片和多样化单片机插座的连线图。

图 7-7　多样化单片机插座实物图片

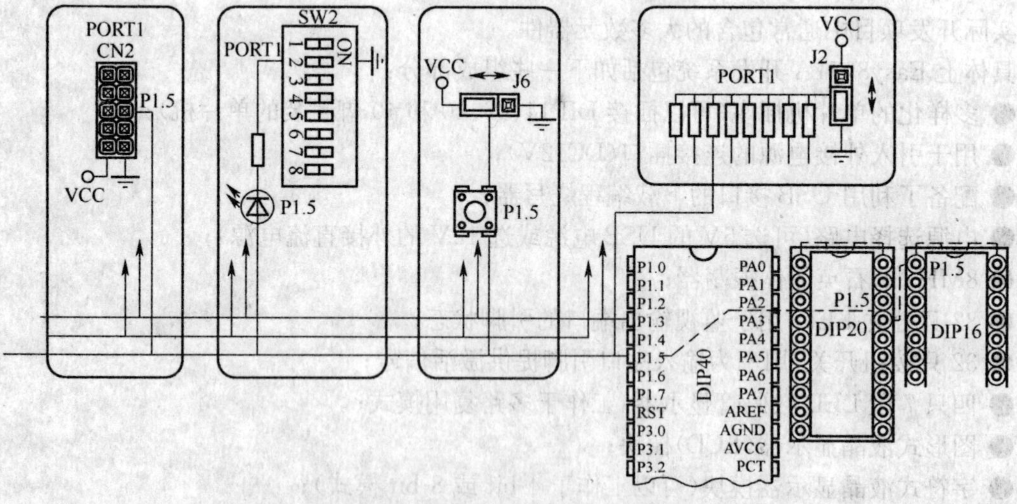


图 7-8　多样化单片机插座连线图

有几款 Atmel 公司生产的、适合初学者学习的、带有 ISP(在系统内编程)功能的 8051 兼容单片机，都有 DIP(双列直插)封装形式。例如：

● AT89LP213、AT89LP214 为 DIP14 脚封装；

● AT89LP216 为 DIP16 脚封装；
● AT89LP2052、AT89LP4052、AT89S2051、AT89S4051 为 DIP20 脚封装；
● AT89S51、AT89S52、AT89S53、AT89S8252、AT89S8253 为 DIP40 脚封装。

为了在同一块开发板上能够实现这几种不同封装单片机芯片的烧写编程和程序验证，就在 Easy8051A 开发系统板上同时设计了上述 4 种 DIP 插座，并且把各个插座的同名引脚并列在了一起。例如，在图 7-8 中以 DIP40 脚封装单片机的端口引脚 P1.5 为例，描绘了 P1.5 与其他插座以及外接器件之间的连线关系。

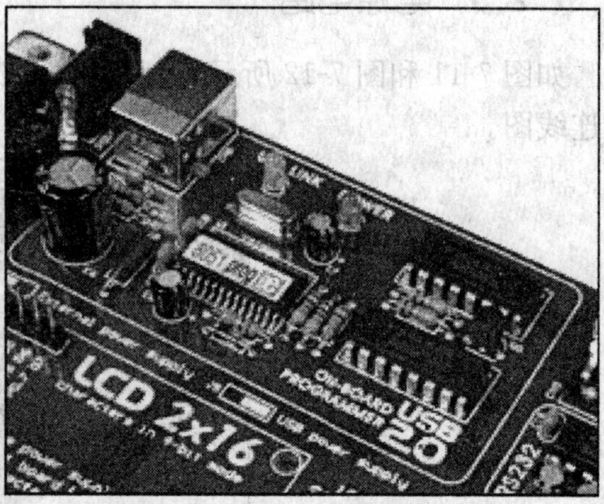

图 7-9 自带编程电路实物图

## 7.2.2 内建 USB 式编程器电路

如图 7-9 和图 7-10 所示，分别展现了电路板内建的自带 USB 式编程器电路的实物图和自带 USB 式编程器电路的连线图。

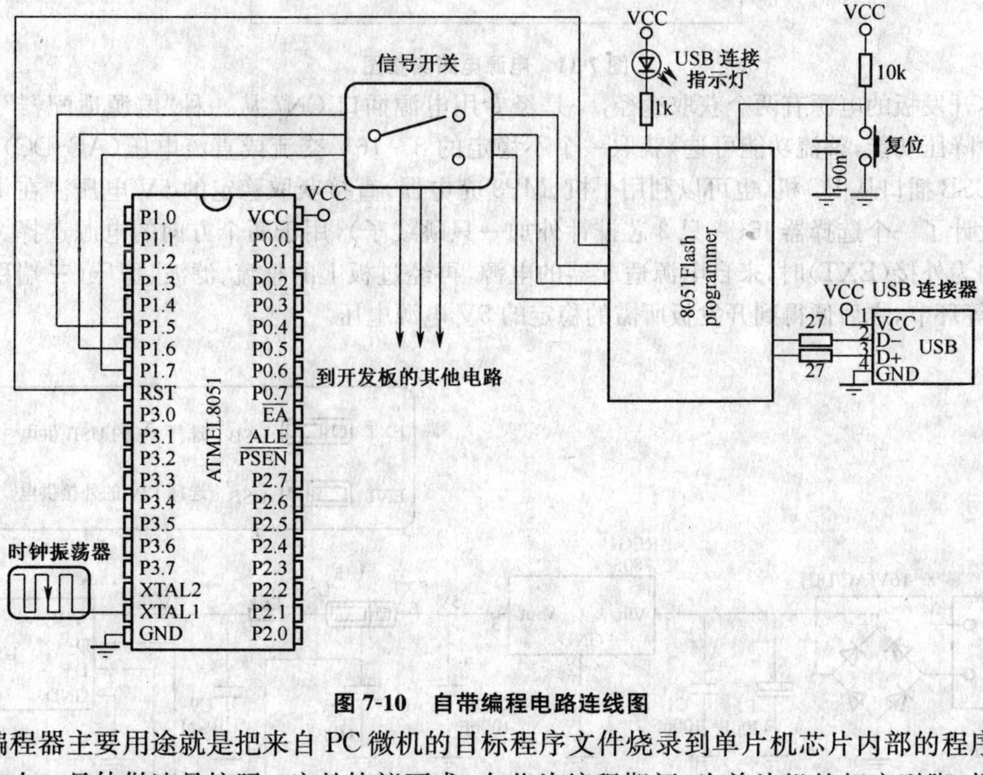


图 7-10 自带编程电路连线图

编程器主要用途就是把来自 PC 微机的目标程序文件烧录到单片机芯片内部的程序存储器之中去。具体做法是按照一定的协议要求，在芯片编程期间，为单片机的相应引脚，提供一定的电平或者脉冲序列。

在本系统中，内建了一个具备 USB 接口的、可以实现 ISP 功能的简易的专用编程器电路。

经过一条 USB 电缆连接 PC 机，一是实现串行通信，二是可以从 PC 机获取 5V 电源。在编程任务完成之后，编程器占用的引脚(P1.5、P1.6、P1.7、RST)自动空出，可作其他用途。

### 7.2.3 电源电路

如图 7-11 和图 7-12 所示，分别提供了双选供电电源电路的实物图片和双选供电电源电路的连线图。

图 7-11 电源电路实物图

本开发板的电源有两个获取途径，一是经专用电源插口 CN7 从一种“电源适配器”(其内部包含降压功能，整流功能可选)获取一个不稳定的 8～16V 交流或直流电压(AC/DC)，二是经过 USB 插口从 PC 机(也可以利用手机、MP3 充电器)直接获取稳定的 5V 电压。在供电路径中设计了一个选择器 J5(一只 3 芯排针外加一只跳线子)，用于两个方向的电源选择。当选择方向为外接(EXT)时，来自电源适配器的电源，再经过板上的整流、滤波、稳压(三端稳压器 7805)等环节，之后便得到开发板所需的稳定的 5V 电源电压。

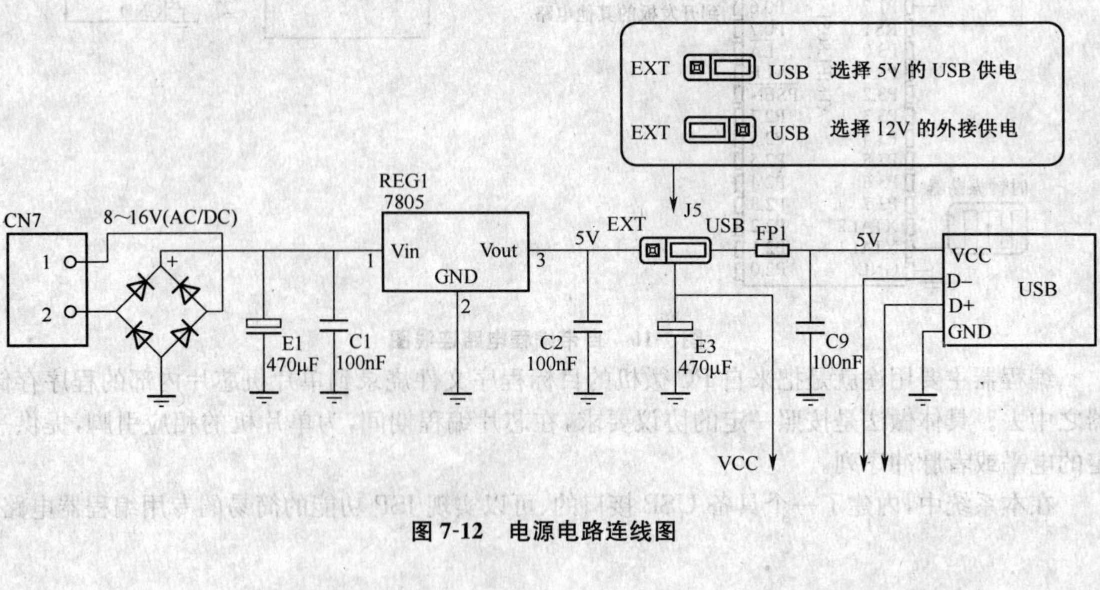


图 7-12 电源电路连线图

## 7.2.4 8MHz 时钟振荡器

如图 7-13 和图 7-14 所示，分别描绘了用作系统时钟的 8MHz 石英晶体振荡器的实物图和 8MHz 石英晶体振荡器的连线图。

图 7-13 8MHz 振荡器实物图

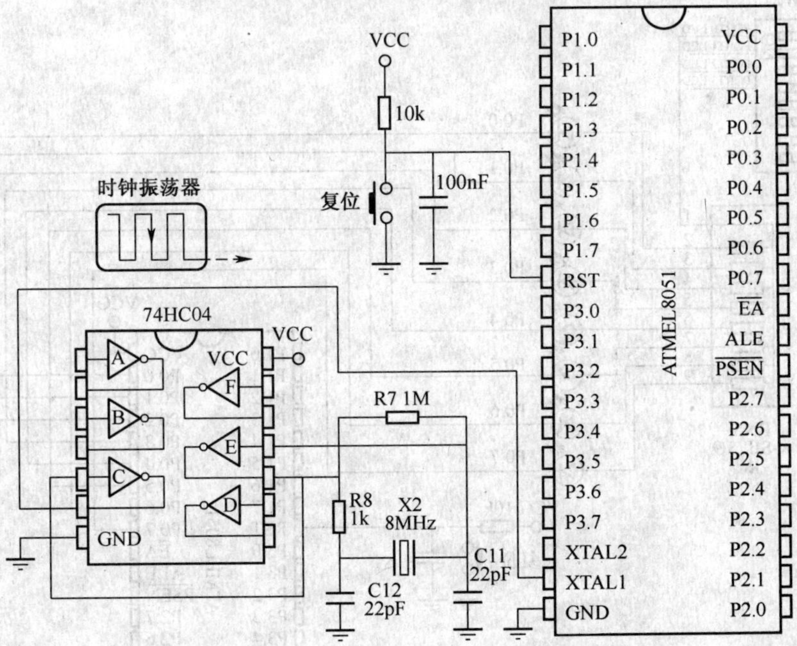


图 7-14 8MHz 振荡器连线图

在 EASY8051A 开发系统板上，利用一片高速 CMOS 标准数字集成电路 74HC04，设计了一个石英晶体振荡器电路，作为时钟信号发生器为目标单片机提供频率稳定的 8MHz 时间基准信号。此外，也可以在单片机编程时选定单片机内部 RC 振荡器来提供单片机工作时钟，这仅适合那些带有内建 RC 时钟振荡器的新品单片机。

### 7.2.5 输出引脚状态指示——LED

如图 7-15 和图 7-16 所示，分别给出了用于监视和显示单片机输出端口引脚上的逻辑状态的，4×8 只 LED 阵列的实物图片和连接端口 P0 的 8 只 LED 的连线图。

**图 7-15 LED 阵列实物图**

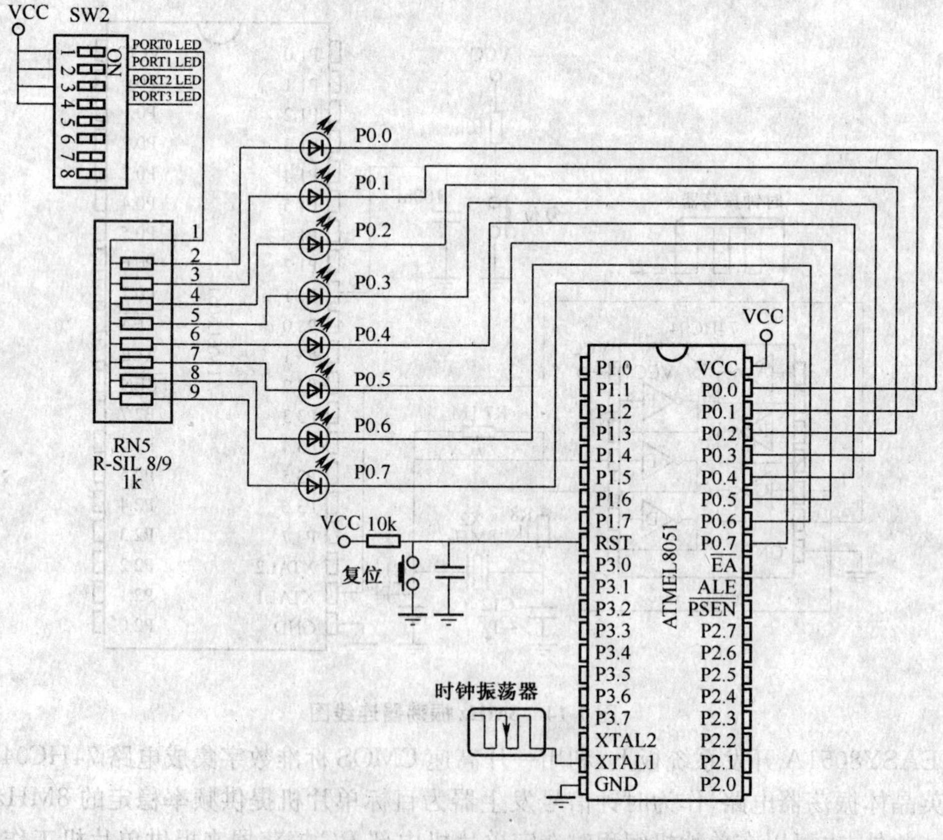


**图 7-16 LED 阵列连线图**

在开发板上，为标准 8051 单片机的 4 个并行端口的 4×8 条引脚分别设计了带有限流电阻的发光二极管 LED 作为视觉信号显示器件，可以随时观察端口引脚的逻辑状态。当 LED 点亮表示引脚呈现低电平，反之当 LED 熄灭表示引脚呈现高电平。与某个端口连接的 8 只限流电阻，其公共接线端经过 8 路拨码开关 SW2 的一路连到 VCC。当不想应用该端口上的 LED 时，就可以利用 SW2 将其从端口上断下来。

## 7.2.6 输入引脚信号激励——按钮开关

如图 7-17 和图 7-18 所示，分别展示了用于激活或激励或触发单片机输入引脚的，即为输入引脚提供逻辑信号的，32 只按钮开关阵列的实物图和 32 只按钮开关阵列的连线图。

在开发板上，为 DIP40 封装的标准 8051 单片机的 4 个通用并行端口的 4×8 条端口引脚分别设置了一只按钮开关，作为最简单的输入器件，可以随时为输入引脚送入逻辑信号。所有 4×8只开关都有一个公共接线端，并且经过一只选择开关 J6 可以连接到 VCC 或者 GND。例如，如果 J6 接 GND，在按下按钮开关时将给单片机引脚送入一个低电平信号；在松开开关时引脚电平被单片机内部上拉电阻又拉回到高电平。

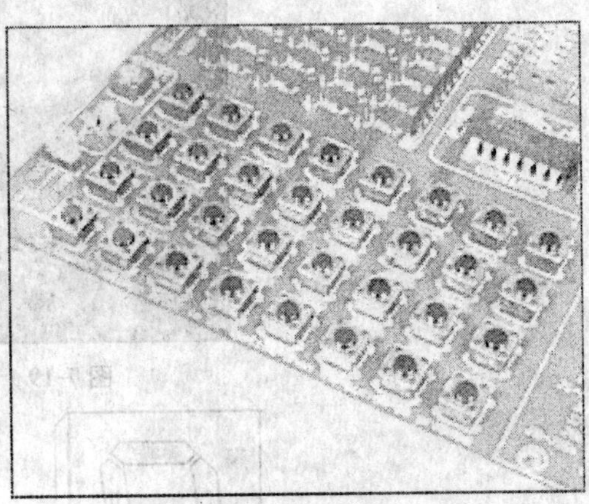

图 7-17 按钮开关阵列实物图片

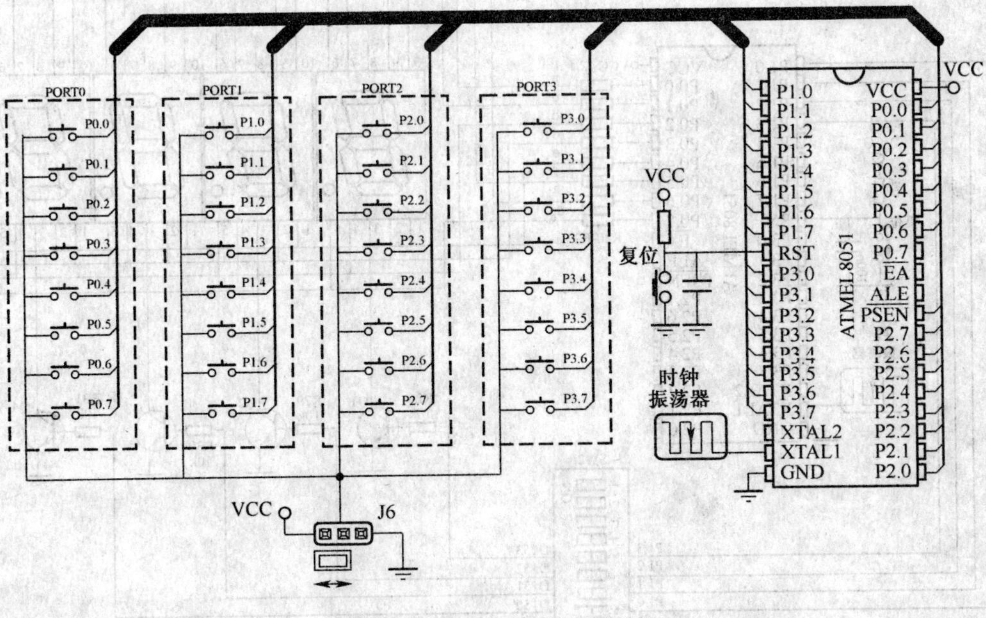


图 7-18 按钮开关阵列连线图

## 7.2.7 七段 LED 数码管显示器

如图 7-19 和图 7-20 所示，分别给出了 4 位 LED 数码管显示器的实物图和 4 位 LED 数码管显示器的连线图。

图 7-19 LED 数码管实物图

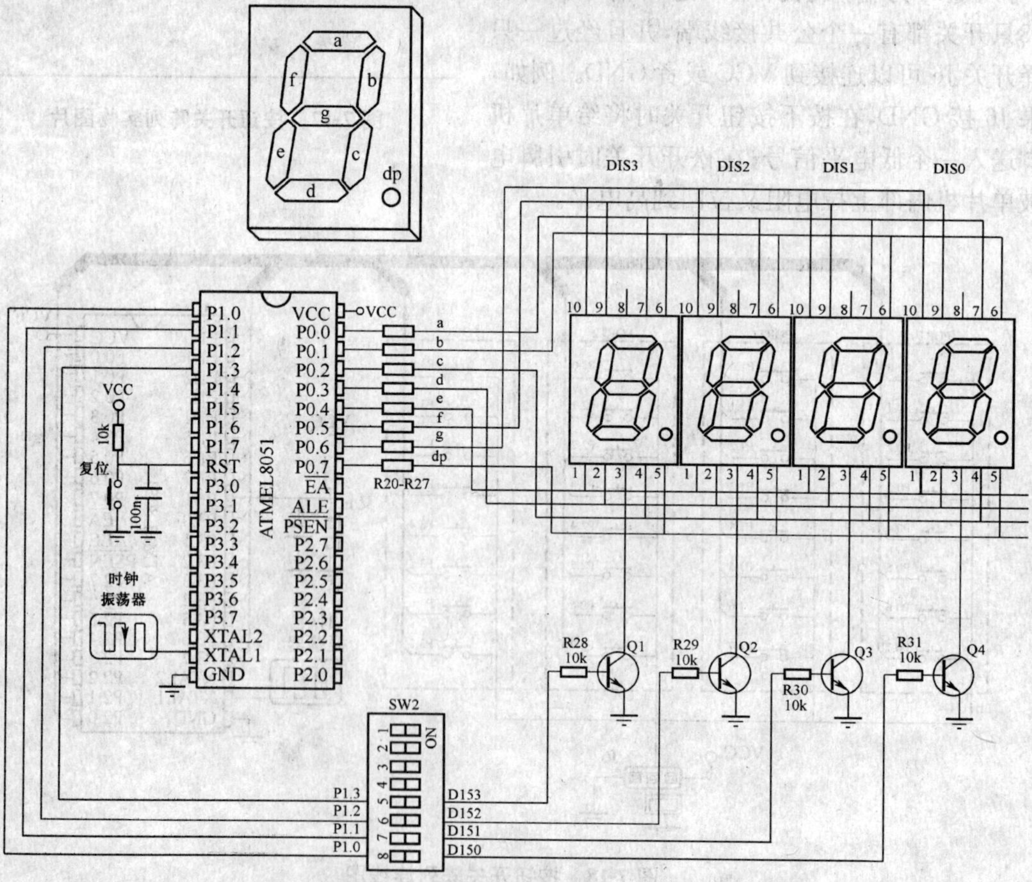


图 7-20 LED 数码管连线图

开发板上设计了 4 只高性能 LED 数码管显示器，采用的是多路动态扫描的驱动方式。为了节省单片机端口引脚，4 只数码管的 8 个段码信号同名复连之后，分别经过一只限流电阻连接到单片机并口 P0 上。4 只三极管用于驱动 4 只数码管的位信号，分别轮流单独激活各位数码管，三极管的基极经过限流电阻连接到 P1 端口的低 4 位。借助于 7 段 LED 数码管的显示信息，能够检测程序的运行情况。类似于分立 LED 阵列，可以利用 DIP 开关 SW2，把三极管基极从单片机引脚上断下来，以便在数码管不用时让出端口 P0 和 P1。

## 7.2.8　字符型和图像型 LCD 显示器

如图 7-21 和图 7-22 所示，分别提供了两种 LCD 显示器模块的实物图和两种 LCD 显示器

图 7-21　两种 LCD 显示器实物图

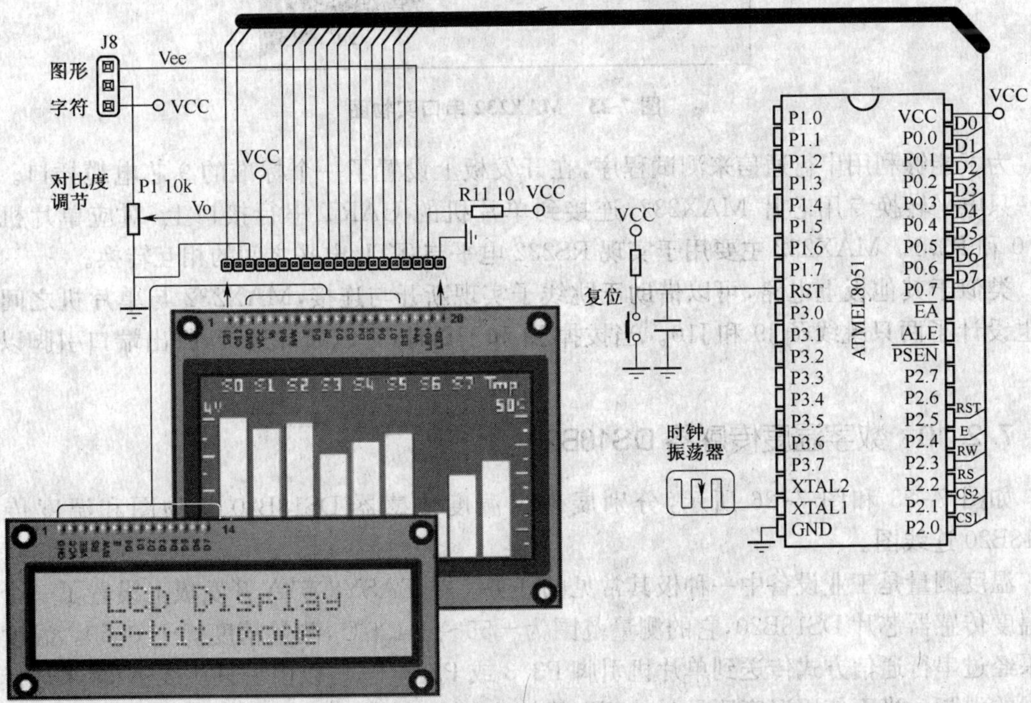


图 7-22　两种 LCD 显示器连线图

模块的连线图。

在 Easy8051A 开发板上设置了一个排针插口，既可以连接字符式 LCD 模块也可以连接图形式 LCD 模块。两种 LCD 模块连接方法的区别一是插接位置不同，二是跳线子 J8 的位置不同。设置一只电位器 P1，用于调节 LCD 显示器的对比度。当不需要 LCD 显示时可以拔掉 LCD 模块、断开连接，以腾出端口引脚供作他用。

20 芯排针插口的主要引线功能在查对时一是查看已经标注在单片机 P0 和 P2 端口上的字符，二是查看 LCD 模块接线端子旁边的字符。

### 7.2.9 RS232 串行通信接口

如图 7-23 和图 7-24 所示，分别给出了 RS232 串行通信接口实物图和 RS232 串行通信接口连线图。

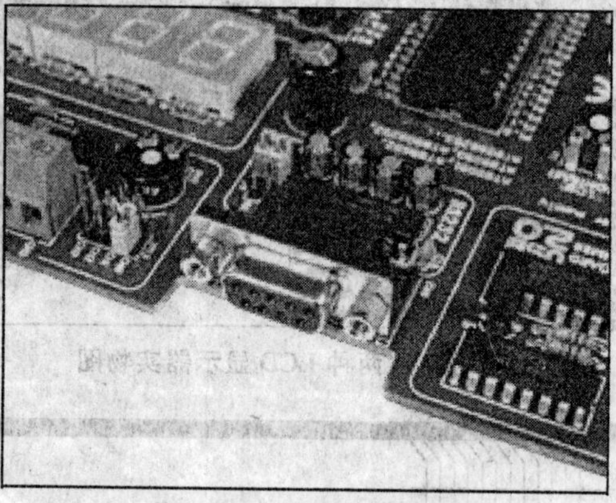

图 7-23 MAX232 串口实物图

为了能够利用串行通信来测试程序，在开发板上设置了一个标准的 9 芯电缆插口。它经过一只电平转换专用芯片 MAX232，连接到单片机的 UART 串行接口上，对应单片机引脚 P3.0 和 P3.1。MAX232 主要用于实现 RS232 电平与 TTL 电平之间的相互转换。

类似于其他板上电路，可以借助于跳线子实现断开与连接，MAX232 与单片机之间的连接也设计了两只跳线子 J9 和 J10。当拔掉 J9 和 J10 时，可以断开连接，腾出端口引脚以供他用。

### 7.2.10 数字温度传感器 DS18B20

如图 7-25 和图 7-26 所示，分别展现了温度传感器 DS18B20 实物图和温度传感器 DS18B20 连线图。

温度测量是工业设备中一种极其常见的任务。在 EASY8051A 开发板上设置了一个 3 脚的温度传感器芯片 DS18B20，它的测量范围为－55～＋125℃，测量精度优于 0.50。温度测量结果经过串行通信方式传送到单片机引脚 P3.3 或 P2.7 上，可以由一只跳线子 J7 来选择接收数据的引脚。当不使用温度测量时就可以拔掉 J7、断开连接，腾出端口引脚以供他用。

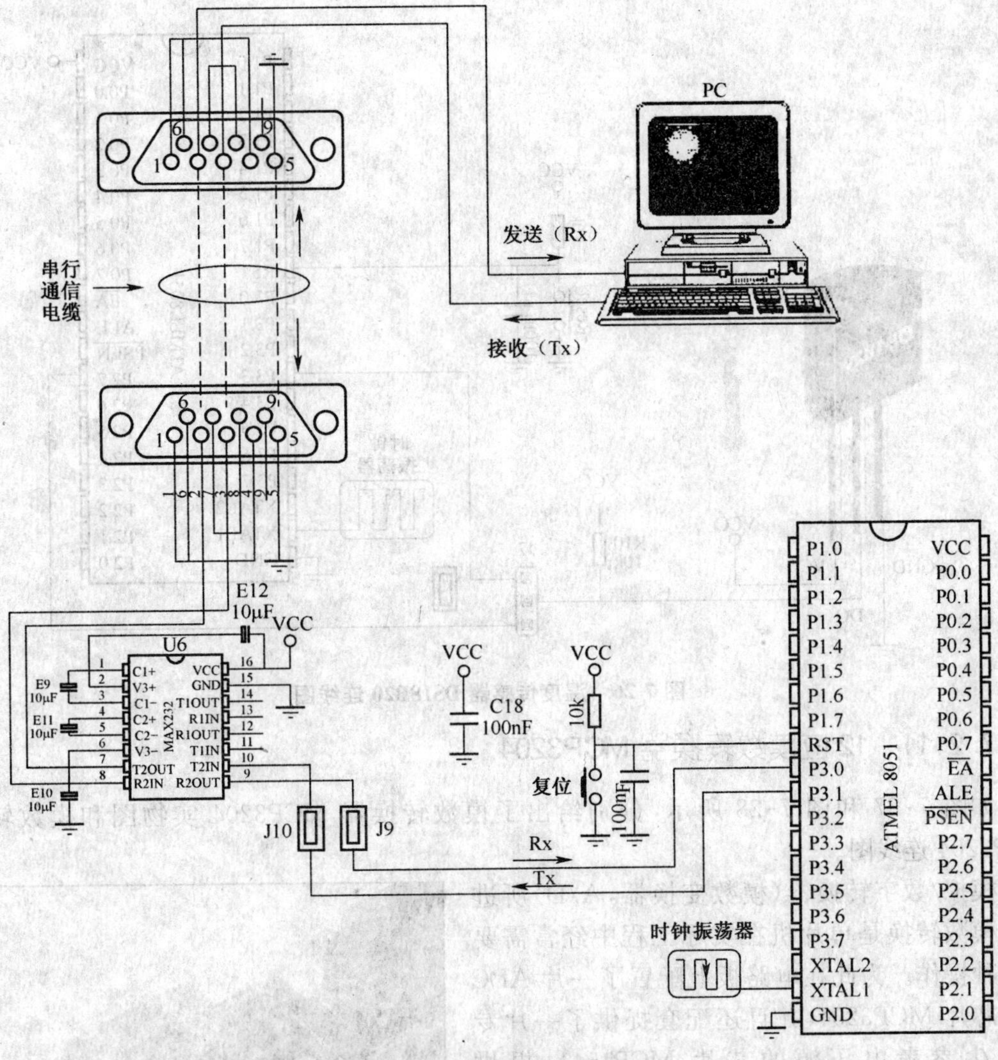


**图 7-24 MAX232 串口连线图**

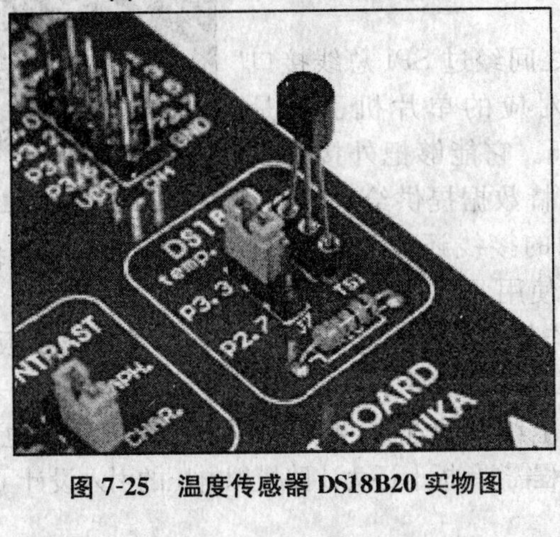


**图 7-25 温度传感器 DS18B20 实物图**

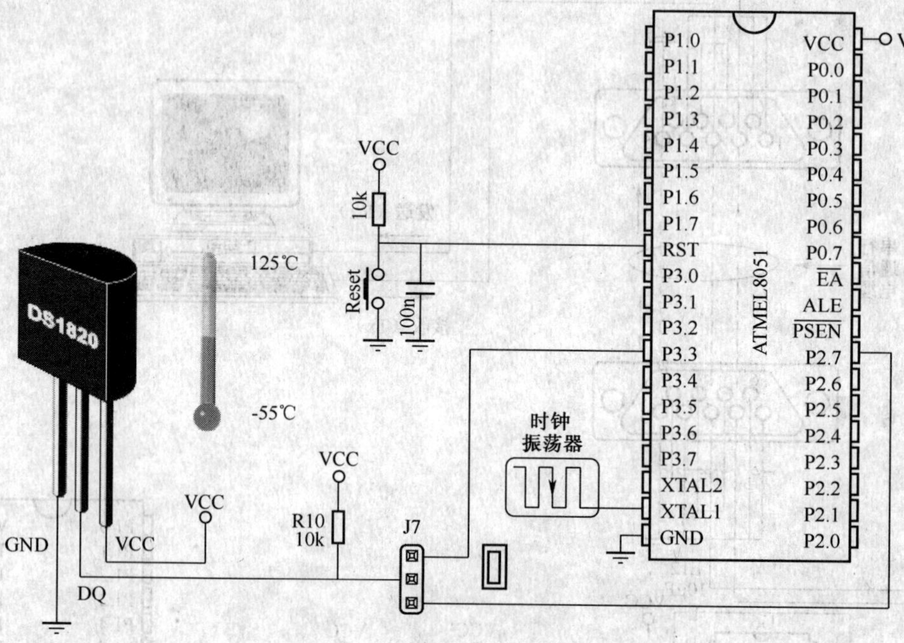


图 7-26　温度传感器 DS18B20 连线图

### 7.2.11　12 位模数转换器 MCP3204

如图 7-27 和图 7-28 所示，分别给出了模数转换器 MCP3204 实物图和模数转换器 MCP3204 连线图。

模拟/数字转换器（模数变换器，A/D）所进行的模数转换是单片机在实际工程中经常需要的一种操作。为此在电路板上配置了一片 ADC 专用芯片 MCP3204，并且还配套提供了一片专门产生参考电压源的芯片 MCP1541，提供 4.096V 参考电压源。

图 7-27　模数转换器 MCP3204 实物图

MCP3204 与单片机之间经过 SPI 总线接口连接并且连接了 4 线，对应的单片机引脚是 P1.5、P1.6、P1.7 和 P3.5。它能够把外接输入的模拟电压转换为 12 比特数据提供给单片机。MCP3204 与单片机之间的接线还设计了一只 DIP 拨码开关 SW1，当不使用 ADC 时就可以断开连接，腾出端口引脚供作他用。为了便于验证 ADC 功能，开发板上设计了一只电位器 P3，用于产生可变的模拟电压源。还设计了一只 8 芯排针 J12，借助于一只跳线子就可以实现四选一。跳线子 J11 用于参考电压源的选择，既可以选择 MCP1541，也可以选择经过阻容滤波的 5V 电源电压。为了便于工程需要，板上还为 4 路模拟电压的引入设计了 4 芯高强度连接件。

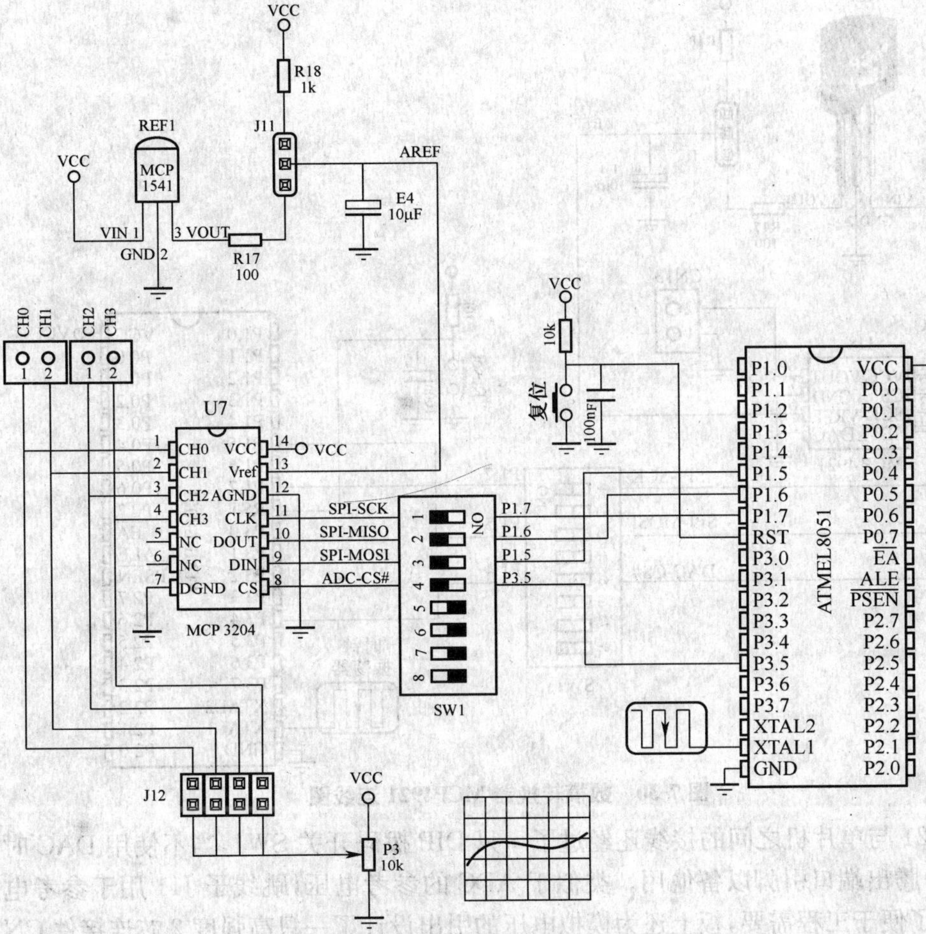


**图 7-28　模数转换器 MCP3204 连线图**

## 7.2.12　12 位数模转换器 MCP4921

如图 7-29 和图 7-30 所示，分别展示了数模转换器 MCP4921 实物图和数模转换器 MCP4921 连线图。

数字/模拟转换器（数模变换器，D/A）是单片机在实际工程中经常需要的另一种转换器。为此在电路板上配置了一片 DAC 专用芯片 MCP4921，并且与 MCP3204 共用了一片参考电压源芯片 MCP1541。MCP4921 与单片机之间经过 SPI 总线接口连接并且仅连接了 3 线，它能够把单片机提供的 12 比特数据转换为模拟电压，并且送到输出脚上。

**图 7-29　数模转换器 MCP4921 实物图**

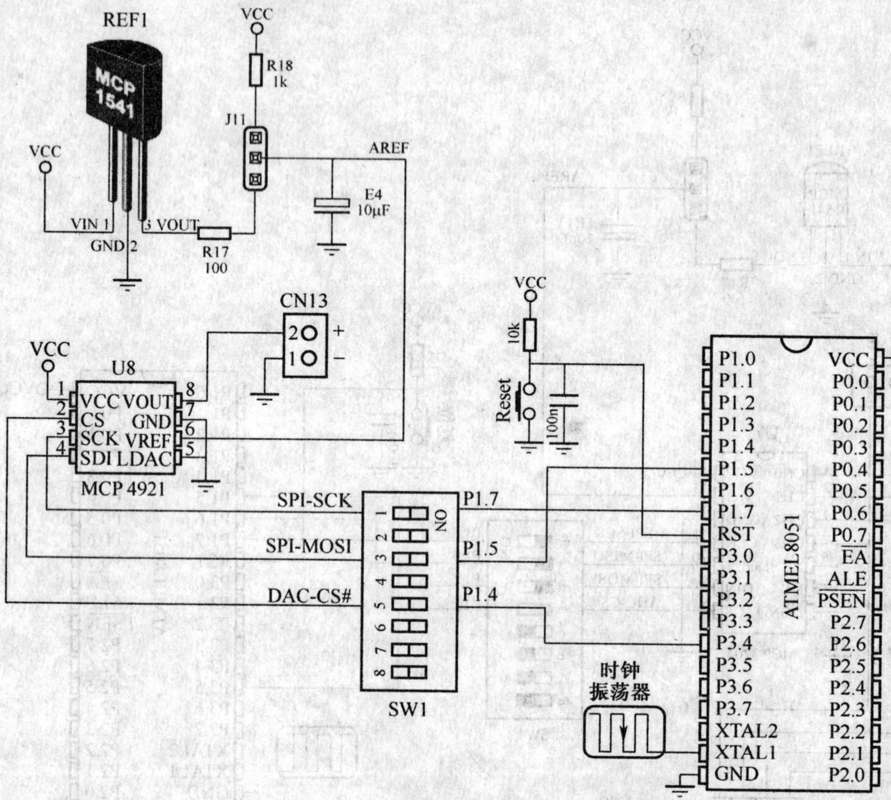


**图 7-30　数模转换器 MCP4921 连线图**

MCP4921 与单片机之间的接线还经过了一只 DIP 拨码开关 SW1，当不使用 DAC 时就可以断开连接，腾出端口引脚以备他用。类似于 ADC 的参考电压，跳线子 J11 用于参考电压源的选择。为了便于工程需要，板上还为模拟电压的引出设计了一只高强度 2 芯连接件 CN13。

## 7.2.13　外引端口的 10 针连接器

如图 7-31 和图 7-32 所示，分别提供了规范化的、归一化的 10 针连接器实物图和 10 针连接器连线图。

**图 7-31　10 针连接器实物图**

为了使得单片机的 4 个通用并行端口 P0 ～P3 都能够直接连接板外扩展电路和器件，在电路板上为每个单片机端口都设置了一个连接器。每个连接器的 10 芯中拿出下面的 2 芯作为电源接线端，分别连接到电源正、负极。此外，为每个端口当中的每条端口引脚都配置了一只电阻，既可以作为上拉电阻连接到 VCC，也可以作为下拉电阻连接到 GND。究竟如何连接以及是否连接，将取决于一只跳线子的连接方式（上接、下接、不接）。

在图 7-32 中仅仅以端口 P2 为例，描绘了 10 芯

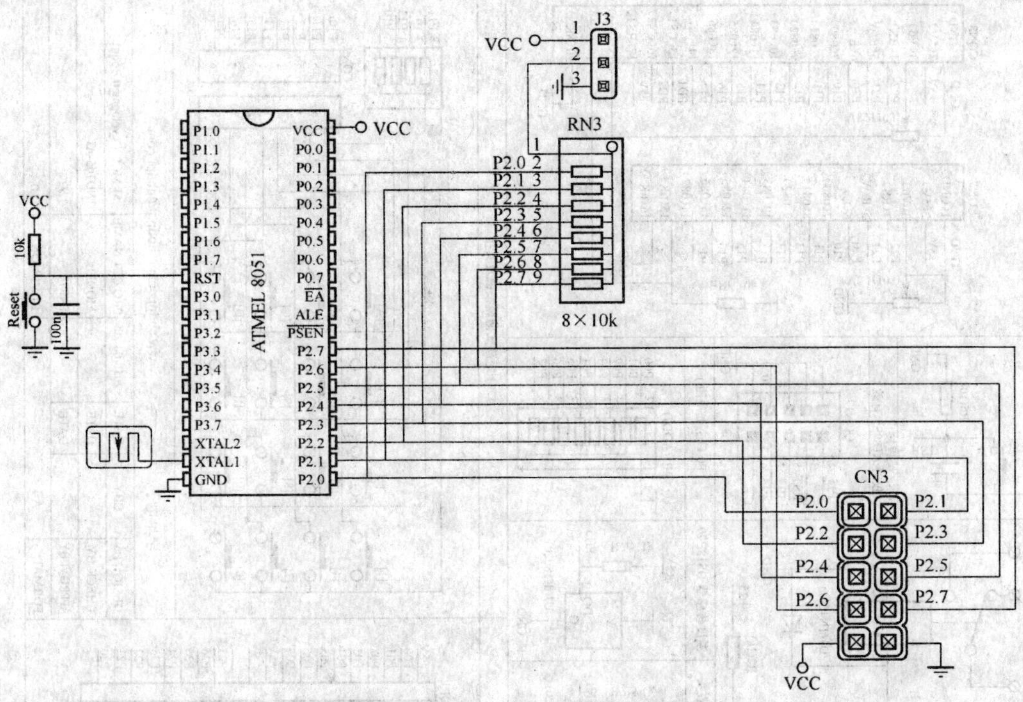


图 7-32　10 针连接器连线图

排针 CN3 的引线功能分配。其中电阻为8×10kΩ 排阻，其公共端子上连接的跳线子为 J3。

# 7.3　一款 AT89S52 单片机学习板

## 7.3.1　系统描述

本节介绍的单片机学习和实验系统，适合直接演示和烧写 DIP40 封装的 AT89Sxx 系列单片机。

**1. 系统组成**

整个学习系统由主板、编程器、12864 液晶模块、1602 液晶模块、NOKIA5110 液晶模块、LED 点阵、开关电源、4×4 矩阵薄膜开关、步进电机、直流电机、温度传感器 DS18B20、一体化红外接收头、遥控器、USB 数据线、串口数据线、编程连接线等组成。实验用的电池、PS/2 接口键盘由用户自备。学习板的外形尺寸为 120mm×190mm，其实物图如图 7-33 所示。学习板的电路原理图分别如图 7-34 和图 7-35。

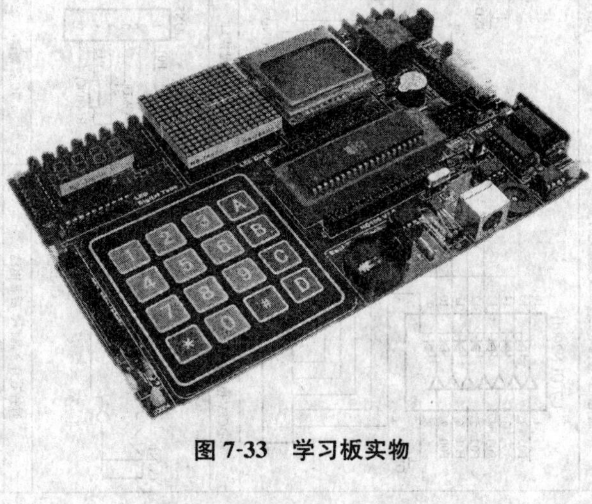

图 7-33　学习板实物

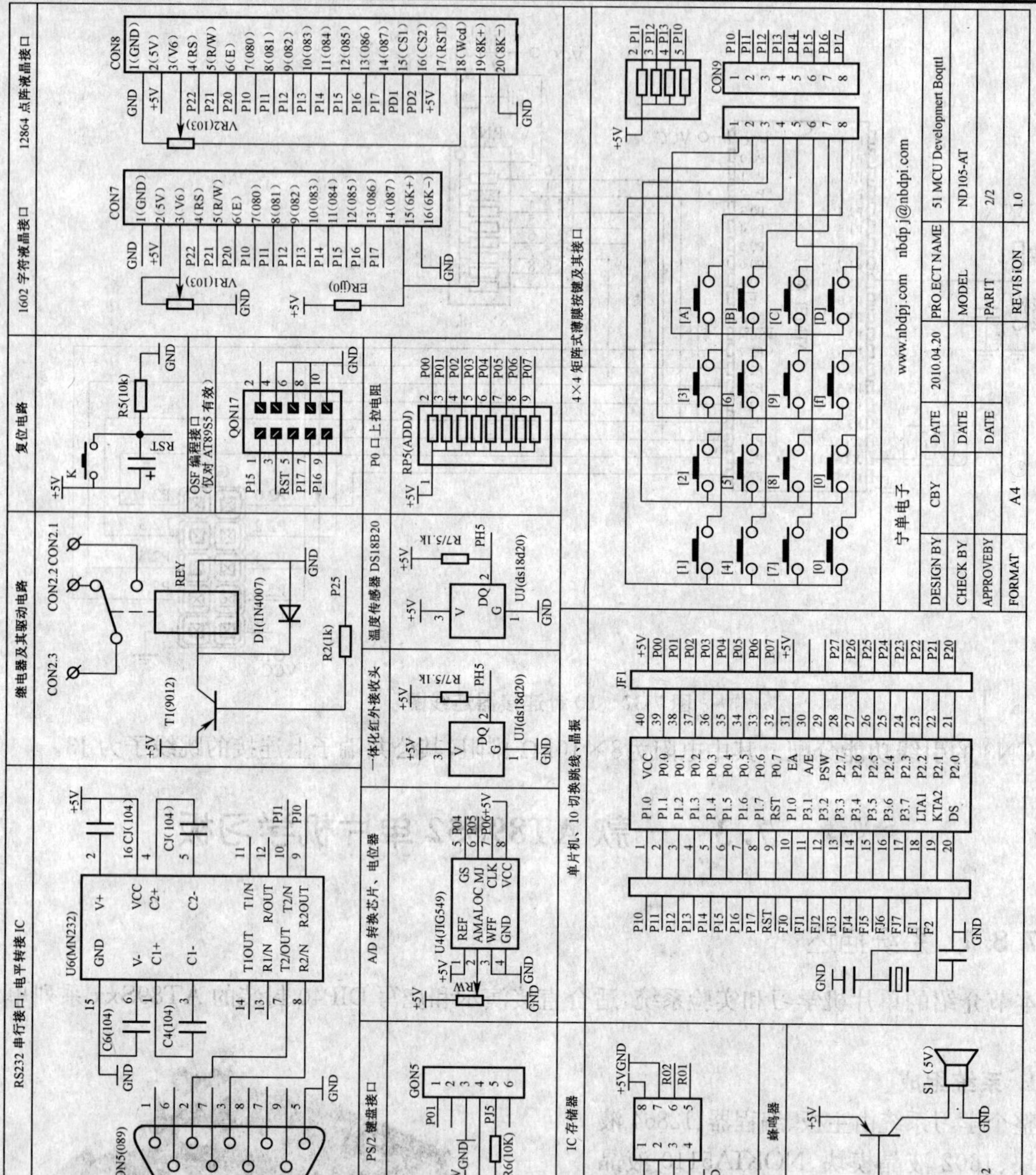


图 7-34 学习板原理图 1

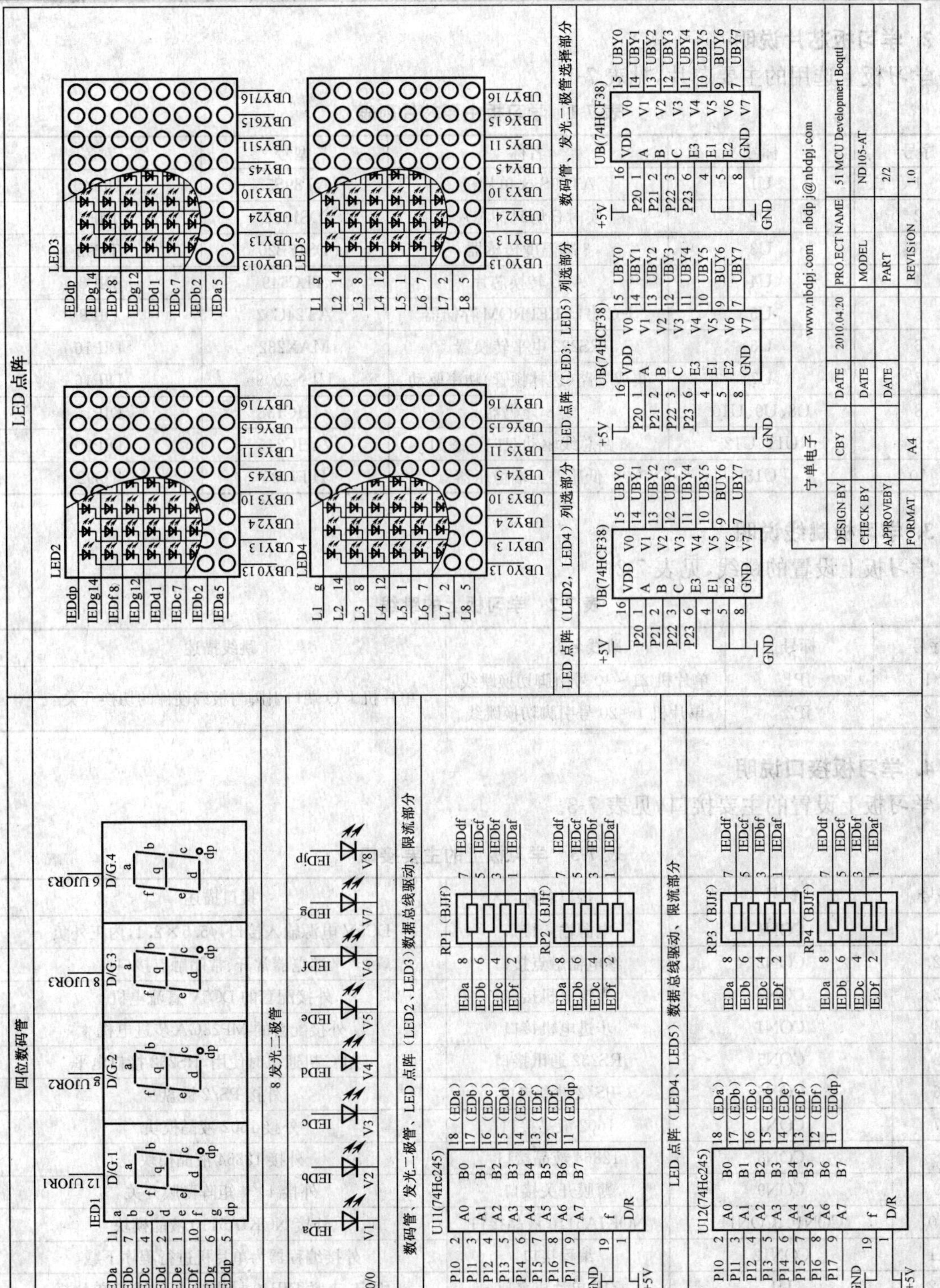


图 7-35 学习板原理图 2

### 2. 学习板芯片说明

学习板上选用的主要芯片，见表 7-1。

**表 7-1 学习板主要芯片列表**

| 序号 | 标号 | 名称 | 型号 | 封装 |
|---|---|---|---|---|
| 1 | U1 | AT89Sxx 单片机 | AT89S52 | DIP40 |
| 2 | U2 | 实时日历时钟芯片 | DS1302 | DIP8 |
| 3 | U3 | 3 脚温度传感器 | DS18B20 | TO92 |
| 4 | U4 | A/D 转换芯片 | TLC549 | DIP8 |
| 5 | U5 | $I^2C$ 串口 EEPROM 存储器 | AT24C02 | DIP8 |
| 6 | U6 | RS232 电平转换器 | MAX232 | DIP16 |
| 7 | U7 | 集成 7 路(达林顿管)功率驱动 | ULN2003 | DIP16 |
| 8 | U8、U9、U10 | 3/8 译码器 | 74HC138 | DIP16 |
| 9 | U11、U12 | 8 路总线驱动双向三态门 | 74HC245 | DIP20 |
| 10 | U13 | 低压差三端稳压器 | HT7133 | TO92 |

### 3. 学习板跳线说明

学习板上设置的跳线，见表 7-2。

**表 7-2 学习板上的跳线**

| 序号 | 标号 | 跳线名称 | 跳线描述 |
|---|---|---|---|
| 1 | JP1 | 单片机 21～40 号引脚切换跳线 | 单片机 I/O 端口引脚与板载硬件的切换开关 |
| 2 | JP2 | 单片机 1～20 号引脚切换跳线 | |

### 4. 学习板接口说明

学习板上设置的主要接口，见表 7-3。

**表 7-3 学习板上的主要接口**

| 序号 | 标号 | 接口名称 | 接口描述 |
|---|---|---|---|
| 1 | CON1 | 电源输入接口 | DC5V 电源输入接口，$\phi 5.5\times 2.1$，内正外负 |
| 2 | CON2 | 继电器触点接口 | 继电器常开、常闭触点接口 |
| 3 | CON3 | 直流电机接口 | 外接配套的 DC5V 直流电机 |
| 4 | CON4 | 步进电机接口 | 外接配套的 MP28GA 步进电机 |
| 5 | CON5 | RS232 通讯接口 | 与 PC 机通讯时使用，RS232 接口电平 |
| 6 | CON6 | PS/2 键盘接口 | 外接 PS/2 键盘 |
| 7 | CON7 | 1602 液晶接口 | 外接 1602 液晶模块 |
| 8 | CON8 | 12864 液晶接口 | 外接 12864 液晶模块 |
| 9 | CON9 | 薄膜开关接口 | 外接 4×4 矩阵薄膜开关 |
| 10 | CON10、CON11 | NOKIA5110 液晶接口 | 外接 NOKIA5110 液晶模块 |
| 11 | CON12 | 编程接口 | 外接编程器为单片机进行程序下载 |
| 12 | U1 | ZIF 单片机夹座 | 固定、夹紧 DIP40 封装的 AT89Sxx 单片机 |
| 13 | U3 | 温度传感器接口 | 外接温度传感器 DS18B20 |
| 14 | B | 红外接收头接口 | 外接一体化红外接收头 |

**5. 学习板主板电路**

学习板在没有 DIP40 封装的单片机芯片、插接矩阵键盘、3 种液晶显示器模块、4 块 8×8 的 LED 点阵、3 脚温度传感器、3 脚红外遥控接收头等部件或元件的情况下的主板电路，如图7-36所示。

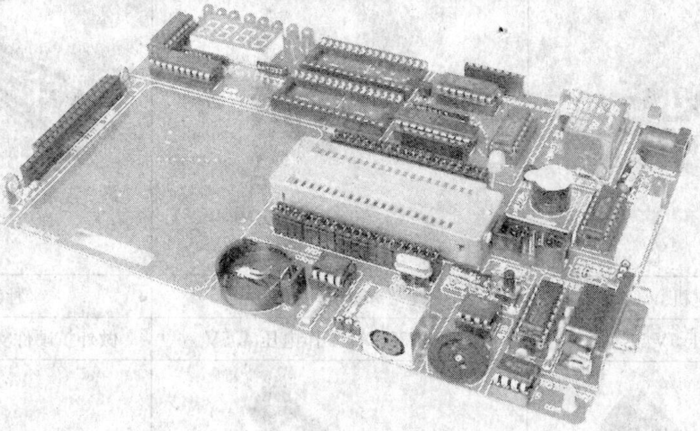

图 7-36 学习板主板电路

**6. 学习板外接单元电路**

以学习板主板为基础，插接的一些单元电路、模块电路和元器件见表 7-4。

表 7-4 学习板上插接的单元电路

| | | |
|---|---|---|
|  |  |  |
| 12864 点阵液晶（选用） | 1602 字符液晶（选用） | NOKIA5110 点阵液晶 |
| 128×64 点阵，灰底蓝字，无背光，无字库，引脚插针已经焊好，可以直接插到开发板上使用 | 16×2 个字符，蓝底白字（或者黄底黑字），引脚插针已经焊好，可以直接插到开发板上使用 | 84×48 点阵，蓝色背光（或黄绿背光）引脚插针已经焊好，可以直接插到开发板上使用 |
|  |  | 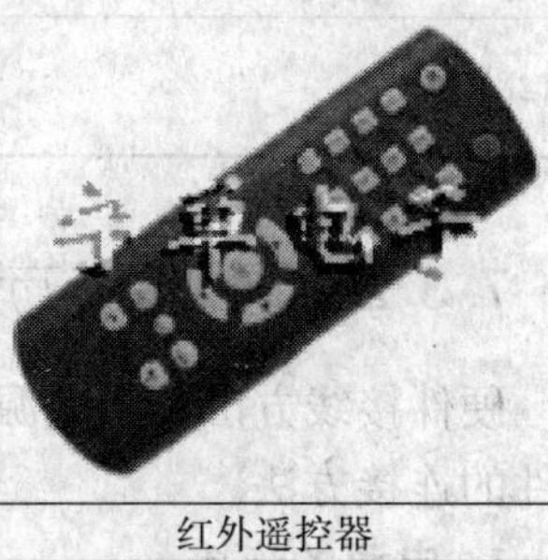 |
| 编程器 | 开关电源 | 红外遥控器 |
| USB 串行程序编程器，对 AT89S5X 系列单片机进行程序烧写 | 输入：AC100～240V 50/60Hz 150mA<br>输出：DC5V 800mA | 编码芯片：HT6221，使用 2 节 7 号电池（用户自备） |

续表 7-4

| | | |
|---|---|---|
| 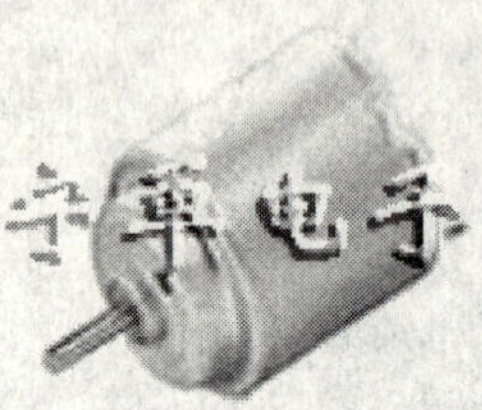 | 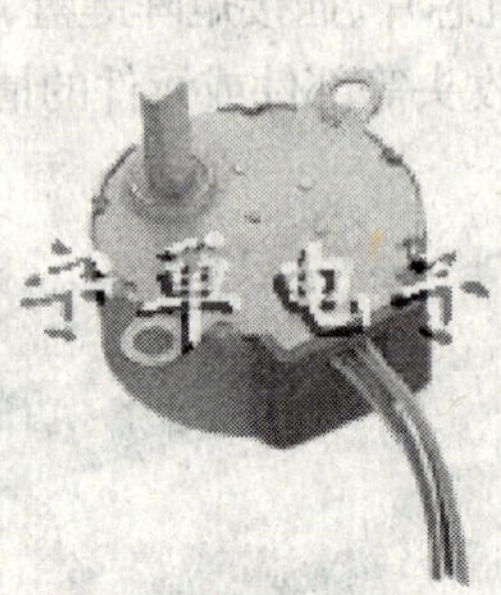 | 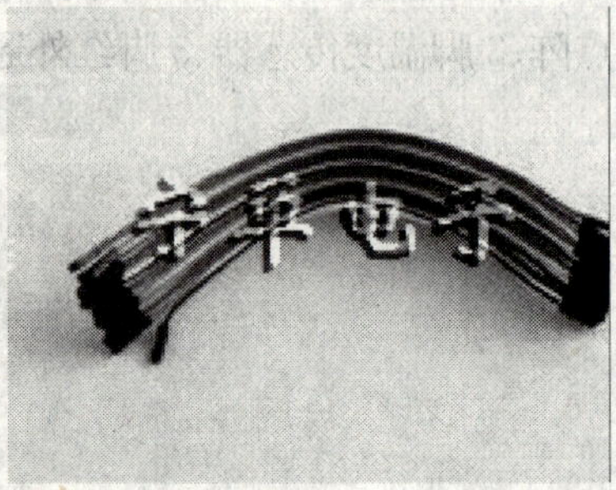 |
| 直流电机 | 步进电机 | 杜邦线(20条) |
| 直流电机,供电电压5V | 型号:MP28GA,工作电压4.5V | 做外扩硬件实验时,用于外引信号 |
|  |  | 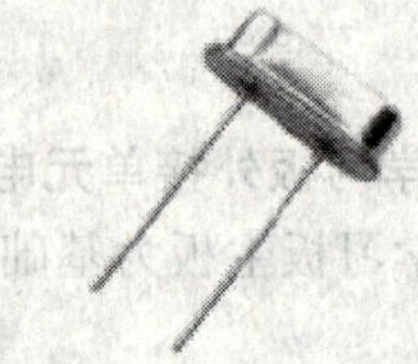 |
| 数字式温度传感器 | 红外一体化接收头 | 晶振 |
| 一线式温度传感器DS18B20 | 38kHz红外接收头 | 11.0592MHz |
| 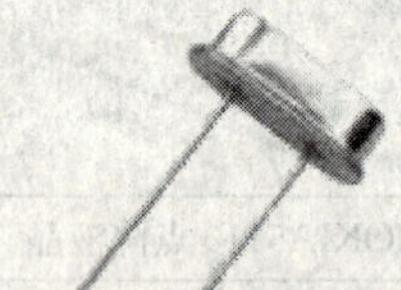 |  | 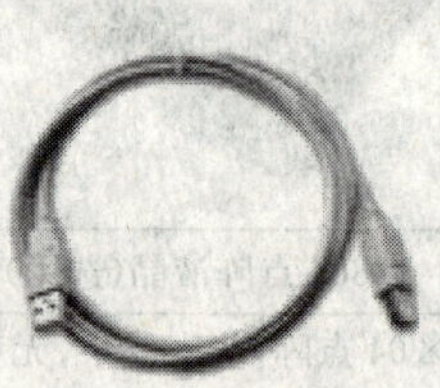 |
| 晶振 | 串口数据线 | USB数据线 |
| 12MHz | 学习板与PC机RS232接口的通讯线 | 编程器的USB供电、通讯用 |

## 7.3.2 硬件接线方法

硬件接线方法包括电源的连接方法、烧写编程器的连接方法以及单片机和一些外围电路组件的连接方法。

**1. 电源的连接**

将开关电源插于AC100～240V的电源插座中,将DC插头插在学习板CON1接口上,发光二极管 V9 亮，开发板供电正常。严禁使用其他电压、极性的开关电源，否则会使学习板损坏，如图 7-37 所示。

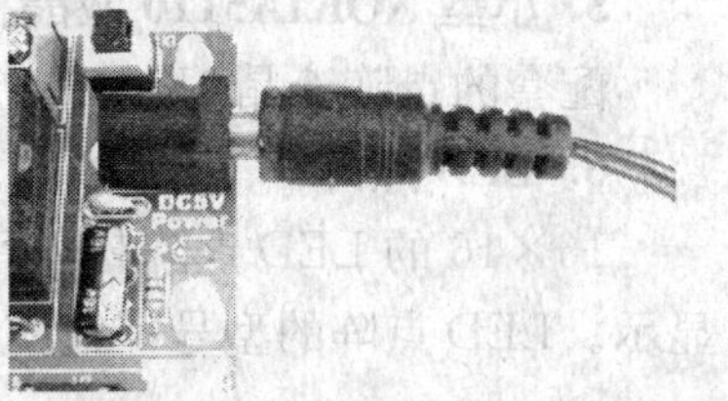

图 7-37　外接 5V 电源

**2. 编程器的接法**

将配套的编程器按如图 7-38 的顺序连接，通过 USB 数据线将编程器与电脑 USB 接口相连。

**3. 图像型 12864 液晶模块**

配套的 12864 液晶模块与学习板的连接方式如图 7-39 所示，严禁插反或者错位。其他图像型 LCD 模块，在插入前应核对电路板上印刷的引脚标识，以确定插入方向。下载程序时，12864 液晶应该取下，否则将导致下载失败。

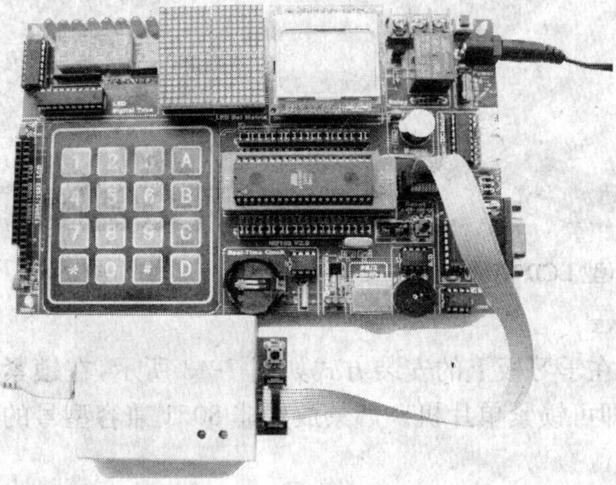

图 7-38　编程器连接

**4. 字符型 1602 液晶模块**

配套的 1602 液晶模块与学习板的连接方式如图 7-40 所示，严禁插反或者错位。其他字符式 LCD 模块，插入前应核对电路板上印刷的引脚标识，以确定插入方向。下载程序时，1602 液晶应该取下，否则将导致下载失败。

图 7-39　图像型 LCD 模块

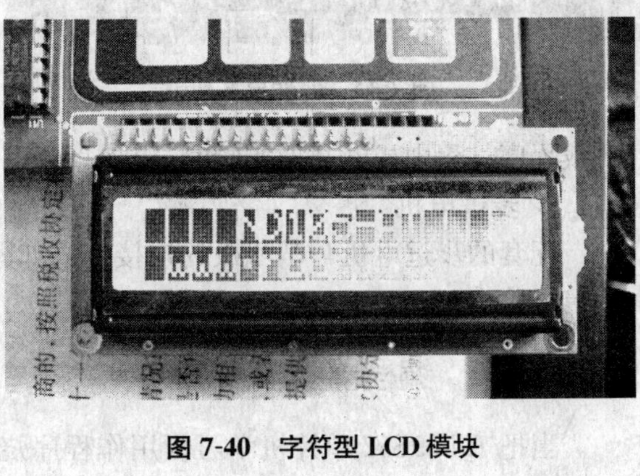

图 7-40　字符型 LCD 模块

**5. 小型 NOKIA5110 液晶模块**

配套的点阵液晶 NOKIA5110 与学习板的连接方式如图 7-41 所示，严禁插反或者错位。

**6. LED 点阵**

16×16 的 LED 点阵与学习板的连接方式如图 7-42 所示，插反或错位都将导致不正常的显示。LED 点阵的型号字符应该朝下。

图 7-41　小型 LCD 模块

图 7-42　插接 LED 模块

**7. 单片机 AT89Sxx**

AT89Sxx 单片机在学习板上的安装方式如图 7-43 所示，在锁紧座压杆抬起时，放入单片机，然后将压杆压下，即可锁紧单片机。严禁放置非 8051 兼容型号的其他单片机。

**8. 直流电动机**

配套的直流电动机与学习板的连接方式如图 7-44 所示，直流电动机一般没有极性限制。

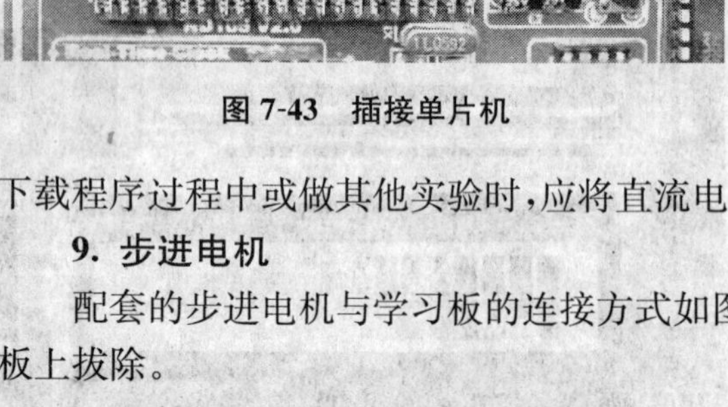

图 7-43　插接单片机

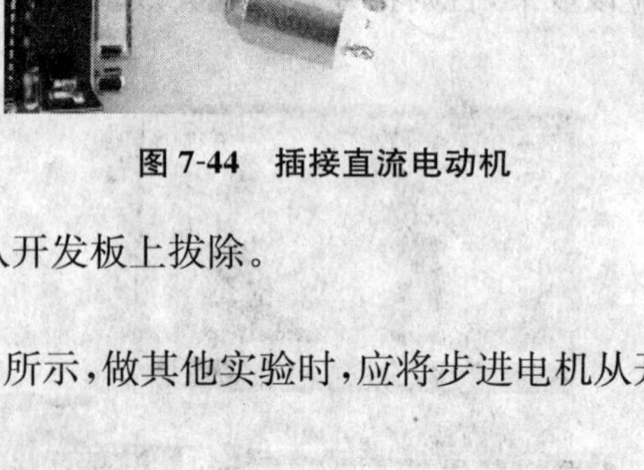

图 7-44　插接直流电动机

下载程序过程中或做其他实验时，应将直流电动机从开发板上拔除。

**9. 步进电机**

配套的步进电机与学习板的连接方式如图 7-45 所示，做其他实验时，应将步进电机从开发板上拔除。

## 7.3.3　编程器安装方法

当把 AT89S52 单片机学习板用作程序烧写编程器时，其安装方法就是如下 USB 驱动程序的安装。

**1. 发现新硬件**

将编程器通过 USB 数据线插入到电脑的 USB 接口上时，电脑会提示发现新硬件，如图 7-46所示。

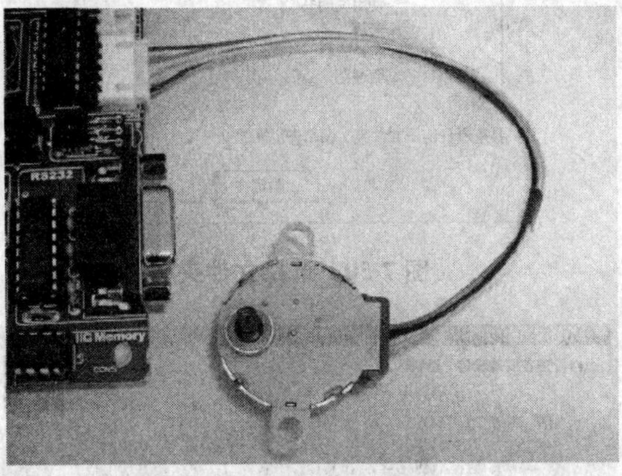

图 7-45　插接步进电机

图 7-46　发现硬件提示

**2. 硬件安装向导**

系统将出现硬件向导，依次按照图示操作即可。如图 7-47～图 7-49 所示。

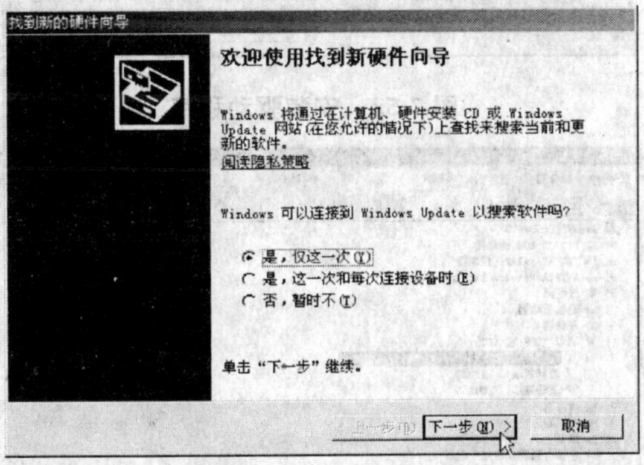


图 7-47　硬件向导 1

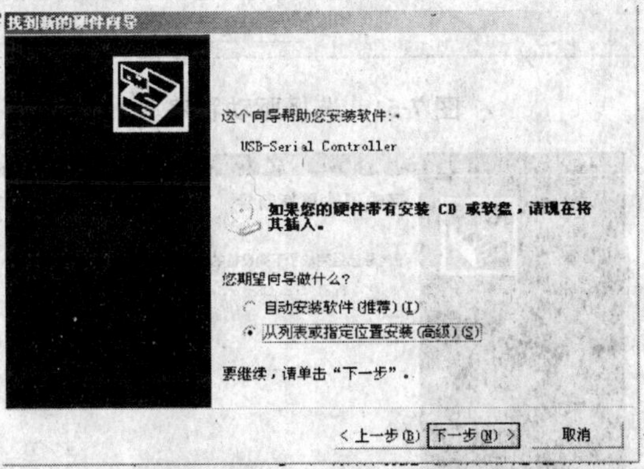


图 7-48　硬件向导 2

**3. 选择驱动程序并安装**

选择本站提供随机光盘下的 USB 驱动程序文件夹，点击【确定】键。依次按照如图 7-50～图 7-53 所示的提示操作即可完成驱动程序的安装。

**4. 设备管理器中的显示**

安装成功后 PC 机的设备管理器中将出现如图 7-54 所示的项目，表示驱动程序安装成功。如果未安装成功，应重新安装。

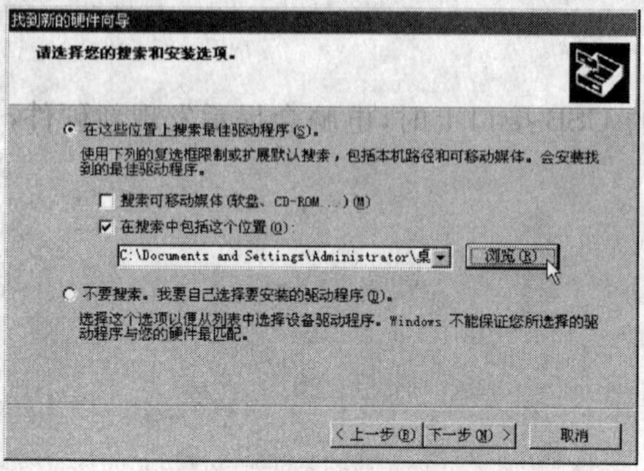


图7-49 硬件向导3

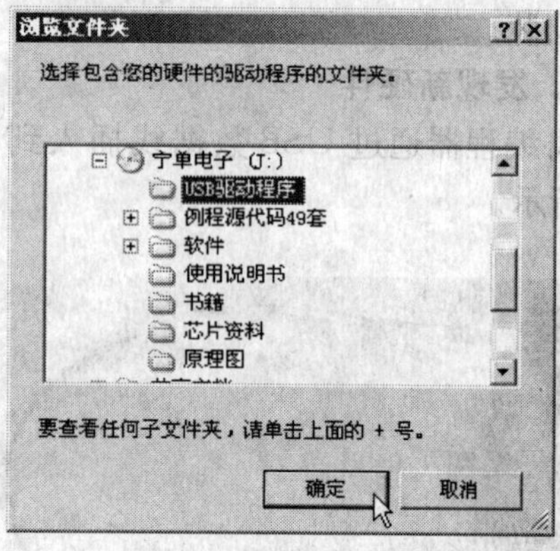


图7-50 选择文件夹

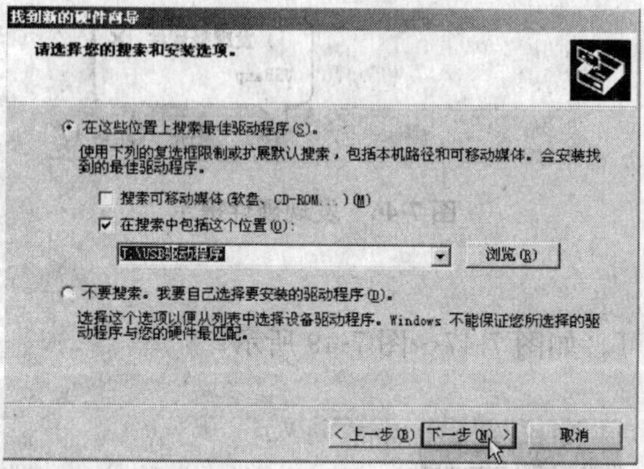


图7-51 选择驱动程序

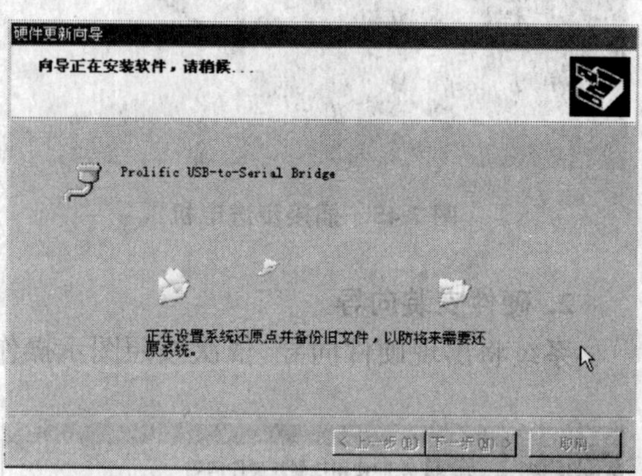


图7-52 安装驱动程序

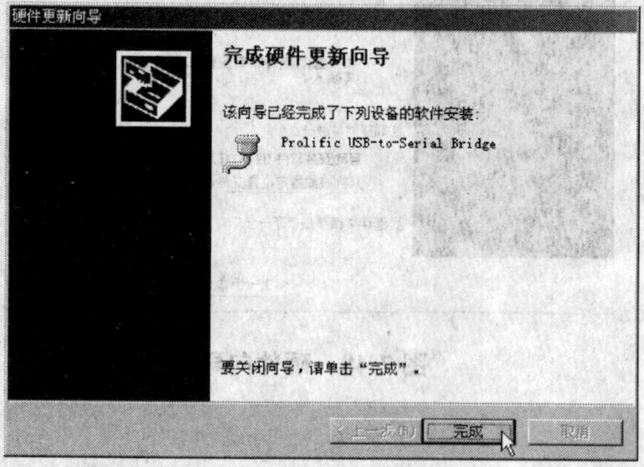


图7-53 安装完成

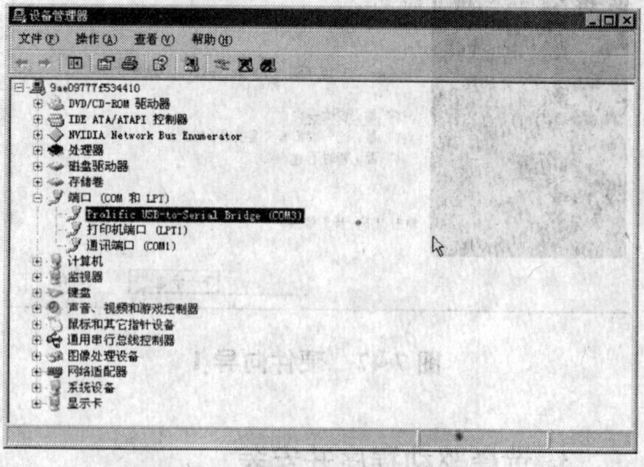


图7-54 设备管理器中的显示

## 7.3.4 编程器使用方法

该软件位于随机“光盘\软件\AVR(S52)pro单片机下载软件 V5.0”文件夹中，需要将其复制到硬盘上进行操作。该软件为免安装型，直接点击即可运行。如图7-55所示为编程器软件图标和快捷图标。

### 1. 打开软件

打开编程软件后，可以看到的界面如图 7-56 所示，然后按照图 7-57 所示选择单片机型号。

### 2. 装入目标文件

把计划烧写到单片机内部的目标文件（HEX 或 BIN 格式），按照图 7-58 和图 7-59 所示的方法，打开并且装入到烧写器的缓冲存储区中。

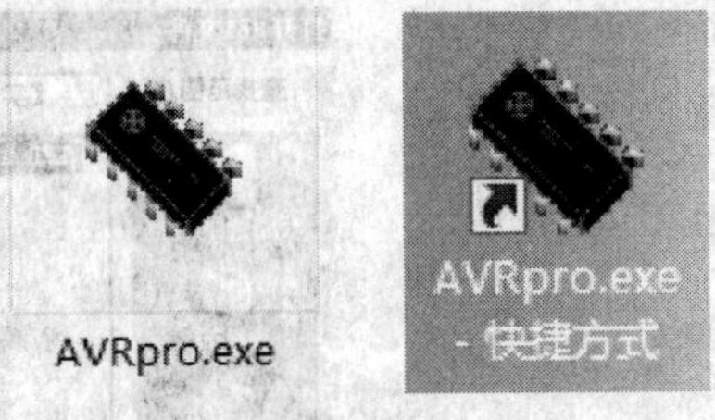


图 7-55　编程器软件图标

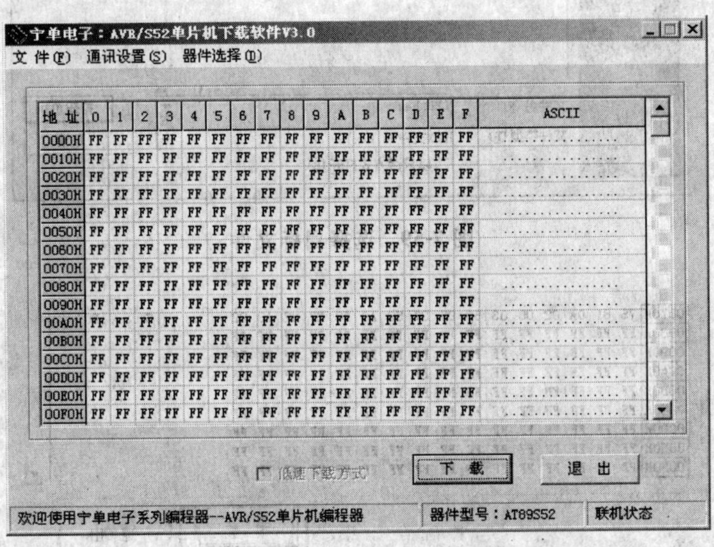


图 7-56　编程器软件图标

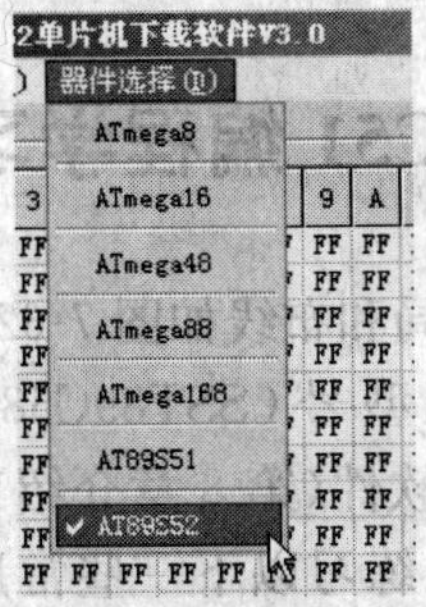


图 7-57　选择芯片型号

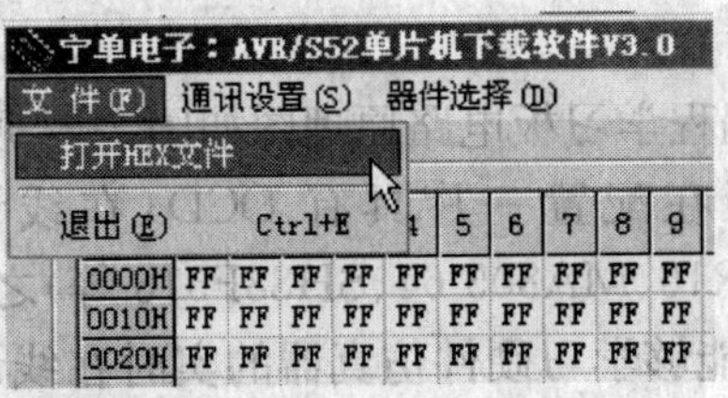


图 7-58　打开目标文件

### 3. 程序下载烧写

点击【下载】按钮后，软件会自动按照规定的芯片擦除—程序下载—写锁定位这三个固步骤自动进行逐步操作。下载成功后会有信息提示，如图 7-60 的左下角提示信息。

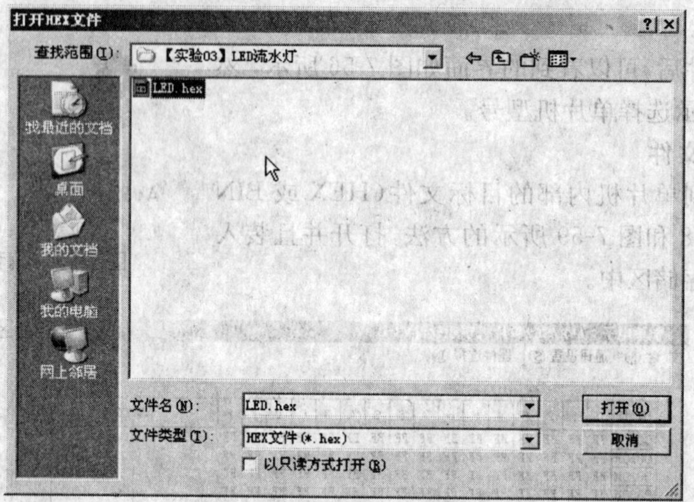


**图 7-59 选择目标文件**

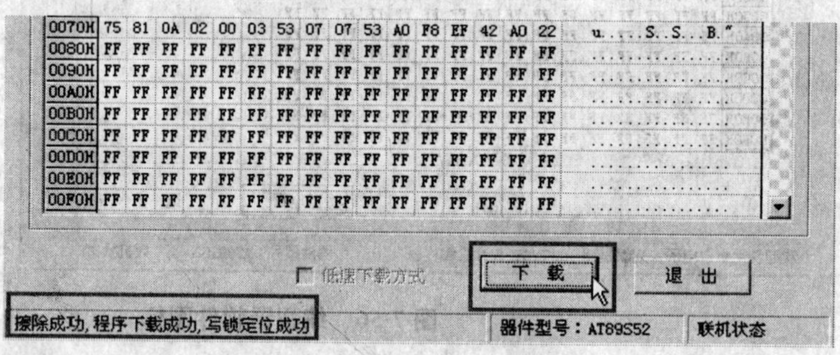


**图 7-60 烧写目标文件到单片机**

## 7.4 一款经济实用的 80C51 编程学习板

编程学习板电路原理图如图 7-61 所示，其印刷电路板布局和布线如图 7-62 所示。该编程学习板在配置一片具有 OCD（在线调试）功能的单片机型号（SST89C58、P89V51RD2、SM59R16、MA805-64、SH88F516 等）之后可以同 KEIL 开发软件（第 8 章介绍）挂接起来配合应用，能够学习硬件仿真器的实时在线调试方法。例如，可以练习以下一些常用的调试手段：连续运行、单步运行、断点运行、查看 SFR 和 RAM 空间内容以及引脚逻辑状态等。

该 80C51 编程学习板价格低廉，既可以用作学习板，也可以用作项目开发核心模块，还可以当作烧写编程器。该学习板不仅可以烧写编程多种兼容 80C51 单片机的常用型号，SST89V5xx 系列等，还可以烧写编程多种兼容 80C51 单片机的新品型号。

其电路设计简洁精炼，使用方便灵活，适用 USB 接口供电。既可以由 PC 机，也可以由手机或 MP3 充电器提供 5V 电源供电。

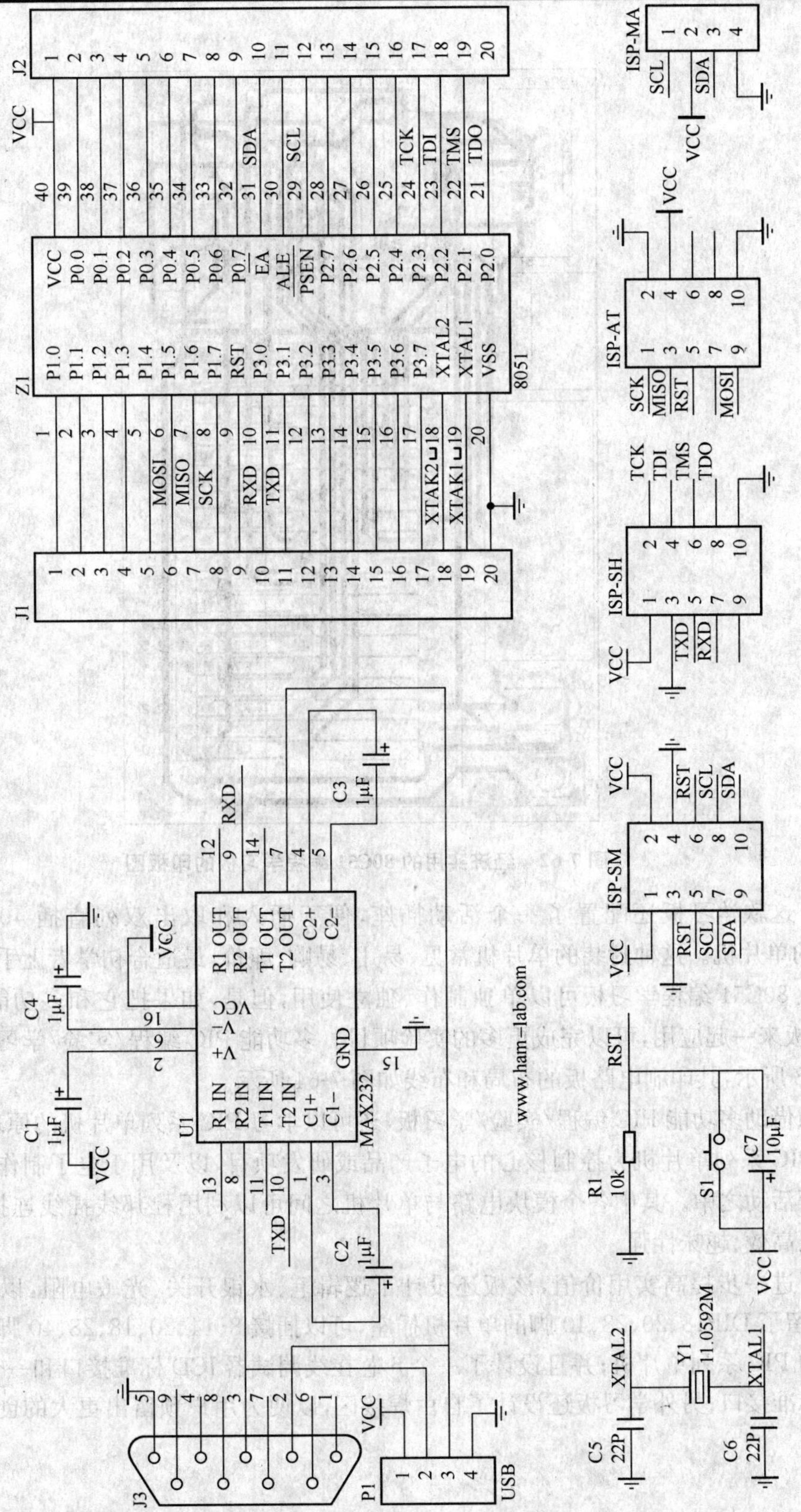


图 7-61 经济实用的 80C51 编程学习板的原理图

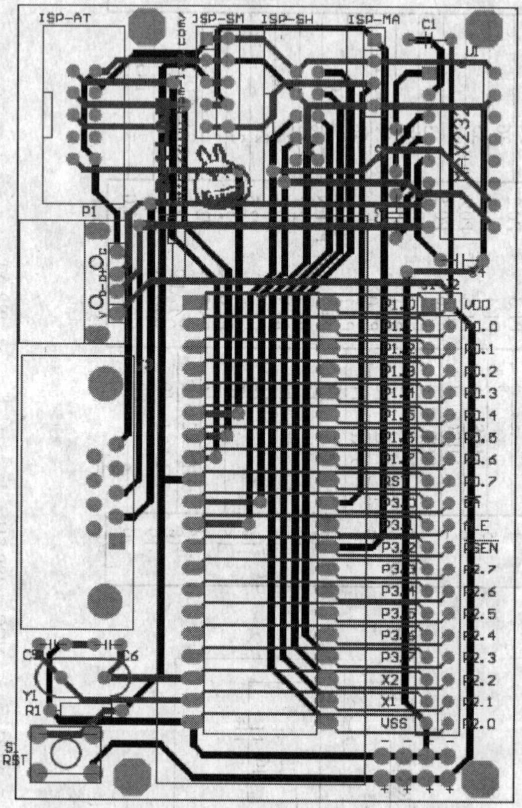


图 7-62　经济实用的 80C51 编程学习板的印板图

另外这款学习板还配置了一个活动插座，便于插入和取出双列直插 40 脚封装（简称 DIP40）的单片机。这种封装的单片机常见、易用、易购、廉价，最适合初学者上手实验。

这款 80C51 编程学习板可以单独制作、独立使用，但是，如果把它和多功能 PIC 编程/实验/学习板来一起应用，可以完成更多的实验项目。多功能 PIC 编程/实验/学习板的电路原理如图 7-63 所示，其印刷电路板的布局和布线如图 7-64 所示。

单独借助多功能 PIC 编程/实验/学习板，还可以学习 PIC 系列单片机的原理和应用方法，开发以 PIC 系列单片机为控制核心的电子产品或研发项目，以及用于电子制作、毕业设计、设计大赛等活动之中。其中各个模块电路与单片机之间可以利用杜邦线插线连接，使用起来方便、灵活、高效、趣味性强。

为了进一步提高实用价值，该板还设计了逻辑笔、水银开关、光敏电阻，以及多种供电途径；还预留了 DIP18、20、28、40 脚的单片机插座，可以插接 8、14、20、18、28、40 脚 DIP 封装的各种型号的 PIC 系列单片机；并且设计了一个 6 芯在线调试器 ICD 标准接口和一个 6 芯 PICkit2 编程器标准接口；另外学习板还设计了自由焊接区，以便为用户预留出更大的创作空间和发挥余地。

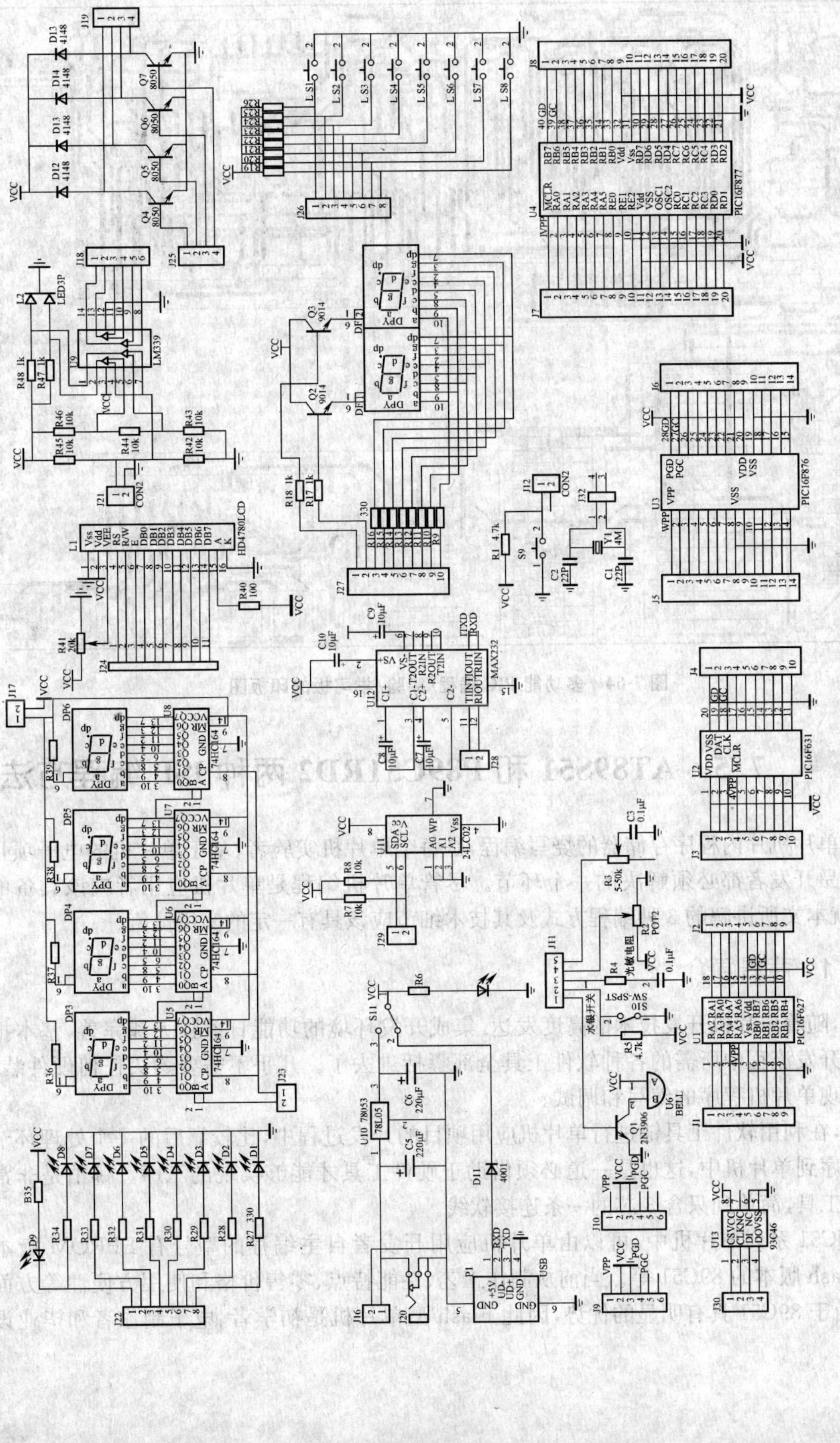

图 7-63　多功能 PIC 编程/实验/学习板的原理图

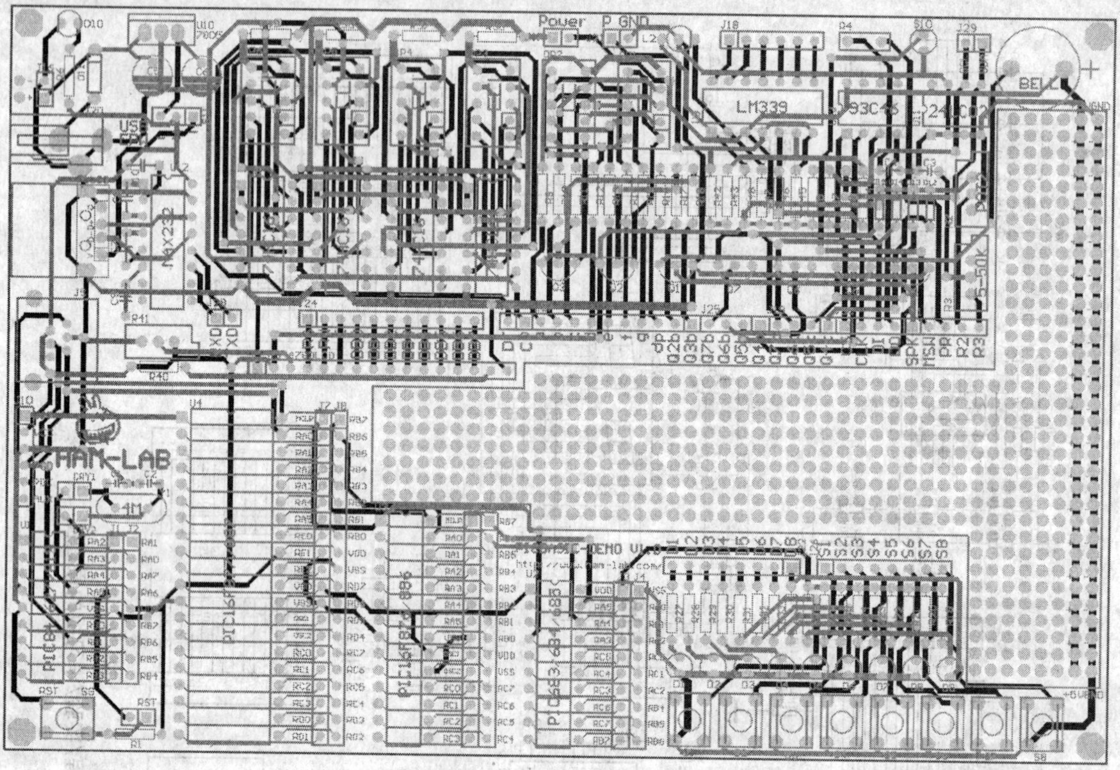

图 7-64 多功能 PIC 编程/实验/学习板的印板图

## 7.5 AT89S51 和 P89C51RD2 两种 ISP 编程方法

对于单片机片内程序存储器的烧写编程，是每个单片机实验者、基于单片机的电子项目或者电子产品开发者都必须解决的一个环节。尽管单片机编程是单片机应用者应该具备的概念，但是就本文所讲解的 3 种编程方式及其技术细节应该具有一定的实用价值。

### 7.5.1 背景简介

目前，随着单片机开发技术的高度发达，集成开发环境的功能日益强大和完善，基本把单片机应用开发流程中所需的各种软件工具全部囊括进去了。几乎不需要购买任何硬件装置，也可以实现单片机程序的编写和调试。

但是，在利用软件工具链进行单片机应用项目的开发过程中，比较靠后的一个处理环节就是烧写程序到单片机中，这也是一道必须借助于硬件工具才能够实现的工序。哪怕是非常简单的硬件工具，简单到只含 3 芯的一条连接软线。

在 80C51 系列单片机中，可以由单片机应用开发者自主编程的型号有 EPROM 版本的 87C51、Flash 版本的 89C51 等。当前从制作工艺、性能特点、零售价格和使用方便性等方面进行比较，由于 89C51 具有明显的优势，因此 Flash 型单片机是初学者、电子制作者和毕业设计者，以及电子工程师在产品项目研发阶段的首选型号。

虽然能够供应 Flash 型 89C51 产品的厂商有多家，例如 ATMEL、NXP 和 ISSI 等公司，但是目前最受初学者欢迎的当数 ATMEL 的 AT89S51。理由是它的功能不仅完全兼容标准 80C51，而且还扩充了一些新的实用功能，很适合学习、演练和研发阶段使用。前几年就广受单片机学习者和实验人员欢迎的型号是 AT89C51，它在技术刊物和专业书籍上出现的频率应该是最高的。不过，ATMEL 公司已经宣布停产其升级替代型号就是 AT89S51。

## 7.5.2 传统的离线式并行编程技术

并行编程方式是一种最普遍的编程方式，目前仍然被大多数的单片机产品作为基本编程手段保留下来。利用商用烧写器在烧写 80C51 兼容型号的多数单片机时一般还是采用并行操作方式。这是一种离线式编程技术，就是在单片机烧写编程时必须脱离目标线路板。

**1. 芯片内部的编程逻辑**

单片机烧写编程的主要目的是将机器码形式的程序文件固化到芯片内部的程序存储器空间内，这种软、硬件融合一体的器件称作固件。这种固件除了具备电子器件固有的属性之外，同时也具有类似磁盘、磁带等信息载体的属性。为了避免被非法盗取和复制，必须在芯片内部设置一定的保护机制。如图 7-65 所示为 8xC51(x=7 或 9)系列单片机片内的并行方式的编程逻辑接口示意图。

从图 7-65 中可以看出，实现并行编程的接口逻辑，其作用是被编程的各种存储空间与外部的界面以及控制电路。在烧写编程期间，8xC51 系列单片机的 CPU 一直被锁定在“冻结”状态，而不执行任何程序。这是通过给复位引脚 RST 接入恒定的高电平来实现的。

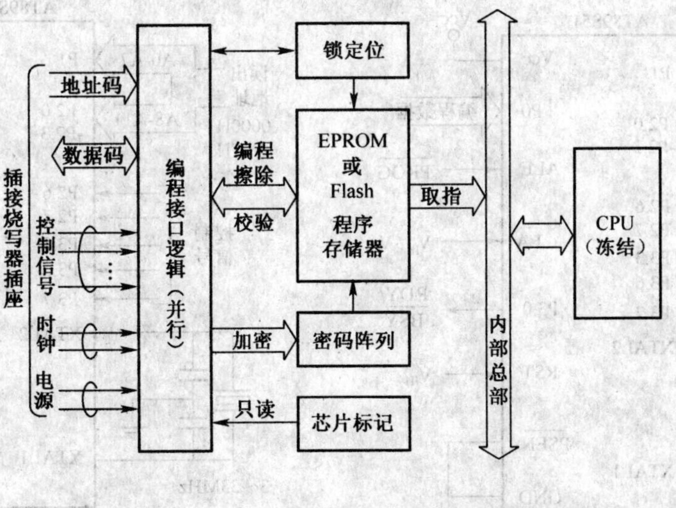


**图 7-65　单片机片内编程逻辑接口示意图**

8xC51 系列单片机片内的存储空间类型，除了 RAM 数据存储器、SRF 特殊功能寄存器和

ROM 程序存储器之外，还有锁定位(LB，lock bit)、密码阵列(encryption array)和芯片标记字节(Signature Bytes)三种额外的可选的存储空间。这三种存储器空间具有以下几个特点：

(1)只能被烧写器访问。由于它们只能在烧写器的操作界面上被编程人员查看得到，因此对于它们的写入、读出或擦除也只能借助于程序烧写器才能实现。

(2)对于单片机的 CPU 是访问不到的。在利用程序烧写器，对三者以及程序存储器进行读出、写入或擦除的操作期间，CPU 将被强制为冻结状态而不做任何活动。

(3)锁定位和密码阵列的工艺类型与程序存储器保持一致。例如，如果程序存储器是 Flash 型，则锁定位和密码阵列也一定是 Flash 型。

(4)芯片标记字节属于掩膜 ROM 型。其工艺与程序存储器的制作工艺无关，并且其内容是只读的，也就是不可以由单片机用户编程的。

锁定位和密码阵列，都是为了保护 ROM 程序存储器中的程序代码而设置的，芯片标记字节属于掩膜 ROM 型的只读存储器，其内容是由生产厂家在生产过程中写入的，用户只能通过烧写器读出和查看。芯片标记字节用来识别单片机的生产厂家和品种型号，甚至还可以识别编程电压 Vpp 值。

**2. 芯片外部的接口和信号**

如图 7-66 和图 7-67 所示，分别是烧写编程和读出校验单片机 AT89S51 内部程序存储器时，引脚信号的并行连接方法。如果单片机型号不同，接线方法也存在一些差异。

与烧写一片通用的 EPROM 存储器芯片类似，当单片机被插接到烧写器的 ZIF 插座中进行编程时，如图 7-66 和图 7-67 所示的这些引脚信号的功能分配以及信号时序，将由烧写器负责提供。

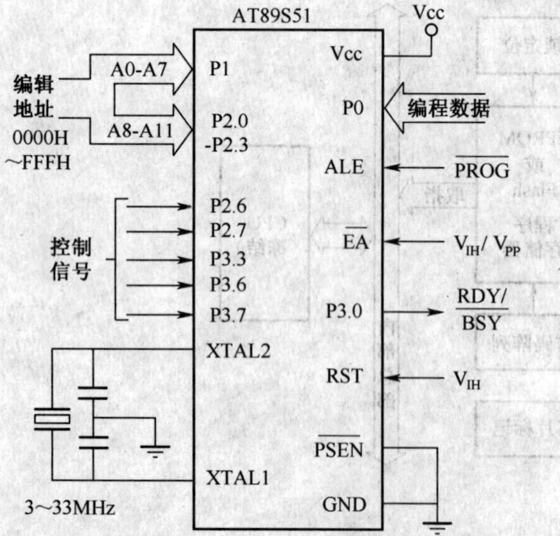


图 7-66　并行烧写编程接线图

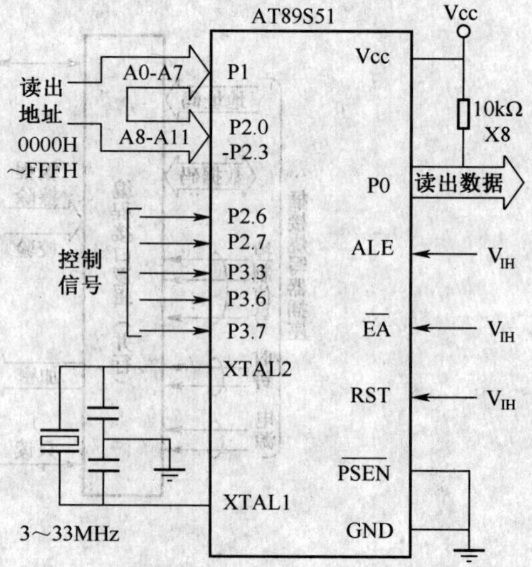


图 7-67　并行读出校验接线图

## 7.5.3 利用 SPI 接口的 ISP 串行编程方法

并行编程方式一般只能借助于通用程序烧写器才能实现，并且还必须把单片机插接到烧写器面板上的活动插座中才能实施。其主要缺点是:烧写设备昂贵、烧写操作繁琐、需要外部提供电压值较高的编程电压、不便于实现在系统内编程而且不能实现在应用中编程。为了克服上述缺点和局限性，一些 80C51 的新型兼容品在芯片内部配备了实现串行编程接口逻辑功能的硬件电路。

**1. 实现原理**

利用 SPI 接口的串行编程技术是基于同步串行接口规范 SPI(serial peripheral interface，串行外设接口)而实现的。该规范是由 MOTOROLA 公司最先提出并应用到该公司单片机系列产品中的。

ATMEL 公司近几年不断完善和主力推出的 AT89S 系列单片机，其中包括 AT89S51、AT89LS51、AT89S52、AT89LS52、AT89S53、AT89LS53、AT89S8252、AT89LS8252、AT89S8253、AT89LS8253 等型号。本文将以 AT89S51 型号为例。

AT89S 系列单片机内部都在 intel 标准 80C51 的基础上，额外设计了一个实现串行编程接口逻辑的硬件电路，如图 7-68 所示。

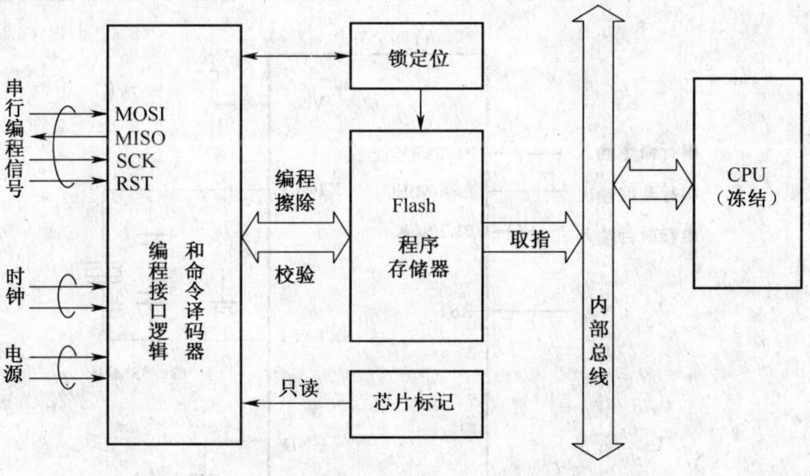


**图 7-68　AT89S51 片内串行编程逻辑接口示意图**

与并行编程方式对比可以看出，编程操作所需要的信号线数量大大减少了，但是单片机内部接口逻辑的复杂程度也相应提高了，额外增加了串行编程操作命令的译码逻辑。由上述译码逻辑负责把一些命令编码给翻译成一系列内部操作的控制信号。它能够识别的命令编码见表 7-5。

在串行编程方式下，编程引脚所分配的信号功能如图 7-69 所示。所需要的主要信号线只有 3 条，串行时钟线 SCK、串行命令输入线 MOSI 和串行数据输入线 MISO。另外，还需要复位线 RST 的配合。

**表 7-5　AT89S51 片内程序存储器串行编程命令**

| 命令 | | 命令格式 | | | |
|---|---|---|---|---|---|
| | | 字节 1 | 字节 2 | 字节 3 | 字节 4 |
| 编程使能 | 写/擦 | 1010　1100 | 0101　0011 | XXXX　XXXX | XXXX　XXXX |
| | 读 | 1010　1100 | 0101　0011 | XXXX　XXXX | 0110　1001 |
| 整片擦除 | | 1010　1100 | 100X　XXXX | XXXX　XXXX | XXXX　XXXX |
| 写入字节数据 | | 0010　0000 | XXXX A11 A10 A9 A8 | A7 A6 A5 A4 A3 A2 A1 A0 | D7 D6 D5 D4 D3 D2 D1 D0 |
| 读出字节数据 | | 0100　0000 | XXXX A11 A10 A9 A8 | A7 A6 A5 A4 A3 A2 A1 A0 | D7 D6 D5 D4 D3 D2 D1 D0 |
| 写入锁定位 | | 1010　1100 | 1110 00 B1 B2 | XXXX　XXXX | XXXX　XXXX |
| 读出锁定位 | | 0010　0100 | XXXX　XXXX | XXXX　XXXX | XXX LB3 LB2 LB1 XX |
| 读出标记字节 | | 0010　1000 | XXXX A11 A10 A9 A8 | A7 XXX XXX0 | 标记字节 |
| 读出页数据 | | 0011　0000 | XXXX A11 A10 A9 A8 | 字节 0 | 字节 1…<br>字节 255 |
| 写入页数据 | | 0101　0000 | XXXX A11 A10 A9 A8 | 字节 0 | 字节 1…<br>字节 255 |

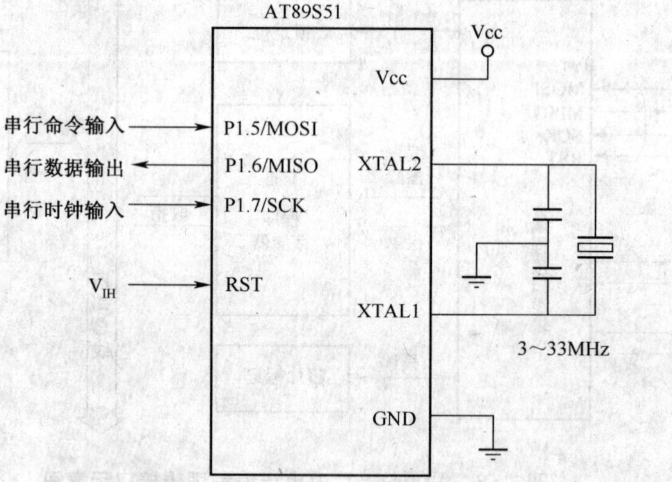


**图 7-69　串行烧写编程和读出校验接线图**

编程引脚所需要的信号时序如图 7-70 所示。该信号时序与目前流行的一种同步串行接口规范 SPI 相一致。因此包含 AT89S51 在内的 AT89Sxx 系列单片机又可以被称为具有 SPI 接口下载能力的单片机。

**2. 设计制作**

为了利用好 AT89S 系列单片机的 ISP 编程方式，需要单片机应用电路目标板的配合，并且在设计 PCB 目标板时，就应该预留出和焊装上编程接口插针和跳线切换插针，如图 7-71 所

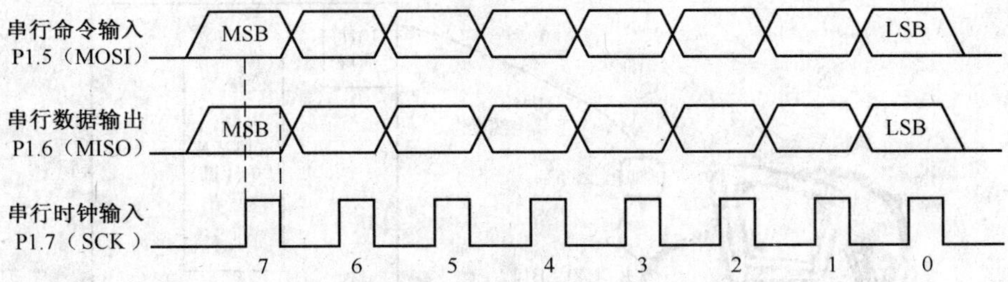


图 7-70　串行烧写编程和读出校验信号时序图

示为一个预留编程插口 CK 和跳线插针 CZ 的目标板，以及与程序下载线的连接示意图。

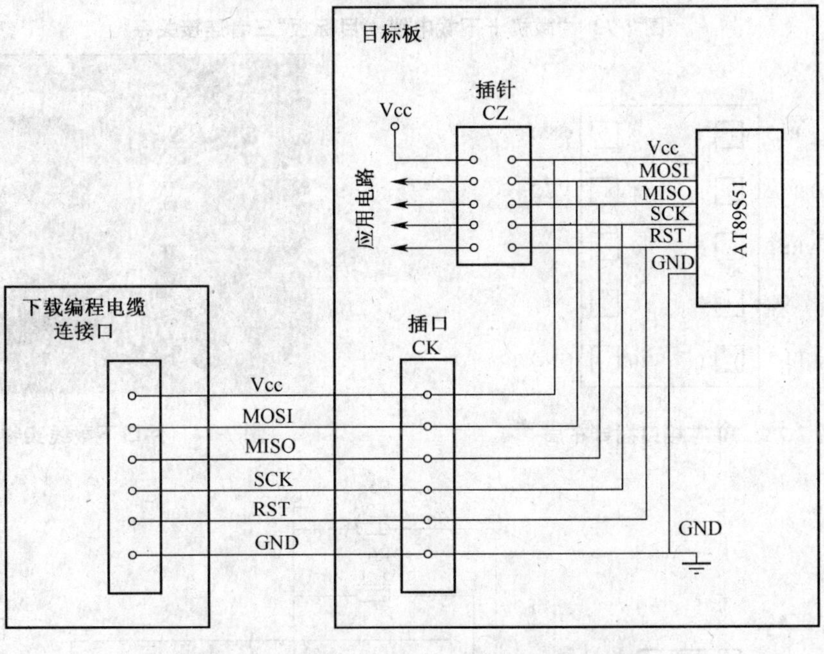


图 7-71　预留编程插口和跳线插针的目标板

如图 7-72 所示是将 PC 微机系统通过并行接口 LPT 与下载编程电缆连接，再通过一个 10 芯插口连接到用户目标板的示意图。图 7-73 所示的 10 芯插针插口，是由 ATMEL 公司定义的，应该被看作标准。

如图 7-74 所示，为一款适合自行制作的并口下载线实物照片。其内部电路可以利用一片 74HC373 搭配几只电阻构建而成，如图 7-75 所示，也可以利用一片 74HC245 搭建而成，如图 7-76所示，还可以利用一片 74HC573、74HC244 或者 74HC126 搭建。作者亲自动手制作了几种不同的电路方案，实践证明，利用 74HC573 和 74HC373 的电路工作最可靠。

上述并口下载线具有线路简单、制作容易等优点，其缺点是需要计算机的并口，还需要另外解决电源供电问题。随着笔记本电脑的日益普及，删掉并口已经成了这类电脑的趋势，一种新型 USB 口下载线可解决这个问题，如图 7-77 所示。这种下载线同时可以为单片机目标板提供 5V 电源。

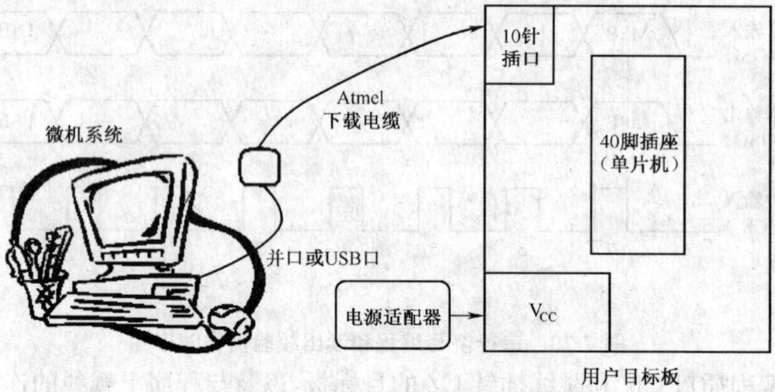


图 7-72 “微机＋下载电缆＋目标板”三者连接关系

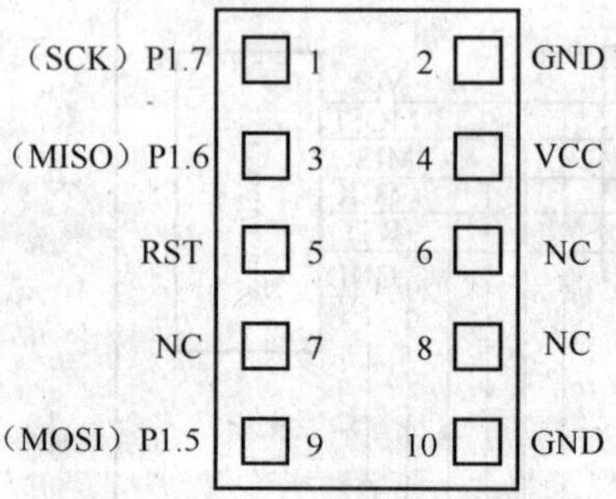


图 7-73 10 芯接口插针布局

图 7-74 并口下载线实物照片

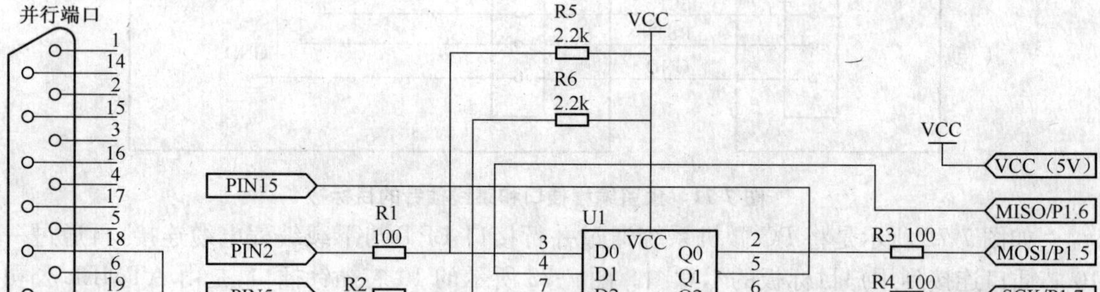


图 7-75 并口下载线的原理电路之一

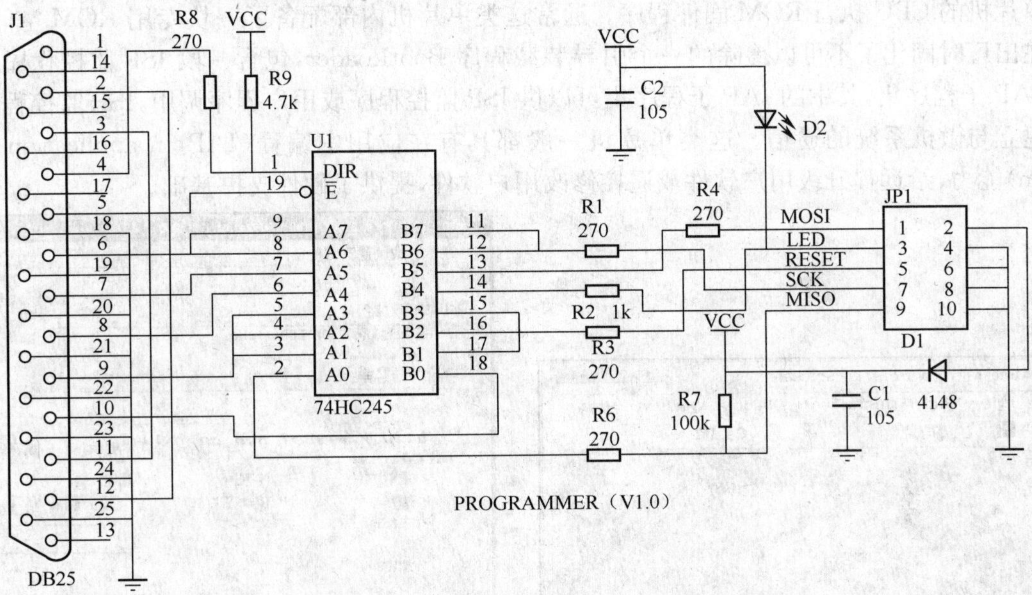


图 7-76 并口下载线的原理电路之二

### 3. PC 机端软件

为了在 PC 机上实现人机对话的操作界面以及与目标板中的目标单片机进行通信，需要运行 PC 机端的专用软件。

图 7-78 是 ATMEL 公司官方网站提供的一种与 AT89ISP 下载电缆配套的英文界面的软件为 Atmel Microcontroller ISP Software。

图 7-79 是由 ATMEL 公司产品代理商，广州双龙自行开发的 PC 机端专用软件“SLISP”，及其操作界面。

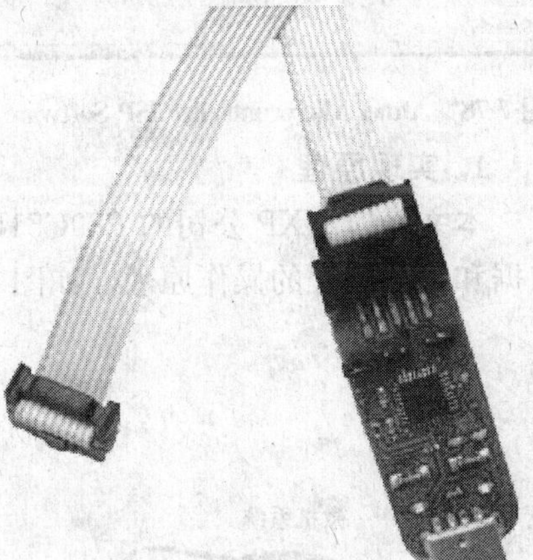

图 7-77 USB 口下载线

## 7.5.4 利用 UART 接口的 ISP 串行编程方法

上面介绍的 AT89Sxx 系列单片机的串行下载方法，它有一个显著特点是，片内的编程接口逻辑是由纯粹的硬件实现的，因此在编程期间 AT89Sxx 的 CPU 被强制为冻结状态不执行任何软件。

目前，其他几家公司在其近几年新推出的一些 80C51 兼容单片机中，所增添的串行下载功能，则采取了与 AT89Sxx 系列完全不同的技术方案。就是利用现成的异步串行通信接口 UART 来实现，仅仅占用 2 条信号引线。

利用现有 UART 接口来实现下载编程的特点是：占用微机的一个串行接口 COM，仅仅需要一条包含 2 条信号线和 1 条地线的 3 芯连接线，不需要制作专用下载电缆；编程期间需要目标单片机的 CPU 执行 ROM 固件程序。通常这类单片机内部配备了一块专用 ROM 空间，并且在出厂时固化了不可以擦除的一个引导装载程序 BootLoader，包含一段 ISP 监控程序和一些 IAP 子程序集，其中的 IAP 子程序集可以供 ISP 监控程序或用户程序调用，ISP 监控程序用以建立与微机系统的通信。这类单片机一般都具有在应用中编程（IAP，in application program）能力，给远程升级用户软件或遥控修改用户软件，提供了硬件支撑基础。

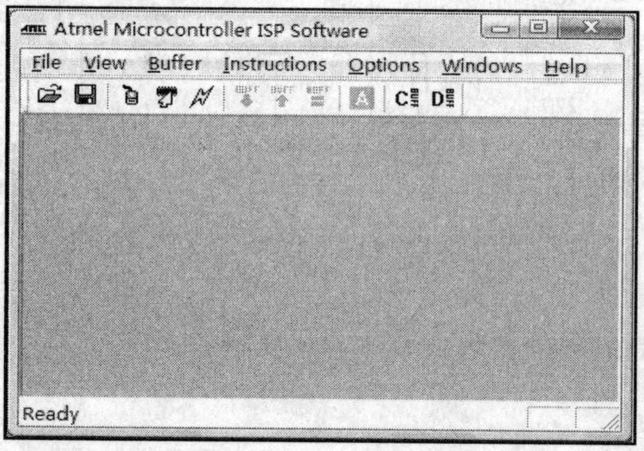


图 7-78　Atmel Microcontroller ISP Software 的操作界面

图 7-79　双龙 SLISP 的操作界面

### 1. 实现原理

本文将以 NXP 公司的 P89C51Rx2 系列型号为样机（x＝A、B、C 或 D），讲解串行下载代码数据和烧写编程的操作原理。如图 7-80 和图 7-81 所示，为 UART 串行烧写编程逻辑示意图。

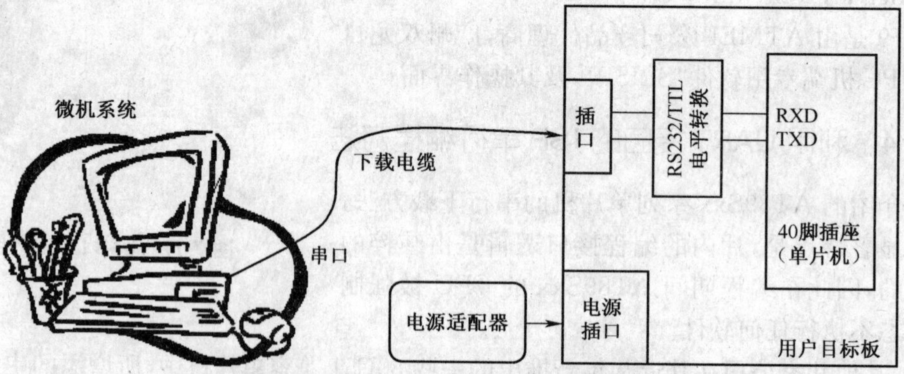


图 7-80　UART 串行烧写编程逻辑示意图

在图 7-80 中描述了微机系统通过一个 9 针串口 COM、一条 9 芯通用串行通信电缆（充当下载电缆，仅仅利用了 3 芯）、一片 RS232/TTL 电平转换器芯片，连接到目标板中的目标单片机的 UART 串口的 2 个引脚信号 RXD 和 TXD，以及接地信号。另外，需要在微机上运行一个

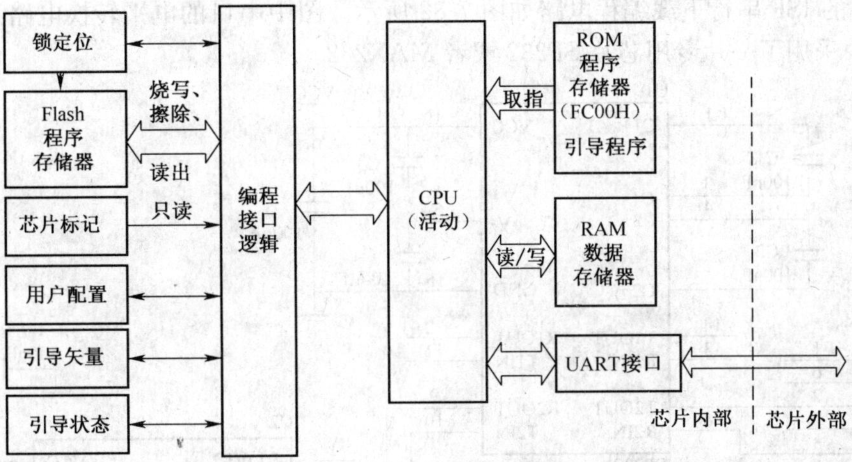


图 7-81　UART 串行编程逻辑示意图

专用软件，作为人机操作界面。

如图 7-81 所示，是单片机内部实现 UART 串行下载代码数据和烧写编程的示意图。从该图中可以看出，对于片内 Flash 程序存储器空间进行烧写编程时，CPU 处于活动状态并且在执行厂家预先固化于 ROM 空间的引导程序。也就是说，在对 Flash 空间进行烧写或擦除的操作期间，所执行的程序必须位于另外一个独立的空间。因为当烧写或擦除 Flash 空间的部分存储单元时，需要把给该 Flash 整个空间供电的电源电压进行提升，即利用电荷泵技术把单片机外接电源电压提升为烧写和擦除操作所需的高电压，如果这时把该 Flash 空间当作指令源，容易出现意外结果或乱码情况。

从图 7-81 中还可以看出：在编程过程中 UART 串口负责与微机系统建立通信，接受微机以 HEX 文件格式发送的控制命令和目标文件记录。RAM 数据存储器担当代码数据缓冲区，暂存微机在一次下载通信中发来的一个目标文件记录。CPU 对于 Flash 等存储空间的烧写、读出和擦除等编程操作，是靠一个编程接口逻辑来实现的。除了 Flash 存储空间，还有用户配置字节、引导矢量字节、引导状态字节、芯片标记字节以及锁定位，这些都属于烧写编程的操作对象。其中只有芯片标记字节的内容是由厂家写入的，对于用户是不可改写的。只有在 ISP 或者 IAP 编程期间，上述编程对象才是可以被 CPU 读写的，固化着引导程序的 ROM 空间才作为 CPU 的指令源。

其实，UART 串行编程过程可以被分解为两种操作活动：第一种操作是通过外接电缆与微机通信来下载一个 HEX 文件记录到 RAM 缓冲区，第二种操作则是经过内部编程接口逻辑来建立与 Flash 等存储空间的读/写途径。不断循环和交替进行上述两种操作，就能够把一个很大的 HEX 目标文件全部烧写到单片机内部。另外，还可以读、擦或写用户配置字节、引导矢量字节、引导状态字节、芯片标记字节以、锁定位（LB1～LB3）及时钟模式配置位（FX2，定义每个机器周期包含 12 个或 6 个时钟周期）等信息。

**2. 设计制作**

以 P89V51Rx2 系列型号（P89V51RB2、P89V51RC2 或 P89V51RD2）单片机为例，其利用

UART 串口的 ISP 串行下载编程电路如图 7-82 所示。图中串口的电平转换电路选用的是典型电路，其中采用了一片专用芯片 SP232 或者 MAX232。

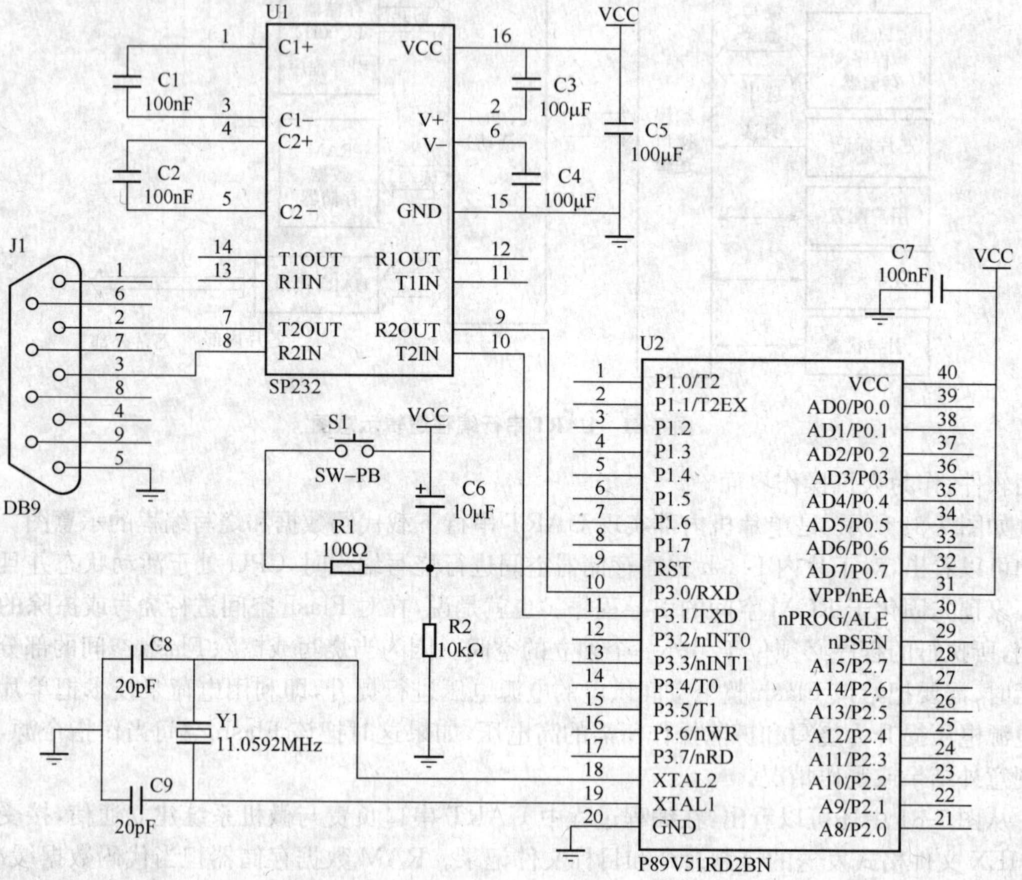


**图 7-82　P89V51Rx2 的 ISP 电路之一**

如果单片机型号选择 P89C51Rx2(P89C51RA2、P89C51RB2、P89C51RC2 或 P89C51RD2)，则需要在$\overline{\text{PSEN}}$引脚上外接一只拨动开关或者跨接插针，用来设定单片机是编程状态还是运行用户程序。其电路如图 7-83 所示。图中串口的电平转换电路选用的是简易电路，其中采用了两只三极管来搭建。

需要说明的是，在对 P89C51Rx2 单片机进行串行下载编程时，进入 ISP 的前提是芯片的矢量字节为 FCH，这是指明 ISP 监控程序的入口地址为 FC00H。另外还有一个状态字节用于指明复位后是运行用户程序还是直接进入 ISP，若状态字为 00H 则运行用户程序，否则进入 ISP。当状态字为 00H 时，进入 ISP 需要硬件触发，即$\overline{\text{PSEN}}$脚接地，复位系统即可进入 ISP。

鉴于上述原因，为了实现 ISP 功能，在设计 P89C51Rx2 的应用电路时，就需要在图 7-82 电路基础上，预先给引脚$\overline{\text{PSEN}}$设计一只接地开关或者插针，并且设置一个 RC 支路，如图 7-84 所示。否则，在$\overline{\text{PSEN}}$接地的情况下，当进行手动复位时会顺利进入 ISP 状态，而当进行上电复位则有时不能进入 ISP。

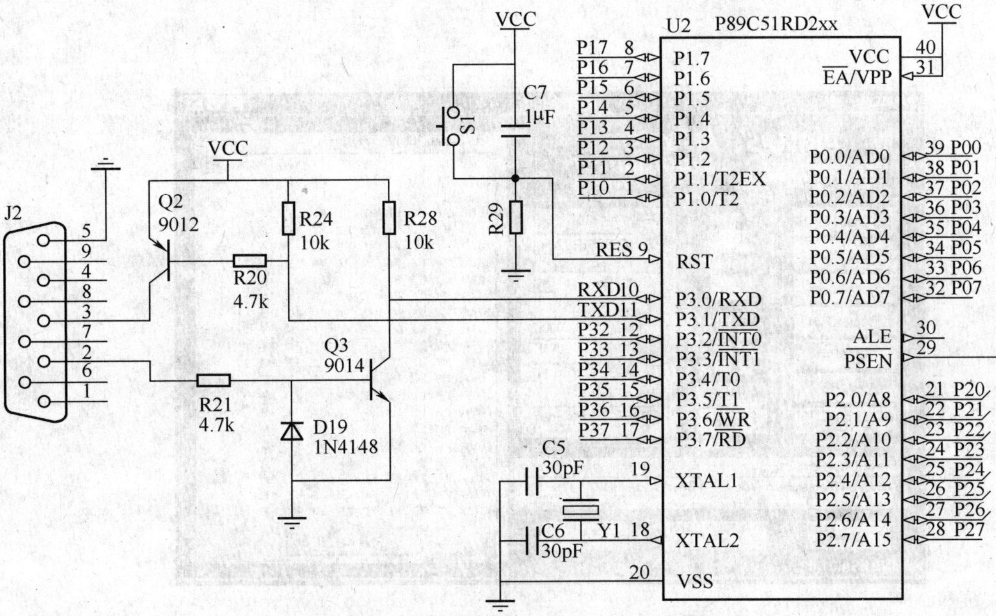


**图 7-83　P89V51Rx2 的 ISP 电路之二**

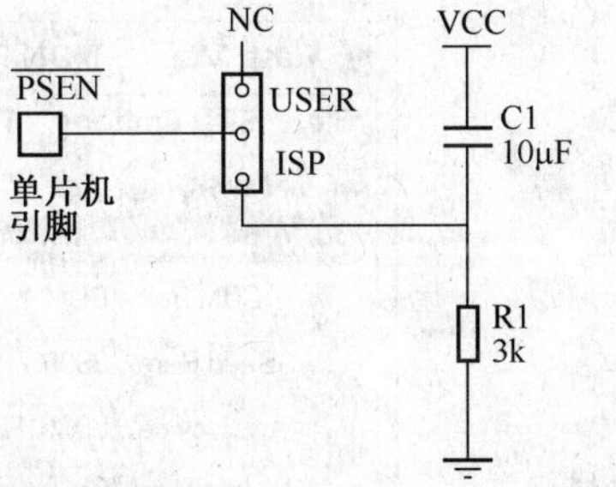


**图 7-84　P89C51Rx2 的 ISP 功能硬件设计**

$\overline{\text{PSEN}}$脚上接的 RC 电路，使芯片在上电复位过程中先保持该脚为高电平，然后它再变为低电平，这个下降时间一定要比复位信号变为低电平的时间短。图 7-84所示 RC 电路参数为 10μF 和 3kΩ。如果芯片复位电路使用的也是 RC 支路，则复位电路的 RC 参数要为 10μF 和 8.2kΩ 或更大。下载线可直接使用一条通用 9 芯一头针一头孔的 COM 电缆。

**3. PC 机端软件**

为了在 PC 机上实现人机对话的操作界面以及与目标板中的目标单片机进行通信，也需要运行一个 PC 机端的专用软件。

图 7-85 是 NXP 公司官方提供的一款与 UART 串口通信下载线配套的 PC 机端软件 WinISP。其操作界面如图 7-85 所示。

图 7-86 是 NXP 公司推荐的一款由第三方开发的自由软件 FlashMagic。版本升级比较及时，技术支持也比较完善。最新的 V4.31 版的操作界面如图 7-86 所示。

周立功公司是 NXP 公司单片机在国内的最大代理商之一，同时也研制和生产单片机的开发工具。该公司提供的与 UART 串口通信下载线配套的 PC 机端软件 ZlgISP，其操作界面如图 7-87 所示。

## 7.5.5　SPI 和 UART 两种 ISP 串行编程的对比

针对上述介绍的两种串行编程方法，SPI 接口串行编程方法和 UART 接口串行编程方法，所存在的差异和特点分几个方面进行一些对比，以供读者参考和根据实际项目需要进行选择，见表 7-6。

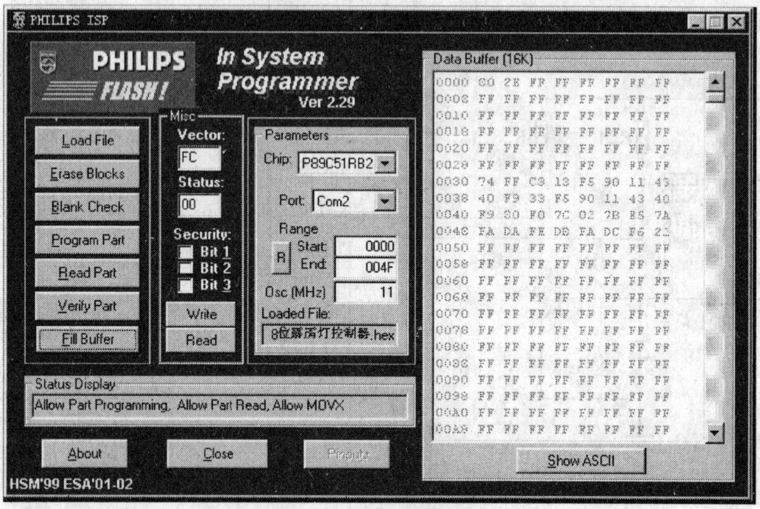


图 7-85 WinISP 的操作界面

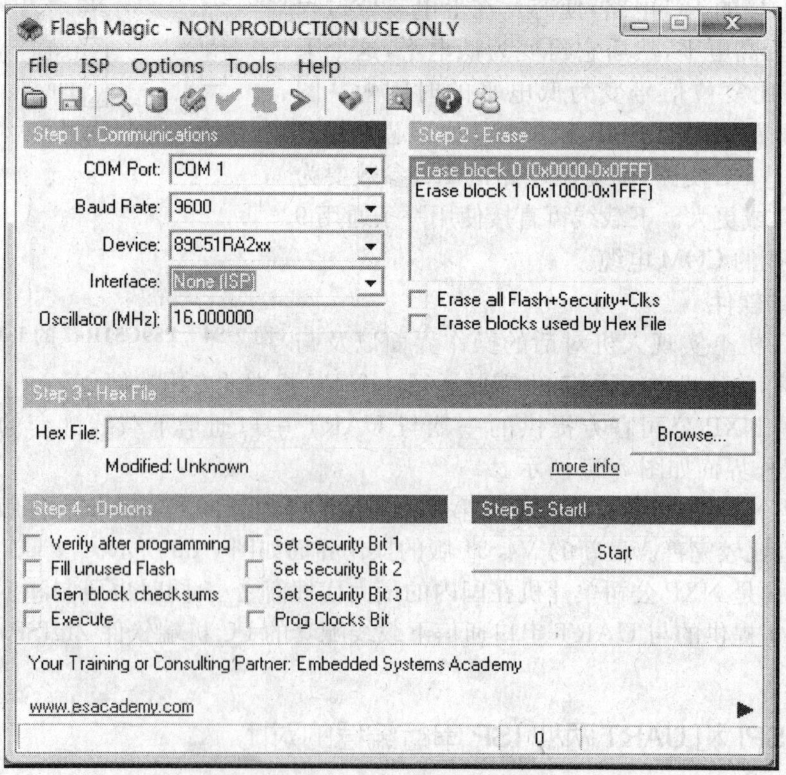


图 7-86 Flash Magic 的操作界面(V4.31 版)

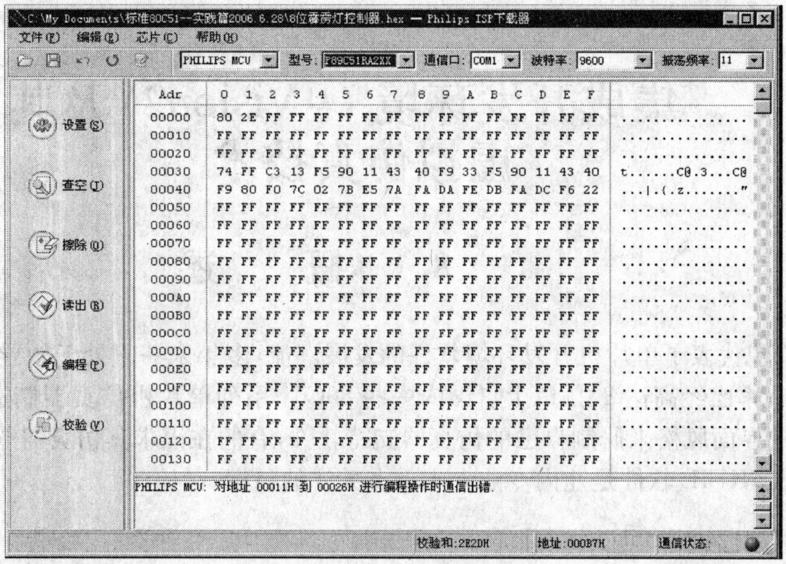


**图 7-87　ZlgISP 的操作界面**

**表 7-6　SPI 和 UART 串行编程特点对比表**

| 对比列项 | SPI 接口串行编程 | UART 接口串行编程 |
|---|---|---|
| 适用单片机型号 | AT89S5x 系列；<br>AT89S825x 系列；<br>AVR 系列 | P89C51Rx+/Rx2/66x 系列；<br>P89V51Rx2 系列；<br>P89LPC9xx 系列；<br>W78E5xx/77E5xx 系列；<br>STC89C5xx/LE5xx 系列；<br>STC12Cxxxx/ LExxxx 系列；<br>SST89C5x/E5xRx/V5xRx 系列；<br>T89C51RD2(ATMEL 或 TEMIC 产品) |
| 单片机内部编程逻辑 | 纯粹由硬件实现 | 由软件配合硬件实现 |
| 单片机内部编程软件 | 没有 | 需要引导装载软件(预先掩膜或烧写) |
| 编程期间 CPU 状态 | 冻结(不执行任何程序) | 活动(执行 ISP+IAP 监控程序) |
| ISP 功能的实现 | 可以 | 可以 |
| IAP 功能的实现 | 不可以 | 可以 |
| 编程引脚共用情况 | 对于 AT89S51/52 专用于串行编程，而对于 AT89S53/8252/8253 则与内部 SPI 串口共用 | 与内部 UART 串口模块共用 |
| 主要编程引脚数量 | 3 条 SPI 串口信号线 | 2 条 UART 串口信号线 |
| 引脚设置情况 | RST 脚接高电平 | $\overline{PSEN}$脚接低电平(P89V51Rx2 免接) |
| 目标板预留接口 | 需要预留专用 10 或 6 芯插针 | 不需要(可利用已有 UART 接口) |
| 串行下载线制作 | 需要特制或购买(内含一只芯片 74HC573、74HC373、74HC244、74HC126 或者 AVR 单片机) | 可以不必自制，选购 9 芯 COM 电缆即可 |
| PC 机端软件 | AT89ISP；Easy51Pro；SLISP 等 | WinISP；FlashMagic；ZlgISP；STC - ISP；8051IspWriter 等 |
| 连接 PC 机接口 | 并口 LPT 或者 USB 口 | 串口 COM |
| 在系统调试(ISD)功能 | 不能够实现！ | 能！但需配合一片 P89V51RD2、T89C-51RD2 或 SST89C5x 单片机 |

# 第8章

# *集成开发环境(μVision2)及其虚拟仿真技术

## 8.1 概　述

KEIL软件包代表了单片机开发环境软件的发展潮流,多年来一直处于领导地位。目前它的国际市场占有率已经高达80%以上。国内一些80C51系列单片机仿真器制造商,有的在仿效KEIL软件的界面风格来研制自己的仿真器支持软件,有的在谋求其仿真器兼容KEIL软件环境。由此可见,KEIL软件是业内专业人士重点关注的目标。

### 8.1.1 KEIL软件包功能简介

KEIL公司是一家跨国性的软件公司,主要研制支持80C51兼容单片机的系列开发工具软件和集成开发环境。KEIL软件包是由德国KEIL公司开发的一种单片机综合开发软件平台。这是一套功能十分强大,运行于Windows环境下,以项目为导向的开发工具软件包,或者说是一套面向项目的开发工具软件包。它专门应用于兼容80C51内核的数百种型号的开发过程。KEIL软件包具体可以支持的单片机厂商和单片机型号,可以参考附录E KEIL软件支持的厂商和型号。

KEIL软件包内部嵌入了多种符合工业标准的开发工具软件,可以完成从项目建立、管理、汇编、编译、连接、软件模拟、硬件仿真、目标代码生成、代码下载等完整的单片机开发流程。此外,还能够实现一些辅助功能,例如可以创建模块库文件、批处理文件、链接器件手册和工具手册等。特别是它的C51编译器,在产生代码的准确性和效率方面达到了较高的水准,并且还可以附加灵活的控制选项,在日后开发大型单片机应用项目时能够得心应手。

构成KEIL软件包的主要组件及其功能简介如下:

(1)μVision2集成开发环境(IDE,Integrated Development Environment)。之所以称其为集成开发环境(也简记为μV2,uV2或UV2),是因为它将项目管理、文件管理、源程序创建和编辑、目标文件生成,以及程序的模拟调试和仿真调试等,单片机应用项目开发过程中所需要的一系列单项工具的操作,全部集中到同一环境下统一调度和启动。即KEIL软件包的所有功能几乎都可以通过μVision2 IDE来操作和控制。μVision2是一个大管家,是工具库的管理者和调度者。μVision2的先前版本为μVision51。这款IDE对于汉字具有一定的兼容能力。

(2)项目管理器(Project Manager)。实现项目管理文件(.Uv2)的创建、编辑和选项设置等操作,还负责项目中所包含的各种文件的管理,以及调试环境参数的记录和保存。

(3)器件数据库(Device Database)。其中包含近60家半导体器件设计公司生产的数百种兼容标准80C51单片机的型号,并且简介每一种型号的特性。当用户建立一个新项目时一旦选定某一型号,μVision2将自动为用户设置汇编器、编译器、连接器和调试器。为了适应技术发展的需要,一旦有新型号器件上市就可以添加到该库中。另外,还允许高级用户添加自有器件,或建立自己的器件库。

(4)文本编辑器(Editor)。是加工各种纯文本文件的常用工具,能够兼容汉字,主要操作有3种,建立、编辑和查看。可以创建和编辑的文件类型有:汇编语言源程序(.ASM 或 .A51)、C51 语言源程序(.C)、包含文件(.INC)、头文件(.H)、说明文件(.TXT)、DOS 命令文件(.LIN)、宏库文件(.MAC)等;可以查看的文件类型有:列表文件(.LST)、映像文件(.MAP 或 .M51)、C 程序产生的源文件(.SRC)、最终目标文件(.HEX)、批处理文件(.BAT)等。

(5)A51 宏汇编器(Assembler)。将 80C51 汇编语言源程序文件(.ASM 或 .A51)汇编成可以重定位的目标程序文件(.OBJ)。KEIL A51 汇编器支持 80C51 及其派生型号的所有指令集。

(6)C51 编译器(Compiler)。将 80C51 的 C51 语言源程序文件(.C)编译成可以重定位的目标程序文件(.OBJ)。KEIL C51 编译器不仅支持标准 C 和 C++语言体系,而且还扩充了一些支持 80C51 单片机结构的特性。

(7)BL51 连接器/定位器(Code Banking Linker/Locator)。经常简称连接器。负责把汇编器或编译器生成的可重定位的目标文件模块以及库文件模块,有机地连接在一起,生成一个可供硬件仿真器或软件模拟器调试的绝对地址目标文件(Intel OMF51 格式文件,或简称 OMF 文件)。

(8)OH51 目标文件转换器(Object-Hex Converter )。实际上是把连接器生成的 Intel OMF51 格式目标文件转换为 Intel HEX 格式目标文件。也就是生成一个可供烧写入单片机程序存储器的绝对地址的最终目标文件。

(9)LIB51 库管理器(Library Manager):负责创建和维护模块库文件(.LIB)。库文件是一个或多个目标文件的格式化收集。以库文件的组织方式,提供了一种可供连接器重复利用可重定位目标文件的有效手段和便利方法,从而可以减少或避免编程人员的重复劳动。

(10)程序调试器(Debugger)。程序进行查错和排错的工具软件。μVision2 环境下的调试器是在先前独立版本 dScope 的基础上改进而来的。它可以支持软件模拟器和硬件仿真器两种调试模式:

①软件模拟器模式。不需要任何硬件装置的配合。特别适合初学阶段或评估阶段使用。单片机学习者可以不购买任何硬件装置,仅用纯软件的手段,来模仿 80C51 系列单片机的指令执行过程以及内部或外部硬件资源的操作方法,从而实现对用户源程序的模拟运行、功能调试和逻辑错误查找。因此可以说,KEIL 软件包为学习和应用 80C51 单片机的人们提供了一种虚拟的实战环境。

②硬件仿真器模式。需要一定的硬件装置的配合。又可以细分为两种子模式,一种是可以驱动实时在线仿真器。ICE 是一种独立的、比较昂贵的、专业级的硬件开发工具。二是可以驱动在线调试器。不需要独立的专业硬件工具,而只侵占目标单片机的少许硬件资源即可。ISD 又可以被设计成几种不同的实现方案。

(11)RTX51 实时操作系统 KEIL 公司以 2 种版本供应用户免费使用的操作系统,缩减版和全功能版。它是 80C51 系列微控制器的一个实时内核,可以用来简化复杂的实时应用软件项目的开发设计。不适合单片机初学者研究。

KEIL 软件包的内部结构和处理流程的示意图，如图 8-1 所示。

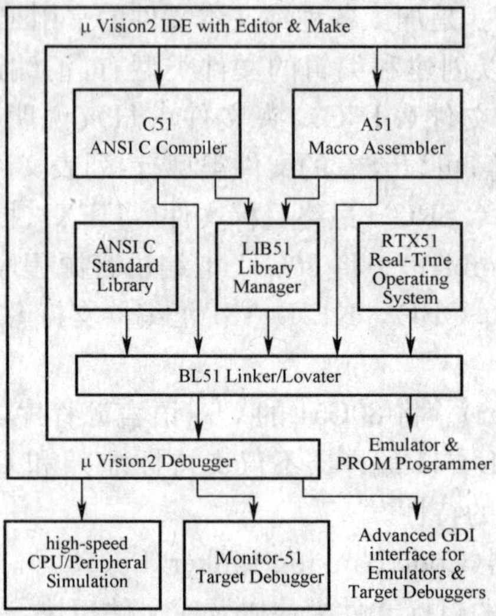


**图 8-1　KEIL 软件包的结构和处理流程**

## 8.1.2　KEIL 软件的安装、升级或拆除

获取 KEIL 软件包的途径有多种，可通过 KEIL 公司官方网站下载，成功下载之后，就会得到一个"Ek51v750a.exe"文件。双击该文件图标即可打开一个如图 8-2 所示的对话框，声明开始安装 C51 专业开发者套件评估版拷贝。

**图 8-2　首个对话框**

在点击图 8-2 对话框的【是】按钮之后，会打开一个如图 8-3 所示的对话框。在该对话框中告知，这个 C51 评估套件可以让你创立 80C51 系列微控制器的程序；这个软件包中包含《Getting Started with μVision2 User's Guide》(μV2 快速入门用户指南)，该指南可以查看的默认安装路径和文件名为"C:\KEIL\C51\HLP\GS51.PDF"。

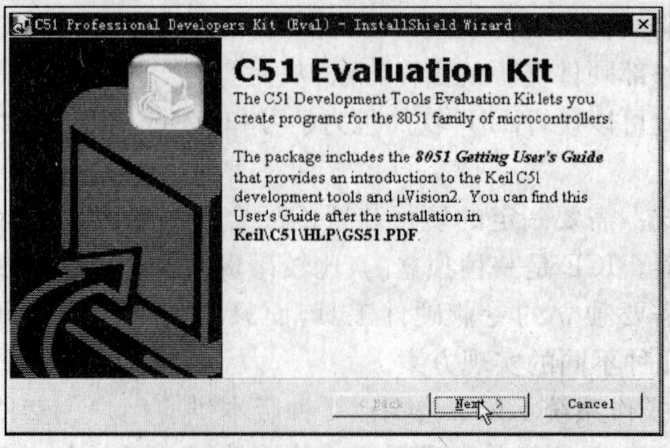


**图 8-3　提示信息对话框**

点击图 8-3 对话框的【Next】按钮，之后会打开一个如图 8-4 所示的对话框，并且开始解压和复制软件包的安装内容到一个临时文件夹“Temp”中。这一过程大约持续几分钟。

在点击图 8-4 对话框的【Next】按钮之后，会打开一个如图 8-5 所示的对话框，并且在短暂停留之后，自动打开如图 8-6 所示的安装向导对话框。

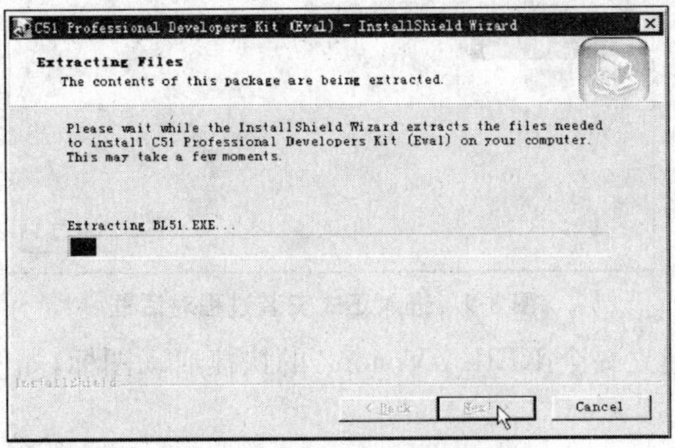


图 8-4　复制安装内容对话框

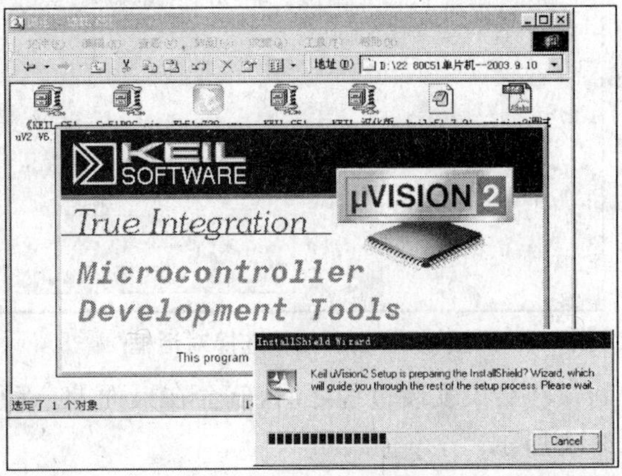


图 8-5　安装初始化对话框

在安装向导对话框中可以看到有 3 个互斥选项，询问用户是安装(Install)、升级(Update)还是拆除(Remove)。其中升级选项可以用来实现覆盖安装。在此选中安装，然后点击【Next】按钮，便打开一个如图 8-7 所示的对话框。

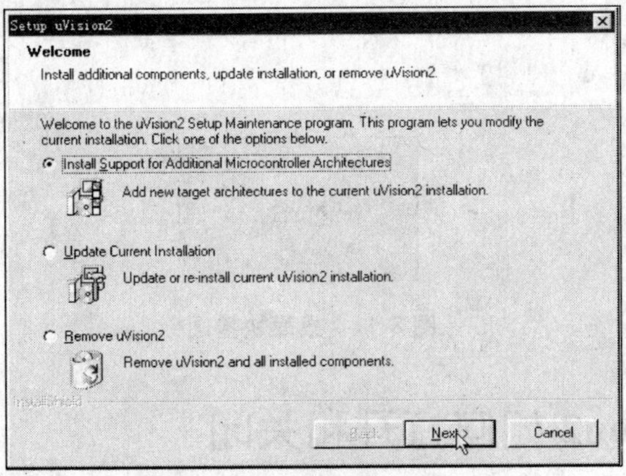


图 8-6　安装向导对话框

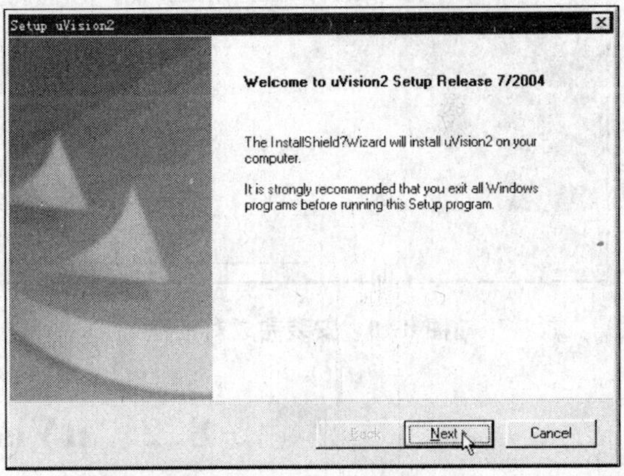


图 8-7　强力提示对话框

在点击图 8-7 对话框的【Next】按钮之后，还会依次打开 2 个对话框，分别是许可协议和评估版本限制情况。建议用户直接按动键盘上的回车键即可。直到出现图 8-8 所示的对话框，提供用户选择和设定安装路径。

不过，推荐直接点击【Next】按钮选择默认安装路径即可。在随后出现的填写用户信息对话框中，也建议用户直接按动键盘上的回车键即可。然后才开始进入正式安装过程，这时屏幕显示图 8-9 所示的对话框。

这个安装过程持续一段时间之后，自动打开一个图 8-10 所示的对话框。看到该对话框之时，表示安装过程全部完成，将选择框内的勾去掉。然后点击【Finish】按钮，结束安装过程。

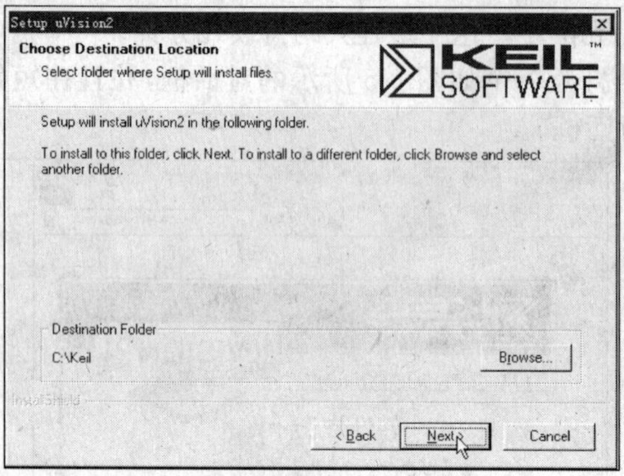


图 8-8 安装路径选择对话框

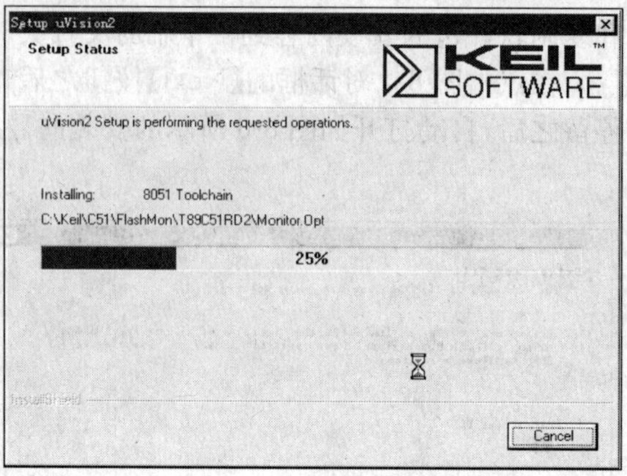


图 8-9 进入正式安装过程对话框

在结束安装过程之后，就会在桌面上自动建立一个 KEIL μVision2 的快捷启动图标，如图 8-11 所示。

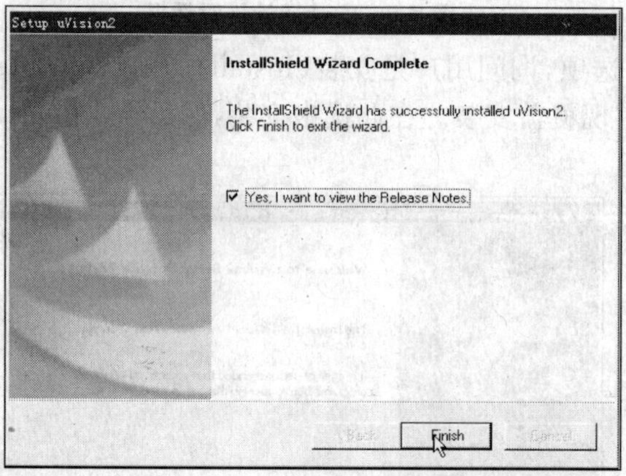


图 8-10 安装完成对话框

图 8-11 桌面快捷图标

## 8.2 μVision2 如何打开和关闭

### 8.2.1 μVision2 的打开

打开 μVision2 的方法有两种：

(1)双击如图 8-11 所示的快捷启动图标，就可以打开和进入如图 8-12 所示的集成开发环境的主窗口(也就是工作界面)。

(2)选择命令方式【开始】→【程序(P)】→【KEIL μVision2】，也可以打开和进入如图 8-12 所示的主窗口。

在同一个 Windows 操作系统下，可以同时开启两个或两个以上的 μVision2 主窗口。

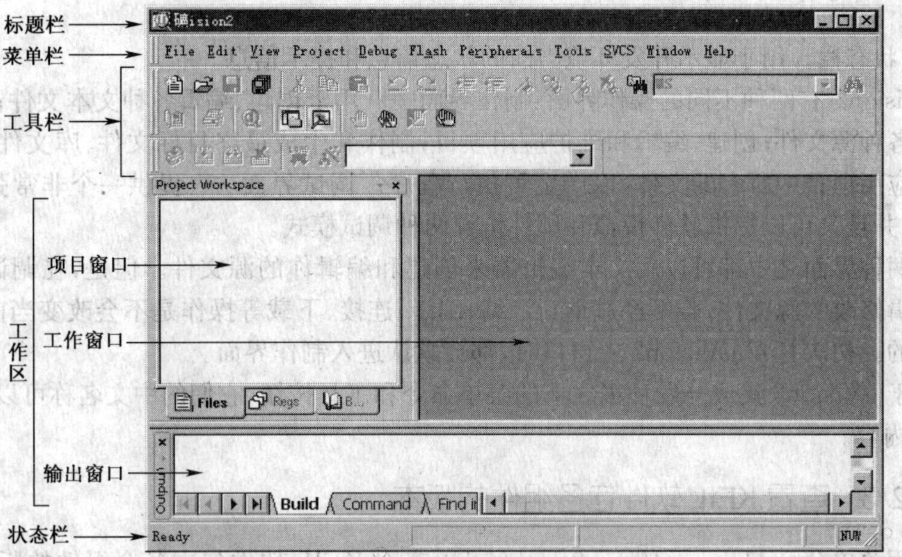


图 8-12　μVision2 的主窗口(即工作台)

## 8.2.2　μVision2 工作环境简介

从如图 8-12 所示的主窗口原始布局图可以看到,从上到下排布着五个组成部分:标题栏、菜单栏、工具栏、工作区和状态栏。

(1)标题栏。显示 KIEL 软件的集成开发环境名称碘ision2(本应该显示为 μVision2,这是带有非英语字母的西文应用软件运行于中文操作系统之下出现的乱码,不影响正常工作)和项目文件名,最左边是一个系统按钮,右边是三个窗体控制按钮。这些按钮的用法同于 Windows。

(2)菜单栏。其菜单栏中共有 11 个菜单选项。从左到右依次为:文件、编辑、查看、项目、调试、闪存、外设、工具、SVCS、窗口和帮助。每个菜单选项控制着一个下拉菜单,个别下拉菜单中又包含子菜单。各个下拉菜单中包含着若干条菜单命令,μVision2 的所有功能几乎都可以通过操纵菜单命令来实现。

(3)工具栏。工具栏为用户提供了一种执行日常任务的便捷手段。利用工具栏上的图标按钮,可以快速实现对应的菜单命令功能。有些按钮不仅代表一条菜单命令,还额外具有指示灯的显示效果,例如,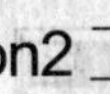按钮在凹陷状态下代表当前 μVision2 环境处于调试界面。

(4)工作区。可以打开操作窗口,例如项目窗口、工作窗口、输出窗口等。进行源程序的创建、编辑和汇编,目标文件的连接、转换和下载,以及进行项目的创建、编辑、制作和调试等各种操作。项目窗口又包含 3 个卡页:项目文件(Files)卡页——显示项目管理器的目录结构和文件类型,可以用来编辑和管理项目;寄存器(Regs)卡页——在进入调试状态后显示和修改寄存器内容;帮助手册(Books)卡页——在项目创建或打开后,链接位于安装目录或光盘或网站中的工具手册、用户指南、器件数据手册等资料。在工作窗口内可以同时打开多个编辑窗口。输出窗口主要用于显示汇编器、编译器、连接器、格式转换器、库管理器的处理结果,以及人机对话等。

(5)状态栏。用于显示开发环境当前的状态信息和提示信息。

μVision2 有两种不同的操作界面：制作界面——用于创建、编辑各种文本文件；汇编、编译和连接各种源文件；创建、编辑和维护应用项目；制作和生成最终目标文件、库文件、批处理文件等。应用项目中所有的文件，以产生可执行程序。调试界面——提供一个非常强劲的项目调试器，并且又可以提供软件模拟和硬件仿真两种调试模式。

在两种界面之中都可以用文本编辑器来创建和编辑你的源文件。但是，在调试界面中创建或编辑修改的源文件，若不经过重新汇编、编译、连接、下载等操作是不会改变当前的调试目标文件的。初次打开 μVision2 主窗口时，都会默认进入制作界面。

关于 μVision2 集成开发环境之下的菜单命令和工具按钮，它们的中文名称可以参考“附录 E”所列内容。

### 8.2.3 查看 KEIL 软件包各组件的版本

利用菜单命令 Help→μVision2 Help，可以查看 KEIL 软件包中各个组件的版本号，软件包的产品系列号以及计算机个人信息等，如图 8-13 所示。

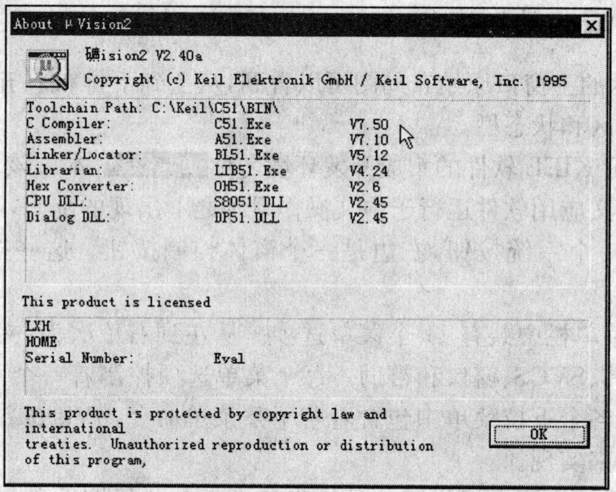


**图 8-13 KEIL 软件包各个组件的版本**

从该图中可以看出下载 KEIL 软件包时所显示的版本号(V7.50a)，实际上是该软件包中一个最主要组件——C51 编译器的版本号。μVision2 集成开发环境的版本号是“V2.40a”。KEIL 软件包中的组件包含 5 个工具软件和 2 个动态链接库，以及这些组件的安装路径为 C:\KEIL\C51\BIN\。其实总共包含 30 余个组件，这里显示的只是其中几个主要组件。

### 8.2.4 μVision2 所能模拟的片内资源

在利用 μVision2 软件模拟器模拟调试目标单片机时，所能够模拟仿真的单片机内部硬件资源种类比较全面。就是采用纯软件的手段和对话框的方式，来虚拟调试当前所选型号单片机片内的几乎所有外设模块。

单片机的型号不同，其内部所集成的硬件资源也不同，μVision2 软件模拟器所能够模拟仿真该型号单片机的片内资源自然也就不同。例如，对于 SST 公司的单片机 SST89C58 型号来说，所能模拟仿真的片内资源包含：CPU 的工作时序、4 个并口 P0～P3 模块、6 源/2 级中断模块(包含外部中断)、2 个节电模式、标准 UART 串口、定时器 T0～T2 和看门狗 WDT 等，如图 8-14 所示。

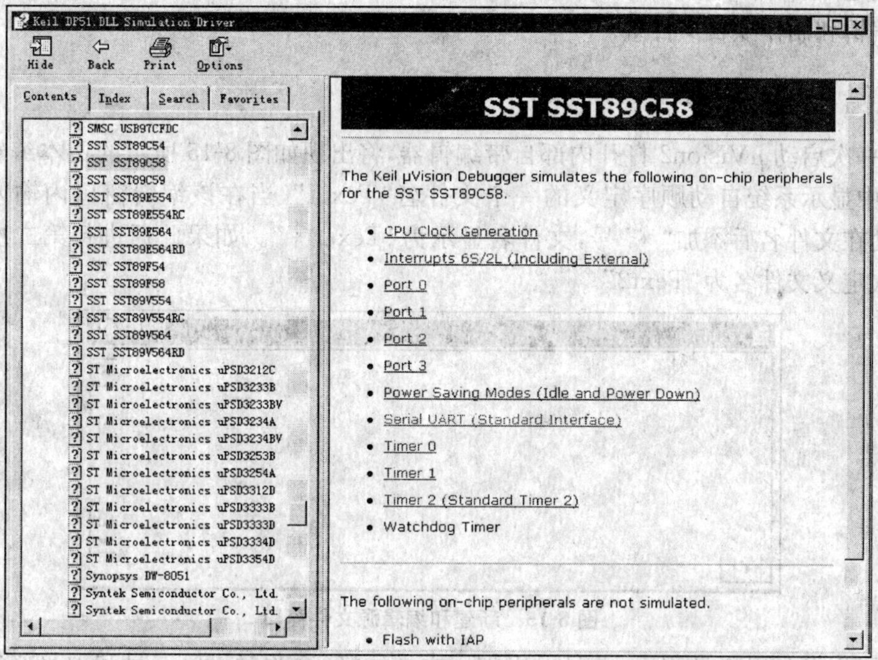


**图 8-14 μVision2 软件模拟器虚拟仿真的硬件资源**

打开图 8-14 所示窗口的方法是，利用菜单命令 help→Simulated Peripherals for "指定单片机型号"。在该窗口的左半部可以索引各种厂牌型号的单片机约 500 种，在该窗口的右半部将对应显示指定单片机型号的，能够被 μVision2 软件模拟器模拟调试的片内外设模块列表。点击外设模块列表的某个具体模块时，会显示该模块的进一步解释。

## 8.2.5 μVision2 的关闭

关闭 μVision2 集成开发环境的方法有以下 4 种：

(1)用鼠标左键点击主窗口最右上角的""关闭图标按钮；

(2)用鼠标左键双击主窗口左上角的""系统图标按钮；

(3)选择菜单命令 File>Exit(文件>退出)；

(4)直接按下键盘上的组合键【Alt】+【F4】。

在退出 μVision2 集成开发环境时，系统会自动保存退出前的环境设置、工具设置以及还没有调试完毕的项目，以便下次再进入时恢复本次工作的现场，继续本次尚未完成的调试任务。

# 8.3 创建和编辑文件和项目

μVision2 是一个以项目为导向的集成开发环境。本节主要介绍在 μVision2 环境下创建新项目,创建、编辑、添加和删除源程序文件和文本文件,产生列表文件,制作调试目标文件,以及创建、编辑和制作项目文件等。

## 8.3.1 创建和编辑一个源文件(.ASM)

当第一次启动 μVision2 打开内部自带编辑器,将出现如图 8-15 所示的文本编辑窗口。这时标题栏中显示系统自动顺序定义的一个文件名"Text1",当在该编辑窗口内输入任何内容时,会自动在文件名后添加"*"号,文件名显示为"Text1 *"。如果此后进行第二次新建操作时,将依次定义文件名为"Text2"。

**图 8-15 新建和编辑源文件窗口**

然后可以开始录入源程序,并且可以加入中文注释(注意:分号、冒号和逗号必须为半角)。当文件输入完毕之后(或在文件输入过程中),可以利用菜单命令 File→Save As…打开如图 8-16所示的对话框。

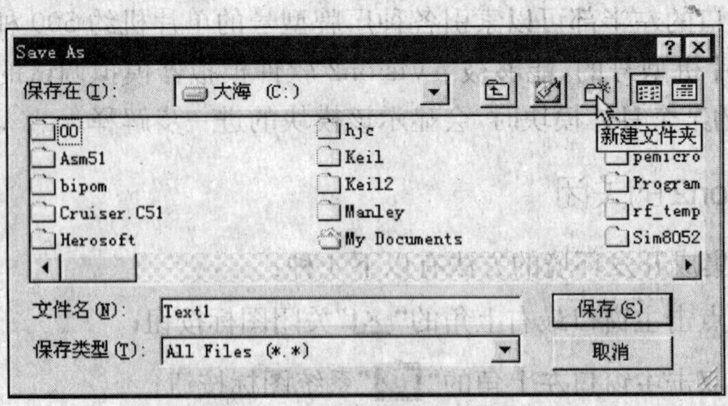


**图 8-16 创建文件夹对话框**

新建文件夹名,以及源文件名,甚至项目名,都可以是由字母、数字或汉字组成。例如,这里建立了一个专用文件夹"C:\ASM51\",在该文件夹内进一步为即将建立的新项目创建了一个名为"C:\ASM51\演示\"的项目文件夹。在文件名后的文本框内填写新的源文件名,同时一定要输入扩展名,这里假设为"首个程序 .ASM"、如图 8-17 所示。采用汉字命名的文件夹和文件名便于识别和理解,在 Windows 环境下是可以的。如果想在西文 DOS 下进行汇编、连接等处理,用汉字命名会很不方便。

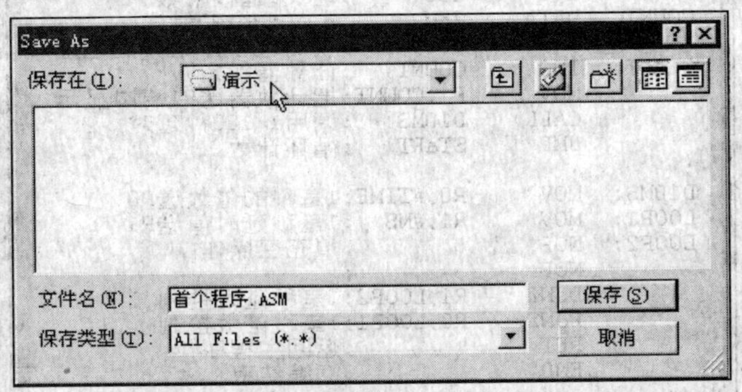


图 8-17　换名保存对话框

最后点击保存按钮,即可在编辑窗口的标题栏中看到变化之后的源文件名称及其存放路径。凡是系统保留字都变为蓝色;凡是注释都变为绿色;其余维持原来的黑色。这为用户提供了一种检查程序查错的好手段。特别是那些包含指令助记符、伪指令助记符和一些 CPU 寄存器名在内的关键字,以蓝色显示,便于鉴别语法错误,如图 8-18 所示。

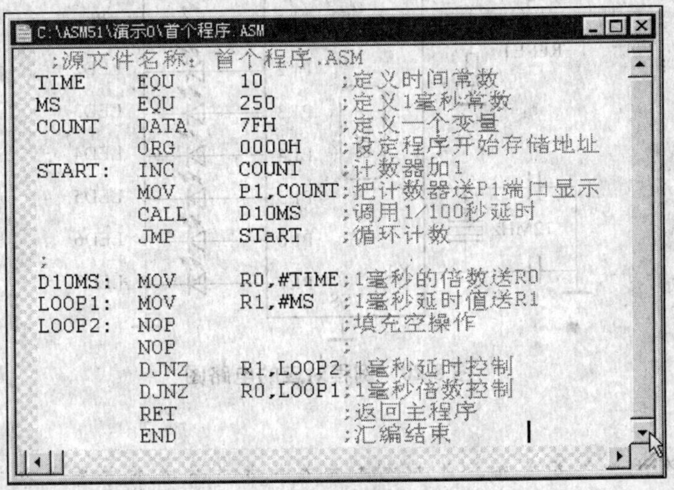


图 8-18　换名后的编辑窗口

利用菜单命令 Vieu>Workbook Mode(视图>工作手册模式),可以把工作窗口显示方式设置为如图 8-19 所示的风格。这样在多个编辑窗口之间切换会更加方便操作。

在录入和编辑过程中,要及时保存以防计算机意外断电丢失数据。

**例　8 位二进制循环累加计数器**

**实现功能:**将端口 P1 各脚都用作输出,可以想象成驱动外接 8 只 LED 发光二极管,高电平点亮。电路如图 8-20 所示。同时,将端口模拟为一个 8 位二进制循环累加计数器或计时器。从 00H 开始递增,每隔 1/100s 自动加 1,直到 FFH,然后再返回 00H,开始下一个轮回,周而复始。

**硬件电路:**虚拟的目标单片机及其外围电路接线示意图,如图 8-20 所示。

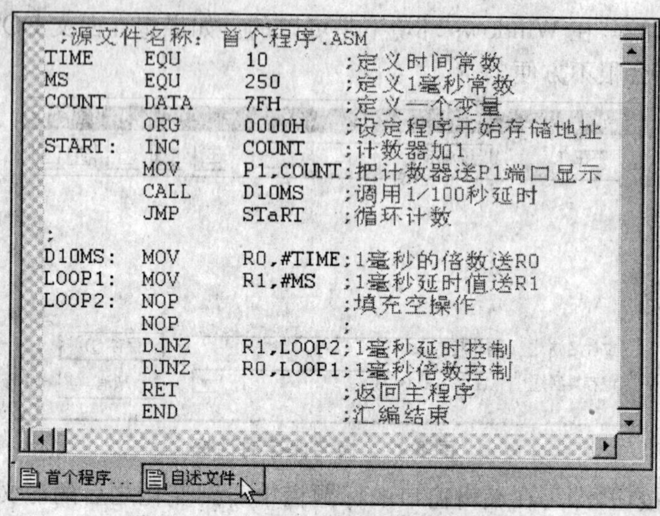


**图 8-19　工作窗口以工作手册模式显示**

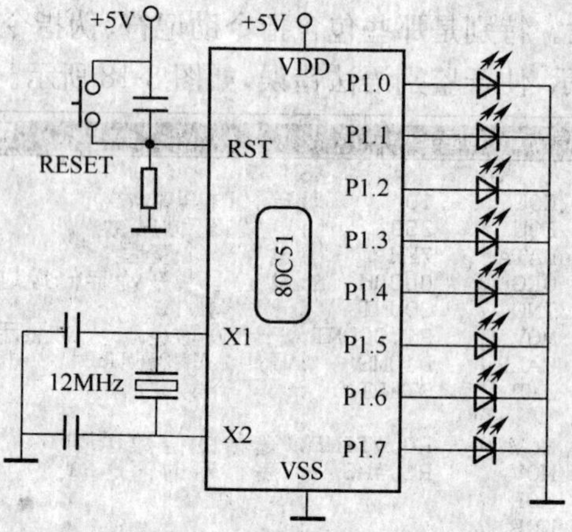


**图 8-20　例程对应的电路图**

**程序清单：**

```
;*************************************
;      《8位二进制循环累加计数器》
;      项目名称:DEMO. Uv2
;      源文件名称:首个程序.ASM
;      设计编程:LXH,2008/4/10
;*************************************
TIME     EQU     10         ;定义时间常数
MS       EQU     250        ;定义1毫秒常数
COUNT    DATA    7FH        ;定义一个变量
         ORG     0000H      ;设定程序开始存储地址
START:   INC     COUNT      ;计数器加1
```

```
          MOVP1,COUNT              ;把计数器送 P1 端口显示
          CALL       D10MS         ;调用 1/100s 延时
          JMP        START         ;循环计数
;
D10MS:    MOVR0,#TIME              ;1ms 的倍数送 R0
LOOP1:    MOVR1,#MS                ;1ms 延时值送 R1
LOOP2:    NOP                      ;填充空操作
          NOP                      ;
          DJNZ       R1,LOOP2      ;1ms 延时控制
          DJNZ       R0,LOOP1      ;1ms 倍数控制
          RET                      ;返回主程序
          END                      ;汇编结束
;*************************************************
```

**补充说明:**理论上,输出端口用高电平是可以点亮 LED 的。但实际上,鉴于标准 80C51 端口(P0～P3)的结构特点,其高电平驱动电流太弱,不足以点亮 LED。在本例中,选择高电平驱动 LED,只是为了讲解上的方便。通过本例可以让读者认识到,理论上能够讲通的结论并不一定可以照搬到工程上。

## 8.3.2 如何拆分编辑窗口

对于一个比较长的文本文件,如果想同时查看或编辑文件的不同部位,可以为单一文件开设多个窗口。具体操作方法是,首先确定上述文件窗口为当前窗口,然后将光标移动到该窗口的左下角或右上角的拆分滑块上,这时的光标会变成双箭头。如图 8-21 所示。然后拖拽左下角拆分滑块把该窗口分解为左右两个相同的窗口;若拖拽右上角拆分滑块,则该窗口分解为上下两个相同的窗口;如果一同利用两个滑块,最多可以拆分成 4 个相同的窗口。

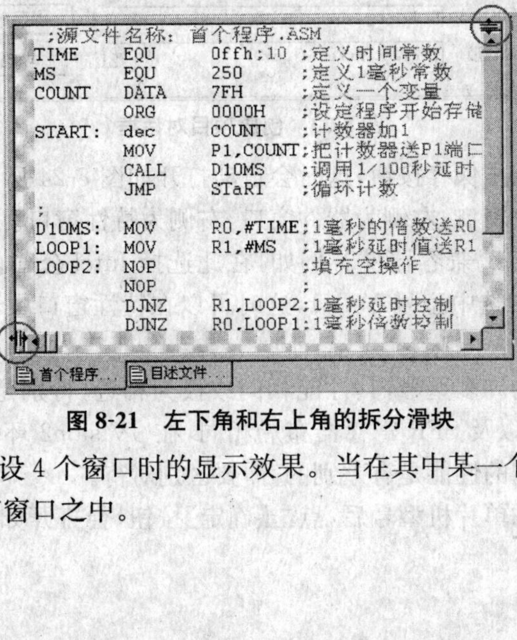


**图 8-21　左下角和右上角的拆分滑块**

如图 8-22 所示,是开设 4 个窗口时的显示效果。当在其中某一个窗口中进行改动时,改动的结果将同步显示到所有窗口之中。

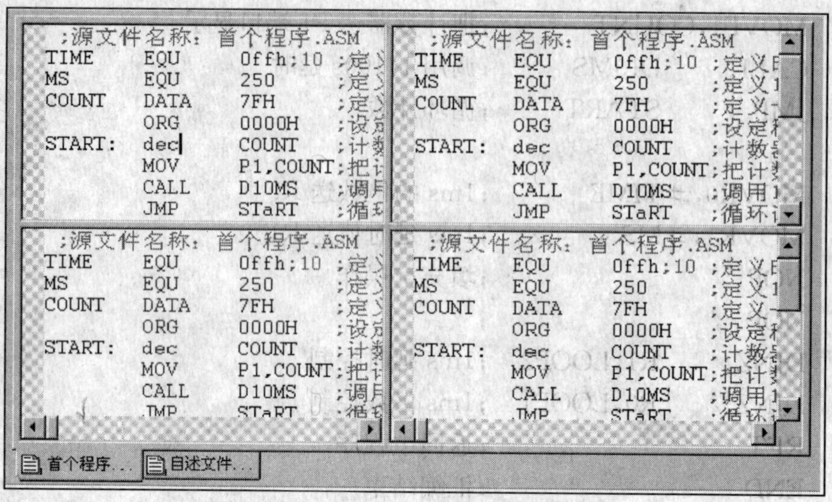

图 8-22 拆分成 4 个窗口的显示效果

### 8.3.3 创建一个新项目(.uv2)

在完成源文件的建立和保存之后，利用菜单命令 Project > New Project…(项目>新建项目…)打开如图 8-23 所示的对话框。在文件名之后键入一个项目文件名，假设为“DEMO”，可以忽略扩展名，然后点击保存按钮。项目名也可以用汉字组成。

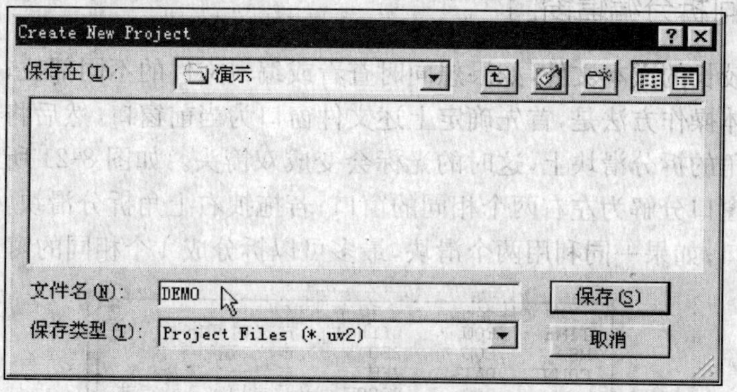


图 8-23 创建项目对话框

项目名输入完成后点击保存按钮，这时会自动打开如图 8-24 所示的单片机型号选择对话框。在该对话框中有 2 个窗口，左侧为器件窗口，右侧为特性窗口。器件窗口显示 KEIL 软件包当前所支持的所有 80C51 兼容器件。例如，在此选择 Intel 公司的一款片载 4KB-EPROM 的标准型号“87C51”，从中选中型号 87C51，这时可以在特性窗口中看到对于所选器件的性能描述。

由于多家公司生产的许多型号，其性能相同或极为相近，特别是从编程角度看，只要芯片内部所配置的外围模块、以及 SFR 寄存器布局相同，在 μVision2 环境中选择目标器件时都可以被同等对待。但是它们的性能是有差别的，需要区别对待。

选中本项目所应用的单片机型号后，点击【确定】按钮，会打开如图 8-25 所示的对话框，提

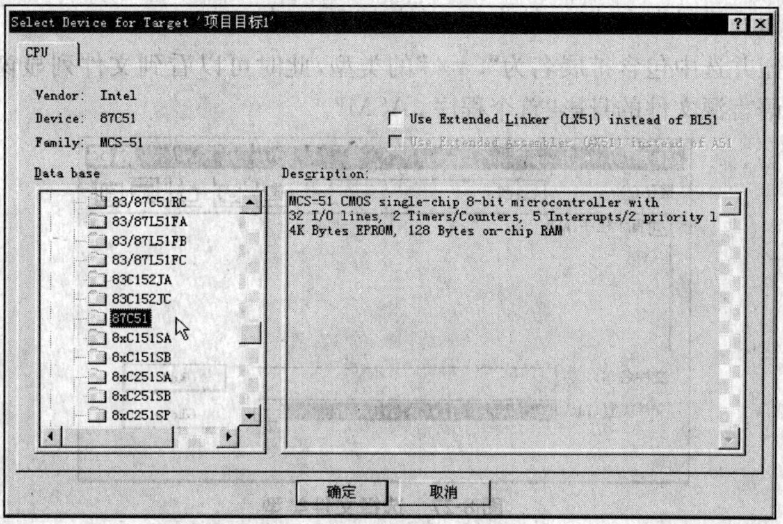


图 8-24　选择器件型号

示：是否拷贝一个启动配置文件“Startup. a51”到你的项目文件夹，并且把它添加到你的项目之中？对于汇编语言设计的项目不需要该文件，点击【否】即可。到此一个新建的项目文件“DEMO. Uv2”就可以在“C:\ASM51\演示\”目录下看到。

图 8-25　拷贝和添加启动配置文件到项目

## 8.3.4　在项目中添加或删除文件

一个新的项目建立之后，在原先空白的项目文件卡页中，可以看到名为“Target 1”的项目目标文件夹“⊞ Target 1”。点击该文件夹左侧的 + 号展开它，会看到其中包含一个系统自动建立的名为“Source Group 1”的文件组“Source Group 1”。通过观察文件组或项目目标左边是否存在“+”号，还可以来判断其内部是有内涵还是为空。利用鼠标右键点击该文件组时，会弹出如图 8-26 所示的浮动命令菜单。

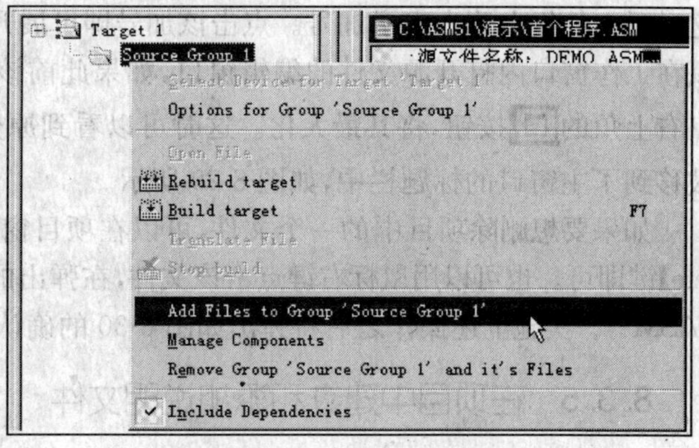


图 8-26　添加文件到项目

从浮动菜单中选择和点击“Add Files to Group ‘Source Group 1’”(添加文件到 Source Group 1 组)，这时打开如图 8-27 所示的对话框，并且其中的文件类型停留在默认的C源文件类型上“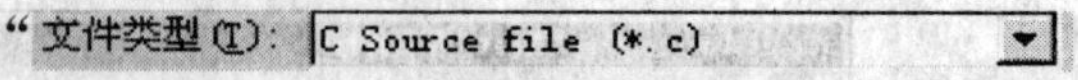

”。可以点击下拉按钮并选中包含扩展名为“.a＊”的类型，此时可以看到文件列显窗口中出现了预先创建的汇编语言源文件的身影“首个程序.ASM”。

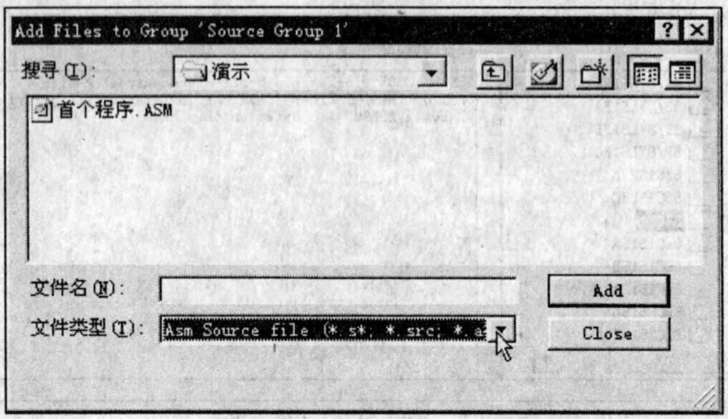


**图 8-27　选择文件类型**

点击并且选中准备加入的源文件，如图 8-28 所示，然后点击【Add】按钮，即可实现添加源文件“首个程序.ASM”到项目“DEMO.Uv2”中的操作。用户可添加多个源文件或说明文件到该项目中。

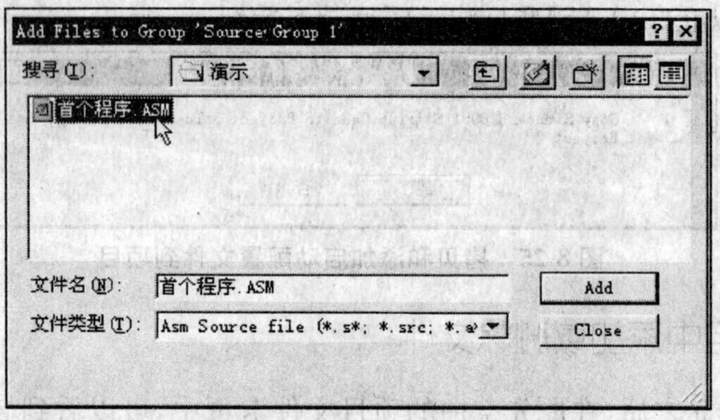


**图 8-28　选择源程序文件名**

在所有需要的文件都被加入之后，该例只有一个源文件，点击【Close】按钮，结束添加操作。这时源文件组左侧出现了加号。点击该加号即可展开和查看其中的源文件。双击源文件名可以在工作窗口内打开源文件的编辑窗口，如果此前该源文件未打开的话。点击源文件编辑窗口右上角的□按钮，将其最大化。这时可以看到原先在编辑窗口标题栏内的文件名和路径，被移到了主窗口的标题栏中，如图 8-29 所示。

如果要想删除项目中的一个文件，可以在项目窗口先选中该文件，然后按动键盘上的【Delete】键即可。也可以用鼠标右键点击该文件，在弹出的浮动菜单中选择“Remove File‘首个程序.ASM’”。实施上述操作之后将弹出如图 8-30 的确认对话框，点击【确定】便可完成删除操作。

## 8.3.5 在项目中建立和添加说明文件

利用与前面创建源文件同样的方法，可以建立一个名为“自述文件.TXT”说明性文件。

也可以采用 Windows 的"记事本"作编辑器来建立，但是应保存到对应的项目所在文件夹内。如图 8-31 所示。

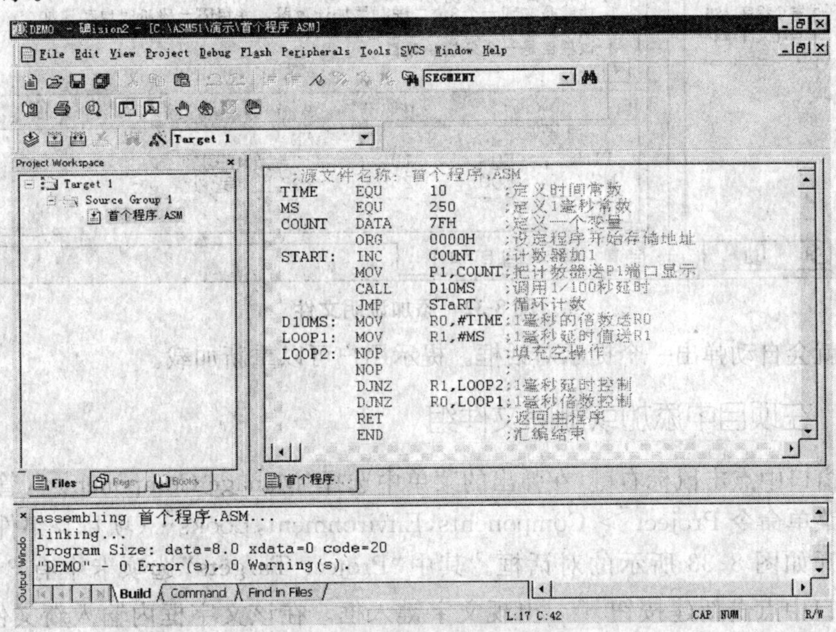


**图 8-29　添加源文件到项目中**

**图 8-30　删除确认对话框**

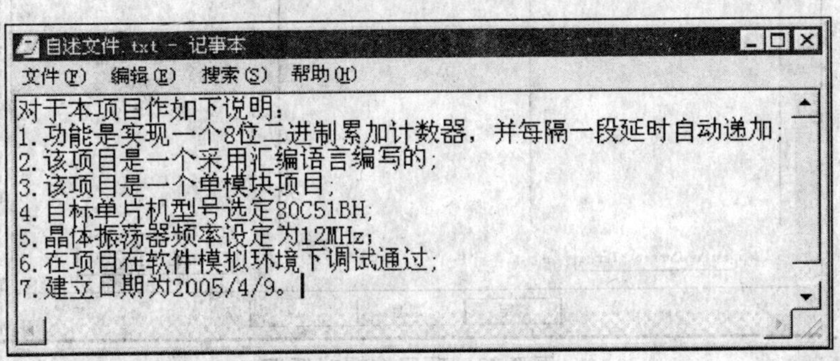


**图 8-31　建立的自述说明文件**

然后把该说明文件添加到项目中，其方法同于添加源文件。随后可以在工作窗口中打开。这时的项目窗口如图 8-32 所示。

其实，说明文件的有无都不会对项目产生任何影响。添加说明性文件是为项目的解读、修改、维护、重用、交流和协作带来很多的便利。μVision2 具有文件变化"感知功能"，就是当工作窗口中处于打开状态的文件，如果其内容被其他途径改变了(例如，被非 μVision2 编辑器做了

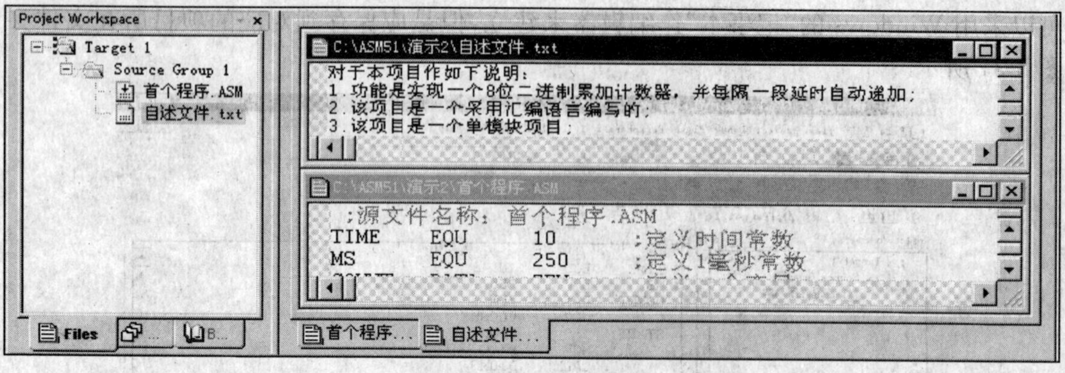


图 8-32 添加说明文件

改动),系统就会自动弹出一个提示对话框。提示用户可以重新加载。

## 8.3.6 在项目中添加或删除文件组

在项目窗口中点击鼠标右键,在弹出的菜单中选择"Manage Components"(管理部件),或者直接利用菜单命令 Project > Components, Environment, Books…(项目>组件,环境,手册…),均可打开如图 8-33 所示的对话框。其中"Project Targets"选项卡中有 3 个窗口。在"Groups"窗口中点击新建按钮,出现文字键入框。在该文字框内输入新文件组名,例如"Source Group 2"。

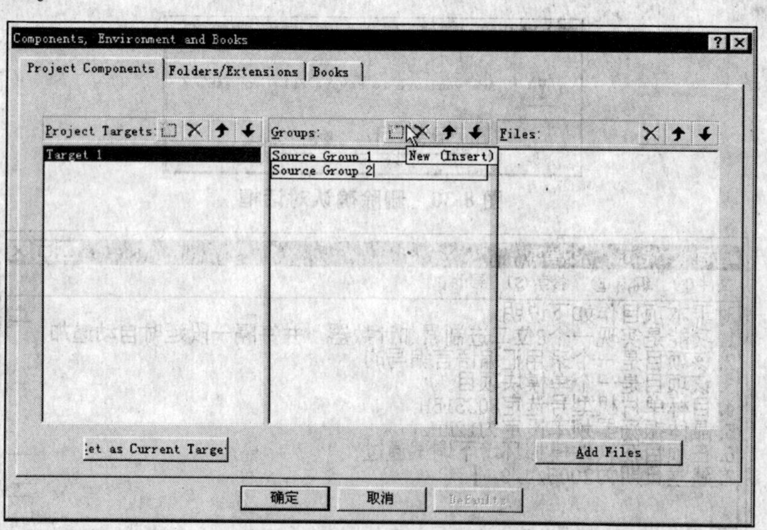


图 8-33 项目编辑对话框

点击【确定】按钮之后,可以在项目窗口看到新建的文件组。按照前面介绍的方法,将"自述文件.TXT"文件从 Source Group1 文件组中删除,再添加到 Source Group2 文件组中。项目窗口如图 8-34 所示。

如果想把某一文件组,以及文件组之内的文件从项目中删除,可以在如图 8-33 所示的项目编辑对话框中选中文件后点击按钮。在项目编辑对话框中添加现有的文件,其方法是先选

图 8-34 添加新文件组

中文件组,再利用“Add Files”按钮。修改文件组名称和项目目标名称的方法同 Windows 环境下修改文件名的方法。

在图 8-33 所示的项目编辑对话框中,可以调整同属于一个项目的多个文件组的排列顺序,还可以调整同属于一个文件组的多个源文件组的排列顺序。方法是先选中某一待移位的文件组或源文件,然后点击↑或↓图标按钮即可。例 8-1 只能演示两个文件组改变顺序的操作。而每个文件组内只有一个文件,不需要调整顺序。对于包含多个源文件的大型复杂项目来说,各源文件在整个项目文件中排列的顺序不同,连接器处理的顺序就不同,最后得到的最终目标文件(.HEX)也就不尽相同。也可以直接在文件卡页中用鼠标拖拽来改变文件排列顺序。

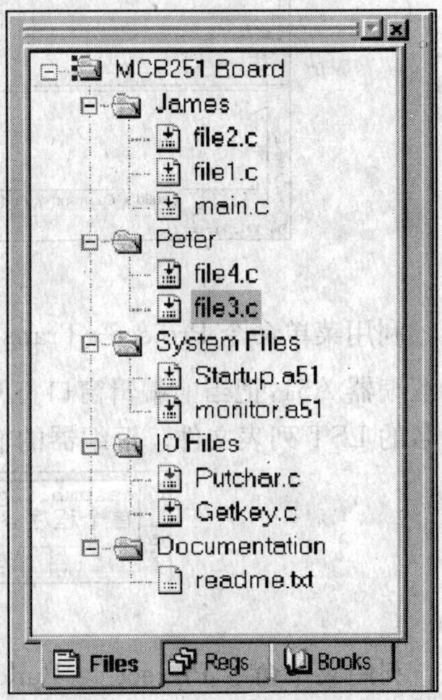


图 8-35 文件组分配参考

**两点提示:**

(1)设立文件组或将文件分组的基本原则,可以像本例中按文件类型分组,也可以按开发团队的编程人员分组,还可以结合这两种因素分组等。可以参考图 8-35 所示的分组方法。其中包含 5 个文件组:James 和 Peter 是以项目团队编程员定名的 2 个文件组,还有一个系统文件组,一个输入/输出文件组和一个说明文档文件组。

(2)浏览项目窗口中的文件和文件组的属性。在项目窗口的文件页中用不同的图标来标识不同的文件和文件组属性。不同的图标让您能够快速浏览到一个项目不同目标、不同文件组、不同文件的工具设置。下面是这些图标及其对应的属性的描述:

该图标是在文件图标上加一个箭头而成,用来表示被汇编、编译、连接到项目中去的源文件。

说明文件图标,用来表示不被连接到项目中去的文件,典型的如注释或说明性文件。另外,在文件的属性窗口中取消“Include in Target Build”复选项,将使该文件剔除出项目。剔除出项目的文件也用此图标。

图标上有一把钥匙,用来表示只读文件。

此图标为在文件图标的左边有三个点,用来表示有特殊选项的文件。

此图标为在文件夹图标的左边有三个点,用来表示有特殊选项的文件组。

上述第二个图标也是基本图标,其他所有属性的文件图标都以此为基础,再加上箭头、钥匙、三点,这 3 项当中的 1 项、2 项或 3 项,来表示某个文件的当前属性。

## 8.3.7 如何制作调试目标文件(OMF51)

在如图 8-36 所示的主窗口中,可以通过菜单命令来间接调度宏汇编器 A51、连接器/定位器 BL51、格式转换器 OH51、库管理器 LIB51 等工具软件的执行。后面分别介绍。

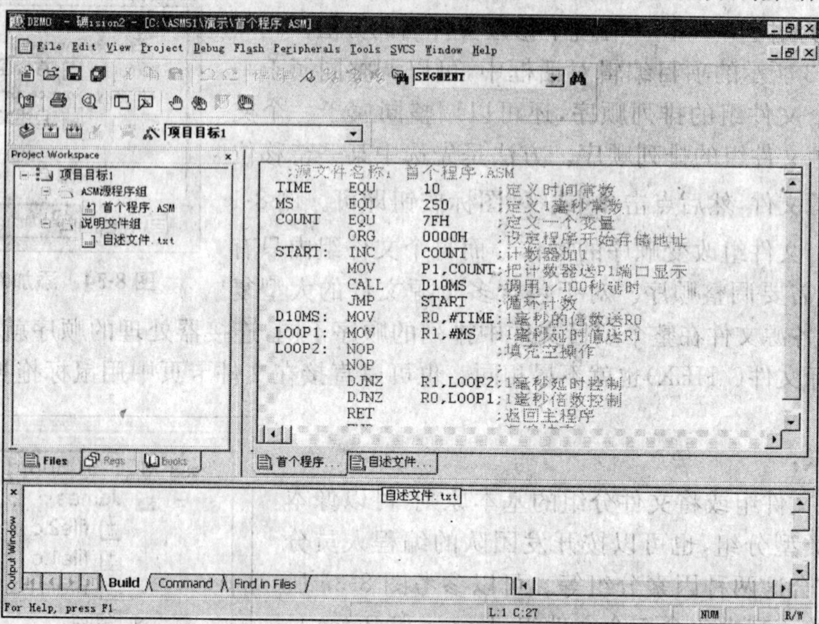

图 8-36　制作调试目标文件

利用菜单命令 Project→Translate C:\ASM51\演示\首个程序.asm，或图标按钮，调度汇编器 A51，把当前编辑窗口打开的源文件翻译成一个同名的 OBJ 目标文件，同时生成一个同名的 LST 列表文件。汇编器的输出信息如图 8-37 所示。

图 8-37　汇编器输出信息

利用菜单命令 Project ＞ Build target(项目＞建造项目目标)，或图标按钮，调度连接器/定位器 BL51，把 OBJ 目标文件连接成与项目同名的调试目标文件(OMF51 格式，无扩展名)，同时生成一个与项目同名的 M51 存储器映像文件(DEMO.m51)。连接器的输出信息如图 8-38 所示。

图 8-38　连接器输出信息

还可以利用菜单命令 Project ＞ Rebuild all target files(项目＞重建所有目标文件)，或图标按钮，依次调度汇编器 A51 和连接器/定位器 BL51，完成上述所有输出文件的产生过程。汇编器和连接器的输出信息如图 8-39 所示。

**图 8-39　汇编器和连接器输出信息**

在分别使用上述菜单命令的过后，可以利用 Windows 下的资源管理器查看“C:\ASM51\演示\”目录下所生成的新文件。

以上描述的都是顺利通过的汇编过程或连接过程。这时在输出窗口内看到的输出信息中，报告严重性和警告性错误都为 0。在实践过程中遇到差错而不能顺利通过的情况很常见。例如，在图 8-36 的编辑窗口中，把语句“JMP START”改为“JMP STRT”，把语句“MOV P1，COUNT”改为“MOV P1，CONUT”。然后再进行上述操作，可以看到输出信息如图 8-40 所示。第 3 行显示源程序“首个程序．ASM”中的第 7 行有错；错误类型号为 A45(可供查阅手册)；发现无定义的符号(在汇编器第 2 遍扫描时发现的)。第 4 行显示类似于第 3 行。第 5 行显示项目目标最后未被建立。

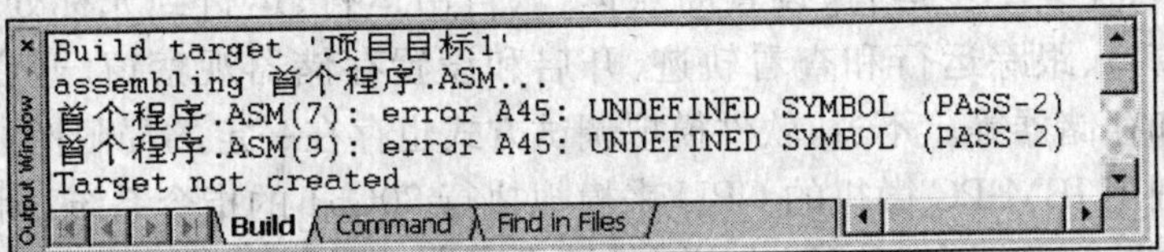


**图 8-40　汇编器和连接器输出信息(不成功)**

对于存在漏洞的程序首先定位错误语句；然后再纠正错误。也就是查、补漏洞。其中定位错误点最简便的方法是，双击图 8-40 中的错误信息提示行，即第 3 行。随即光标自动定位在相应源文件窗口中，存在漏洞的语句行上(最左边位置)，并且在窗口左侧的边框上出现一个青色箭头➪。同时输出窗口中被双击的提示行也以蓝色反白显示。

查找错误点的另一种方法是，点击打开文件按钮，在编辑窗口打开由汇编器产生的一个“首个程序．LST”，如图 8-41 所示。从中可以看到，在出现错误的语句下面都自动插入了一

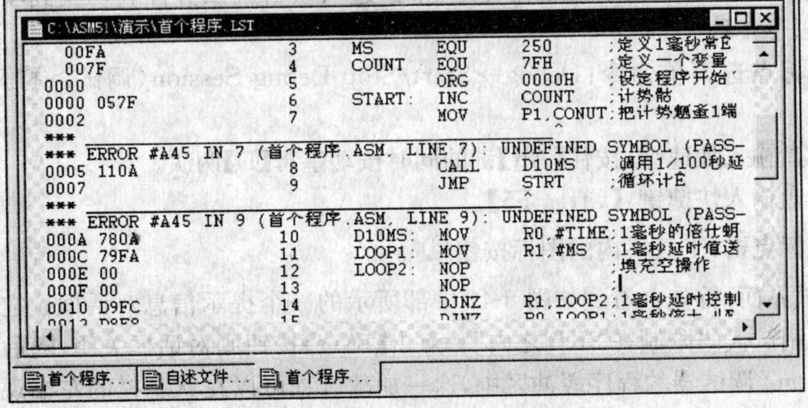


**图 8-41　列表文件查看**

条占据两行位置的、以“＊＊＊”打头的提示信息：第1行末尾用一个“^”符号指向无定义符号的首个字母；第2行指出错误性质。

在纠正错误后，重新点击图标按钮或即可。两个图标按钮和都能够生成可调试的目标文件，它们的功能极其相似，前者将仅仅翻译和连接那些改动的或新添的源文件，这便于加速处理大型项目；而后者将翻译和连接本项目中所有的源文件，而不管是否存在改动或新添源文件。

## 8.4 调试项目

程序调试就是检验我们设计的程序，是否能够正常运行，是否产生正确的结果，是否存在设计漏洞等。其目的就是查找和去除程序中的漏洞。

本节讲解μVision2调试器的软件模拟器调试方式。软件模拟器提供了多种运行程序的方式或调试程序的手段，比较常用的有以下几种：连续运行、复位操作、单步运行（单步进入、单步跳出和单步跨越）、连续单步运行、设置断点运行、自由运行、运行到光标处、从指定行开始运行、查看反汇编窗口、跟踪运行和查看轨迹、开启和设置存储器观察窗、开启和设置变量观察窗、修改寄存器和存储器等。不过，软件模拟调试方式也存在一定的局限性：

(1)由于是利用IBM-PC微机的CPU来模拟执行80C51的指令系统，因此，执行指令是非实时的和非在线的，只能适合调试那些实时性要求不高，即不需要精确定时吞吐信息的程序。

(2)不能帮助用户查找目标板上的电路错误。

(3)不能在线仿真80C51系列单片机的在某一特定应用项目中所需的，一些个性化的片外扩展电路。

下面就结合前面创建的项目分别介绍各种调试手段的使用方法。

### 8.4.1 切换到调试环境

μVision2有两种界面，分别适用于项目建造和项目调试。这两种界面一般不会被同时使用。之前所看到的都是它的项目制作界面，下面进入项目调试界面。切换到项目调试界面的操作方法有以下4种：

(1)用鼠标点选菜单命令：Debug→Start/Stop Debug Session（调试＞打开/关闭调试画面）。

(2)用键盘输入加速键：按住【Alt】键的同时按动字母【D】两次。

(3)用键盘输入快捷键：【Ctrl＋F5】。

(4)用鼠标点击：工具栏内的图标按钮。

进入调试界面，首先会看到如图8-42中部所示的一个提示信息对话框。它提醒用户，“这是评估版本，调试代码限制在2KB之内”。点击【确定】按钮则对话框关闭，随后用户程序将被加载到μVision2调试器的程序缓冲区中，这一加载过程可以在状态栏的左端观察到蓝色进度条。当用户程序量较小时，加载过程瞬间即可完成。

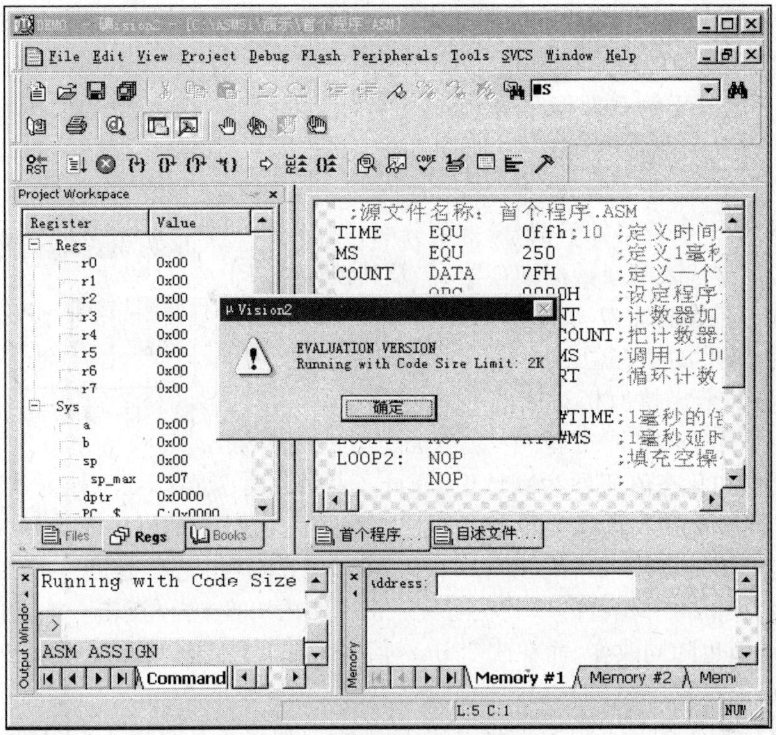

图 8-42　项目调试界面(主窗口)

在进入项目调试环境后，主窗口工具栏的下栏由制作工具更换成了调试工具栏。项目窗口自动切换到寄存器选项卡上。右下角自动打开一个存储器窗口。左下角的输出窗口自动切换到命令选项卡上。源程序编辑窗口的左侧灰色边界上出现一个黄色右指箭头➪。源程序编辑窗口左侧原来为浅灰色的边界上，会有部分变为深灰色。其中，浅灰色对应的部分语句行是无机器码的虚行或伪指令，而深灰色对应的部分语句行则是可以执行指令语句。

从寄存器选项卡中可以看到，所显寄存器被分为通用组(Regs)和系统组(Sys)。通用组为 r0～r7 共 8 个寄存器，其内容显示为程序状态字寄存器 psw 中指定的当前组存储值，默认为十六进制格式，以前缀“0x”表示。系统组中不仅包含 6 个 CPU 专用寄存器(a、b、sp、dptr、pc 和 psw)及其内容，还额外显示 3 种调试状态值 sp_max、status 和 sec。其中，sp_max 表示堆栈指针曾经出现过的最高值，以此可以判断用户程序运行所需要的最大堆栈深度；status 表示程序运行时所占用的机器周期数；sec 表示程序运行时所占用的累计时间，以秒为单位。利用 sec 还可以观察某一条指令的执行时间。另外，对于程序状态字寄存器 psw，在调试过程中如果需要更详细地了解它内部每个比特值随程序执行的变化情况，这时可以通过点击其左侧的“＋”号展开来观察。

## 8.4.2　开启虚拟端口模块及其功能解析

进入图 8-42 所示的项目调试界面，μVision2 自动选择的是默认调试方式——软件模拟器。μVision2 软件模拟器在微机平台上，利用 80X86 家族 CPU 来虚拟仿真：①执行 80C51 的指令系统；②演示 80C51 内部的寄存器、数据存储器和程序存储器；③模仿 80C51 外部数据存储器、程序存储器；④模拟许多种单片机片载外围模块，例如并口、串口、定时器、中断模块等。

下面首先示范对于例 8-1 程序的调试，将要用到的 P1 并口模块的使用方法。依次点击 Peripherals>I/O-Ports > Port 1(外设>输入/输出端口类外设>端口 1)，打开如图 8-43 所示的对话框。

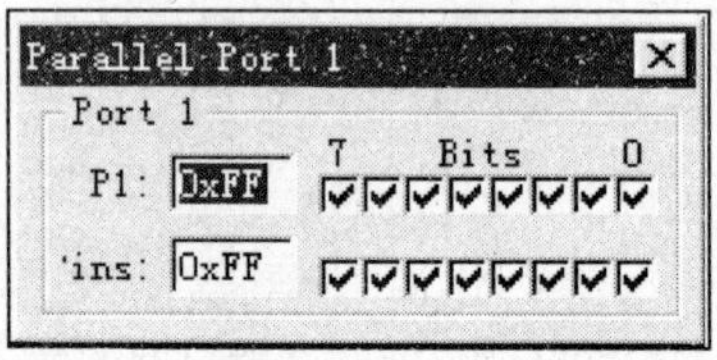

**图 8-43　虚拟端口模块 P1 对话框**

可以从该对话框中获得如下信息：上下分两行排列和显示 8 比特信息，上排代表端口数据锁存器 P1 及其锁存值(P1 在 SFR 空间内的字节地址为 90H)；下排代表 P1 端口的引脚(Pins)及其引脚上的状态值。锁存值和状态值都分别用十六进制数值与 8 个比特值相对应的形式进行表现。打钩者代表该比特处于高电平或逻辑“1”。初次加电或复位操作，都会使锁存值和状态值还原为默认值 FFH。表明此时引脚都处于输入状态，对外呈现高阻，引脚电平被上拉电阻拉高。无论是锁存器还是引脚状态都是可以人为修改的。每排的左边是文字框，能够用键盘输入新值(以 nnH 或 0xnn 格式均可)。右边是一排触发设置框，只能用鼠标点击来切换其每一比特的 1、0 状态。点击一次由 1 变 0，再点击一次又由 0 变 1。在改变 P1 值时 Pins 值也随同改变，而在改变 Pins 值时 P1 却不变。其原理可以参考图 8-44 中的端口结构模型电路。

只有在锁存器 P1 的某一位为 1 时，对应的那条引脚 Pin 上的状态才能被改变。假若要在 P1 的某一位为 0 时，将其引脚状态从 0 改变为 1，则会弹出如图 8-45 所示的对话框。它提示“你试图在一条引脚被配置为输出时改变其引脚状态！”，这是一个危险的举动，并且不可以实现。因为规定 80C51 的并口在输入信号之前必须先向锁存器写入 1，以便确保内部下拉管维持在截止状态。

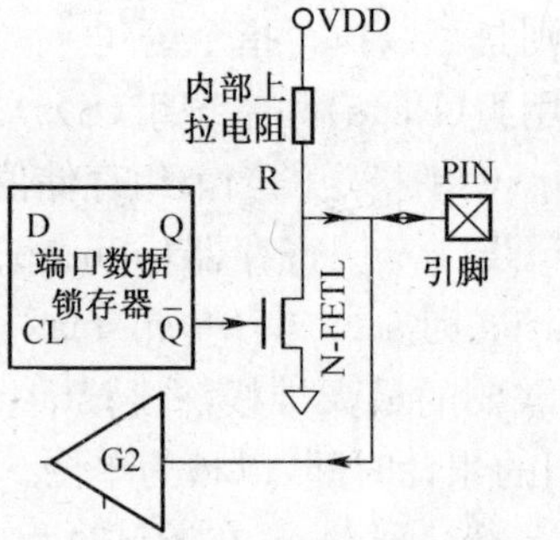

**图 8-44　端口引脚的 I/O 结构**

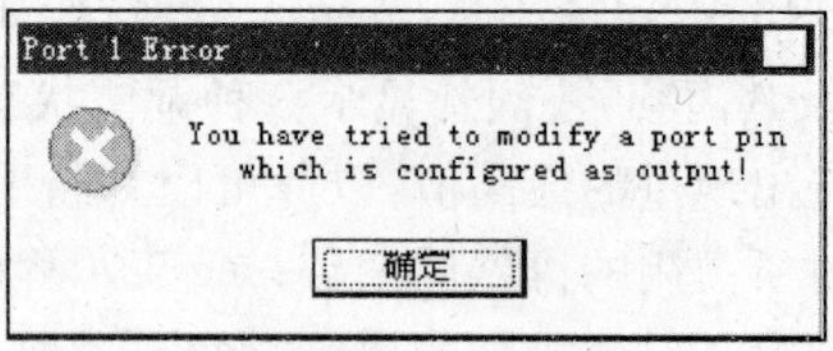

**图 8-45　警告提示**

利用图 8-43 对话框可以演示图 8-46 所示的外接显示虚拟组件——8 只 LED。打钩引脚视为外接 LED 被输出的高电平点亮，反之，钩号消失视为外接 LED 被输出的低电平熄灭。

用图 8-43 对话框还可以演示图 8-47 所示的外接输入虚拟组件——8 只拨动开关。打钩引脚视为利用外接开关的断开向端口输入高电平，反之，钩号消失视为利用外接开关的接通向端口输入低电平。

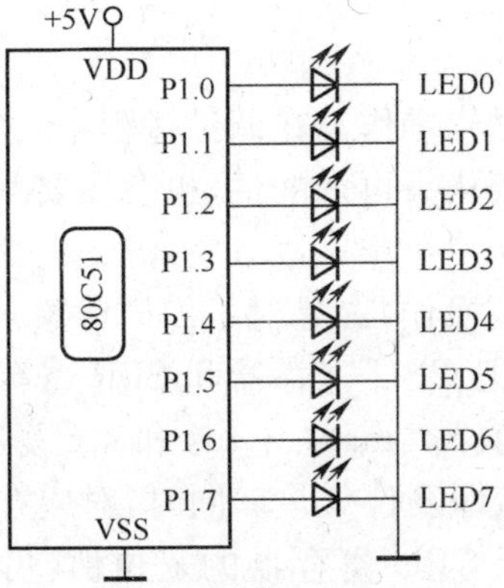


图 8-46　外接显示虚拟组件

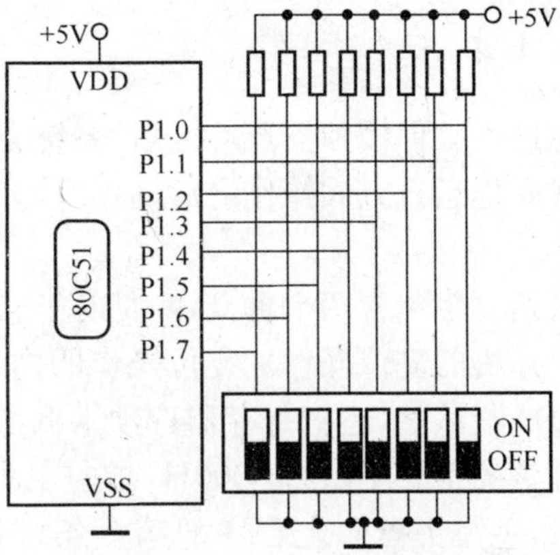


图 8-47　外接输入虚拟组件

## 8.4.3 连续运行

如果是在软件模拟器方式下，连续运行方式就是利用 IBM-PC 微机系统来解释单片机指令和模拟单片机功能的全速运行方式，其运行速度与微机系统的主频等性能指标有关。

点击连续运行按钮，便可以连续地运行用户程序。这时可以看到虚拟端口模块 P1 的对话框中动态地显示 8 位二进制计数器的计数结果。同时其他处于打开状态的显示窗口也被动态显示。这种动态地显示是周期性窗口刷新的结果。是开启还是关闭周期性窗口刷新功能，可以利用菜单命令 View ＞ Periodic Window Update 来实现。

在关闭周期性窗口刷新功能后，再连续执行用户程序，将在调试界面上看不到任何反映，不过，这时还可以用手动方式来控制随机刷新。方法是点击工具箱按钮，打开如图 8-48 所示的工具箱对话框，在程序连续运行期间，点击该按钮，不仅可以更新虚拟外设模块的状态显示，还会更新寄存器选项卡中的 CPU 寄存器等。

图 8-48　工具箱

为什么程序不能自动结束呢？原因在于这段程序的结构是个无限循环程序结构。想中止程序的运行，点击一下停车按钮程序停止运行，并且随机地停留在程序的某一行上，该行将用黄色箭头标出。如果再次点击按钮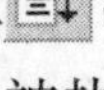，会从当前行继续运行。

可以在源程序窗口中看到，曾经被执行过的语句行，其左边原来深灰色的边框变成了绿色。依此可以便于判断和识别分支结构程序的哪个分支没有被执行到。

在程序连续运行过程中，寄存器选项卡的显示得不到及时更新，只有当程序停下来之后，其显示信息才被更新一次。即使利用手动方式更新，也还是看不到具体某一条指令执行过后，它对于 CPU 寄存器所产生的影响。可见，采用这种调试手段，不便于及时了解程序的运行状态，也不便于控制程序的运行过程。不过，对于调试顺序结构和分支结构的程序，比如算术运算程序，连续运行方式效率较高，可以很快将全部程序运行一遍，并能立刻得到程序的处理结果。

### 8.4.4 复位操作

在进入软件模拟器环境之后，系统会自动进行一次复位操作。在调试过程中，经历了连续运行或其他运行方式操作之后的程序，如果想回复到原点从头再来的话，也会需要一次复位操作。

所谓复位包含两个含义，一是对于软件模拟器的复位操作，二是对于模拟对象——虚拟的目标单片机的复位操作。复位操作的内容主要有，除了把 CPU 寄存器和 SFR 寄存器的内涵值复原成默认值，还把寄存器选项卡内的 3 种调试状态值 sp_max、status 和 sec 复原。例如，程序计数器 PC 复原为 0000H，指向主程序的入口地址，即复位矢量。同时，对应在编辑窗口中，用黄色箭头指向主程序的第一条可执行语句。关于 CPU 寄存器的复位值，可以参见图 8-42中的寄存器选项卡部分。

复位操作的具体方法是，选择菜单命令 Peripherals > Reset CPU(外设>复位 CPU)或者点击工具栏上的图标按钮均可。

### 8.4.5 单步运行

单步运行是一种控制程序运行过程的有效方法，而且能够及时观察到每一条指令的执行结果或运行状态。每输入一次控制命令，就会执行一条指令，并且立刻更新主窗口内各个观察窗中的显示信息，也就是及时显示该指令的执行结果。单步运行方式又可以细分为单步进入、单步跨越和单步跳出 3 种运行方式。

**1. 单步进入运行方式——步入**

单步进入运行方式可以简称步入。这种单步运行方式，在遇到子程序调用指令"CALL"时，会进入子程序仍然以单步方式执行。其具体操作方法如下：在图 8-42 所示的主窗口上，点击工具栏上的图标按钮，使单片机复位。然后选择菜单命令 Debug> Step(调试>单步)或者点击工具栏上的按钮或按动【F11】键，均可启用单步进入运行方式。在输入控制命令的同时，可以看到某些寄存器变蓝，表明指令的执行使得该寄存器内容被更新。

步入运行方式可以看到包括子程序指令在内每一条指令的执行结果，但是，如果不想再调试已经成熟了的子程序，子程序的执行会成为累赘。例如，步入运行方式会在本章例题(P281)中的延时子程序内很久不能跳出，这影响了调试效率。

**2. 单步跳出运行方式——步出**

单步跳出运行方式可以简称步出。这种单步运行方式，只有在进入了汇编语言源程序的子程序之后才有可能用到。例如在利用上面步入运行方式进入了子程序后，如果及时跳出的话，可以利用菜单命令 Debug> Step Out of current Function(调试>单步跳出当前函数)或点击工具栏上的按钮，均可启用单步跳出进入运行方式。随后停止在 CALL 指令的下一行。只有在进入了汇编语言的子程序之后，该方式控制命令才是可用的。

**3. 单步跨越运行方式——步越**

单步跨越运行方式可以简称步越。这种单步运行方式与单步进入运行方式大同小异，只是在遇到子程序调用指令"CALL"时,会以跨越方式把子程序当作一条指令执行完毕。对于包含延时子程序的情况,该方式会给调试过程带来便利。其具体操作方法如下:

在主窗口上,可以首先点击工具栏上的按钮,使单片机复位。然后选择菜单命令 Debug→Step Over(调试→单步跨越运行方式)或者点击工具栏上的按钮,启用单步跨越运行方式。在输入控制命令的同时,可以看到某些寄存器变蓝,表明指令的执行使得该寄存器内容被更新。

采用上述 3 种单步运行调试手段,不仅可以及时地了解程序的运行状态,而且还能很好地控制程序的运行过程。程序的单步运行方式与连续运行方式相比,两者具有很强的互补性。但是,单步运行方式也有其自身固有的弱点,那就是调试效率较低,尤其是对于调试长程序和循环程序。

### 8.4.6　连续单步运行

连续单步运行方式既像连续运行方式那样自动控制程序的运行过程,又像单步运行方式那样在每条指令执行过后刷新屏幕显示。显示效果类似于播放动画片。其具体操作方法可以采用如下两种:

(1)按住【F11】键不松手,可以令程序进入连续地执行单步进入的运行状态。这相当于将一系列单步进入操作步骤连接在了一起。

(2)按住【F10】键不松手,可以令程序进入连续地执行单步跨越的运行状态。这相当于将一系列单步跨越操作步骤连接在了一起。

连续单步运行方式可以更加方便运行过程的控制。在连续单步运行期间,同时注意观察寄存器内容的变化规律,以及虚拟端口模块的动态显示结果,以便判断程序是否符合要求。若想中止程序的运行,只需松开【F11】或【F10】即可。

### 8.4.7　设置断点运行

在调试长程序的过程中,可以控制连续运行简单的或已调通的程序片段,而控制单步运行那些复杂的或者尚未调通的程序片段。这样就可以将连续运行方式和单步运行方式的优势结合起来交替使用。若希望执行一个程序片段之后暂停下来,观察各寄存器或存储器单元的值,分析中间结果。这些均可以利用在程序的指定行上设置断点(Break Point)的方式来实现。

在源程序窗口中设置断点的操作方法可以采用以下 4 种命令方式:

(1)点击指定语句行后,再选用菜单命令 Debug→Insert/Remove Breakpoint(调试→插入/删除断点)。

(2)点击选定行后,再点击工具栏上的手形图标按钮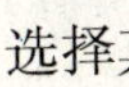。

(3)右键点击指定行,会弹出一个浮动的命令菜单,选择其中的命令 Insert/Remove Breakpoint。

(4)直接用鼠标左键双击选定行的空白处或注释字段。

**注意:**断点必须设定在可执行语句行上。被设置了断点的语句行的左边将出现一个红色方块，以区别于其他语句行。用上述方法可以在同一程序中设置一个或多个断点，例如设置两个断点之后的情况如图 8-49 所示。

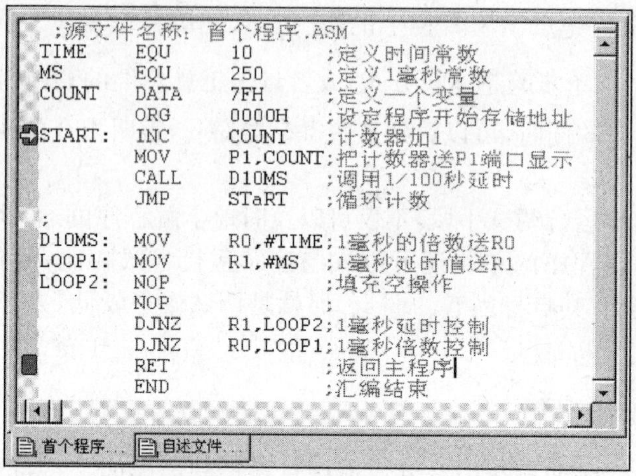


**图 8-49 设置 2 个断点后的程序窗口**

对已设置断点的程序进行调试时，一般采用连续运行方式。先让单片机复位，再点击  按钮使程序连续运行直到遇上断点才会暂停；对于运行结果进行观察和分析之后，再次点击  按钮使程序连续运行直到再次遇上断点又会暂停，依次类推。

如果需要查看整个程序中总共设置了多少个断点，以及它们分别设置在了何处。这时可以采用菜单命令 Debug > Breakpoints…，即可打开一个如图 8-50 所示的对话框，其中列出了所有的断点及地址。然后点击【Close】按钮关闭。该方法尤其适用于查看较长的程序。

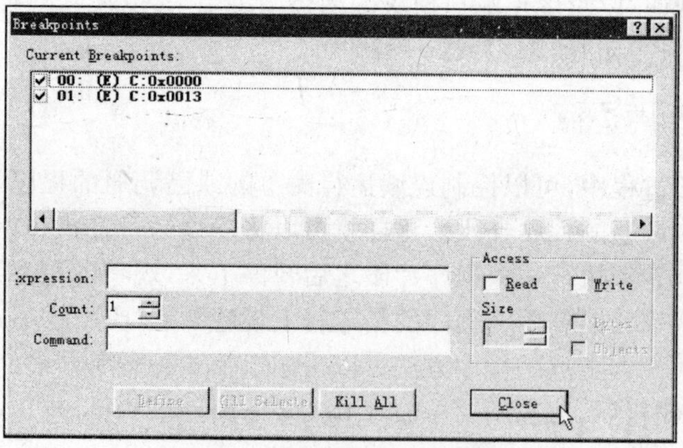


**图 8-50 显示或编辑所有断点**

如果想临时禁止某一断点发挥作用，可以点选该断点所在行，然后点击按钮  或选用菜单命令 Debug→Enable/Disable Breakpoint（调试→使能/禁止断点）。被禁止的断点行，其左边的红色方块变成了白色方块。之后需要恢复其使能状态，再利用同样的命令操作一遍即可。

如果想临时禁止所有断点发挥作用，可以点击按钮  或选用菜单命令 Debug→Disable all Breakpoints(调试→禁止所有断点)。在禁止了所有断点后,再对程序连续运行时,就相当于是自由运行方式,不再受断点的约束。之后假若再想恢复全部断点的使能状态,再利用同样的命令是不行了,只能利用 Debug→Enable/Disable Breakpoint 命令逐一地恢复。

如果想消除某一语句行上所设置的断点,其操作方法是以设置断点同样的命令再操作一遍即可。此后该行上的红色方块或白色方块就消失了。

如果想消除所有已经设置的断点,其中包含处于使能状态的,和处于禁止状态的,其操作方法是点击按钮或选用菜单命令 Debug→Kill all Breakpoints(调试>删除所有断点)。此后所有断点行上的红色方块或白色方块会全部消失。在调试界面被关闭和重新开启时,所有断点也将全部被自动删除。

调试断点不仅可以在源程序窗口内设置,而且还可以在反汇编窗口内设置。

### 8.4.8 运行到光标处

将光标预先停留在指定行上,然后选用菜单命令 Debug>Run to Cursor Line(运行到光标行)或点击按钮,即可运行到光标所在行(不包含该行),然后自动停止并且更新显示。这时的光标就等效于一个临时断点。在此运行过程中,如果遇到断点的话,将会停留在断点上。

例如,结合 P281 例题程序,在主窗口中按以下步骤操作:①点击图标按钮,复位单片机;②将光标停留在"JM PSTART"行上,点击按钮,观察虚拟端口模块显示变化;③再将光标停留在"INC COUNT"行上,点击按钮,观察虚拟端口模块显示变化;④循环重复第 2 和第 3 步。

可以看出,利用这种运行方式,不仅可以实现断点运行的效果,而且更加灵活方便。另外,作为一个很有实用价值的应用示例,可以利用该方式来查看例 8-1 中延时子程序"D10MS"的精确延时时长。可以看到,比利用汇编程序设计基础部分介绍的计算方法来获取延时程序的时长,要方便得多。具体操作步骤如下:

第一步:点击图标按钮,复位单片机,之后可以在"Regs"选项卡中看到程序执行所占时长累计值为"sec 0.00000000"。

第二步:把光标停留在"D10MS:MOV R0,#TIME"行上,然后点击按钮,可以看到时长累计值变为"sec 0.00000500"。把该值记录下来。

第三步:再把光标停留在"RET"行上,再点击按钮,即可看到时长累计值更新显示为"sec 0.01003600"。

说明执行子程序 D10MS 的过程占用了(0.010036−0.000005)s=10.031ms。这是在当初选择目标单片机为 87C51 时,系统默认设置晶振频率为 12MHz 的前提下计算的。

### 8.4.9 从指定行开始运行

在调试程序的实际过程中,常常遇到这种情况,就是希望在一个很庞大也很复杂的用户程序中，挑选出来某一段程序或者某一个子程序，单独进行调试，以达到化繁为简、各个击破的目的。实现这一目的的具体方法可以有几种，在 P281 例题程序调试期间采用了修改程序计数器 PC 值的方法。下面就介绍如何实现对当前的 PC 值进行修改。

在进入图 8-42 所示的调试界面，或在点击工具栏中的复位按钮后，源程序窗口中的光标自动停留在主程序的第一行上，也就是即将被执行的第 1 条指令。此时的 PC＝C：0x0000。其中“C：”代表程序存储器空间。

若想让单片机一开始就执行“延时子程序 D10MS”，则需要更改程序计数器 PC 值，并且修改为子程序入口地址。具体方法和步骤：①首先要获取子程序入口地址。利用 μVision2 环境的点屏自显功能，就是当光标停留在地址标号或变量上时，会自动显示该标号或变量当前值。这里将光标停留在“D10MS：”上时，会自动弹出一个浅黄色的文字信息条“D10MS = C:0x0009”。其中明确地告知该标号对应的实际地址码为“0009H”。②修改 PC 值。点击寄存器选项卡中 PC 的值，再按动【F2】，则进入可修改状态，依次键入 09H 和回车。即可看到黄色箭头定位在了子程序入口处。

接下来可以将光标定位在“RET”行上，然后利用 {} 按钮执行子程序，并且停止在子程序末尾。这时可以看到时长累计值为“sec 0. 01003100”。这就是直接得到的子程序延时长度，和前面算得的结果一样。

修改 PC 值的操作，除了上面介绍的利用【F2】功能键外，还有另外的可选方法：在点击寄存器选项卡中 PC 的值，停留片刻后再次点击，即可进入可修改状态。

## 8.4.10 查看反汇编窗口

获取地址标号的值，除了上面介绍的利用点屏自显功能外，还有另外的可选方法：利用菜单命令 View→Disassembly Windows（视图→反汇编窗口）或者点击工具按钮，将打开如图 8-51 所示的窗口。从中可以看到每一条可执行语句，用行号标出，呈现为暗红色，其下面就是它在 ROM 中的存放地址、对应的机器码等信息。例如“8：CALL D10MS”语句，下面的“C：0x0005 1109

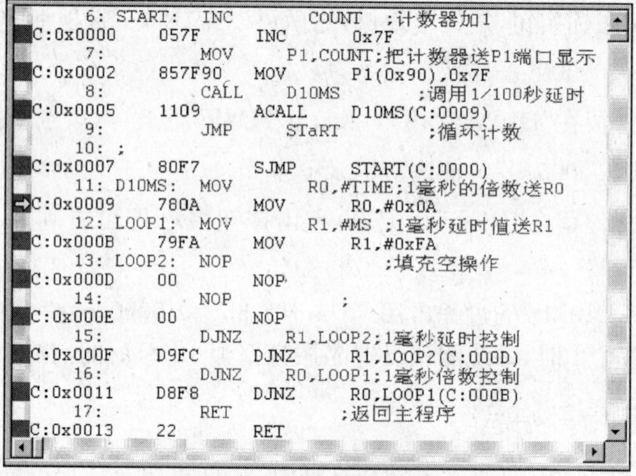


图 8-51 反汇编窗口

ACALL D10MS(C:0009)”,分别代表:在代码空间的地址是 0005H;对应的机器码为 1109H;自动转换为近调用 ACALL D10MS;最后给出了地址标号 D10MS 的地址值为 C:0009H。

这是默认的显示方式。从中可以看到,标号“D10MS:”下面对应的地址是“0x0009”。

如果想改变图 8-51 所示反汇编窗口的默认显示方式(Mixed Mode),可以在该窗口内点击右键,弹出如图 8-52 所示的浮动命令菜单。从中选取“Assembly Mode”(汇编方式),即可得到如图 8-53 所示的显示方式。从这种显示格式中更容易地查看各个地址标号的实际地址值。

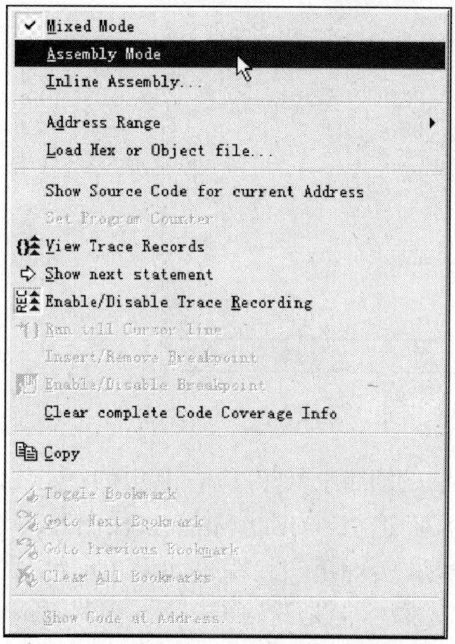


图 8-52　右击反汇编窗口弹出的菜单

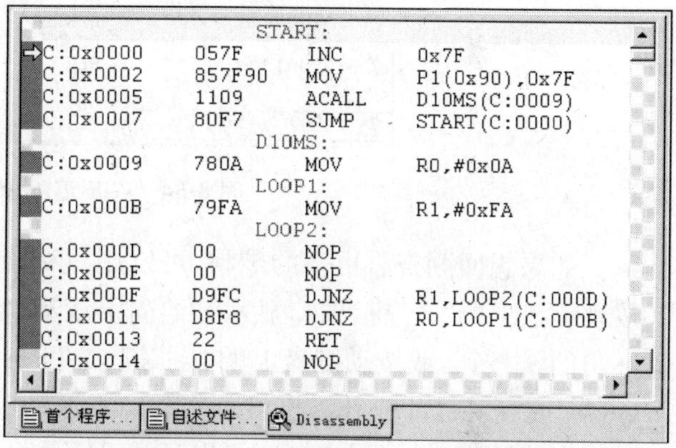


图 8-53　反汇编窗口另一种显示格式

反汇编窗口的关闭和打开,可以采用相同的操作方法。也可以点击工具按钮来实现打开或者关闭。此外,还可以在该窗口为当前窗口的情况下,点击菜单栏最右边的图标按钮,也能关闭它。

### 8.4.11　跟踪运行和查看轨迹

如果利用以上介绍的连续运行、单步运行、断点运行等方式,仍然查找不到程序中所存在的问题的话,还可以用记录和检查运行轨迹检查。首先跟踪记录运行轨迹,然后才可能查看历史记录。具体操作方法和步骤如下:

第一步:选用菜单命令 Debug→Enable/Disable Trace Recording(调试→起用/禁止跟踪记录)或点击工具按钮,使得该按钮保持为下陷状态,跟踪记录功能被起用;

第二步:点击图标按钮,复位单片机;

第三步:将光标停留在“JMP START”行上;

第四步:点击图标按钮,连续运行程序到光标行,然后停止;

第五步：点击工具按钮，打开反汇编窗口；

第六步：选用菜单命令 Debug→View Trace Records(调试→查看跟踪记录)或点击工具按钮，这时的反汇编窗口如图 8-54 所示。其中显示从停止行自动回溯的 3 或 5 步，分别用左侧的"－1～－3 或－5"标出。以便于了解程序被停止前的最后时刻执行的是什么指令。

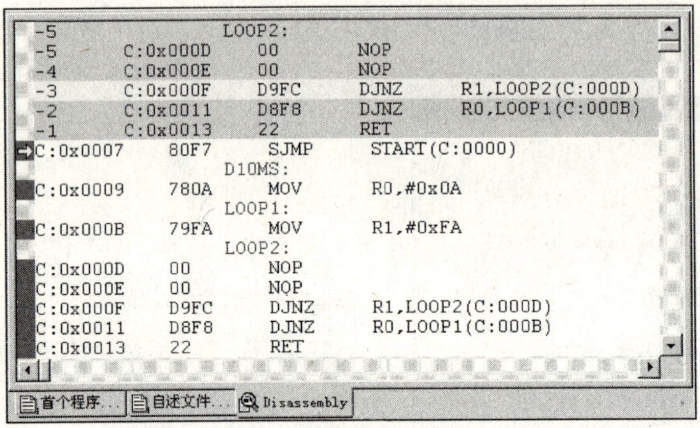


**图 8-54　在反汇编窗口中查看跟踪记录**

如果想回溯查看更多的步骤，可以用鼠标点击或按住图 8-53 窗口右上角的按钮，或者按动键盘上的"↑"键，窗口显示开始向上滚动，实现反向追踪。如果点击或按住图 8-53 窗口右下角的按钮，或按动键盘上的"↓"键，又可向下滚动，实现正向追踪。如果按动键盘的"PageUp"或"PageDown"键，也可以实现向上滚动或向下滚动，但是这时 CPU 寄存器不再刷新显示。实践证实，最大回溯深度可以高达 64KB。

如果随机点击图 8-54 窗口的某一行，可以看到被点击的行变成黄色，同时在寄存器选项卡内可以发现有的 CPU 寄存器一同被刷新。这就是当时执行该指令行时，对于寄存器的实际影响。从而便于我们搜寻和分析问题出在执行过程的那一步上。

如果在其中某一行被黄色标出的情况，继续点击或按住或按钮，也可以看到黄色行向上或向下滚动的同时，CPU 寄存器被同步刷新。

如果此后切换到源程序窗口，则可以看到源程序窗口内，除了指示即将被执行的当前行的黄色右指箭头之外，又多了一个形状相同的青色右指箭头，用于指示自动回溯的"第－3 或－5 步"所在行，如图 8-55 所示。当再次运行程序时，青色右指箭头自动消失。

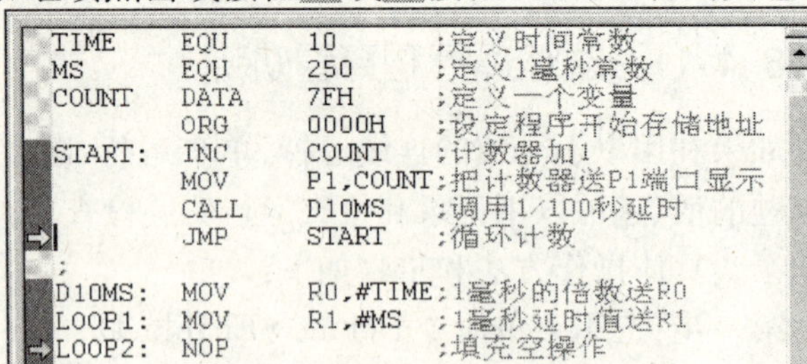


**图 8-55　源程序窗口中出现双箭头**

如果想清除反汇编窗口内的回溯历史记录信息，也可以采用切换窗口的办法。就是从反汇编窗口切换到其他窗口,然后再切回到反汇编窗口,即可恢复原样。

### 8.4.12　开启和设置存储器观察窗

利用菜单命令 View→Memory Window(视图→存储器窗口)或点击工具按钮,可以打开或关闭如图 8-56 所示的存储器观察窗。

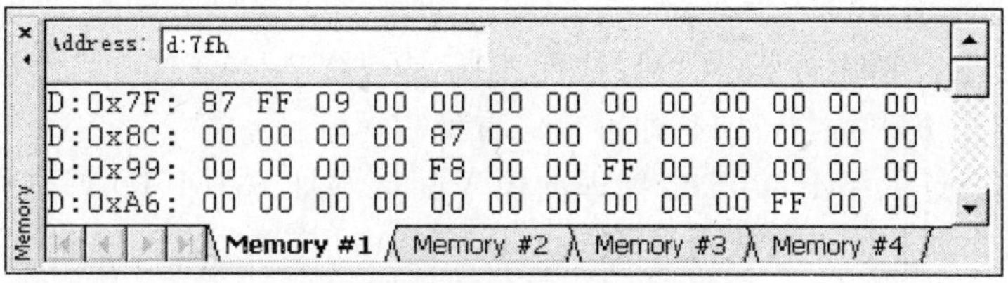

图 8-56　存储器观察窗之风格一

该窗口有一个标题栏。标题栏的一端有一个叉号按钮,可以用于关闭窗口;还有一个箭头按钮,用于放大窗口;一旦窗口被放大后,该箭头反向,则用于复原窗口。拖拽标题栏可以把该窗口布局到工作区的任意位置,并且位置不同时其显示风格也不同。图 8-56 是位于右下角的情形。图 8-57 是位于项目窗口右侧的情形。图 8-58 是位于工作窗口区域的情形。可以像 Windows 窗口那样任意拖拽、拉伸和压缩。

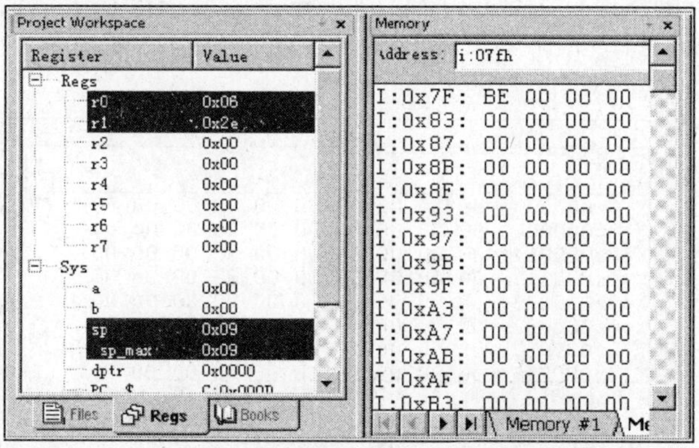

图 8-57　存储器观察窗之风格二

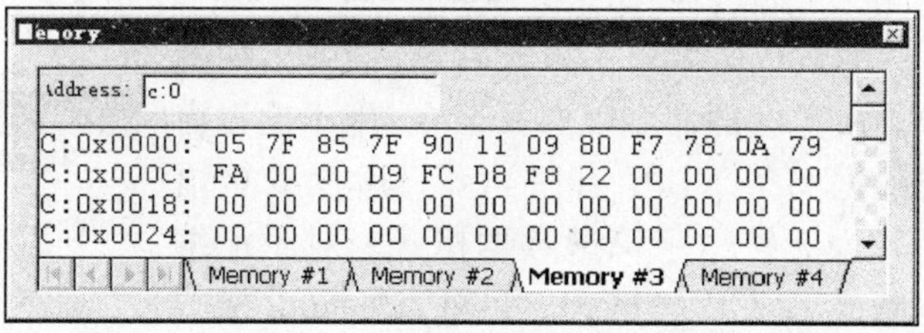

图 8-58　存储器观察窗之风格三

该窗口有 4 个能够通用的选项卡,分别编号为"Memory＃1～＃4"。

窗口内有一个用于输入地址的文字框。当输入:D:nnH、I:nnH、X:nnH 或 C:nnH 时,将分别显示 DATA、IDATA、XDATA 或 CODE 空间之内,以 nnH 地址开始的部分字节单元的内容，此后还可以利用右侧滑动条上下滚动。

常规情况下，一个项目中最多可能同时用到 5 种不同类型的存储器空间：直接寻址 RAM、间接寻址 RAM、位寻址 RAM、外扩 RAM 或程序代码 ROM。对于这 5 种存储器空间，所对应的地址范围分别是：DATA＝D：00H～7FH；BIT＝D：20H～2FH；IDATA＝I：00H～I：FFH；XDATA＝X：0000H～X：FFFFH；CODE＝C：0000 H～C：FFFFH。而利用存储器观察窗则可以有选择地同时观察其中的 4 种存储器空间的内容。

P281 例题中没有利用外扩 RAM，从而不需要观察 XDATA；二是只用到 DATA 一个 7FH 单元，输入“D：7FH”或“I：7FH”即可首先看到它。

实际上，直接寻址 RAM(DATA)物理上位于间接寻址 RAM(IDATA)的空间之内；位寻址 RAM(BIT)又物理上位于直接寻址 RAM(DATA)的空间之内。因此，可以借助于 DATA 或 IDATA 空间来观察 BIT。例如，输入地址“D：20H”即可。

在标题栏上点击右键，弹出如图 8-59 所示的浮动命令菜单。其中 3 个命令分别是：①Allow Docking(允许船坞式布局)；②Hide(消隐)；③Float In Main Window(在工作窗口中浮动)。系统默认设置为允许船坞布局，以钩号表示 Allow Docking 处于激活态。如果通过点选该命令将其钩号去除，此后在拖拽存储器窗口时，会始终保持图 8-58 所示的式样。如果选择和激活命令③，则该窗口随后立即与源程序窗口层叠到一起，并作为一个与源程序窗口等同的选项卡出现，如图 8-60 所示。这是存储器窗口的第 4 种显示风格。

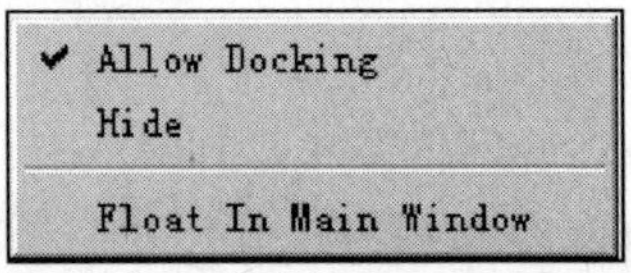


**图 8-59　右击标题栏浮动菜单**

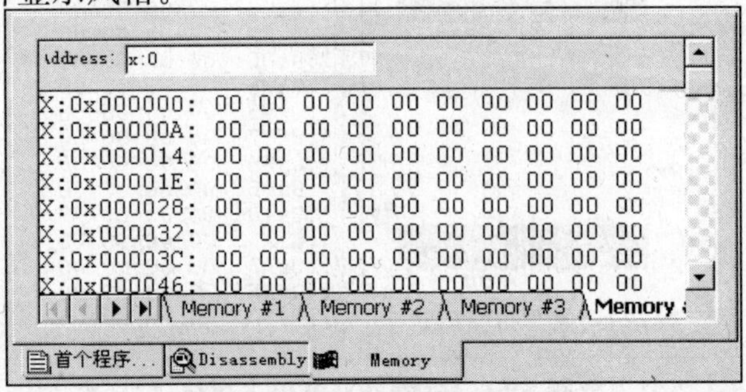


**图 8-60　存储器观察窗之风格四**

如果在文字框右边的灰色区域单击鼠标右键，会弹出如图 8-61 所示的浮动菜单。所包含的命令以及子命令，用于设置窗口内容的显示格式或数据类型。其中有些类型只适合于 C 语言程序。系统默认设置为无符号字符型数据格式。对于汇编程序也可以选用十进制或 ASCII 码格式。另外，Decimal 格式还可以与其他格式或子菜单格式同时选中来组合应用。

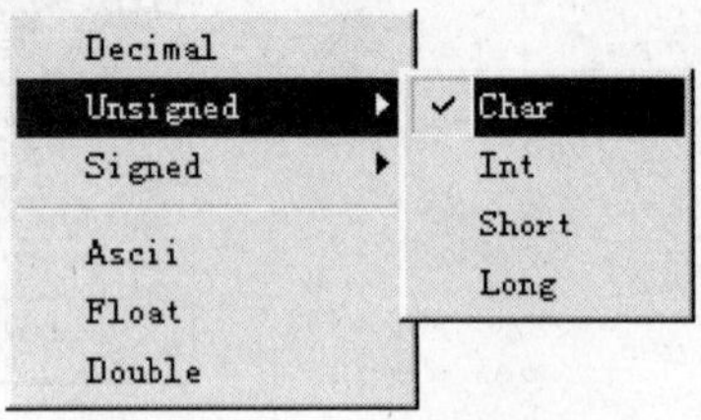


**图 8-61　右击灰区浮动菜单**

## 8.4.13　开启和设置变量观察窗

利用菜单命令 View→Watch & Call Stack Window(视图→观察和存储器窗口)或点击工

具按钮，可以打开或关闭如图 8-62 所示的变量观察窗。

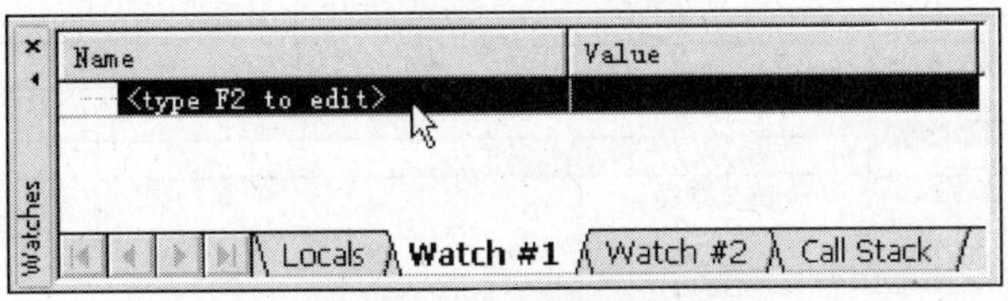


**图 8-62　变量观察窗**

变量观察窗也有 4 个不同用途的选项卡，分别为：①Locals；②Watch ＃1；③Watch ＃2；④Call Stack。其中，Locals 选项卡用于显示局部变量；Call Stack 选项卡用于显示主调程序和被调程序的活动情况；Watch ＃1 和 Watch ＃2 则是留给用户自由填加、观察或修改程序变量的两个选项卡。所有 4 个选项卡的初始状态都是空白的，并且都分为两个字段进行显示。其中，前 3 个选项卡的两个字段分别为“Name”(符号名)和“Value”(数值)；第④个选项卡的两个字段分别为“Callee”(被调者)和“Caller”(主调者)。只有在程序被执行的过程中，并且发生了子程序调用或嵌套调用，该选项卡中才动态地显示调用记录。每个记录所显示的是调用指令地址和子程序入口地址，并且最近发生的那次调用排在顶部，以灰色标出，如图 8-63 所示。

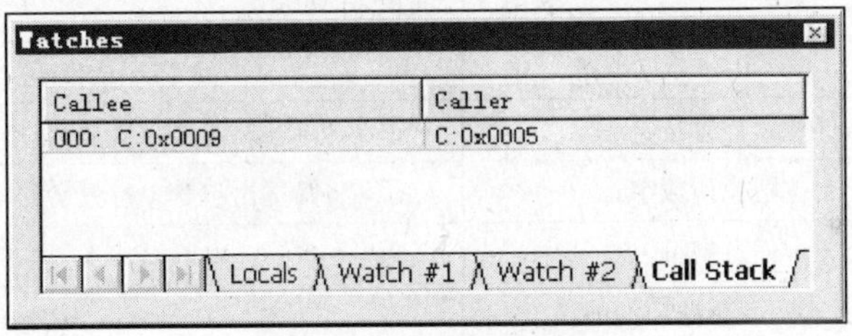


**图 8-63　调用栈观察页**

如果想调整窗口内两个字段的宽度，可以将光标移动到两个字段标题的交界处，光标形状变为双箭头的式样 Value，然后按住鼠标左键拖拽即可实现。该方法对于其他窗口的内部调节也有效。

在调试程序的过程中，用户所关心的程序变量，通常是某些 CPU 寄存器、内部 RAM 单元、SFR 寄存器、外部 RAM 单元等。它们往往比较分散，这时用户可以把它们集中到一个选项卡 Watch ＃1 或 Watch ＃2 中，以便于观察。如果所观察的变量太多，也可以平分到这两个选项卡中。

变量观察窗所允许查看的程序变量(Program Variables)，与符号(Symbols)或符号名是相同的概念。

那么，在用户程序中我们曾经定义了哪些符号呢？可以利用菜单命令 View→Symbol Window(视图→符号窗口)，打开如图 8-64 所示的符号窗。在符号窗中可以利用“Mode:”的下拉选项“Locals”、“Publics”和“Lines”，可以分别查看局部符号、公用符号和指令行号。其中，局部符号就是用户程序自己定义的符号名(含常量名、变量名和地址标号)；公用符号是系统默认的一些 SFR 寄存器名和位名。

在符号窗口中可以查看到符号名及其地址或数值以及数据类型。一般数据类型仅用于 C

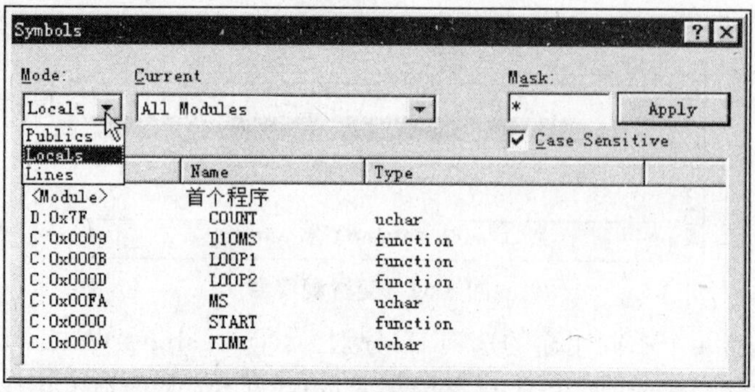


**图 8-64 符号窗口**

语言程序。在该窗口中既可以同时查看所有模块的局部符号，也可以只查看属于某一模块的局部符号。这将通过在“Current:”的下拉选项“All modules”和“首个程序”中做出选择。

对于大型程序，所定义的符号会有很多，从中可以筛选出所关注的部分符号。其方法是，在“Mask:”文字框中输入见表 8-1 所列的通配符。如果进一步区分大小写，又可以钩选“Case Sensitive”（大小写敏感）选项。

**表 8-1 通配符列表**

| 通配符 | 用 途 | 举 例 |
|---|---|---|
| * | 匹配任意个任意字符 | * abc * 将筛选出包含 abc 的所有符号 |
| # | 匹配 1 位阿拉伯数字 | * # * 将筛选出包含 1 位数字的所有符号 |
| $ | 匹配 1 个任意字符 | _a $ # * 将筛选出以_a 开头、第 4 位是数字的符号 |
| 说明：上述举例均是在钩选大小写敏感选项的前提下 | | |

在 Watch #1 或 Watch #2 选项卡内填加和观察用户所关心的变量，其操作方法是，在图 8-62所示的状态下，鼠标单击黑色反白提示行的“Name”字段，稍等片刻之后再点击一次，随后会变成蓝色的可编辑状态 <type F2 to edit> 。此时输入用户程序中有定义的符号名、或寄存器名或位名；在输入完回车后，立即在“Value”字段显示对应的数值。

以 P281 例题为例，可以定义如图 8-65 窗口所示的几个不同类型的变量作为示范。其中有 RAM 变量 COUNT、SFR 变量 P1、程序计数器 PC、CPU 寄存器变量 R0、位变量 P1.0、常量 MS、地址标号 D10MS。

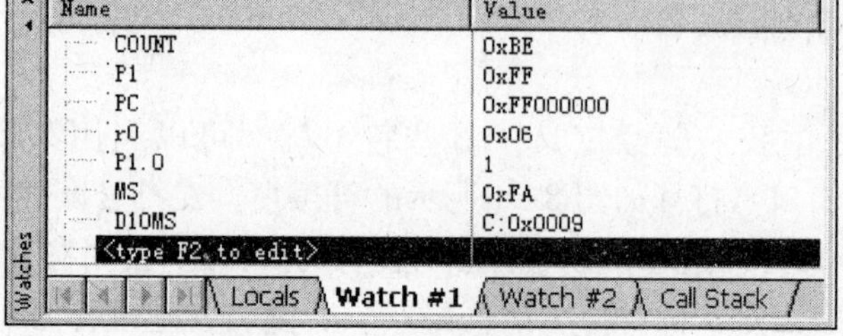


**图 8-65 变量观察窗中变量**

如果想删除某个变量，只需要先选中，然后按键盘上的【Delete】键即可。如果想把默认的十六进制数值显示格式改变为十进制格式,可以右击变量窗口内部待修改的符号行,弹出如图 8-66 所示的浮动菜单,从中选择"decimal"(十进制)即可。

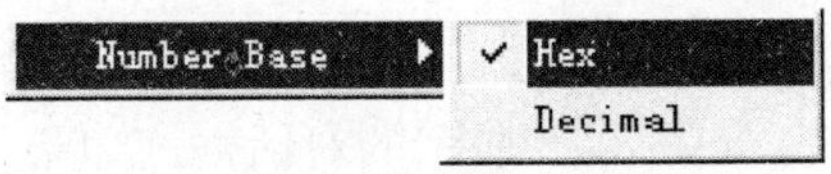


**图 8-66　变量观察窗中变量**

## 8.4.14　开启和设置输出观察窗

利用菜单命令 View→Output Window(视图→输出观察窗)或点击工具按钮,可以打开或关闭如图 8-67 所示的变量观察窗。

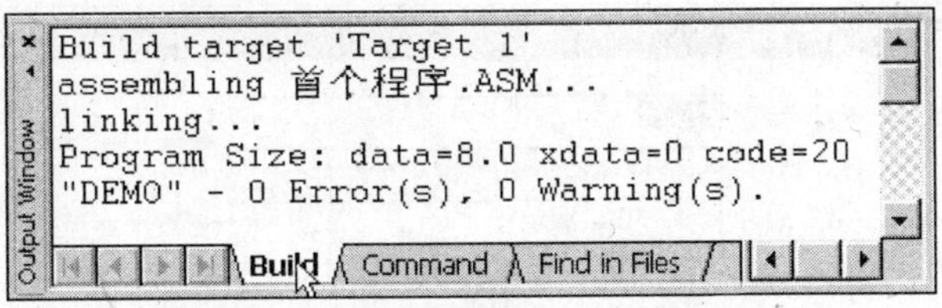


**图 8-67　输出观察窗——项目制作**

输出观察窗有 3 个用途不同的选项卡,分别为:①Build;②Command;③Find in Files。其中,Build 选项卡用于自动显示汇编器、连接器、库管理器等工具软件产生的结果,如图 8-67 所示;Command 选项卡用于人为输入 Debug 命令和显示反馈信息,如图 8-68 所示;Find in Files 选项卡用于显示查找结果,如图 8-69 所示。

**图 8-68　输出观察窗——命令交互**

其中命令交互选项卡,不同于其余两个选项卡的地方为,窗口内部被上下分割为 3 段:中段用于在">"提示符后面输入文字命令;下段用于显示命令句法发生器所提示的当前可能的输入命令及参数,会自动随着键入字母显示相近的命令及提示上段用于输出命令反馈信息。关于 Debug 命令有 4 类共数十条之多,可以查阅相关英文手册《Getting Started with μVision2 User's Guide》2001 版。

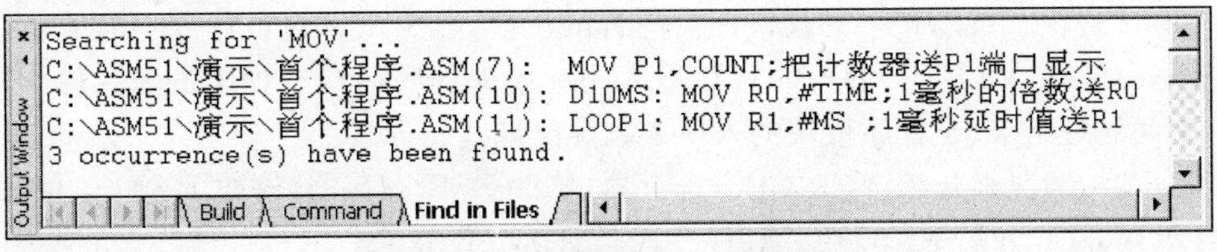


**图 8-69　输出观察窗——查找显示**

其中查找显示选项卡,只有在执行了在多个文件中查找操作之后,才会有信息输出。该查找利用菜单命令 Edit→Find in Files…(编辑→在多个文件中查找)或点击工具按钮，可以打开如图 8-70 所示的对话框。如果打开该对话框之前，先将光标停留在编辑窗口内的某一文件中的某一单词上，还可以省略在“Find what:”文字条内输入关键字的过程。这里以搜索“MOV”为例，搜索范围默认是“演示项目”文件夹之下的“＊.c＊、＊.h＊、＊.a＊、＊.src、＊.txt、＊.p、＊.i＊”几类文件。在点击“Find”按钮之后，将显示如图 8-69 所示结果。其中告知我们找到了 3 条，这时如果双击 3 条之一，会自动把用户的目光引导到相应文件内的相应语句行上。

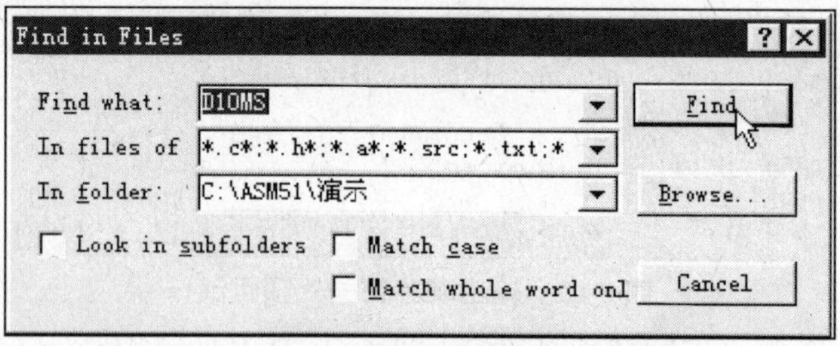


**图 8-70　在多个文件中查找对话框**

如果在窗口中移动光标到低端滑动条箭头左侧，光标就会变成双箭头，这时按住鼠标左键向左拖拽，可以把按钮组和卡柄全部用滑动条覆盖。例如，可以设置成如图 8-71 所示的样子。

**图 8-71　滑动条覆盖卡柄**

最后经过优化配置和布局的调试界面如图 8-72 所示。在存储器观察窗中，如果按每行 8 个字节排列将会更便于观察。

## 8.4.15　修改寄存器和存储器单元

μVision2 提供了可以直接修改寄存器内容的手段，这给调试过程带来了很大的便利。寄存器变量和存储器单元内容的修改，也可以人为地模拟程序运行过程中的单片机引脚激励信号输入、中间处理结果、子程序模块的入口参数等信息。

以下分几种情况来介绍：修改 CPU 寄存器、修改 SFR 寄存器、修改 RAM 位单元、修改内部 RAM 单元、修改外扩 RAM 单元和修改代码 ROM 单元等。

**1. 修改 CPU 寄存器**

CPU 寄存器指的是在项目窗口的 Regs 选项卡上所能看到的寄存器，包含 6 个系统寄存器

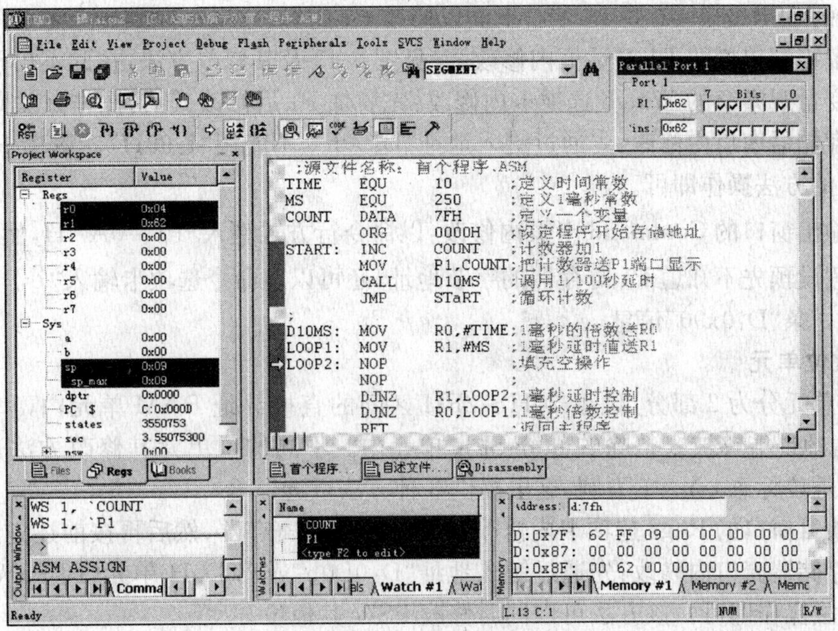


图 8-72　调试界面布局

和 8 个通用寄存器(×4 组)。其中只有 PC 在 SFR 空间内没有编址，因此对于 PC 的修改方法只有 2 种，在本章 8.4.9 中已经介绍 1 种，此外也可以利用下面讲到的命令行方式修改。下面以修改累加器 A 或 ACC 的当前值为例，这里提供 4 种方法可选：

(1)在项目窗口的 Regs 选项卡内修改：以间隔片刻 2 次点击 a 的值来实现。

(2)在变量观察窗的 Watch 选项卡内修改：先填加 A 或 ACC 后修改其值，操作方法相同。

(3)在存储器窗口内修改：先通过键入地址“D：E0h”露出 ACC 单元；然后右击 0xE0，即 ACC 单元的值，弹出如图 8-73 所示的浮动菜单；从中选择“Modify Memory at D：0xE0”，弹出如图 8-74 所示的对话框；在文字框中输入新值后点击 OK 按钮即可。

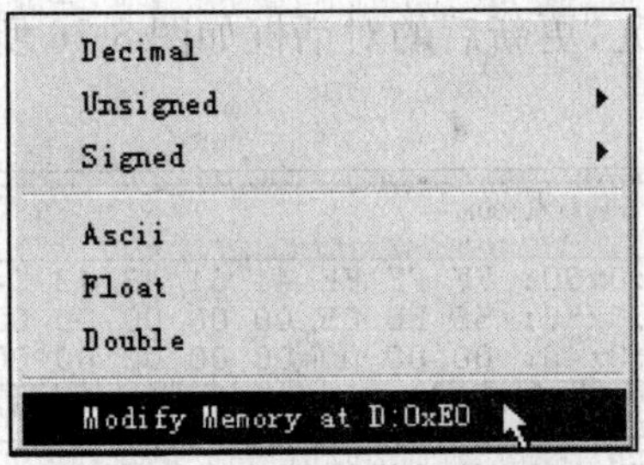


图 8-73　修改存储器窗口命令

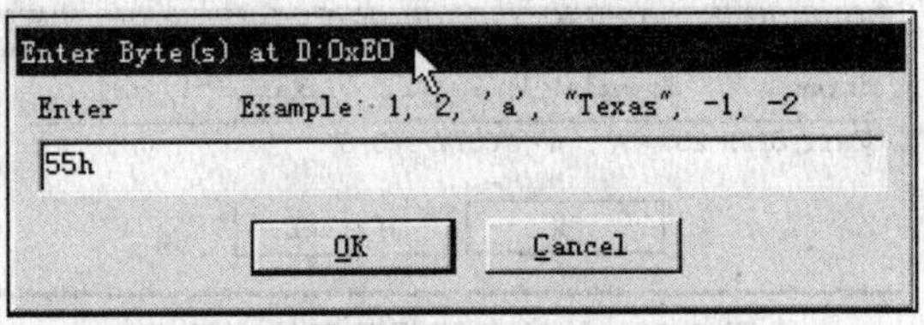


图 8-74　修改存储器单元值对话框

(4)在输出窗口的 Command 选项卡内修改：以命令行方式键入>A＝55H 或>ACC＝55H，然后回车即可。

实践验证得出，4 种修改方法的屏幕刷新效率为，①＝③>②>④。

**2. 修改 SFR 寄存器**

这部分寄存器指的是除了上面提到的 6 个 CPU 系统寄存器之外，其中 DPTR＝DPH ＋

DPL。其余的 SFR 寄存器，共 14 个。下面以修改 P1 为例，这里也提供 4 个方法可选：

(1)在虚拟端口模块 P1 对话框内修改：参见图 8-43 及其修改方法，在此不再重复。

(2)在变量观察窗的 Watch 选项卡内修改：先填加 P1 后修改其值，操作方法同上。

(3)在存储器窗口内修改：先通过键入地址“D:90h”，不能用“I:90H”。露出 P1 单元，然后按上述同样的方法操作即可。

(4)在输出窗口的 Command 卡页内修改：以命令行方式键入>P1=0AAH，然后回车即可。

另外，假设预先不知道 P1 寄存器的字节地址，还可以在命令选项卡输入“&P1”后回车，即可看到反馈一条“D:0x90”信息。

**3. 修改位单元**

所有位单元分为 2 部分，位于 20H～2FH 区间的直接寻址 RAM 单元内，和位于 80H～FFH 区间内地址能够被 8 整除的部分 SFR 单元内。不同的位单元其修改方法也不尽相同。下面以修改进位标志 CY=1 为例，这里提供 3 种方法可选：

(1)在项目窗口的 Regs 选项卡内修改：先展开 PSW 寄存器，然后再按前述方法修改。

(2)在存储器窗口内修改：先通过键入地址“D:0D0h”露出 D0H 单元(即 PSW)，然后按上述同样的方法操作即可。该方法可以同时修改 PSW 其他位。

(3)在输出窗口的 Command 选项卡内修改：以命令行方式键入＞CY=1，然后回车即可。

**4. 修改普通存储单元或存储区间**

关于直接寻址和间接寻址内部 RAM 单元的修改方法、外扩 RAM 单元的修改方法，以及代码 ROM 单元的修改方法，可以有选择地参考上述操作方法进行。

如果要想在一次修改操作中，连续地更新多个相邻字节单元组成的一个存储器区间的值，那么，可以按照图 8-75 对话框中“Example:”的提示，输入一个以逗号隔开的数值项序列，每个数值项还可以是十六进制数字、十进制数字、“字符”、“字符串”、负数、大写或小写等形式。但是不允许输入八进制或二进制数值。

例如，在图 8-75 所示的对话框中输入一系列数据项之后，就会在间接寻址 RAM 空间(IDATA)内，从地址“I:30H”开始的连续 11 个字节单元，更新后的对话框如图 8-76 所示。

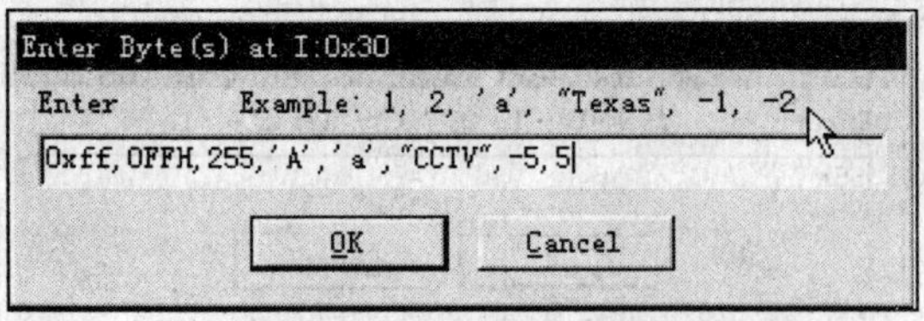


**图 8-75 修改存储器区间值对话框**

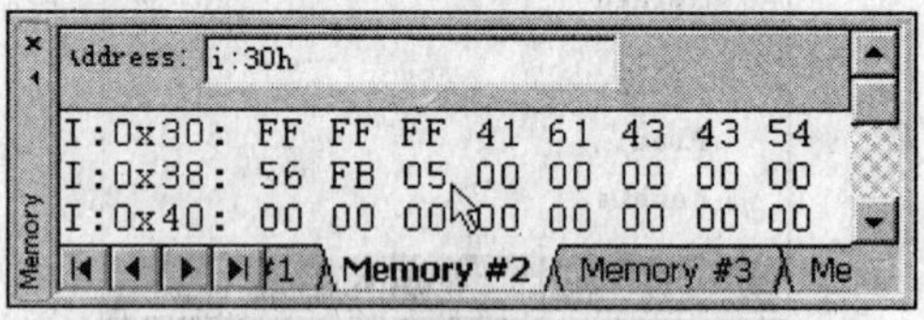


**图 8-76 修改间接寻址 RAM 存储区间**

## 8.5 应用 μVision2 制作 HEX 和 LIB 文件

在一个单片机应用项目的整个用户程序全部调试成功之后，就可以在此基础上继续创建最终目标文件(.HEX)、模块库文件(.LIB)、批处理文件(.BAT)等。

### 8.5.1　制作最终目标文件(.HEX)

当一个用户程序全部调试通过之后，就要制作一个适用于程序烧写器应用的文件格式(.HEX)，以便最终把用户程序烧录到单片机的程序存储器中，才能进行单片机目标板的独立运行和实际验证。

点击工具按钮，关闭项目调试界面，返回到如图 8-77 所示的制作界面。这时的项目观察窗也自动切换到文件卡页。

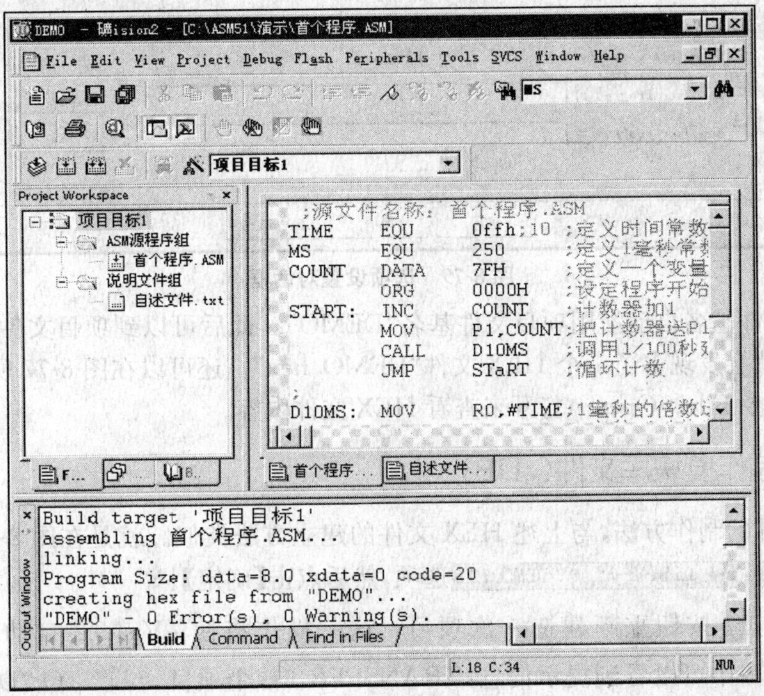


图 8-77　制作界面

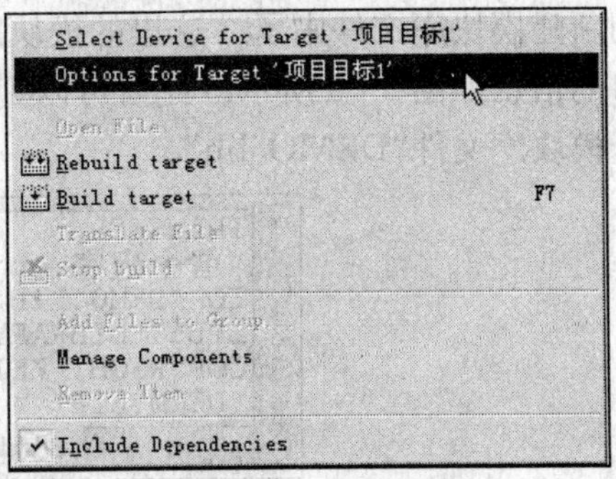


图 8-78　浮动菜单

在文件选项卡内的"项目目标 1"上点击鼠标右键，会弹出如图 8-78 所示的浮动命令菜单。从浮动菜单中选择"Option for Target '项目目标 1'"，或直接在主窗口中选择菜单命令 Project ＞ Option for Target "项目目标"，弹出选项设置对话框，其中包含 10 个选项卡；点选其中的"Output"选项卡；然后再钩选该页上的"Create HEX File"(建立 HEX 文件)，如图 8-79 所示。最后点击【确定】按钮，关闭对话框。

点击或按钮重新建造一次项目。这一操作将使 μVision2 内部调度格式转换器 OH51，并且实现 OMF51 到 HEX 的转换。然后在输出窗口中可以看到这样一条信息"creating hex file from 'DEMO'…"，表示进行了 HEX 文件的

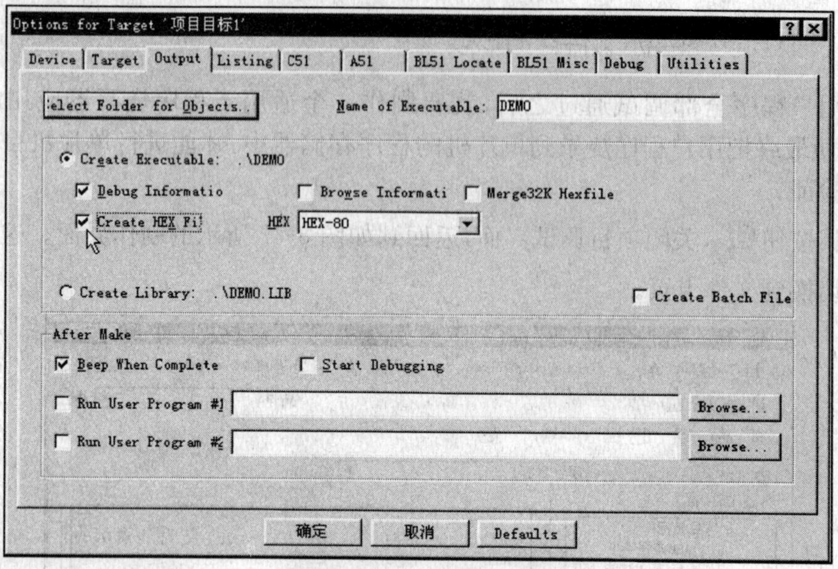


图 8-79 选项设置对话框

建立过程，其文件基名自动沿用项目文件基名“DEMO”。此后可以到项目文件夹“C:\ASM51\演示\”查看，就会发现多了一个 HEX 文件“DEMO. hex”。还可以在图 8-77 所示的制作界面中，利用菜单命令 File>Open…打开来查看 HEX 文件内容。

## 8.5.2 制作模块库文件(.LIB)

模块库文件的制作方法，与上述 HEX 文件的建立方法类似。就是在图 8-79 所示对话框的中部点选 Create Library: .\DEMO.LIB 选项，然后点击【确定】。

点击或按钮重新建造一次项目。这一操作将使 μVision2 自动调度库管理器 LIB51。输出窗口中可以看到提示信息：TRANSFER “首个项目 . obj” TO “DEMO. LIB”，表示把名为“首个项目 . obj”的目标文件作为库文件中的一个模块，填加到了名为“DEMO. LIB”的新建模块库文件中了。这里的模块库文件基名也自动沿袭项目文件基名“DEMO”。输出窗口的信息如图 8-80 所示。此后可以到项目文件夹“C:\ASM51\演示\”查看，就会发现多了一个模块库文件“DEMO. lib”。

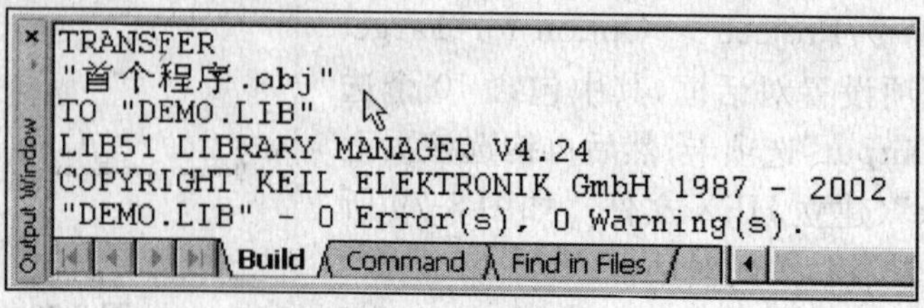


图 8-80 输出信息

# 附录A

## ASCII码表

目前计算机中使用得最广泛的西文字符集及其编码是 ASCII 码，即美国标准信息交换码。它已被国际标准化组织(ISO)批准为国际标准，称为 ISO 646 标准。它适用于所有拉丁文字字母。

ASCII 码用七位二进制数字表示一个字符。为了凑足一个字节，机内码在最高位补一个 0。ASCII 码、ASCII 码字符、ASCII 码值是三个不同的概念，ASCII 码指七位二进制数字、ASCII 码字符是这组二进制数字所代表的符号、ASCII 码值是将这组二进制数字转换为等同的十进制数值。在 ASCII 码表中 ASCII 码值从小到大的顺序是：控制字符→数字 0 至 9→大写字母 A 至 Z→小写字母 a 至 z 。

在计算机内部，字符串中的每个字符是被当成一个数值来储存的，比如在需要保存字符“a”的时候，计算机就储存与字符“a”对应的数值 61H(＝97)，当需要处理字符串的时候，计算机再把 61H(＝97)同“a”对应起来。这叫做对字符进行编码。现代的计算机中用的对字符编码的方案就称为 ASCII 码(美国标准信息交换代码)，附表 1 列出了每个 ASCII 码对应的字符。

**附表 1　ASCII 码表**

| 高位(654)<br>低位(3210) | 0 列：<br>000 | 1 列：<br>001 | 2 列：<br>010 | 3 列：<br>011 | 4 列：<br>100 | 5 列：<br>101 | 6 列：<br>110 | 7 列：<br>111 |
|---|---|---|---|---|---|---|---|---|
| 0 行：0000 | NUL | DLE | Space | 0 | @ | P | ` | p |
| 1 行：0001 | SOH | DC1 | ! | 1 | A | Q | a | q |
| 2 行：0010 | STX | DC2 | " | 2 | B | R | b | r |
| 3 行：0011 | ETX | DC3 | # | 3 | C | S | c | s |
| 4 行：0100 | EOT | DC4 | $ | 4 | D | T | d | t |
| 5 行：0101 | ENQ | NAK | % | 5 | E | U | e | u |
| 6 行：0110 | ACK | SYN | & | 6 | F | V | f | v |
| 7 行：0111 | BEL | ETB | ' | 7 | G | W | g | w |
| 8 行：1000 | BS | CAN | ( | 8 | H | X | h | x |
| 9 行：1001 | HT | EM | ) | 9 | I | Y | i | y |
| 10 行：1010 | LF | SUB | * | : | J | Z | j | z |
| 11 行：1011 | VT | ESC | ＋ | ; | K | [ | k | { |
| 12 行：1100 | FF | FS | , | ＜ | L | \ | l | \| |
| 13 行：1101 | CR | GS | － | ＝ | M | ] | m | } |
| 14 行：1110 | SO | RS | . | ＞ | N | ∧ | n | ～ |
| 15 行：1111 | SI | US | / | ? | O | _ | o | DEL |

# 附录B

# 英文指令一览表

在这里以英文的形式给出 MCS-51 指令集，其目的主要是：对于英文基础较好的读者，可以从英文原意理解指令的功能，也有利于搞清指令助记符的来历（例如，NOP ＝ No Operation，即为“空操作”指令），以及对加快记忆和牢固记忆指令助记符都有益处；对于英文基础不太好的读者，可以借此来学习和熟悉以英文表达的指令助记符，以利于尽快适应单片机的英文编程语言和调试环境。原因是，我们所能够接触到的世界各个著名公司研制的微控制器、微处理器、数字信号处理器，其指令系统都是采用英文表达的。

**附表 2　MCS-51 指令集**

| Mnemonic | | Description | Byte | Oscillator Period |
|---|---|---|---|---|
| | | ARITHMETIC OPERATIONS | | |
| ADD | A,$R_n$ | Add register to Acc umulator | 1 | 12 |
| ADD | A,direct | Add direct byte to Acc umulator | 2 | 12 |
| ADD | A,@$R_i$ | Add indirect RAM to Acc umulator | 1 | 12 |
| ADD | A,#data | Add immediate data to Acc umulator | 2 | 12 |
| ADDC | A,$R_n$ | Add register to Acc umulator with Carry | 1 | 12 |
| ADDC | A,direct | Add direct byte to Acc umulator with Carry | 2 | 12 |
| ADDC | A,@$R_i$ | Add indirect RAM to Acc umulator with Carry | 1 | 12 |
| ADDC | A,#data | Add immediate data to Acc with Carry | 2 | 12 |
| SUBB | A,$R_n$ | Subtract Register from Acc with borrow | 1 | 12 |
| SUBB | A,direct | Subtract direct byte from Acc with borrow | 2 | 12 |
| SUBB | A,@$R_i$ | Subtract indirect RAM from ACC with borrow | 1 | 12 |
| SUBB | A,#data | Subtract immediate data from Acc with borrow | 2 | 12 |
| INC | A | Increment Accumulator | 1 | 12 |

**续附表 2**

| Mnemonic | | Description | Byte | Oscillator Period |
|---|---|---|---|---|
| ARITHMETIC OPERATIONS | | | | |
| INC | $R_n$ | Increment register | 1 | 12 |
| INC | direct | Increment direct byte | 2 | 12 |
| INC | @$R_i$ | Increment direct RAM | 1 | 12 |
| DEC | A | Decrement Aocumulator | 1 | 12 |
| DEC | $R_n$ | Decrement Register | 1 | 12 |
| DEC | direct | Decrement direct byte | 2 | 12 |
| DEC | @$R_i$ | Decrement indirect RAM | 1 | 12 |
| INC | DPTR | Increment Data Pointer | 1 | 24 |
| MUL | AB | Multiply A & B | 1 | 48 |
| DIV | AB | Divide A by B | 1 | 48 |
| DA | A | Decimal Adjust Acc umulator | 1 | 12 |
| LOGICAL OPERATIONS | | | | |
| ANL | A,$R_n$ | AND Register to Accumulator | 1 | 12 |
| ANL | A,direct | AND direct byte to Accumulator | 2 | 12 |
| ANL | A,@$R_i$ | AND indirect RAM to Accumulator | 1 | 12 |
| ANL | A,#data | AND immediate data to Accumulator | 2 | 12 |
| ANL | direct,A | AND Accumulator to direct byte | 2 | 12 |
| ANL | direct,#data | AND immediate data to direct byte | 3 | 24 |
| ORL | A,$R_n$ | OR register to Accumulator | 1 | 12 |
| ORL | A,direct | OR direct byte to Accumulator | 2 | 12 |
| ORL | A,@$R_i$ | OR indirect RAM to Accumulator | 1 | 12 |
| ORL | A,#data | OR immediate data to Accumulator | 2 | 12 |
| ORL | direct,A | OR Accumulator to direct byte | 2 | 12 |
| ORL | direct,#data | OR immediate data to direct byte | 3 | 24 |

**续附表 2**

| Mnemonic | | Description | Byte | Oscillator Period |
|---|---|---|---|---|
| | | LOGICAL OPERATIONS | | |
| XRL | A, $R_n$ | Exclusive-OR register to Accumulator | 1 | 12 |
| XRL | A, direct | Exclusive-OR direct byte to Accumulator | 2 | 12 |
| XRL | A, @$R_i$ | Exclusive-OR indirect RAM to Accumulator | 1 | 12 |
| XRL | A, # data | Exclusive-OR immediate data to Accumulator | 2 | 12 |
| XRL | direct, A | Exclusive-OR Accumulator to direct byte | 2 | 12 |
| XRL | direct, # data | Exclusive-OR immediate data to direct byte | 3 | 24 |
| CLR | A | Clear Accumulator | 1 | 12 |
| CPL | A | Complement Accumulator | 1 | 12 |
| RL | A | Rotate Accumulator Left | 1 | 12 |
| RLC | A | Rotate Accumulator Left through the Carry | 1 | 12 |
| RR | A | Rotate Accumulator Right | 1 | 12 |
| RRC | A | Rotate Accumulator Right through the Carry | 1 | 12 |
| SWAP | A | Swap nibbles within the Accumulator | 1 | 12 |
| | | DATA TRANSFER | | |
| MOV | A, $R_n$ | Move register to Accumulator | 1 | 12 |
| MOV | A, direct | Move direct byte to Accumulator | 2 | 12 |
| MOV | A, @$R_i$ | Move indirect RAM to Accumulator | 1 | 12 |
| MOV | A, # data | Move immediate data to Accumulator | 2 | 12 |
| MOV | $R_n$, A | Move Accumulator to register | 1 | 12 |
| MOV | $R_n$, direct | Move direct byte to register | 2 | 24 |

**续附表 2**

| Mnemonic | | Description | Byte | Oscillator Period |
|---|---|---|---|---|
| DATA TRANSFER | | | | |
| MOV | $R_n$, #data | Move immediate data to register | 2 | 12 |
| MOV | direct, A | Move Accumulator to direct byte | 2 | 12 |
| MOV | direct, $R_n$ | Move register to direct byte | 2 | 24 |
| MOV | direct, direct | Move direct byte to direct | 3 | 24 |
| MOV | direct, @$R_i$ | Move indirect RAM to direct byte | 2 | 24 |
| MOV | direct, #data | Move immediate data to direct byte | 3 | 24 |
| MOV | @$R_i$, A | Move Accumulator to indirect RAM | 1 | 12 |
| MOV | @$R_i$, direct | Move direct byte to indirect RAM | 2 | 24 |
| MOV | @$R_i$, #data | Move immediate data to indirect RAM | 2 | 12 |
| MOV | DPTR, #data16 | Load Data Pointer with a 16-bit constant | 3 | 24 |
| MOVC | A, @A+DPTR | Move Code byte relative to DPTR to Acc | 1 | 24 |
| MOVC | A, @A+PC | Move Code byte relative to PC to Acc | 1 | 24 |
| MOVX | A, @$R_i$ | Move Extemal RAM(8-bit addr) to Acc | 1 | 24 |
| MOVX | A, @DPTR | Move Exernal RAM(16-bit addr) to Acc | 1 | 24 |
| MOVX | @$R_i$, A | Move Acc to External RAM(8-bit addr) | 1 | 24 |
| MOVX | @DPTR, A | Move Acc to Extemal RAM(16-bit addr) | 1 | 24 |
| PUSH | direct | Push direct byte onto stack | 2 | 24 |
| POP | direct | Pop direct byte from stack | 2 | 24 |
| XCH | A, $R_n$ | Exchange register with Accumulator | 1 | 12 |

**续附表 2**

| Mnemonic | | Description | Byte | Oscillator Period |
|---|---|---|---|---|
| DATA TRANSFER | | | | |
| XCH | A,direct | Exchange direct byte with Accumulator | 2 | 12 |
| XCH | A,@$R_i$ | Exchange indirect RAM with Accumulator | 1 | 12 |
| XCHD | A,@$R_i$ | Exchange low-order Digit indirect RAM with Acc | 1 | 12 |
| BOOLEAN VARIABLE MANIPULATION | | | | |
| CLR | C | Clear Carry | 1 | 12 |
| CLR | bit | Clear direct bit | 2 | 12 |
| SETB | C | Set Carry | 1 | 12 |
| SETB | bit | Set direct bit | 2 | 12 |
| CPL | C | Complement Carry | 1 | 12 |
| CPL | bit | Complement direct bit | 2 | 12 |
| ANL | C,bit | AND direct bit to Carry | 2 | 24 |
| ANL | C,/bit | AND complement of direct bit to Carry | 2 | 24 |
| ORL | C,bit | OR direct bit to Carry | 2 | 24 |
| ORL | C,/bit | OR complement of direct bit to Carry | 2 | 24 |
| MOV | C,bit | Move direct bit to Carry | 2 | 12 |
| MOV | bit,C | Move Carry to direct bit | 2 | 24 |
| JC | rel | Jump if Carry is set | 2 | 24 |
| JNC | rel | Jump if Carry not set | 2 | 24 |
| JB | bit,rel | Jump if direct Bit is set | 3 | 24 |
| JNB | bit,rel | Jump if direct Bit is Not set | 3 | 24 |
| JBC | bit,rel | Jump if direct Bit is set & clear bit | 3 | 24 |
| PROGRAM BRANC HING | | | | |
| ACALL | addr11 | Absolute Subroutine Call | 2 | 24 |
| LCALL | addr16 | Long Subroutine Call | 3 | 24 |
| RET | | Return from Subroutine | 1 | 24 |
| RETI | | Return from interrupt | 1 | 24 |

**续附表 2**

| Mnemonic | | Description | Byte | Oscillator Period |
|---|---|---|---|---|
| PROGRAM BRANC HING | | | | |
| AJMP | addr11 | Absclute Jump | 2 | 24 |
| LJMP | addr16 | Long Jump | 3 | 24 |
| SJMP | rel | Short Jump(relative addr) | 2 | 24 |
| JMP | @A+DPTR | Jump indirect relative to the DPTR | 1 | 24 |
| JZ | rel | Jump if Accumulator is Zero | 2 | 24 |
| JNZ | rel | Jump if Accumulator is Not Zero | 2 | 24 |
| CJNE | A,direct,rel | Compare direct byte to Acc and Jump if Not Equal | 3 | 24 |
| CJNE | A,#data,rel | Compare immediate to Acc and Jump if Not Equal | 3 | 24 |
| CJNE | $R_n$,#data,rel | Compare immediate to register and Jump if Not Equal | 3 | 24 |
| CJNE | @$R_i$,#data,rel | Compare immediate to indirect and Jump if Not Equal | 3 | 24 |
| DJNZ | $R_n$,rel | Decrement register and Jump if Not Zero | 2 | 24 |
| DJNZ | direct,rel | Dec rement direct byte and Jump if Not Zero | 3 | 24 |
| NOP | | No Operation | 1 | 12 |

# 附录C

## 宏汇编器的系统保留字

$\mu$Vision 2 开发环境中的宏汇编器 Ax51(代表 A51、AX51 和 A251 三种版本)中已经定义或保留的一些关键字,不能在用户程序中重新定义或使用。附表 3 中包括了上述三种版本中约定的所有指令助记符、伪指令助记符、运算符和一些寄存器名称等。

**附表 3 系统保留字列表一**(共 138 个)

| | | | | |
|---|---|---|---|---|
| A | DA | INPAGE | MOD | REPT |
| AB | DATA | INSEG | MOV | RET |
| ACALL | DB | IRP | MOVC | RETI |
| ADD | DBIT | IRPC | MOVX | RL |
| ADDC | DEC | ISEG | MUL | RLC |
| AJMP | DIV | JB | NAME | RR |
| AND | DJNZ | JBC | NE | RRC |
| ANL | DPTR | JC | NOP | RSEG |
| AR0 | DS | JE | NOT | SEG |
| AR1 | DSEG | JG | NUL | SEGMENT |
| AR2 | DW | JLE | NUMBER | SET |
| AR3 | ELSE | JMP | OR | SETB |
| AR4 | ELSEIF | JNB | ORG | SHL |
| AR5 | END | JNC | ORL | SHR |
| AR6 | ENDIF | JNE | OVERLAYABLE | SJMP |
| AR7 | ENDM | JNZ | PAGE | SUB |
| BIT | ENDP | JSG | PC | SUBB |
| BITADDRESSABLE | EQ | JSGE | POP | SWAP |
| BLOCK | EQU | JSL | PUBLIC | UNIT |
| BSEG | EXITM | JSLE | PUSH | USING |
| C | EXTRN | JZ | R0 | XCH |
| CALL | GE | LCALL | R1 | XCHD |
| CJNE | GT | LE | R2 | XDATA |
| CLR | HIGH | LJMP | R3 | XOR |
| CMP | IDATA | LOCAL | R4 | XRL |
| CODE | IF | LOW | R5 | XSEG |
| CPL | INBLOCK | LT | R6 | |
| CSEG | INC | MACRO | R7 | |

## D.1.7 外设菜单及其子菜单

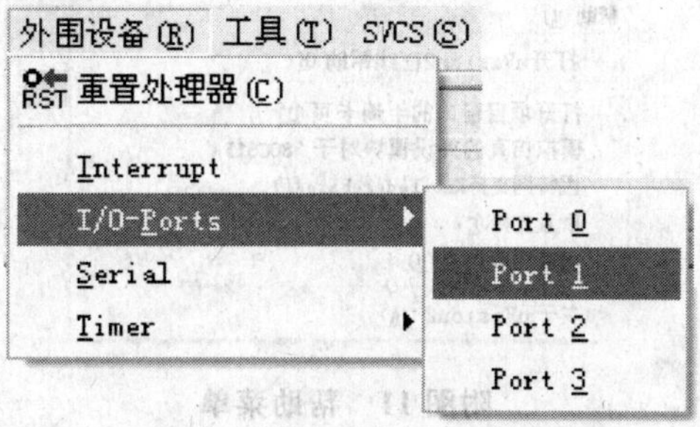


附图 7 外设菜单及其子菜单

## D.1.8 工具菜单

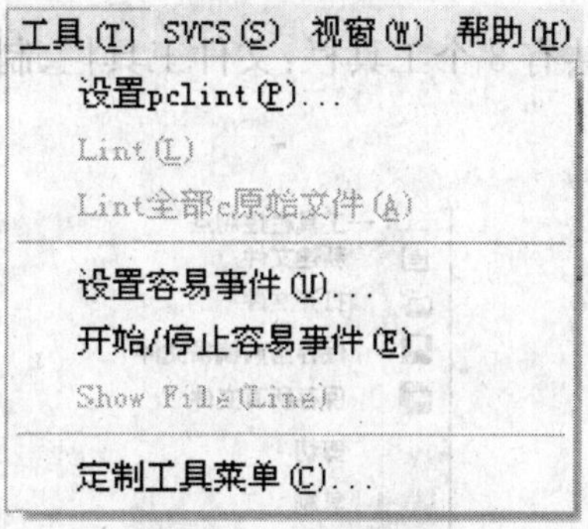


附图 8 工具菜单

## D.1.9 SVCS 菜单

附图 9 SVCS 菜单

## D.1.10 视窗菜单

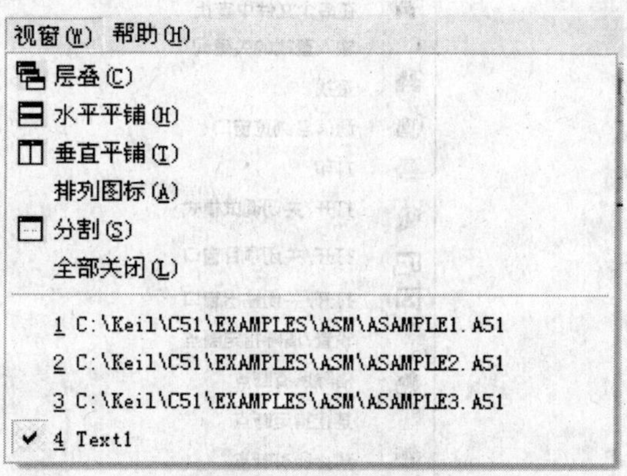


附图 10 视窗菜单

### D. 1. 11 帮助菜单

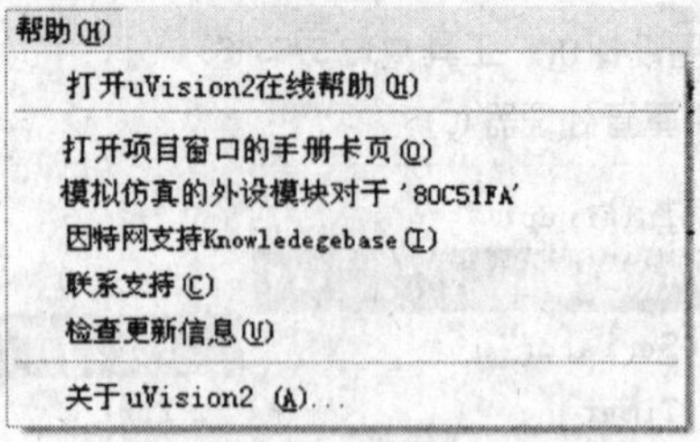


附图 11 帮助菜单

## D. 2 工具栏

在 μVision2 开发环境中，共有 3 个工具栏：文件工具栏、制作工具栏和调试工具栏。

### D. 2. 1 文件工具栏

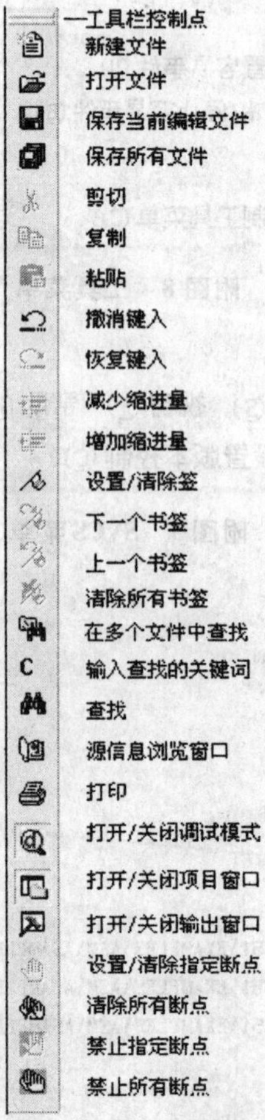


附图 12 文件工具栏

### D.2.2 制作工具栏

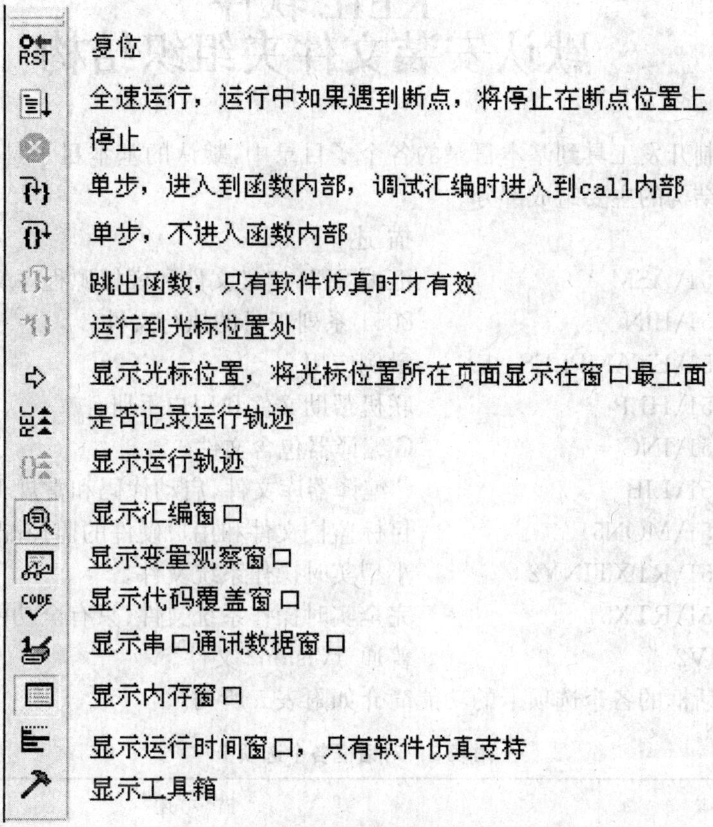


附图 13 制作工具栏

### D.2.3 调试工具栏

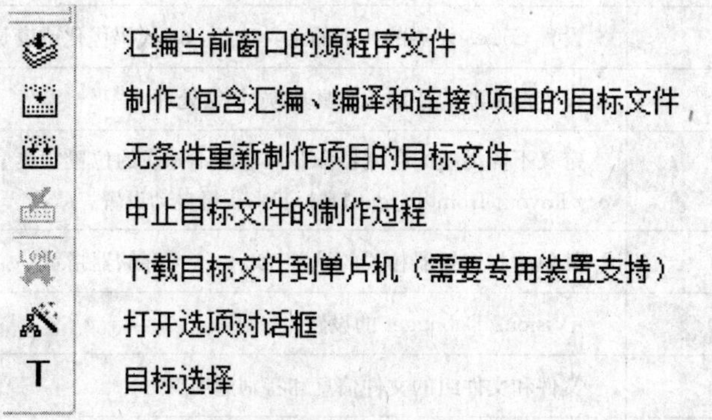


附图 14 调试工具栏

# 附录E

# KEIL 软件<br>默认安装文件夹组织结构

安装程序复制开发工具到基本目录的各个子目录中，默认的基本目录是 C:\KEIL。下面列出文件夹组织结构的主要组成部分。

| 文件夹 | 描 述 |
| --- | --- |
| C:\KEIL\C51\ASM | 汇编 SFR 定义文件和模板源程序文件。 |
| C:\KEIL\C51\BIN | 8051 系列工具的执行文件。 |
| C:\KEIL\C51\EXAMPLES | 示例应用。 |
| C:\KEIL\C51\HLP | 联机帮助文件和用户手册。 |
| C:\KEIL\C51\INC | C 编译器包含文件。 |
| C:\KEIL\C51\LIB | C 编译器库文件，启动代码和常规 I/O 资源。 |
| C:\KEIL\C51\MON51 | 目标监控文件和用户硬件的监控配置。 |
| C:\KEIL\C51\RTXTINY2 | 小型实时操作系统文件。 |
| C:\KEIL\C51\RTX51 | 完全实时操作系统文件(只有全功能版才具备)。 |
| C:\KEIL\UV2 | 普通 uVision2 文件。 |

选项设置对话框的各个选项卡的功能简介如附表 5 所列。

**附表 5　对话框各个选项卡**

| 对话框选项卡 | 描　述 |
| --- | --- |
| Target | 定义项目的目标硬件 |
| Output | 定义 Keil 工具的输出文件并让您定义生成处理后执行的用户程序 |
| Listing | 定义 Keil 工具输出的所有列表文件 |
| C51 | 设置 C51 编译器的特别的工具选项，如：代码优化或变量分配 |
| A51，AX51 | 设置汇编器的特别的工具选项，如宏处理 |
| L51 Locate<br>LX51 Locate | 定义不同类型的存储器和存储器的不同段的位置。典型情况下，您可以选择“Memory Layout from Target Dialog”来获得自动设置 |
| L51 Misc，LX51 Misc | 其他的与连接器相关的设置，如：告警或存储器指示 |
| Debug | $\mu$Vision2 Debugger 的设置 |
| Properties | 文件和文件组的文件信息和特别选项 |
| Utilities | 利用内部和外部实用 FLASH 编程工具 |

# 附录F

# 标准包含文件(Reg51.inc)

KEIL Software 公司的开发工具软件包中，针对 8051 单片机及其兼容型号的个性差异，分别编制了 40 多个现成的包含文件(. INC)，默认安装于“C:\Keil\C51\ASM”路径下，以供用户按需选用。例如，对于标准 8051 所提供的一个名称为“Reg51. inc”的标准包含文件，其全部内容如下，以供读者参照：

```
;————————————————————————————————————————————
; Copyright 1995—1996 KEIL Software, Inc.
; 8051 Processor Declarations
;————————————————————————————————————————————
$SAVE
$NOLIST
;
; BYTE Register(21个字节寄存器的符号名及其地址定义)
P0      DATA    80H
P1      DATA    90H
P2      DATA    0A0H
P3      DATA    0B0H
PSW     DATA    0D0H
ACC     DATA    0E0H
B       DATA    0F0H
SP      DATA    81H
DPL     DATA    82H
DPH     DATA    83H
PCON    DATA    87H
TCON    DATA    88H
TMOD    DATA    89H
TL0     DATA    8AH
TL1     DATA    8BH
TH0     DATA    8CH
TH1     DATA    8DH
IE      DATA    0A8H
IP      DATA    0B8H
SCON    DATA    98H
SBUF    DATA    99H
```

```
; BIT Register(比特寄存器地址定义)
; PSW
CY      BIT     0D7H
AC      BIT     0D6H
F0      BIT     0D5H
RS1     BIT     0D4H
RS0     BIT     0D3H
OV      BIT     0D2H
P       BIT     0D0H
; TCON
TF1     BIT     8FH
TR1     BIT     8EH
TF0     BIT     8DH
TR0     BIT     8CH
IE1     BIT     8BH
IT1     BIT     8AH
IE0     BIT     89H
IT0     BIT     88H
; IE
EA      BIT     0AFH
ES      BIT     0ACH
ET1     BIT     0ABH
EX1     BIT     0AAH
ET0     BIT     0A9H
EX0     BIT     0A8H
; IP
PS      BIT     0BCH
PT1     BIT     0BBH
PX1     BIT     0BAH
PT0     BIT     0B9H
PX0     BIT     0B8H
; P3
RD      BIT     0B7H
WR      BIT     0B6H
T1      BIT     0B5H
T0      BIT     0B4H
INT1    BIT     0B3H
INT0    BIT     0B2H
TXD     BIT     0B1H
RXD     BIT     0B0H
; SCON
```

```
SM0     BIT     9FH
SM1     BIT     9EH
SM2     BIT     9DH
REN     BIT     9CH
TB8     BIT     9BH
RB8     BIT     9AH
TI      BIT     99H
RI      BIT     98H
$RESTORE
```